大学数学信息化教学丛书

线性代数

李小刚　杨向辉　刘吉定　主编

科学出版社

北京

内 容 简 介

“线性代数”是大学理工科和经管类学生的必修课程，在培养学生的计算能力和抽象思维能力方面起着非常重要的作用. 本书以线性方程组为出发点，逐步展开矩阵、行列式、向量组及其相关性等概念的论述，并引入许多实例供读者了解线性代数在实际应用中的独特作用，每章还附有 MATLAB 实验，以便读者学习使用数学软件解决线性代数问题.

本书为高等院校理工科和经管类各专业“线性代数”课程教材，也可供教师、考研人员及工程技术人员参考使用.

图书在版编目（CIP）数据

线性代数 / 李小刚，杨向辉，刘吉定主编. —北京：科学出版社，2020.8
(大学数学信息化教学丛书)
ISBN 978-7-03-065657-5

Ⅰ. ①线… Ⅱ. ①李… ②杨… ③刘… Ⅲ. ① 线性代数-高等学校-教材 Ⅳ. ①O151.2

中国版本图书馆 CIP 数据核字（2020）第 122494 号

责任编辑：谭耀文 张 湾 / 责任校对：高 嵘
责任印制：彭 超 / 封面设计：苏 波

科学出版社 出版
北京东黄城根北街 16 号
邮政编码：100717
http://www.sciencep.com
武汉中科兴业印务有限公司 印刷
科学出版社发行 各地新华书店经销
*
2020 年 8 月第 一 版 开本：787×1092 1/16
2020 年 8 月第一次印刷 印张：15 1/4
字数：358 000
定价：48.00 元
（如有印装质量问题，我社负责调换）

前 言

“线性代数”是大学理工科和经管类学生的必修课程，它在培养学生的计算能力和抽象思维能力方面起着十分重要的作用. 本书借鉴和吸收国内外同类型优秀教材的长处，结合编者多年的教学经验，在内容组织上，本着加强基础、注重计算与应用的原则，安排一些选学内容，供教师和读者灵活选用.

对“线性代数”课程，学生普遍感到内容抽象、计算复杂，加上非数学专业的“线性代数”课程的学时数偏少，学习这门课程较为吃力，而学习后又不知道如何应用. 其实，多数抽象的概念，是来源于一些简单的实例，本书通过逐步剖析实例中所包含的普遍原理，引导和建立矩阵、向量、线性方程组及线性问题的一些基本概念，让学生掌握和了解这些理论,学会使用这些理论解决实际问题. 本书以解线性方程组为出发点逐步展开，论述矩阵、行列式、向量组及其相关性等概念，还引入许多应用实例，让读者了解线性代数在解决实际问题中的独特作用，另外还安排一个应用章节，供有关专业的学生选学. 此外，本书每章都附有实验内容，目的是让读者学会用 MATLAB 软件解决线性代数中常见的计算问题. 通过对该实验内容的学习，学生在掌握理论知识的同时，能利用计算机迅速解决实际问题中繁杂的数学运算. MATLAB 软件在解决线性代数的计算问题上，具有独特的优越性，花一点时间粗略了解这个软件将会受益匪浅. 本书每章都配置适量的习题及部分参考答案，其中 2～7 章习题分(A)、(B)两类，(A)类为基础题，(B)类的题较难，供读者选做.

本书的主要内容及主要特点如下.

第 1 章介绍解线性方程组的高斯消元法，初步引入线性方程组、矩阵及初等变换的概念，为以后进一步的理论学习建立一个基础.

第 2 章对矩阵做比较详尽的讨论. 矩阵是线性代数的核心内容，较早建立矩阵的理论，有利于利用矩阵的概念引入线性代数中其他的概念.

第 3 章介绍 n 阶行列式的定义、性质、计算及利用行列式求解线性方程组的克拉默法则.

第 4 章介绍矩阵的秩和 n 维向量及 n 维向量空间. 向量组的线性相关性是一个难点，对向量组合成的矩阵进行初等变换可求得矩阵的秩，从而较好地进行向量组的线性相关性的判断.

第 5 章讨论线性方程组的可解性及解的结构. 本书将线性方程组视为一个向量被另一组向量线性表示的问题，利用第 4 章的结论，能很容易地建立线性方程组的基本理论.

第 6 章建立特征值与特征向量的理论，介绍矩阵对角化的方法，并介绍如何应用这些方法将二次型化为标准形.

第 7 章为选学内容，介绍线性空间与线性变换理论，对这些抽象理论的掌握，有利于将前面章节中的理论在更广泛的领域里进行应用.

第 8 章是为某些专业的学生编写的选学内容，介绍最小二乘法与线性规划这两个应用十分广泛的概念.

本书由李小刚、杨向辉、刘吉定主编，参编者有罗进、刘任河、何敏华、沈明宇、彭章艳、朱理、杨小刚、林丽仁. 全书由李小刚统稿. 在本书的编写过程中，得到了相关教学管理部门的大力支持，在此表示衷心的感谢!

由于编者水平有限，书中难免存在缺点和不足，恳请读者批评指正.

编　者
2020 年 3 月

目　录

第 1 章　线性方程组的消元法

求解线性方程组是线性代数的一个核心内容，线性代数的许多理论来源于解线性方程组．在初等数学中，求解二元、三元线性方程组采用方程组之间的运算消元法，对于多个变元的情况这种方法就显得烦琐而不好操作．在本章将介绍用高斯消元法求解线性方程组，初步引入矩阵概念，将方程组与矩阵一一对应，通过对矩阵的初等变换，达到方程组消元的目的，其方法对求解一般 n 元线性方程组具有普遍的意义并切实可行．

1.1　二元和三元线性方程组的求解

对于二元和三元线性方程组，通常用消元法求解．

例 1.1　解方程组

$$\begin{cases} x+\ \ y=\ \ 3, \\ x-3y=-1. \end{cases} \tag{1.1}$$

解　将方程组(1.1)中的第 1 个方程减去第 2 个方程，得 $4y=4$，即 $y=1$．再将 $y=1$ 代入方程组(1.1)中的第 1 个方程，得 $x+1=3$，解得 $x=2$．故方程组的解为 $\begin{cases} x=2, \\ y=1. \end{cases}$

例 1.2　解方程组

$$\begin{cases} x-2y+2z=-1, \\ 3x+2y+2z=\ \ 9, \\ 2x-3y-3z=\ \ 6. \end{cases} \tag{1.2}$$

解　将方程组(1.2)中的第 2 个方程减去方程组(1.2)中的第 1 个方程×3，得 $8y-4z=12$，化简为

$$2y-z=3. \tag{1.3}$$

将方程组(1.2)中的第 3 个方程减去方程组(1.2)中的第 1 个方程×2，得

$$y-7z=8. \tag{1.4}$$

将式(1.4)×2 减去式(1.3)，得

$$-13z=13,$$

解得 $z=-1$，代入式(1.4)，解得 $y=1$，再将 $y=1,z=-1$ 代入方程组(1.2)中的第 1 个方程，解得 $x=3$，所以方程组的解为

$$\begin{cases} x=\ \ 3, \\ y=\ \ 1, \\ z=-1. \end{cases}$$

以上两例，均是将方程组进行变形，逐步消去方程中未知变元的个数，当方程中未知变元只剩一个时，便可直接得到解，再将解依次代入方程，从而求得其他变元的解.

1.2 n 元线性方程组简介

对于n元线性方程组

$$\begin{cases} a_{11}x_1 + a_{12}x_2 + \cdots + a_{1n}x_n = b_1, \\ a_{21}x_1 + a_{22}x_2 + \cdots + a_{2n}x_n = b_2, \\ \qquad \cdots\cdots \\ a_{m1}x_1 + a_{m2}x_2 + \cdots + a_{mn}x_n = b_m, \end{cases} \tag{1.5}$$

是否同样可以用消元法求解?

如果n元线性方程组具有如下形式:

$$\begin{cases} a_{11}x_1 + a_{12}x_2 + \cdots + a_{1n}x_n = b_1, \\ \qquad a_{22}x_2 + \cdots + a_{2n}x_n = b_2, \\ \qquad\qquad \cdots\cdots \\ \qquad\qquad\qquad a_{nn}x_n = b_n, \end{cases} \tag{1.6}$$

其中，$a_{11}, a_{22}, \cdots, a_{nn}$ 均不为零，则可以由下到上依次得到方程组的解为

$$x_n = \frac{b_n}{a_{nn}},$$

$$x_{n-1} = \frac{b_{n-1}}{a_{n-1,n-1}} - \frac{a_{n-1,n}}{a_{n-1,n-1}} x_n,$$

$$\cdots\cdots$$

$$x_1 = \frac{b_1}{a_{11}} - \frac{a_{12}}{a_{11}} x_2 - \cdots - \frac{a_{1n}}{a_{11}} x_n.$$

形如式(1.6)的方程组称为三角形方程组，这是n元线性方程组的一种特殊形式，求解比较容易，对一般的形如式(1.5)的n元线性方程组，是否可以化为三角形方程组呢?在例 1.2 中，把一个三元线性方程组化成了三角形方程组，从而得到了方程组的解，这种方法启发我们用某些变换将方程组化为三角形方程组以便于求解. 但需要保证，对方程组进行变换所得到的新方程组必须和原方程组有同样的解. 以下的变换能保持方程组的解不变(请读者自己证明):

(1) 将第i个方程与第j个方程交换位置;

(2) 将第i个方程乘上一个非零常数k;

(3) 将第j个方程加上第i个方程乘上一个非零常数k.

对方程组实施上述变换时，方程组改变的仅仅是未知量$x_1, x_2, \cdots, x_n$的系数与常数项. 因此，可以把方程组(1.5)的系数与常数项列一个数表:

$$\begin{pmatrix} a_{11} & a_{12} & \cdots & a_{1n} & b_1 \\ a_{21} & a_{22} & \cdots & a_{2n} & b_2 \\ \vdots & \vdots & & \vdots & \vdots \\ a_{m1} & a_{m2} & \cdots & a_{mn} & b_m \end{pmatrix}$$

这个数表和方程组(1.5)是对应的，称为对应方程组(1.5)的矩阵，方程组的特性都可以在这个矩阵中得到体现，当对方程组做出以上三种变换时，方程组所对应的矩阵也会有相应的变换．变换(1)相当于矩阵第 i 行与第 j 行对换，记作 $r_i \leftrightarrow r_j$；变换(2)相当于矩阵第 i 行的每一个元都乘以 k，记作 kr_i；变换(3)相当于矩阵第 j 行的所有元都加上第 i 行相应元的 k 倍，记作 $r_j + kr_i$．矩阵的这三种变换称为矩阵的初等行变换，对方程组进行的三种变换就可视为对矩阵做初等行变换，而矩阵通过有限次初等行变换得到的矩阵所对应的方程组，与原矩阵所对应的方程组是同解方程组．只需解变换后的较为简单的方程组，就可得到原方程组的解．

方程组(1.6)所对应的矩阵为

$$\begin{pmatrix} a_{11} & a_{12} & \cdots & a_{1n} & b_1 \\ 0 & a_{22} & \cdots & a_{2n} & b_2 \\ \vdots & \vdots & & \vdots & \vdots \\ 0 & 0 & \cdots & a_{nn} & b_n \end{pmatrix}$$

其中，$a_{11}, a_{22}, \cdots, a_{nn}$ 均不为零．这种矩阵所对应的方程组是很容易求解的．由此推想，一般线性方程组所对应的矩阵，能否通过初等变换化为上面的矩阵形式，或者得到其他所对应的方程组容易求解的矩阵形式呢？用高斯消元法，可以将方程组化为最简形式，下面通过例题介绍高斯消元法．

例 1.3　用高斯消元法求解方程组 $\begin{cases} x - 3y + 7z = 20, \\ 2x + 4y - 3z = -1, \\ -3x + 7y + 2z = 7. \end{cases}$

解　方程组对应的矩阵为

$$\boldsymbol{A} = \begin{pmatrix} 1 & -3 & 7 & 20 \\ 2 & 4 & -3 & -1 \\ -3 & 7 & 2 & 7 \end{pmatrix},$$

$$\boldsymbol{A} \overset{r_2 - 2r_1}{\sim} \begin{pmatrix} 1 & -3 & 7 & 20 \\ 0 & 10 & -17 & -41 \\ -3 & 7 & 2 & 7 \end{pmatrix} \overset{r_3 + 3r_1}{\sim} \begin{pmatrix} 1 & -3 & 7 & 20 \\ 0 & 10 & -17 & -41 \\ 0 & -2 & 23 & 67 \end{pmatrix}$$

$$\overset{r_3 + \frac{1}{5}r_2}{\sim} \begin{pmatrix} 1 & -3 & 7 & 20 \\ 0 & 10 & -17 & -41 \\ 0 & 0 & \dfrac{98}{5} & \dfrac{294}{5} \end{pmatrix} = \boldsymbol{A}_1$$

$$\overset{\frac{5}{98}r_3}{\sim}\begin{pmatrix}1 & -3 & 7 & 20\\ 0 & 10 & -17 & -41\\ 0 & 0 & 1 & 3\end{pmatrix}\overset{r_2+17r_3}{\sim}\begin{pmatrix}1 & -3 & 7 & 20\\ 0 & 10 & 0 & 10\\ 0 & 0 & 1 & 3\end{pmatrix}$$

$$\overset{\frac{1}{10}r_2}{\sim}\begin{pmatrix}1 & -3 & 7 & 20\\ 0 & 1 & 0 & 1\\ 0 & 0 & 1 & 3\end{pmatrix}\overset{r_1+3r_2}{\sim}\begin{pmatrix}1 & 0 & 7 & 23\\ 0 & 1 & 0 & 1\\ 0 & 0 & 1 & 3\end{pmatrix}$$

$$\overset{r_1-7r_3}{\sim}\begin{pmatrix}1 & 0 & 0 & 2\\ 0 & 1 & 0 & 1\\ 0 & 0 & 1 & 3\end{pmatrix}=\boldsymbol{A}_2.$$

变换所得的矩阵对应的方程组为$\begin{cases}x=2,\\ y=1,\\ z=3,\end{cases}$这就是方程组的解.

例 1.3 中，形如$\boldsymbol{A}_1$的矩阵，称为行阶梯形矩阵. 其特点是矩阵中每一行的第一个非零元同列下面的元素都为零；形如$\boldsymbol{A}_2$的矩阵称为行最简形矩阵，其特点是非零行的第一个非零元为 1，所在列的其他元素都为零.

用高斯消元法解线性方程组，就是用初等行变换将方程组所对应的矩阵化为行最简形矩阵，从而得到方程的解.

事实上，对于线性方程组(1.1)，并不能保证它一定有解，即使有解，也不能保证解是唯一的.

例 1.4 解下列方程组.

(1) $\begin{cases}x-2y=-1,\\ -x+3y=3;\end{cases}$ (2) $\begin{cases}x-2y=-1,\\ -x+2y=3;\end{cases}$

(3) $\begin{cases}x-2y=-1,\\ -x+2y=1;\end{cases}$ (4) $\begin{cases}x+y=1,\\ x-y=3,\\ -x+2y=-3.\end{cases}$

解 二元方程组的解的几何意义是直线的公共交点,分别绘出 4 个方程直线图(图 1.1).

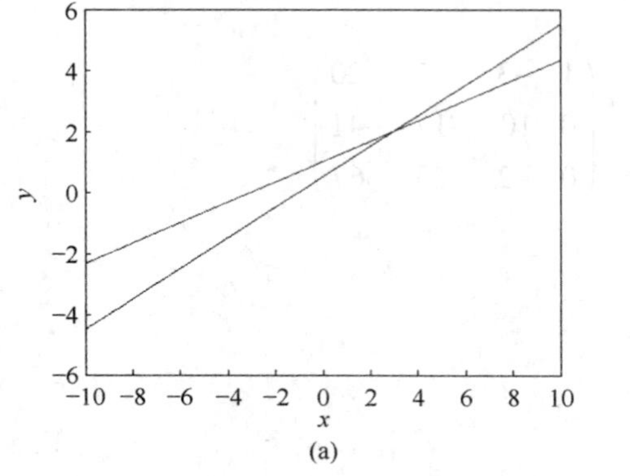

(a)

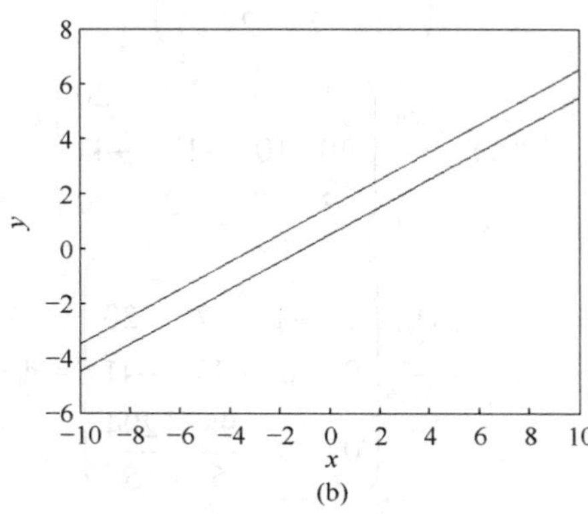

(b)

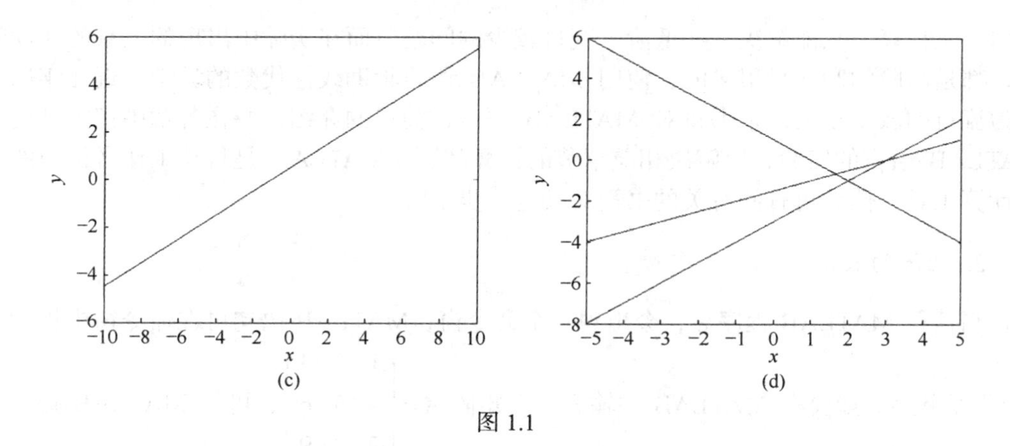

(c)　　(d)

图 1.1

从图 1.1 中可以看出，方程组(1)对应的两条直线有唯一交点，从而有唯一解 $x=3, y=2$；方程组(2)对应的两条直线平行，无交点，从而没有解；方程组(3)对应的两条直线重合，直线上的点都是解，从而有无穷多个解；方程组(4)对应的三条直线没有共同的交点，也没有解．

方程组(1)对应的矩阵为 $\begin{pmatrix} 1 & -2 & -1 \\ -1 & 3 & 3 \end{pmatrix}$，$r_2+r_1$ 得 $\begin{pmatrix} 1 & -2 & -1 \\ 0 & 1 & 2 \end{pmatrix}$；$r_1+2r_2$ 得 $\begin{pmatrix} 1 & 0 & 3 \\ 0 & 1 & 2 \end{pmatrix}$，所以方程组的解为 $\begin{cases} x=3, \\ y=2. \end{cases}$

方程组(3)对应矩阵为 $\begin{pmatrix} 1 & -2 & -1 \\ -1 & 2 & 1 \end{pmatrix}$，$r_2+r_1$ 得 $\begin{pmatrix} 1 & -2 & -1 \\ 0 & 0 & 0 \end{pmatrix}$．变换后的矩阵只对应一个方程 $x-2y=-1$，即 $x=2y-1$，y 可取任意值．故方程组(3)有无穷多个解．

同理，方程组(2)、(4)无解．

如果线性方程组(1.1)有唯一的解，称线性方程组是适定的；如有无穷多个解，称线性方程组是欠定的；如没有解，称线性方程组是超定的．在第 5 章中，将说明线性方程组在什么样的情况下是适定的、欠定的或超定的．

1.3　高斯消元法解方程组的 MATLAB 实验

1. MATLAB 简介

MATLAB 是美国 The MathWorks 公司出品的计算机科学计算软件，从 1984 年推出以来，受到广泛的推崇，在很多领域里，MATLAB 已成为科技人员首选的计算机数学语言．它的语言简洁，功能强大，几乎涵盖了所有的数学计算内容，人机交互性能好，其表达方式符合科技人员的思维习惯和书写习惯，使用简短的语句，便能完成许多复杂的计算．MATLAB 是“矩阵实验室”(matrix laboratory)的缩写，它是一种以矩阵运算为基础的交互式程序语言，因此特别适用于线性代数求解．线性代数是一门理论比较抽象、计算强度很大的数学学科，并具有广泛的应用．传统教材给出的线性代数的计算方法，如用手工计算，只能解决一些低阶、变量较少的问题，而在实际中出现的大量的线性问题，都是高阶的和变量很多的，使用 MATLAB 语言辅助线性代数的教学，近几年来已成为流行的教学模式．本书将对 MATLAB 语言作简单的介绍，并在各章中都安排使用 MATLAB 语言的实验，以解决相应章节的计算问题．MATLAB 是科技工作者得力的科学计算工具，读者可查阅有关的书籍对其进一步了解．

2. 矩阵的表示

当运行 MATLAB 程序后，会出现一个命令窗，MATLAB 语句可在命令窗中提示符“>>”后键入．如要在 MATLAB 中输入一个矩阵 $\boldsymbol{A}=\begin{pmatrix}1&2&3\\4&5&6\\7&8&9\end{pmatrix}$，可在 MATLAB 提示符“>>”后面键入

```
>>A=[1 2 3
    4 5 6
    7 8 9]
```

按回车键屏幕显示

```
A=
   1    2    3
   4    5    6
   7    8    9
```

也可以键入

```
>>A=[1, 2, 3;4, 5, 6;7, 8, 9]
```

或

```
>>A=[1 2 3;4 5 6;7 8 9]
```

按回车键，屏幕显示同上，变量 A 在程序中就代表所输入的矩阵．

3. 线性方程组的高斯消元法

线性方程组的高斯消元法，等价于对相应的矩阵做初等行变换，将其化为行最简形矩阵，在 MATLAB 语言中，调用一个函数 rref()，可将矩阵化为行最简形矩阵．

如要将矩阵 $\boldsymbol{A}=\begin{pmatrix}1&2&-1&4&7\\1&2&3&4&3\\-1&3&-2&4&9\\6&-2&7&1&2\end{pmatrix}$化为行最简形矩阵，先键入矩阵

```
>>A=[1 2 -1 4 7;1 2 3 4 3;-1 3 -2 4 9;6 -2 7 1 2]
```

屏幕显示

```
A=
     1    2    -1    4    7
     1    2     3    4    3
```

```
    -1     3    -2     4     9
     6    -2     7     1     2
```

再调用函数，将化为 $\boldsymbol{A}$ 的行最简形矩阵：

```
>>rref(A)
```

结果显示为

```
ans=
        1.0000    0          0          0          13.3333
        0         1.0000     0          0          27.6667
        0         0          1.0000     0          -1.0000
        0         0          0          1.0000    -15.6667
```

例 1.5　求解方程组 $\begin{cases} x+2y+3z=9, \\ 2x-\ y+\ z=8, \\ 3x\quad -\ z=3. \end{cases}$

解　(1) 键入方程组矩阵：

```
>>A=
        1     2     3     9
        2    -1     1     8
        3     0    -1     3
```

(2) 化为行最简形矩阵：

```
>>rref(A)
ans=
        1     0     0     2
        0     1     0    -1
        0     0     1     3
```

所以 $x=2$，$y=-1$，$z=3$.

例 1.6　求解方程组 $\begin{cases} x-2y+z=\ 3, \\ 2x-3y-z=\ 7, \\ 5x-8y-z=20. \end{cases}$

解

```
>>A=[1 -2 1 3;2 -3 -1 7;5 -8 -1 20];
rref(A)
ans=
        1     0    -5     0
        0     1    -3     0
        0     0     0     1
```

对应的方程组为 $\begin{cases} x=5z, \\ y=3z, \\ 0=1. \end{cases}$ 显然，方程组无解.

例 1.7 求解方程组 $\begin{cases} 3x+4y-3z=-6, \\ -x-\ \ y+2z=\ \ 4, \\ \ \ x+2y+\ \ z=\ \ 2. \end{cases}$

解
```
>>A=[3 4 -3 -6;-1 -1 2 4;1 2 1 2];
>>rref(A)
ans=
        1      0     -5    -10
        0      1      3      6
        0      0      0      0
```
对应的方程组为

$$\begin{cases} x=\ \ 5z-10, \\ y=-3z+6, \\ z=\ \ \ \ z, \end{cases}$$

z 取任意值，得到的 x，y，z 都是方程组的解，所以方程组有无穷多个解.

习 题 1

1. 写出下列方程组对应的矩阵.

(1) $\begin{cases} x_1 \qquad\quad +x_3=1, \\ 2x_1+3x_2+4x_3=2, \\ 2x_1+2x_2+3x_3=3; \end{cases}$

(2) $\begin{cases} x_1+\ \ x_2+\ \ \ x_3+\ \ x_4=\ \ 5, \\ x_1+2x_2-\ \ \ x_3+4x_4=-2, \\ 2x_1-3x_2-\ \ \ x_3-5x_4=-2, \\ 3x_1+\ \ x_2+2x_3+11x_4=\ \ \ 0; \end{cases}$

(3) $\begin{cases} \lambda x_1+\ \ \ \ x_2+\ \ x_3=1, \\ \ \ x_1+\ \ \mu x_2+\ \ x_3=0, \\ \ \ x_1+2\mu x_2+3x_3=k. \end{cases}$

2. 用高斯消元法解下列方程组.

(1) $\begin{cases} x_1+\ \ x_2=1, \\ x_2+\ \ x_3=2, \\ x_3+2x_1=3; \end{cases}$

(2) $\begin{cases} \ \ \ \ x_1-2x_2+\ \ x_3=1, \\ \qquad\ \ 2x_2-8x_3=8, \\ -4x_1+5x_2+9x_3=0; \end{cases}$

(3) $\begin{cases} x_1+\ \ x_2+\ \ x_3+\ \ \ x_4=-5, \\ x_1+2x_2-\ \ x_3+\ 4x_4=-2, \\ 2x_1-3x_2-\ \ x_3-\ 5x_4=-2, \\ 3x_1+\ \ x_2+2x_3+11x_4=\ \ \ 0. \end{cases}$

第2章 矩　　阵

数学的一个重要内容是研究现实世界存在的数量关系. 数经过了从自然数到整数、有理数、实数、复数等数系的不断扩充，又经历了从标量到向量的发展，表明人们已开始使用多维的眼光认识世界. 一个数表作为矩阵引入，可认为是数的概念的进一步扩充，当矩阵缩减为一行或一列时，矩阵就退化为向量和数了. 将一个有序数表作为矩阵来研究，产生了许多数与向量所不具有的新的特征. 当所研究对象能用一个矩阵表示时，问题就会变得简洁明了，人们可以更好地把握研究对象的本质特性与变化规律. 矩阵有着广泛的应用，是研究线性方程组和线性变换的有力工具，也是研究离散问题的基本手段.

2.1 矩阵的基本概念

2.1.1 矩阵的定义

定义 2.1 由 $m\times n$ 个数 a_{ij} $(i=1,2,\cdots,m; j=1,2,\cdots,n)$ 排成的 m 行 n 列的矩形数表称为 $m\times n$ 矩阵，记作

$$\begin{pmatrix} a_{11} & a_{12} & \cdots & a_{1n} \\ a_{21} & a_{22} & \cdots & a_{2n} \\ \vdots & \vdots & & \vdots \\ a_{m1} & a_{m2} & \cdots & a_{mn} \end{pmatrix},$$

其中 a_{ij} 称为矩阵的第 i 行第 j 列元素.

通常用大写字母 $\boldsymbol{A}, \boldsymbol{B}, \boldsymbol{C}$ 等表示矩阵. $m\times n$ 矩阵 $\boldsymbol{A}$ 简记为 $\boldsymbol{A}=(a_{ij})_{m\times n}$ 或 $\boldsymbol{A}=(a_{ij})$ 或 $\boldsymbol{A}_{m\times n}$.

若矩阵 $\boldsymbol{A}$ 的行数与列数都等于 n，则称 $\boldsymbol{A}$ 为 n 阶矩阵，或称为 n 阶方阵. n 阶矩阵 $\boldsymbol{A}$ 记作 $\boldsymbol{A}_n$.

只有一行的矩阵称为行矩阵，或称为行向量，记作

$$\boldsymbol{A}=(a_1,a_2,\cdots,a_n).$$

只有一列的矩阵称为列矩阵，或称为列向量，记作

$$\boldsymbol{B}=\begin{pmatrix} b_1 \\ b_2 \\ \vdots \\ b_n \end{pmatrix}.$$

两个矩阵的行数相等、列数也相等，就称它们是同型矩阵．若 $\boldsymbol{A}=(a_{ij})$ 与 $\boldsymbol{B}=(b_{ij})$ 是同型矩阵，并且它们的对应元素相等，即

$$a_{ij}=b_{ij} \quad (i=1,2,\cdots,m;\ j=1,2,\cdots,n)\ ,$$

则称矩阵 $\boldsymbol{A}$ 与矩阵 $\boldsymbol{B}$ 相等，记作 $\boldsymbol{A}=\boldsymbol{B}$.

2.1.2 几种特殊矩阵

1. 零矩阵

所有元素均为 0 的矩阵称为零矩阵，记为 $\boldsymbol{O}$.

2. 对角矩阵

主对角线以外的元素全为零，即 $a_{ij}=0\ (i\neq j)$ 的 n 阶方阵(方阵中元素 $a_{ii}\ (i=1,2,\cdots,n)$ 所在的位置称为主对角线)

$$\boldsymbol{\varLambda}=\begin{pmatrix} \lambda_1 & 0 & \cdots & 0 \\ 0 & \lambda_2 & \cdots & 0 \\ \vdots & \vdots & & \vdots \\ 0 & 0 & \cdots & \lambda_n \end{pmatrix}$$

称为对角矩阵，记作 $\operatorname{diag}\boldsymbol{\varLambda}=(\lambda_1,\lambda_2,\cdots,\lambda_n)$.

3. 数量矩阵

n 阶方阵

$$\lambda\boldsymbol{E}=\begin{pmatrix} \lambda & 0 & \cdots & 0 \\ 0 & \lambda & \cdots & 0 \\ \vdots & \vdots & & \vdots \\ 0 & 0 & \cdots & \lambda \end{pmatrix}$$

称为数量矩阵.

4. 单位矩阵

n 阶方阵

$$\boldsymbol{E}=\begin{pmatrix} 1 & 0 & \cdots & 0 \\ 0 & 1 & \cdots & 0 \\ \vdots & \vdots & & \vdots \\ 0 & 0 & \cdots & 1 \end{pmatrix}$$

称为 n 阶单位矩阵，简称单位阵.

5. 上三角矩阵

主对角线以下的元素全为0的n阶方阵

$$\boldsymbol{A}=\begin{pmatrix} a_{11} & a_{12} & \cdots & a_{1n} \\ 0 & a_{22} & \cdots & a_{2n} \\ \vdots & \vdots & & \vdots \\ 0 & 0 & \cdots & a_{nn} \end{pmatrix}$$

称为上三角矩阵.

6. 下三角矩阵

主对角线以上的元素全为0的n阶方阵

$$\boldsymbol{A}=\begin{pmatrix} a_{11} & 0 & \cdots & 0 \\ a_{21} & a_{22} & \cdots & 0 \\ \vdots & \vdots & & \vdots \\ a_{n1} & a_{n2} & \cdots & a_{nn} \end{pmatrix}$$

称为下三角矩阵.

矩阵的应用十分广泛，许多实际问题都可以化为矩阵来研究.

例如，一个公司有3个销售点(甲、乙、丙)销售5种产品(A，B，C，D，E)，每天的销售量可用下表表示：

销售点	A	B	C	D	E
甲	3	5	4	9	2
乙	4	3	6	7	3
丙	0	3	4	5	6

也可以用一个矩阵$\boldsymbol{A}=\begin{pmatrix} 3 & 5 & 4 & 9 & 2 \\ 4 & 3 & 6 & 7 & 3 \\ 0 & 3 & 4 & 5 & 6 \end{pmatrix}$来表示每天各个销售点的销售量,用矩阵表示销售量，便于进行各种统计与数学处理.

2.2 矩阵的运算

2.2.1 矩阵的线性运算

1. 矩阵的加法

定义 2.2 设$\boldsymbol{A}=(a_{ij})$和$\boldsymbol{B}=(b_{ij})$都是$m\times n$矩阵，则矩阵$\boldsymbol{A}$与$\boldsymbol{B}$的和记为$\boldsymbol{A}+\boldsymbol{B}$，规

定为 $\boldsymbol{A}+\boldsymbol{B}=(a_{ij}+b_{ij})$，即

$$\boldsymbol{A}+\boldsymbol{B}=\begin{pmatrix} a_{11}+b_{11} & a_{12}+b_{12} & \cdots & a_{1n}+b_{1n} \\ a_{21}+b_{21} & a_{22}+b_{22} & \cdots & a_{2n}+b_{2n} \\ \vdots & \vdots & & \vdots \\ a_{m1}+b_{m1} & a_{m2}+b_{m2} & \cdots & a_{mn}+b_{mn} \end{pmatrix}.$$

例如，设 $\boldsymbol{A}=\begin{pmatrix} 3 & 5 & 7 \\ 2 & 0 & 4 \end{pmatrix}$，$\boldsymbol{B}=\begin{pmatrix} 1 & 3 & 2 \\ 2 & 1 & 5 \end{pmatrix}$，则

$$\boldsymbol{A}+\boldsymbol{B}=\begin{pmatrix} 3+1 & 5+3 & 7+2 \\ 2+2 & 0+1 & 4+5 \end{pmatrix}=\begin{pmatrix} 4 & 8 & 9 \\ 4 & 1 & 9 \end{pmatrix}.$$

显然，两个矩阵只有当它们是同型矩阵时才能相加.

矩阵加法的运算规律(设 $\boldsymbol{A},\boldsymbol{B},\boldsymbol{C}$ 都是 $m\times n$ 矩阵)如下.

(1) 交换律：$\boldsymbol{A}+\boldsymbol{B}=\boldsymbol{B}+\boldsymbol{A}$.

(2) 结合律：$(\boldsymbol{A}+\boldsymbol{B})+\boldsymbol{C}=\boldsymbol{A}+(\boldsymbol{B}+\boldsymbol{C})$.

设矩阵 $\boldsymbol{A}=(a_{ij})$，记 $-\boldsymbol{A}=(-a_{ij})$，称 $-\boldsymbol{A}$ 为矩阵 $\boldsymbol{A}$ 的负矩阵．显然有

$$\boldsymbol{A}+(-\boldsymbol{A})=\boldsymbol{O}.$$

由此规定矩阵的减法为

$$\boldsymbol{A}-\boldsymbol{B}=\boldsymbol{A}+(-\boldsymbol{B}).$$

2. 数与矩阵相乘

定义 2.3 数 λ 与矩阵 $\boldsymbol{A}$ 的乘积，记为 $\lambda\boldsymbol{A}$ 或 $\boldsymbol{A}\lambda$，规定为 $\lambda\boldsymbol{A}=(\lambda a_{ij})$，即

$$\lambda\boldsymbol{A}=\boldsymbol{A}\lambda=\begin{pmatrix} \lambda a_{11} & \lambda a_{12} & \cdots & \lambda a_{1n} \\ \lambda a_{21} & \lambda a_{22} & \cdots & \lambda a_{2n} \\ \vdots & \vdots & & \vdots \\ \lambda a_{m1} & \lambda a_{m2} & \cdots & \lambda a_{mn} \end{pmatrix}.$$

例如，设 $\boldsymbol{A}=\begin{pmatrix} 3 & 5 & 7 & 2 \\ 2 & 0 & 4 & 3 \\ 0 & 1 & 2 & 3 \end{pmatrix}$，则

$$3\boldsymbol{A}=3\begin{pmatrix} 3 & 5 & 7 & 2 \\ 2 & 0 & 4 & 3 \\ 0 & 1 & 2 & 3 \end{pmatrix}=\begin{pmatrix} 3\times 3 & 3\times 5 & 3\times 7 & 3\times 2 \\ 3\times 2 & 3\times 0 & 3\times 4 & 3\times 3 \\ 3\times 0 & 3\times 1 & 3\times 2 & 3\times 3 \end{pmatrix}=\begin{pmatrix} 9 & 15 & 21 & 6 \\ 6 & 0 & 12 & 9 \\ 0 & 3 & 6 & 9 \end{pmatrix}.$$

数乘矩阵的运算规律(设 $\boldsymbol{A},\boldsymbol{B}$ 都是 $m\times n$ 矩阵，λ,μ 是数)如下.

(1) 结合律：$(\lambda\mu)\boldsymbol{A}=\lambda(\mu\boldsymbol{A})$.

(2) 分配律：$(\lambda+\mu)\boldsymbol{A}=\lambda\boldsymbol{A}+\mu\boldsymbol{A}$，$\lambda(\boldsymbol{A}+\boldsymbol{B})=\lambda\boldsymbol{A}+\lambda\boldsymbol{B}$.

矩阵的加法运算与数乘运算统称矩阵的线性运算.

例 2.1 设$\boldsymbol{A}=\begin{pmatrix}3&5&7&2\\2&0&4&3\\0&1&2&3\end{pmatrix}$，$\boldsymbol{B}=\begin{pmatrix}1&3&2&0\\2&1&5&7\\0&6&4&8\end{pmatrix}$，求$3\boldsymbol{A}-2\boldsymbol{B}$.

解

$$3\boldsymbol{A}-2\boldsymbol{B}=3\begin{pmatrix}3&5&7&2\\2&0&4&3\\0&1&2&3\end{pmatrix}-2\begin{pmatrix}1&3&2&0\\2&1&5&7\\0&6&4&8\end{pmatrix}$$

$$=\begin{pmatrix}9&15&21&6\\6&0&12&9\\0&3&6&9\end{pmatrix}-\begin{pmatrix}2&6&4&0\\4&2&10&14\\0&12&8&16\end{pmatrix}$$

$$=\begin{pmatrix}9-2&15-6&21-4&6-0\\6-4&0-2&12-10&9-14\\0-0&3-12&6-8&9-16\end{pmatrix}=\begin{pmatrix}7&9&17&6\\2&-2&2&-5\\0&-9&-2&-7\end{pmatrix}.$$

例 2.2 已知$\boldsymbol{A}=\begin{pmatrix}3&5&7&2\\2&0&4&3\\0&1&2&3\end{pmatrix}$，$\boldsymbol{B}=\begin{pmatrix}1&3&2&0\\2&1&5&7\\0&6&4&8\end{pmatrix}$，且$\boldsymbol{A}+2\boldsymbol{X}=\boldsymbol{B}$，求$\boldsymbol{X}$.

解

$$\boldsymbol{X}=\frac{1}{2}(\boldsymbol{B}-\boldsymbol{A})=\frac{1}{2}\begin{pmatrix}-2&-2&-5&-2\\0&1&1&4\\0&5&2&5\end{pmatrix}=\begin{pmatrix}-1&-1&-\frac{5}{2}&-1\\0&\frac{1}{2}&\frac{1}{2}&2\\0&\frac{5}{2}&1&\frac{5}{2}\end{pmatrix}.$$

2.2.2 线性变换与矩阵的乘法

在许多实际问题中，经常遇到m个变量$y_1,y_2,\cdots,y_m$用n个变量$x_1,x_2,\cdots,x_n$线性表示的问题，即

$$\begin{cases}y_1=a_{11}x_1+a_{12}x_2+\cdots+a_{1n}x_n,\\y_2=a_{21}x_1+a_{22}x_2+\cdots+a_{2n}x_n,\\\qquad\cdots\cdots\\y_m=a_{m1}x_1+a_{m2}x_2+\cdots+a_{mn}x_n.\end{cases}$$

给定n个数$x_1,x_2,\cdots,x_n$，经过线性计算得到了m个数$y_1,y_2,\cdots,y_m$，从变量$x_1,x_2,\cdots,x_n$到变量$y_1,y_2,\cdots,y_m$的变换就定义为线性变换．线性变换的系数a_{ij}构成矩阵$\boldsymbol{A}=(a_{ij})_{m\times n}$，称为系数矩阵.

如前述例题用矩阵$\boldsymbol{A}$表示销售情况：

$$\boldsymbol{A}=\begin{pmatrix}3&5&4&9&2\\4&3&6&7&3\\0&3&4&5&6\end{pmatrix}.$$

若将产品 A，B，C，D，E 的单价分别用x_1,x_2,x_3,x_4,x_5表示，甲、乙、丙的销售金

额用 y_1, y_2, y_3 表示，则一旦价格确定，可通过线性变换

$$\begin{cases} y_1 = 3x_1 + 5x_2 + 4x_3 + 9x_4 + 2x_5, \\ y_2 = 4x_1 + 3x_2 + 6x_3 + 7x_4 + 3x_5, \\ y_3 = \quad\quad 3x_2 + 4x_3 + ax_4 + 6x_5, \end{cases}$$

得到 3 个销售点的销售金额．当单价调整后，3 个销售点的销售金额就会随之变化．

给定了线性变换，就确定了一个系数矩阵；反之，若给出一个矩阵作为线性变换的系数矩阵，则线性变换也就确定了．在这个意义上，线性变换与矩阵之间存在着一一对应的关系．

线性变换

$$\begin{cases} y_1 = x_1, \\ y_2 = x_2, \\ \cdots\cdots \\ y_n = x_n k, \end{cases}$$

称为恒等变换，它对应 n 阶单位阵 $\boldsymbol{E}$．

线性变换

$$\begin{cases} y_1 = \lambda_1 x_1, \\ y_2 = \lambda_2 x_2, \\ \cdots\cdots \\ y_n = \lambda_n x_n, \end{cases}$$

对应 n 阶对角矩阵 $\mathrm{diag}(\lambda_1, \lambda_2, \cdots, \lambda_n)$．

设有两个线性变换

$$\begin{cases} y_1 = a_{11}x_1 + a_{12}x_2 + a_{13}x_3, \\ y_2 = a_{21}x_1 + a_{22}x_2 + a_{23}x_3, \end{cases} \tag{2.1}$$

$$\begin{cases} x_1 = b_{11}t_1 + b_{12}t_2, \\ x_2 = b_{21}t_1 + b_{22}t_2, \\ x_3 = b_{31}t_1 + b_{32}t_2, \end{cases} \tag{2.2}$$

变换(2.1)对应的矩阵为

$$\boldsymbol{A} = \begin{pmatrix} a_{11} & a_{12} & a_{13} \\ a_{21} & a_{22} & a_{23} \end{pmatrix},$$

变换(2.2)对应的矩阵为

$$\boldsymbol{B} = \begin{pmatrix} b_{11} & b_{12} \\ b_{21} & b_{22} \\ b_{31} & b_{32} \end{pmatrix},$$

为了求出从 t_1，t_2 到 y_1，y_2 的线性变换，可将式(2.2)代入式(2.1)，得

$$\begin{cases} y_1 = (a_{11}b_{11} + a_{12}b_{21} + a_{13}b_{31})t_1 + (a_{11}b_{12} + a_{12}b_{22} + a_{13}b_{32})t_2, \\ y_2 = (a_{21}b_{11} + a_{22}b_{21} + a_{23}b_{31})t_1 + (a_{21}b_{12} + a_{22}b_{22} + a_{23}b_{32})t_2. \end{cases} \tag{2.3}$$

线性变换(2.3)可看成先做线性变换(2.2)再做线性变换(2.1)的结果．把线性变换(2.3)对应的矩阵记为

$$\begin{pmatrix} a_{11}b_{11} + a_{12}b_{21} + a_{13}b_{31} & a_{11}b_{12} + a_{12}b_{22} + a_{13}b_{32} \\ a_{21}b_{11} + a_{22}b_{21} + a_{23}b_{31} & a_{21}b_{12} + a_{22}b_{22} + a_{23}b_{32} \end{pmatrix}.$$

把线性变换(2.3)叫作线性变换(2.1)与(2.2)的乘积，相应地，其所对应的矩阵定义为线性变换(2.1)与(2.2)所对应的矩阵的乘积，即

$$\begin{pmatrix} a_{11} & a_{12} & a_{13} \\ a_{21} & a_{22} & a_{23} \end{pmatrix}\begin{pmatrix} b_{11} & b_{12} \\ b_{21} & b_{22} \\ b_{31} & b_{32} \end{pmatrix} = \begin{pmatrix} a_{11}b_{11} + a_{12}b_{21} + a_{13}b_{31} & a_{11}b_{12} + a_{12}b_{22} + a_{13}b_{32} \\ a_{21}b_{11} + a_{22}b_{21} + a_{23}b_{31} & a_{21}b_{12} + a_{22}b_{22} + a_{23}b_{32} \end{pmatrix}.$$

由此推广，可得到一般矩阵乘法的定义.

定义 2.4　设 $\boldsymbol{A} = (a_{ij})$ 是一个 $m \times s$ 矩阵，$\boldsymbol{B} = (b_{ij})$ 是一个 $s \times n$ 矩阵，则矩阵 $\boldsymbol{A}$ 与矩阵 $\boldsymbol{B}$ 的乘积记为 $\boldsymbol{AB}$，规定为 $m \times n$ 矩阵 $\boldsymbol{C} = (c_{ij})$，其中

$$c_{ij} = a_{i1}b_{1j} + a_{i2}b_{2j} + \cdots + a_{is}b_{sj} = \sum_{k=1}^{s} a_{ik}b_{kj} \quad (i = 1,2,\cdots,m; j = 1,2,\cdots,n).$$

定义 2.4 表明：乘积 $\boldsymbol{AB} = \boldsymbol{C}$ 的第 i 行第 j 列元素 c_{ij} 就是 $\boldsymbol{A}$ 的第 i 行元素与 $\boldsymbol{B}$ 的第 j 列元素对应乘积之和，相当于两个向量做点积.

值得注意的是，只有当左边的矩阵的列数等于右边的矩阵的行数时，两个矩阵相乘才有意义.

例 2.3　设 $\boldsymbol{A} = \begin{pmatrix} 1 & 2 & -2 \\ 3 & 2 & 4 \end{pmatrix}$，$\boldsymbol{B} = \begin{pmatrix} -2 & 1 & 3 \\ 1 & 1 & 0 \\ 3 & -1 & 1 \end{pmatrix}$，求 $\boldsymbol{AB}$.

解　$\boldsymbol{AB} = \begin{pmatrix} 1 & 2 & -2 \\ 3 & 2 & 4 \end{pmatrix}\begin{pmatrix} -2 & 1 & 3 \\ 1 & 1 & 0 \\ 3 & -1 & 1 \end{pmatrix} = \begin{pmatrix} -6 & 5 & 1 \\ 8 & 1 & 13 \end{pmatrix}$.

例 2.4　设 $\boldsymbol{A} = \begin{pmatrix} 1 & 1 \\ 0 & 1 \end{pmatrix}$，$\boldsymbol{B} = \begin{pmatrix} 1 & 2 \\ 0 & 1 \end{pmatrix}$，求 $\boldsymbol{AB}$ 及 $\boldsymbol{BA}$.

解　$\boldsymbol{AB} = \begin{pmatrix} 1 & 1 \\ 0 & 1 \end{pmatrix}\begin{pmatrix} 1 & 2 \\ 0 & 1 \end{pmatrix} = \begin{pmatrix} 1 & 3 \\ 0 & 1 \end{pmatrix}$，　$\boldsymbol{BA} = \begin{pmatrix} 1 & 2 \\ 0 & 1 \end{pmatrix}\begin{pmatrix} 1 & 1 \\ 0 & 1 \end{pmatrix} = \begin{pmatrix} 1 & 3 \\ 0 & 1 \end{pmatrix}$.

例 2.5　设 $\boldsymbol{A} = \begin{pmatrix} 4 & -8 \\ -3 & 6 \end{pmatrix}$，$\boldsymbol{B} = \begin{pmatrix} 3 & 4 \\ 6 & 8 \end{pmatrix}$，求 $\boldsymbol{AB}$ 及 $\boldsymbol{BA}$.

解　$\boldsymbol{AB} = \begin{pmatrix} 4 & -8 \\ -3 & 6 \end{pmatrix}\begin{pmatrix} 3 & 4 \\ 6 & 8 \end{pmatrix} = \begin{pmatrix} -36 & -48 \\ 27 & 36 \end{pmatrix}$，

$$BA=\begin{pmatrix}3&4\\6&8\end{pmatrix}\begin{pmatrix}4&-8\\-3&6\end{pmatrix}=\begin{pmatrix}0&0\\0&0\end{pmatrix}.$$

可以看出，矩阵的乘法一般不满足交换律，所以左乘一个矩阵和右乘同一个矩阵是有区别的，如果两个n阶方阵$\boldsymbol{A}$与$\boldsymbol{B}$相乘，有$\boldsymbol{AB}=\boldsymbol{BA}$，则称矩阵$\boldsymbol{A}$与矩阵$\boldsymbol{B}$可交换．两个非零矩阵相乘，可能是零矩阵，所以不能从$\boldsymbol{AB}=\boldsymbol{O}$，推出$\boldsymbol{A}=\boldsymbol{O}$或$\boldsymbol{B}=\boldsymbol{O}$．不能从$\boldsymbol{A}(\boldsymbol{X}-\boldsymbol{Y})=\boldsymbol{O}$，推出$\boldsymbol{X}=\boldsymbol{Y}$．

矩阵乘法的运算规律(设下列矩阵都可以进行有关运算)如下．

(1) 结合律：$(\boldsymbol{AB})\boldsymbol{C}=\boldsymbol{A}(\boldsymbol{BC})$；$\lambda(\boldsymbol{AB})=(\lambda\boldsymbol{A})\boldsymbol{B}=\boldsymbol{A}(\lambda\boldsymbol{B})$（$\lambda$为数)．

(2) 分配律：$(\boldsymbol{A}+\boldsymbol{B})\boldsymbol{C}=\boldsymbol{AC}+\boldsymbol{BC}$，$\boldsymbol{C}(\boldsymbol{A}+\boldsymbol{B})=\boldsymbol{CA}+\boldsymbol{CB}$．

容易验证：$\boldsymbol{E}_m\boldsymbol{A}_{m\times n}=\boldsymbol{A}_{m\times n}\boldsymbol{E}_n=\boldsymbol{A}_{m\times n}$，简写成$\boldsymbol{EA}=\boldsymbol{AE}=\boldsymbol{A}$．

对于n阶数量矩阵$\lambda\boldsymbol{E}$及任意n阶方阵$\boldsymbol{A}$，由$(\lambda\boldsymbol{E})\boldsymbol{A}=\lambda\boldsymbol{A},\boldsymbol{A}(\lambda\boldsymbol{E})=\lambda\boldsymbol{A}$，可知数量矩阵$\lambda\boldsymbol{E}$与矩阵$\boldsymbol{A}$的乘积等于数$\lambda$与矩阵$\boldsymbol{A}$的乘积．并且当$\boldsymbol{A}$为$n$阶方阵时，有

$$(\lambda\boldsymbol{E}_n)\boldsymbol{A}_n=\lambda\boldsymbol{A}_n=\boldsymbol{A}_n(\lambda\boldsymbol{E}_n),$$

这表明数量矩阵$\lambda\boldsymbol{E}$与任何同阶方阵都是可交换的．

有了矩阵的乘法，就可以定义矩阵的幂．设$\boldsymbol{A}$是n阶方阵，定义

$$\boldsymbol{A}^1=\boldsymbol{A},\quad \boldsymbol{A}^2=\boldsymbol{A}^1\boldsymbol{A}^1,\quad \cdots,\quad \boldsymbol{A}^{k+1}=\boldsymbol{A}^k\boldsymbol{A}^1,$$

其中，k为正整数．显然只有方阵的幂才有意义．

矩阵幂的运算规律：$\boldsymbol{A}^{k+l}=\boldsymbol{A}^k\boldsymbol{A}^l,(\boldsymbol{A}^k)^l=\boldsymbol{A}^{kl}$（$k$，$l$为正整数)．

值得注意的是，对于n阶方阵$\boldsymbol{A}$，$\boldsymbol{B}$，一般地，$(\boldsymbol{AB})^k\neq\boldsymbol{A}^k\boldsymbol{B}^k$，只有当$\boldsymbol{A}$与$\boldsymbol{B}$可交换时，才有$(\boldsymbol{AB})^k=\boldsymbol{A}^k\boldsymbol{B}^k$．

利用矩阵乘法，可将线性变换

$$\begin{cases}y_1=a_{11}x_1+a_{12}x_2+\cdots+a_{1n}x_n,\\y_2=a_{21}x_1+a_{22}x_2+\cdots+a_{2n}x_n,\\\qquad\cdots\cdots\\y_m=a_{m1}x_1+a_{m2}x_2+\cdots+a_{mn}x_n,\end{cases}$$

记作$\boldsymbol{y}=\boldsymbol{Ax}$，其中$\boldsymbol{A}=(a_{ij}),\boldsymbol{x}=\begin{pmatrix}x_1\\x_2\\\vdots\\x_n\end{pmatrix},\boldsymbol{y}=\begin{pmatrix}y_1\\y_2\\\vdots\\y_m\end{pmatrix}$．

同样地，可将m个方程n个未知数的线性方程组

$$\begin{cases}a_{11}x_1+a_{12}x_2+\cdots+a_{1n}x_n=b_1,\\a_{21}x_1+a_{22}x_2+\cdots+a_{2n}x_n=b_2,\\\qquad\cdots\cdots\\a_{m1}x_1+a_{m2}x_2+\cdots+a_{mn}x_n=b_m,\end{cases}\tag{2.4}$$

简记作 $\boldsymbol{Ax}=\boldsymbol{b}$，其中 $\boldsymbol{A}=(a_{ij}),\boldsymbol{x}=\begin{pmatrix}x_1\\x_2\\\vdots\\x_n\end{pmatrix},\boldsymbol{b}=\begin{pmatrix}b_1\\b_2\\\vdots\\b_m\end{pmatrix}$.

还可将矩阵 $\boldsymbol{A}$ 中的 n 列看成 n 个列向量，记为 $\boldsymbol{\alpha}_1,\boldsymbol{\alpha}_2,\cdots,\boldsymbol{\alpha}_n$，其中 $\boldsymbol{\alpha}_i=\begin{pmatrix}a_{1i}\\a_{2i}\\\vdots\\a_{mi}\end{pmatrix}$，记 $\boldsymbol{b}=\begin{pmatrix}b_1\\b_2\\\vdots\\b_m\end{pmatrix}$，则方程组(2.4)可表示为

$$x_1\boldsymbol{\alpha}_1+x_2\boldsymbol{\alpha}_2+\cdots+x_n\boldsymbol{\alpha}_n=\boldsymbol{b}. \tag{2.5}$$

方程组的求解问题可理解为是否存在系数 $x_1,x_2,\cdots,x_n$，使得向量组 $\boldsymbol{\alpha}_1,\boldsymbol{\alpha}_2,\cdots,\boldsymbol{\alpha}_n$ 的线性组合 $x_1\boldsymbol{\alpha}_1+x_2\boldsymbol{\alpha}_2+\cdots+x_n\boldsymbol{\alpha}_n$ 等于向量 $\boldsymbol{b}$.

2.2.3　矩阵的转置

定义 2.5　矩阵 $\boldsymbol{A}$ 的行与列互换所得到的矩阵，叫作 $\boldsymbol{A}$ 的转置矩阵，记作 $\boldsymbol{A}^{\mathrm{T}}$.

例如，矩阵 $\boldsymbol{A}=\begin{pmatrix}3&8&10\\6&-1&21\end{pmatrix}$ 的转置矩阵为 $\boldsymbol{A}^{\mathrm{T}}=\begin{pmatrix}3&6\\8&-1\\10&21\end{pmatrix}$.

矩阵的转置有如下运算规律(设下列矩阵都可以进行有关运算).

(1) $(\boldsymbol{A}^{\mathrm{T}})^{\mathrm{T}}=\boldsymbol{A}$；

(2) $(\boldsymbol{A}+\boldsymbol{B})^{\mathrm{T}}=\boldsymbol{A}^{\mathrm{T}}+\boldsymbol{B}^{\mathrm{T}}$；

(3) $(\lambda\boldsymbol{A})^{\mathrm{T}}=\lambda\boldsymbol{A}^{\mathrm{T}}$（$\lambda$ 为数)；

(4) $(\boldsymbol{AB})^{\mathrm{T}}=\boldsymbol{B}^{\mathrm{T}}\boldsymbol{A}^{\mathrm{T}}$.

证　仅证明规律(4). 设

$$\boldsymbol{A}=(a_{ij})_{m\times s},\qquad \boldsymbol{B}=(b_{ij})_{s\times n},$$

记

$$\boldsymbol{AB}=\boldsymbol{C}=(c_{ij})_{m\times n},\qquad \boldsymbol{B}^{\mathrm{T}}\boldsymbol{A}^{\mathrm{T}}=\boldsymbol{D}=(d_{ij})_{n\times m}.$$

$(\boldsymbol{AB})^{\mathrm{T}}$ 的第 i 行第 j 列的元素就是 $\boldsymbol{AB}$ 的第 j 行第 i 列的元素：

$$c_{ji}=a_{j1}b_{1i}+a_{j2}b_{2i}+\cdots+a_{js}b_{si},$$

而 $\boldsymbol{B}^{\mathrm{T}}\boldsymbol{A}^{\mathrm{T}}$ 的第 i 行第 j 列的元素是 $\boldsymbol{B}^{\mathrm{T}}$ 的第 i 行 $(b_{1i},b_{2i},\cdots,b_{si})$ 与 $\boldsymbol{A}^{\mathrm{T}}$ 的第 j 列 $(a_{j1},a_{j2},\cdots,a_{js})^{\mathrm{T}}$ 的乘积，所以

$$d_{ij}=b_{1i}a_{j1}+b_{2i}a_{j2}+\cdots+b_{si}a_{js},$$

因此 $d_{ij}=c_{ji}\ (i=1,2,\cdots,n;\ j=1,2,\cdots,m)$，即 $(\boldsymbol{AB})^{\mathrm{T}}=\boldsymbol{B}^{\mathrm{T}}\boldsymbol{A}^{\mathrm{T}}$.

例 2.6 已知 $\boldsymbol{A}=\begin{pmatrix}2&0\\1&5\\-1&1\end{pmatrix}$，$\boldsymbol{B}=\begin{pmatrix}1&1\\6&3\end{pmatrix}$，求 $(\boldsymbol{AB})^{\mathrm{T}}$.

解法一 因为

$$\boldsymbol{AB}=\begin{pmatrix}2&0\\1&5\\-1&1\end{pmatrix}\begin{pmatrix}1&1\\6&3\end{pmatrix}=\begin{pmatrix}2&2\\31&16\\5&2\end{pmatrix},$$

所以

$$(\boldsymbol{AB})^{\mathrm{T}}=\begin{pmatrix}2&31&5\\2&16&2\end{pmatrix}.$$

解法二

$$(\boldsymbol{AB})^{\mathrm{T}}=\boldsymbol{B}^{\mathrm{T}}\boldsymbol{A}^{\mathrm{T}}=\begin{pmatrix}1&6\\1&3\end{pmatrix}\begin{pmatrix}2&1&-1\\0&5&1\end{pmatrix}=\begin{pmatrix}2&31&5\\2&16&2\end{pmatrix}.$$

例 2.7 设 $\boldsymbol{AA}^{\mathrm{T}}=\boldsymbol{O}$，证明 $\boldsymbol{A}=\boldsymbol{O}$.

证 设 $\boldsymbol{A}=(a_{ij})_{m\times n}$，$\boldsymbol{B}=\boldsymbol{A}^{\mathrm{T}}=(b_{ij})_{m\times n}$，$\boldsymbol{AA}^{\mathrm{T}}=\boldsymbol{C}=(c_{ij})$，其中 $b_{ij}=a_{ji}$，所以

$$c_{ii}=\sum_{k=1}^{n}a_{ik}b_{ki}=\sum_{k=1}^{n}a_{ik}a_{ik}=a_{i1}^2+a_{i2}^2+\cdots+a_{in}^2=0\quad(i=1,2,\cdots,n),$$

从而 $a_{i1}=a_{i2}=\cdots=a_{in}=0\ (i=1,2,\cdots,n)$，即 $\boldsymbol{A}=\boldsymbol{O}$.

设 $\boldsymbol{A}$ 为 n 阶方阵，若满足 $\boldsymbol{A}^{\mathrm{T}}=\boldsymbol{A}$，即 $a_{ij}=a_{ji}\ (i,j=1,2,\cdots,n)$，则称 $\boldsymbol{A}$ 为对称矩阵，简称对称阵.

对称阵的元素以主对角线为对称轴对应相等.

设 $\boldsymbol{A}$ 为 n 阶方阵，若满足 $\boldsymbol{A}^{\mathrm{T}}=-\boldsymbol{A}$，即 $a_{ij}=-a_{ji}\ (i,j=1,2,\cdots,n)$，则称 $\boldsymbol{A}$ 为反对称矩阵，简称反对称阵.

反对称阵主对角线上的元素必为 0.

2.2.4 共轭矩阵

矩阵 $\boldsymbol{A}$ 的元素 a_{ij} 为复数时，则称矩阵 $\boldsymbol{A}$ 为复矩阵. 当 $\boldsymbol{A}=(a_{ij})$ 为复矩阵时，用 $\overline{a}_{ij}$ 表示 a_{ij} 的共轭复数，记 $\overline{\boldsymbol{A}}=(\overline{a}_{ij})$，称 $\overline{\boldsymbol{A}}$ 为 $\boldsymbol{A}$ 的共轭矩阵.

共轭矩阵满足的运算规律(设 $\boldsymbol{A}$，$\boldsymbol{B}$ 为复矩阵，λ 为复数，且运算都是有意义的)如下.

(1) $\overline{\boldsymbol{A}+\boldsymbol{B}}=\overline{\boldsymbol{A}}+\overline{\boldsymbol{B}}$；

(2) $\overline{\lambda\boldsymbol{A}}=\overline{\lambda}\,\overline{\boldsymbol{A}}$；

(3) $\overline{AB}=\overline{A}\,\overline{B}$.

2.3 矩阵的逆

定义 2.6 对于 n 阶矩阵 $\boldsymbol{A}$，若存在 n 阶矩阵 $\boldsymbol{B}$，使得

$$\boldsymbol{AB}=\boldsymbol{BA}=\boldsymbol{E},$$

则称矩阵 $\boldsymbol{A}$ 是可逆的，并称 $\boldsymbol{B}$ 为 $\boldsymbol{A}$ 的逆矩阵，简称逆阵.

逆阵的唯一性：如果矩阵 $\boldsymbol{A}$ 是可逆的，那么 $\boldsymbol{A}$ 的逆阵是唯一的.

事实上，设 $\boldsymbol{B}_1$ 和 $\boldsymbol{B}_2$ 都是 $\boldsymbol{A}$ 的逆矩阵，则有 $\boldsymbol{AB}_1=\boldsymbol{B}_1\boldsymbol{A}=\boldsymbol{E},\boldsymbol{AB}_2=\boldsymbol{B}_2\boldsymbol{A}=\boldsymbol{E}$，从而

$$\boldsymbol{B}_1=\boldsymbol{EB}_1=(\boldsymbol{B}_2\boldsymbol{A})\boldsymbol{B}_1=\boldsymbol{B}_2(\boldsymbol{AB}_1)=\boldsymbol{B}_2\boldsymbol{E}=\boldsymbol{B}_2,$$

即 $\boldsymbol{B}_1=\boldsymbol{B}_2$，所以逆矩阵是唯一的.

$\boldsymbol{A}$ 的逆阵记为 $\boldsymbol{A}^{-1}$，即若 $\boldsymbol{AB}=\boldsymbol{BA}=\boldsymbol{E}$，则 $\boldsymbol{B}=\boldsymbol{A}^{-1}$.

逆矩阵的性质：

(1) 若 $\boldsymbol{A}$ 可逆，则 $\boldsymbol{A}^{-1}$ 也可逆，且 $(\boldsymbol{A}^{-1})^{-1}=\boldsymbol{A}$.

(2) 若 $\boldsymbol{A}$ 可逆，数 $\lambda\neq 0$，则 $\lambda\boldsymbol{A}$ 可逆，且 $(\lambda\boldsymbol{A})^{-1}=\dfrac{1}{\lambda}\boldsymbol{A}^{-1}$.

(3) 若 $\boldsymbol{A}$，$\boldsymbol{B}$ 为同阶可逆矩阵，则 $\boldsymbol{AB}$ 也可逆，且 $(\boldsymbol{AB})^{-1}=\boldsymbol{B}^{-1}\boldsymbol{A}^{-1}$.

证 由于 $(\boldsymbol{AB})(\boldsymbol{B}^{-1}\boldsymbol{A}^{-1})=\boldsymbol{A}(\boldsymbol{BB}^{-1})\boldsymbol{A}^{-1}=\boldsymbol{AEA}^{-1}=\boldsymbol{AA}^{-1}=\boldsymbol{E}$，同理 $(\boldsymbol{B}^{-1}\boldsymbol{A}^{-1})(\boldsymbol{AB})=\boldsymbol{E}$，$\boldsymbol{AB}$ 可逆，且 $(\boldsymbol{AB})^{-1}=\boldsymbol{B}^{-1}\boldsymbol{A}^{-1}$.

(4) 若 $\boldsymbol{A}$ 可逆，则 $\boldsymbol{A}^{\mathrm{T}}$ 也可逆，且 $(\boldsymbol{A}^{\mathrm{T}})^{-1}=(\boldsymbol{A}^{-1})^{\mathrm{T}}$.

证 由于 $(\boldsymbol{A}^{\mathrm{T}})(\boldsymbol{A}^{-1})^{\mathrm{T}}=(\boldsymbol{A}^{-1}\boldsymbol{A})^{\mathrm{T}}=\boldsymbol{E}^{\mathrm{T}}=\boldsymbol{E}$，同理 $(\boldsymbol{A}^{-1})^{\mathrm{T}}(\boldsymbol{A}^{\mathrm{T}})=\boldsymbol{E}$，$\boldsymbol{A}^{\mathrm{T}}$ 也可逆，且 $(\boldsymbol{A}^{\mathrm{T}})^{-1}=(\boldsymbol{A}^{-1})^{\mathrm{T}}$.

对角阵的逆 设

$$\boldsymbol{A}=\begin{pmatrix}\lambda_1 & & & \\ & \lambda_2 & & \\ & & \ddots & \\ & & & \lambda_n\end{pmatrix},$$

如果 $\lambda_i\neq 0\,(i=1,2,\cdots,n)$，容易验证，$\boldsymbol{A}$ 的逆阵如下：

$$\boldsymbol{A}^{-1}=\begin{pmatrix}\lambda_1^{-1} & & & \\ & \lambda_2^{-1} & & \\ & & \ddots & \\ & & & \lambda_n^{-1}\end{pmatrix}.$$

例 2.8 已知 n 阶矩阵 $\boldsymbol{A},\boldsymbol{B},\boldsymbol{A}+\boldsymbol{B}$ 均可逆，证明 $\boldsymbol{A}^{-1}+\boldsymbol{B}^{-1}$ 也可逆，并求其逆矩阵 $(\boldsymbol{A}^{-1}+\boldsymbol{B}^{-1})^{-1}$.

解 由于 $\boldsymbol{A}^{-1}+\boldsymbol{B}^{-1}=\boldsymbol{A}^{-1}(\boldsymbol{E}+\boldsymbol{A}\boldsymbol{B}^{-1})=\boldsymbol{A}^{-1}(\boldsymbol{B}+\boldsymbol{A})\boldsymbol{B}^{-1}=\boldsymbol{A}^{-1}(\boldsymbol{A}+\boldsymbol{B})\boldsymbol{B}^{-1}$，而 $\boldsymbol{A},\boldsymbol{B}$ 可逆，$\boldsymbol{A}^{-1},\boldsymbol{B}^{-1}$ 也可逆，又 $\boldsymbol{A}+\boldsymbol{B}$ 可逆，所以 $\boldsymbol{A}^{-1}(\boldsymbol{A}+\boldsymbol{B})\boldsymbol{B}^{-1}$ 可逆，且

$$(\boldsymbol{A}^{-1}+\boldsymbol{B}^{-1})^{-1}=[\boldsymbol{A}^{-1}(\boldsymbol{A}+\boldsymbol{B})\boldsymbol{B}^{-1}]^{-1}=\boldsymbol{B}(\boldsymbol{A}+\boldsymbol{B})^{-1}\boldsymbol{A}.$$

2.4 分块矩阵

对行数和列数较高的矩阵进行运算时，为了利用某些矩阵的特点，常常采用分块法，使大矩阵的运算化成一些小矩阵的运算．矩阵分块就是将矩阵 $\boldsymbol{A}$ 用若干条纵线和横线分成许多个小矩阵，每个小矩阵称为 $\boldsymbol{A}$ 的子块，以这些子块为元素的形式上的矩阵称为分块矩阵．

例如，$\boldsymbol{A}=\begin{pmatrix}1&0&0&3\\0&1&0&-1\\0&0&1&0\\0&0&0&1\end{pmatrix}$，若令 $\boldsymbol{E}_2=\begin{pmatrix}1&0\\0&1\end{pmatrix}$，$\boldsymbol{A}_3=\begin{pmatrix}0&3\\0&-1\end{pmatrix}$，$\boldsymbol{O}=\begin{pmatrix}0&0\\0&0\end{pmatrix}$，则

$\boldsymbol{A}=\begin{pmatrix}1&0&0&3\\0&1&0&-1\\0&0&1&0\\0&0&0&1\end{pmatrix}=\begin{pmatrix}\boldsymbol{E}_2&\boldsymbol{A}_3\\\boldsymbol{O}&\boldsymbol{E}_2\end{pmatrix}$．若令 $\boldsymbol{a}_1=\begin{pmatrix}1\\0\\0\\0\end{pmatrix}$，$\boldsymbol{a}_2=\begin{pmatrix}0\\1\\0\\0\end{pmatrix}$，$\boldsymbol{a}_3=\begin{pmatrix}0\\0\\1\\0\end{pmatrix}$，$\boldsymbol{a}_4=\begin{pmatrix}3\\-1\\0\\1\end{pmatrix}$，则 $\boldsymbol{A}=(\boldsymbol{a}_1,\boldsymbol{a}_2,\boldsymbol{a}_3,\boldsymbol{a}_4)$．

分块矩阵的运算与普通矩阵的运算类似．

(1) 设矩阵 $\boldsymbol{A}$ 与 $\boldsymbol{B}$ 有相同的行数和列数，且采用相同的分块法，即

$$\boldsymbol{A}=\begin{pmatrix}\boldsymbol{A}_{11}&\cdots&\boldsymbol{A}_{1r}\\\vdots&&\vdots\\\boldsymbol{A}_{s1}&\cdots&\boldsymbol{A}_{sr}\end{pmatrix},\qquad \boldsymbol{B}=\begin{pmatrix}\boldsymbol{B}_{11}&\cdots&\boldsymbol{B}_{1r}\\\vdots&&\vdots\\\boldsymbol{B}_{s1}&\cdots&\boldsymbol{B}_{sr}\end{pmatrix},$$

其中，对任意 $i=1,2,\cdots,s$ 和 $j=1,2,\cdots,r$，$\boldsymbol{A}_{ij}$ 与 $\boldsymbol{B}_{ij}$ 的行数与列数分别相同，则

$$\boldsymbol{A}+\boldsymbol{B}=\begin{pmatrix}\boldsymbol{A}_{11}+\boldsymbol{B}_{11}&\cdots&\boldsymbol{A}_{1r}+\boldsymbol{B}_{1r}\\\vdots&&\vdots\\\boldsymbol{A}_{s1}+\boldsymbol{B}_{s1}&\cdots&\boldsymbol{A}_{sr}+\boldsymbol{B}_{sr}\end{pmatrix}.$$

(2) 设 λ 为任一数，$\boldsymbol{A}=\begin{pmatrix}\boldsymbol{A}_{11}&\cdots&\boldsymbol{A}_{1r}\\\vdots&&\vdots\\\boldsymbol{A}_{s1}&\cdots&\boldsymbol{A}_{sr}\end{pmatrix}$，则

$$\lambda\boldsymbol{A}=\begin{pmatrix}\lambda\boldsymbol{A}_{11}&\cdots&\lambda\boldsymbol{A}_{1r}\\\vdots&&\vdots\\\lambda\boldsymbol{A}_{s1}&\cdots&\lambda\boldsymbol{A}_{sr}\end{pmatrix}.$$

(3) 设 $\boldsymbol{A}$ 是 $m\times l$ 矩阵，$\boldsymbol{B}$ 是 $l\times n$ 矩阵，分块成

$$\boldsymbol{A}=\begin{pmatrix}\boldsymbol{A}_{11} & \cdots & \boldsymbol{A}_{1t}\\ \vdots & & \vdots\\ \boldsymbol{A}_{s1} & \cdots & \boldsymbol{A}_{st}\end{pmatrix},\qquad \boldsymbol{B}=\begin{pmatrix}\boldsymbol{B}_{11} & \cdots & \boldsymbol{B}_{1r}\\ \vdots & & \vdots\\ \boldsymbol{B}_{t1} & \cdots & \boldsymbol{B}_{tr}\end{pmatrix},$$

对任意 $i=1,2,\cdots,s$，$\boldsymbol{A}_{i1},\boldsymbol{A}_{i2},\cdots,\boldsymbol{A}_{it}$ 的列数分别等于 $\boldsymbol{B}_{1j},\boldsymbol{B}_{2j},\cdots,\boldsymbol{B}_{tj}$ 的行数，则

$$\boldsymbol{AB}=\begin{pmatrix}\boldsymbol{C}_{11} & \cdots & \boldsymbol{C}_{1r}\\ \vdots & & \vdots\\ \boldsymbol{C}_{s1} & \cdots & \boldsymbol{C}_{sr}\end{pmatrix},$$

其中，$\boldsymbol{C}_{ij}=\sum\limits_{k=1}^{t}\boldsymbol{A}_{ik}\boldsymbol{B}_{kj}\quad(i=1,2,\cdots,s;\ j=1,2,\cdots,r)$.

例 2.9　设

$$\boldsymbol{A}=\begin{pmatrix}1&0&0&0\\0&1&0&0\\-1&2&1&0\\1&1&0&1\end{pmatrix},\qquad \boldsymbol{B}=\begin{pmatrix}1&0&3&2\\-1&2&0&1\\1&0&4&1\\-1&-1&2&0\end{pmatrix},$$

求 $\boldsymbol{AB}$.

解　把 $\boldsymbol{A}$，$\boldsymbol{B}$ 分块成

$$\boldsymbol{A}=\left(\begin{array}{cc|cc}1&0&0&0\\0&1&0&0\\\hline -1&2&1&0\\1&1&0&1\end{array}\right)=\begin{pmatrix}\boldsymbol{E}&\boldsymbol{O}\\\boldsymbol{A}_1&\boldsymbol{E}\end{pmatrix},\qquad \boldsymbol{B}=\left(\begin{array}{cc|cc}1&0&3&2\\-1&2&0&1\\\hline 1&0&4&1\\-1&-1&2&0\end{array}\right)=\begin{pmatrix}\boldsymbol{B}_{11}&\boldsymbol{B}_{12}\\\boldsymbol{B}_{21}&\boldsymbol{B}_{22}\end{pmatrix},$$

则

$$\boldsymbol{AB}=\begin{pmatrix}\boldsymbol{E}&\boldsymbol{O}\\\boldsymbol{A}_1&\boldsymbol{E}\end{pmatrix}\begin{pmatrix}\boldsymbol{B}_{11}&\boldsymbol{B}_{12}\\\boldsymbol{B}_{21}&\boldsymbol{B}_{22}\end{pmatrix}=\begin{pmatrix}\boldsymbol{B}_{11}&\boldsymbol{B}_{12}\\\boldsymbol{A}_1\boldsymbol{B}_{11}+\boldsymbol{B}_{21}&\boldsymbol{A}_1\boldsymbol{B}_{12}+\boldsymbol{B}_{22}\end{pmatrix},$$

而

$$\boldsymbol{A}_1\boldsymbol{B}_{11}+\boldsymbol{B}_{21}=\begin{pmatrix}-1&2\\1&1\end{pmatrix}\begin{pmatrix}1&0\\-1&2\end{pmatrix}+\begin{pmatrix}1&0\\-1&-1\end{pmatrix}=\begin{pmatrix}-3&4\\0&2\end{pmatrix}+\begin{pmatrix}1&0\\-1&-1\end{pmatrix}=\begin{pmatrix}-2&4\\-1&1\end{pmatrix},$$

$$\boldsymbol{A}_1\boldsymbol{B}_{12}+\boldsymbol{B}_{22}=\begin{pmatrix}-1&2\\1&1\end{pmatrix}\begin{pmatrix}3&2\\0&1\end{pmatrix}+\begin{pmatrix}4&1\\2&0\end{pmatrix}=\begin{pmatrix}1&1\\5&3\end{pmatrix},$$

于是

$$\boldsymbol{AB}=\begin{pmatrix}1&0&3&2\\-1&2&0&1\\-2&4&1&1\\-1&1&5&3\end{pmatrix}.$$

(4) 设 $\boldsymbol{A}=\begin{pmatrix}\boldsymbol{A}_{11} & \cdots & \boldsymbol{A}_{1r}\\ \vdots & & \vdots\\ \boldsymbol{A}_{s1} & \cdots & \boldsymbol{A}_{sr}\end{pmatrix}$，则 $\boldsymbol{A}^{\mathrm{T}}=\begin{pmatrix}\boldsymbol{A}_{11}^{\mathrm{T}} & \cdots & \boldsymbol{A}_{s1}^{\mathrm{T}}\\ \vdots & & \vdots\\ \boldsymbol{A}_{1r}^{\mathrm{T}} & \cdots & \boldsymbol{A}_{sr}^{\mathrm{T}}\end{pmatrix}$.

(5) 设 n 阶矩阵 $\boldsymbol{A}$ 的分块矩阵只有在对角线上有非零子块，其余子块都为零矩阵，且在对角线上的子块都是方阵，即

$$\boldsymbol{A}=\begin{pmatrix}\boldsymbol{A}_1 & & & \\ & \boldsymbol{A}_2 & & \\ & & \ddots & \\ & & & \boldsymbol{A}_s\end{pmatrix},$$

其中，$\boldsymbol{A}_i\ (i=1,2,\cdots,s)$都是方阵，那么称 $\boldsymbol{A}$ 为分块对角矩阵.

若分块对角矩阵 $\boldsymbol{A}$ 中各 $\boldsymbol{A}_i\ (i=1,2,\cdots,s)$都是可逆阵，则 $\boldsymbol{A}$ 也可逆，且有

$$\boldsymbol{A}^{-1}=\begin{pmatrix}\boldsymbol{A}_1^{-1} & & & \\ & \boldsymbol{A}_2^{-1} & & \\ & & \ddots & \\ & & & \boldsymbol{A}_s^{-1}\end{pmatrix}.$$

矩阵按行分块和按列分块是两种十分常见的分块法(设 $\boldsymbol{A}=(a_{ij})_{m\times n}$).

(1) 若 $\boldsymbol{A}$ 的第 i 个行向量记作

$$\boldsymbol{a}_i^{\mathrm{T}}=(a_{i1},a_{i2},\cdots,a_{in})\quad (i=1,2,\cdots,m),$$

则

$$\boldsymbol{A}=\begin{pmatrix}\boldsymbol{a}_1^{\mathrm{T}}\\ \boldsymbol{a}_2^{\mathrm{T}}\\ \vdots\\ \boldsymbol{a}_m^{\mathrm{T}}\end{pmatrix}.$$

(2) 若 $\boldsymbol{A}$ 的第 j 个列向量记作

$$\boldsymbol{\alpha}_j=\begin{pmatrix}a_{1j}\\ a_{2j}\\ \vdots\\ a_{mj}\end{pmatrix}\quad (j=1,2,\cdots,n),$$

则

$$\boldsymbol{A}=(\boldsymbol{\alpha}_1,\boldsymbol{\alpha}_2,\cdots,\boldsymbol{\alpha}_n).$$

矩阵的乘法可先将矩阵按行、列分块后再相乘. 例如，计算 $\boldsymbol{AB}$，先将 $\boldsymbol{A},\boldsymbol{B}$ 分块为

$$A=(a_{ij})_{m\times s}=\begin{pmatrix}\boldsymbol{a}_1^{\mathrm T}\\ \boldsymbol{a}_2^{\mathrm T}\\ \vdots\\ \boldsymbol{a}_m^{\mathrm T}\end{pmatrix},\qquad \boldsymbol{B}=(b_{ij})_{s\times n}=(\boldsymbol{b}_1,\boldsymbol{b}_2,\cdots,\boldsymbol{b}_n),$$

则

$$\boldsymbol{AB}=\begin{pmatrix}\boldsymbol{a}_1^{\mathrm T}\\ \boldsymbol{a}_2^{\mathrm T}\\ \vdots\\ \boldsymbol{a}_m^{\mathrm T}\end{pmatrix}(\boldsymbol{b}_1,\boldsymbol{b}_2,\cdots,\boldsymbol{b}_n)=\begin{pmatrix}\boldsymbol{a}_1^{\mathrm T}\boldsymbol{b}_1 & \boldsymbol{a}_1^{\mathrm T}\boldsymbol{b}_2 & \cdots & \boldsymbol{a}_1^{\mathrm T}\boldsymbol{b}_n\\ \boldsymbol{a}_2^{\mathrm T}\boldsymbol{b}_1 & \boldsymbol{a}_2^{\mathrm T}\boldsymbol{b}_2 & \cdots & \boldsymbol{a}_2^{\mathrm T}\boldsymbol{b}_n\\ \vdots & \vdots & & \vdots\\ \boldsymbol{a}_m^{\mathrm T}\boldsymbol{b}_1 & \boldsymbol{a}_m^{\mathrm T}\boldsymbol{b}_2 & \cdots & \boldsymbol{a}_m^{\mathrm T}\boldsymbol{b}_n\end{pmatrix}=(c_{ij})_{m\times n},$$

其中

$$c_{ij}=\boldsymbol{a}_i^{\mathrm T}\boldsymbol{b}_j=(a_{i1},a_{i2},\cdots,a_{is})\begin{pmatrix}b_{1j}\\ b_{2j}\\ \vdots\\ b_{sj}\end{pmatrix}=\sum_{k=1}^{s}a_{ik}b_{kj}.$$

设

$$\boldsymbol{A}=(a_{ij})_{m\times n}=\begin{pmatrix}\boldsymbol{\alpha}_1^{\mathrm T}\\ \boldsymbol{\alpha}_2^{\mathrm T}\\ \vdots\\ \boldsymbol{\alpha}_m^{\mathrm T}\end{pmatrix}=(\boldsymbol{a}_1,\boldsymbol{a}_2,\cdots,\boldsymbol{a}_n),$$

则

$$\boldsymbol{\varLambda}_m\boldsymbol{A}_{m\times n}=\begin{pmatrix}\lambda_1 & & & \\ & \lambda_2 & & \\ & & \ddots & \\ & & & \lambda_m\end{pmatrix}\begin{pmatrix}\boldsymbol{\alpha}_1^{\mathrm T}\\ \boldsymbol{\alpha}_2^{\mathrm T}\\ \vdots\\ \boldsymbol{\alpha}_m^{\mathrm T}\end{pmatrix}=\begin{pmatrix}\lambda_1\boldsymbol{\alpha}_1^{\mathrm T}\\ \lambda_2\boldsymbol{\alpha}_2^{\mathrm T}\\ \vdots\\ \lambda_m\boldsymbol{\alpha}_m^{\mathrm T}\end{pmatrix},$$

$$\boldsymbol{A}_{m\times n}\boldsymbol{\varLambda}_n=(\boldsymbol{a}_1,\boldsymbol{a}_2,\cdots,\boldsymbol{a}_n)\begin{pmatrix}\lambda_1 & & & \\ & \lambda_2 & & \\ & & \ddots & \\ & & & \lambda_n\end{pmatrix}=(\lambda_1\boldsymbol{a}_1,\lambda_2\boldsymbol{a}_2,\cdots,\lambda_n\boldsymbol{a}_n).$$

注：列向量(列矩阵)常用小写黑体字母表示，如 $\boldsymbol{a},\boldsymbol{b},\boldsymbol{\alpha},\boldsymbol{\beta}$ 等；行向量(行矩阵)用列向量的转置表示，如 $\boldsymbol{a}^{\mathrm T},\boldsymbol{b}^{\mathrm T},\boldsymbol{\alpha}^{\mathrm T},\boldsymbol{\beta}^{\mathrm T}$ 等.

2.5 矩阵的初等变换

矩阵的初等变换是矩阵的一种最基本的运算，有着广泛的应用.

定义 2.7 下面三种变换称为矩阵的初等行(列)变换.

(1) 对调两行(列)(对调 i, j 两行记作 $r_i \leftrightarrow r_j$，对调 i, j 两列记作 $c_i \leftrightarrow c_j$).

(2) 以数 $k \neq 0$ 乘某一行(列)中的所有元素(第 i 行乘 k 记作 $r_i \times k$，第 i 列乘 k 记作 $c_i \times k$).

(3) 把某一行(列)所有元素的 k 倍加到另一行(列)对应元素上去(第 j 行的 k 倍加到第 i 行上记作 $r_i + kr_j$，第 j 列的 k 倍加到第 i 列上记作 $c_i + kc_j$).

矩阵的初等行变换与矩阵的初等列变换统称矩阵的初等变换.

易见，三种初等变换都是可逆的，且其逆变换是同一类型的初等变换：变换 $r_i \leftrightarrow r_j$ 的逆变换就是其本身；变换 $r_i \times k$ 的逆变换为 $r_i \times \left(\dfrac{1}{k}\right)$(或记作 $r_i \div k$)；变换 $r_i + kr_j$ 的逆变换为 $r_i + (-k)r_j$(或记作 $r_i - kr_j$).

若矩阵 $\boldsymbol{A}$ 经有限次初等行变换变成矩阵 $\boldsymbol{B}$，称矩阵 $\boldsymbol{A}$ 与 $\boldsymbol{B}$ 行等价，记作 $\boldsymbol{A} \overset{r}{\sim} \boldsymbol{B}$；若矩阵 $\boldsymbol{A}$ 经有限次初等列变换变成矩阵 $\boldsymbol{B}$，称矩阵 $\boldsymbol{A}$ 与 $\boldsymbol{B}$ 列等价，记作 $\boldsymbol{A} \overset{c}{\sim} \boldsymbol{B}$；若矩阵 $\boldsymbol{A}$ 经有限次初等变换变成矩阵 $\boldsymbol{B}$，称矩阵 $\boldsymbol{A}$ 与 $\boldsymbol{B}$ 等价，记作 $\boldsymbol{A} \sim \boldsymbol{B}$.

矩阵之间的等价关系具有下列性质.

(1) 反身性：$\boldsymbol{A} \sim \boldsymbol{A}$.

(2) 对称性：若 $\boldsymbol{A} \sim \boldsymbol{B}$，则 $\boldsymbol{B} \sim \boldsymbol{A}$.

(3) 传递性：若 $\boldsymbol{A} \sim \boldsymbol{B}$，$\boldsymbol{B} \sim \boldsymbol{C}$，则 $\boldsymbol{A} \sim \boldsymbol{C}$.

由等价关系可以将矩阵分类，将具有等价关系的矩阵作为一类，具有行等价关系的矩阵所对应的线性方程组有相同的解.

例 2.10 求解线性方程组

$$\begin{cases} x_1 + 2x_2 - 7x_3 = -4, \\ 2x_1 + x_2 + x_3 = 13, \\ 3x_1 + 9x_2 - 36x_3 = -33. \end{cases}$$

解 $$\boldsymbol{B} = \begin{pmatrix} 1 & 2 & -7 & -4 \\ 2 & 1 & 1 & 13 \\ 3 & 9 & -36 & -33 \end{pmatrix} \underset{r_3 - 3r_1}{\overset{r_2 - 2r_1}{\sim}} \begin{pmatrix} 1 & 2 & -7 & -4 \\ 0 & -3 & 15 & 21 \\ 0 & 3 & -15 & -21 \end{pmatrix} \underset{r_2 \div (-3)}{\overset{r_3 + r_2}{\sim}} \begin{pmatrix} 1 & 2 & -7 & -4 \\ 0 & 1 & -5 & -7 \\ 0 & 0 & 0 & 0 \end{pmatrix} = \boldsymbol{B}_1$$

$$\overset{r_1 - 2r_2}{\sim} \begin{pmatrix} 1 & 0 & 3 & 10 \\ 0 & 1 & -5 & -7 \\ 0 & 0 & 0 & 0 \end{pmatrix} = \boldsymbol{B}_2 .$$

$\boldsymbol{B}_2$ 对应方程组

$$\begin{cases} x_1 = -3x_3 + 10, \\ x_2 = \ \ 5x_3 - 7, \\ x_3 = \quad x_3, \end{cases}$$

取 x_3 为自由未知数，并令 $x_3 = c$ ，即得

$$\boldsymbol{x} = \begin{pmatrix} x_1 \\ x_2 \\ x_3 \end{pmatrix} = c\begin{pmatrix} -3 \\ 5 \\ 1 \end{pmatrix} + \begin{pmatrix} 10 \\ -7 \\ 0 \end{pmatrix},$$

其中，c 为任意常数.

形如 $\boldsymbol{B}_1$ 的矩阵称为行阶梯形矩阵，其特点是每一行的第一个非零元同列下面的元素都为零；形如 $\boldsymbol{B}_2$ 的矩阵称为行最简形矩阵，其特点是非零行的第一个非零元为 1，且其所在列的其他元素都为 0．求解线性方程组，就是将其对应的矩阵通过初等行变换化为行最简形矩阵．对行最简形矩阵再施行初等列变换，可变成一种形状更简单的矩阵，称为标准形．例如，

$$\boldsymbol{B}_2 = \begin{pmatrix} 1 & 0 & 3 & 10 \\ 0 & 1 & -5 & -7 \\ 0 & 0 & 0 & 0 \end{pmatrix} \underset{c_4 - 10c_1 + 7c_2}{\overset{c_3 - 3c_1 + 5c_2}{\sim}} \begin{pmatrix} 1 & 0 & 0 & 0 \\ 0 & 1 & 0 & 0 \\ 0 & 0 & 0 & 0 \end{pmatrix} = \boldsymbol{F},$$

矩阵 $\boldsymbol{F}$ 称为矩阵 $\boldsymbol{B}$ 的标准形.

可以证明，任意 $m \times n$ 阶矩阵经过有限次初等变换后可化为 $m \times n$ 阶的标准形．标准形的一般形式为 $\begin{pmatrix} \boldsymbol{E}_r & \boldsymbol{O} \\ \boldsymbol{O} & \boldsymbol{O} \end{pmatrix}$，$\boldsymbol{E}_r$ 为 r 阶单位矩阵，其余为零矩阵或不存在.

2.6　初 等 矩 阵

定义 2.8　由单位矩阵 $\boldsymbol{E}$ 经过一次初等变换得到的矩阵称为初等矩阵.

三种初等变换对应三种初等矩阵.

(1) 对调两行或对调两列．把 n 阶单位矩阵中第 i, j 两行对调(第 i, j 两列对调)，得初等矩阵，记为 $\boldsymbol{E}_n(i, j)$ ，简记为 $\boldsymbol{E}(i, j)$.

例如，$\boldsymbol{E}_3(1,\ 2) = \begin{pmatrix} 0 & 1 & 0 \\ 1 & 0 & 0 \\ 0 & 0 & 1 \end{pmatrix}$.

(2) 以数 $k \neq 0$ 乘某行或某列．以数 $k \neq 0$ 乘 n 阶单位矩阵 $\boldsymbol{E}$ 的第 i 行(列)，得初等矩阵，记为 $\boldsymbol{E}_n(i(k))$ ，简记为 $\boldsymbol{E}(i(k))$.

例如，$\boldsymbol{E}_3(2(3)) = \begin{pmatrix} 1 & 0 & 0 \\ 0 & 3 & 0 \\ 0 & 0 & 1 \end{pmatrix}$.

(3) 以数 k 乘某行(列)加到另一行(列)上．以数 k 乘单位矩阵 $\boldsymbol{E}$ 的第 j 行加到第 i 行

上或以数 k 乘单位矩阵 $\boldsymbol{E}$ 的第 i 列加到第 j 列上，得初等矩阵，记为 $\boldsymbol{E}_n(i,j(k))$ ，简记为 $\boldsymbol{E}(i,j(k))$.

例如，$\boldsymbol{E}(3,1(2))=\begin{pmatrix}1&0&0\\0&1&0\\2&0&1\end{pmatrix}$.

定理 2.1 设 $\boldsymbol{A}$ 是一个 $m\times n$ 矩阵，对 $\boldsymbol{A}$ 施行一次初等行变换，相当于在 $\boldsymbol{A}$ 的左边乘以相应的 m 阶初等矩阵；对 $\boldsymbol{A}$ 施行一次初等列变换，相当于在 $\boldsymbol{A}$ 的右边乘以相应的 n 阶初等矩阵.

例如，设 $\boldsymbol{A}=\begin{pmatrix}3&0&1\\1&-1&2\\0&1&1\end{pmatrix}$ ，则有

$$\boldsymbol{A}=\begin{pmatrix}3&0&1\\1&-1&2\\0&1&1\end{pmatrix}\overset{r_1\leftrightarrow r_2}{\sim}\begin{pmatrix}1&-1&2\\3&0&1\\0&1&1\end{pmatrix},$$

$$\boldsymbol{E}_3(1,2)\boldsymbol{A}=\begin{pmatrix}0&1&0\\1&0&0\\0&0&1\end{pmatrix}\begin{pmatrix}3&0&1\\1&-1&2\\0&1&1\end{pmatrix}=\begin{pmatrix}1&-1&2\\3&0&1\\0&1&1\end{pmatrix}.$$

再如

$$\boldsymbol{A}=\begin{pmatrix}3&0&1\\1&-1&2\\0&1&1\end{pmatrix}\overset{c_1+2c_3}{\sim}\begin{pmatrix}5&0&1\\5&-1&2\\2&1&1\end{pmatrix},$$

$$\boldsymbol{A}\boldsymbol{E}_3(3,1(2))=\begin{pmatrix}3&0&1\\1&-1&2\\0&1&1\end{pmatrix}\begin{pmatrix}1&0&0\\0&1&0\\2&0&1\end{pmatrix}=\begin{pmatrix}5&0&1\\5&-1&2\\2&1&1\end{pmatrix}.$$

初等变换对应初等矩阵，由初等变换可逆，可知初等矩阵可逆，且此初等变换的逆变换也就对应初等矩阵的逆矩阵：

(1) 由变换 $r_i\leftrightarrow r_j$ 的逆变换就是其本身，知 $\boldsymbol{E}(i,j)^{-1}=\boldsymbol{E}(i,j)$ ；

(2) 由变换 $r_i\times k$ 的逆变换为 $r_i\times\dfrac{1}{k}$ ，知 $\boldsymbol{E}(i(k))^{-1}=\boldsymbol{E}\left(i\left(\dfrac{1}{k}\right)\right)$ ；

(3) 由变换 r_i+kr_j 的逆变换为 r_i-kr_j ，知 $\boldsymbol{E}(ij(k))^{-1}=\boldsymbol{E}(ij(-k))$.

定理 2.2 方阵 $\boldsymbol{A}$ 可逆的充分必要条件是存在有限个初等矩阵 $\boldsymbol{P}_1,\boldsymbol{P}_2,\cdots,\boldsymbol{P}_l$ ，使 $\boldsymbol{A}=\boldsymbol{P}_1\boldsymbol{P}_2\cdots\boldsymbol{P}_l$.

证 先证充分性. 设 $\boldsymbol{A}=\boldsymbol{P}_1\boldsymbol{P}_2\cdots\boldsymbol{P}_l$ ，因为初等矩阵可逆，且有限个可逆矩阵的乘积仍可逆，所以 $\boldsymbol{A}$ 可逆.

再证必要性. 设 n 阶方阵 $\boldsymbol{A}$ 可逆，且 $\boldsymbol{A}$ 的标准形矩阵为 $\boldsymbol{F}$ ，由于 $\boldsymbol{F}\sim\boldsymbol{A}$ ，知 $\boldsymbol{F}$ 经有

限次初等变换可化为 $\boldsymbol{A}$，即有初等矩阵 $\boldsymbol{P}_1,\boldsymbol{P}_2,\cdots,\boldsymbol{P}_l$，使

$$\boldsymbol{A}=\boldsymbol{P}_1\boldsymbol{P}_2\cdots\boldsymbol{P}_s\boldsymbol{F}\boldsymbol{P}_{s+1}\cdots\boldsymbol{P}_l .$$

因为 $\boldsymbol{A}$ 可逆，$\boldsymbol{P}_1,\boldsymbol{P}_2,\cdots,\boldsymbol{P}_l$ 都可逆，所以标准形矩阵 $\boldsymbol{F}$ 可逆．假设 $\boldsymbol{F}=\begin{pmatrix}\boldsymbol{E}_r & \boldsymbol{O}\\ \boldsymbol{O} & \boldsymbol{O}\end{pmatrix}_{n\times n}$ 中的 $r<n$，对任意的 $\boldsymbol{B}$，$\boldsymbol{FB}$ 下面的 $n-r$ 行中元素全为零，不可能有 $\boldsymbol{FB}=\boldsymbol{E}$，与 $\boldsymbol{F}$ 可逆矛盾，因此 $r=n$，即 $\boldsymbol{F}=\boldsymbol{E}$，从而 $\boldsymbol{A}=\boldsymbol{P}_1\boldsymbol{P}_2\cdots\boldsymbol{P}_l$．

上述证明表明：可逆矩阵的标准形矩阵是单位矩阵．其实可逆矩阵的行最简形矩阵也是单位矩阵，即有如下推论．

推论 2.1　方阵 $\boldsymbol{A}$ 可逆的充分必要条件是 $\boldsymbol{A}\overset{r}{\sim}\boldsymbol{E}$．

证　因为 $\boldsymbol{A}$ 可逆的充分必要条件是 $\boldsymbol{A}$ 为有限个初等矩阵的乘积，即 $\boldsymbol{A}=\boldsymbol{P}_1\boldsymbol{P}_2\cdots\boldsymbol{P}_l$，也即

$$\boldsymbol{A}=\boldsymbol{P}_1\boldsymbol{P}_2\cdots\boldsymbol{P}_l\boldsymbol{E} ,$$

上式表示 $\boldsymbol{E}$ 经有限次初等行变换可变为 $\boldsymbol{A}$，即 $\boldsymbol{A}\overset{r}{\sim}\boldsymbol{E}$．

推论 2.2　$m\times n$ 矩阵 $\boldsymbol{A}$ 与 $\boldsymbol{B}$ 等价的充分必要条件是存在 m 阶可逆矩阵 $\boldsymbol{P}$ 及 n 阶可逆矩阵 $\boldsymbol{Q}$，使 $\boldsymbol{PAQ}=\boldsymbol{B}$．

证明略．

推论 2.3　对于 n 阶方阵 $\boldsymbol{A}$ 及 $n\times t$ 阶矩阵 $\boldsymbol{B}$，若 $(\boldsymbol{A},\boldsymbol{B})\overset{r}{\sim}(\boldsymbol{E},\boldsymbol{X})$，则 $\boldsymbol{A}$ 可逆且 $\boldsymbol{X}=\boldsymbol{A}^{-1}\boldsymbol{B}$．

证　由推论 2.1 知 $\boldsymbol{A}$ 可逆，故由定理 2.2 知，存在有限个初等矩阵 $\boldsymbol{P}_1,\boldsymbol{P}_2,\cdots,\boldsymbol{P}_l$，使

$$\boldsymbol{E}=\boldsymbol{P}_1\boldsymbol{P}_2\cdots\boldsymbol{P}_l\boldsymbol{A} ,$$

因此，$\boldsymbol{A}^{-1}=\boldsymbol{P}_1\boldsymbol{P}_2\cdots\boldsymbol{P}_l$，$\boldsymbol{P}_1\boldsymbol{P}_2\cdots\boldsymbol{P}_l\boldsymbol{B}=\boldsymbol{A}^{-1}\boldsymbol{B}$，从而 $\boldsymbol{P}_1\boldsymbol{P}_2\cdots\boldsymbol{P}_l(\boldsymbol{A},\boldsymbol{B})=(\boldsymbol{E},\boldsymbol{A}^{-1}\boldsymbol{B})$，即 $\boldsymbol{X}=\boldsymbol{A}^{-1}\boldsymbol{B}$．

推论 2.3 的意义：

(1) 取 $\boldsymbol{B}=\boldsymbol{E}$ 时，若 $(\boldsymbol{A},\boldsymbol{E})\overset{r}{\sim}(\boldsymbol{E},\boldsymbol{X})$，则 $\boldsymbol{A}$ 可逆且 $\boldsymbol{X}=\boldsymbol{A}^{-1}$．可以通过这种初等变换求矩阵的逆．

(2) 当 $\boldsymbol{A}$ 为可逆矩阵时，方程 $\boldsymbol{AX}=\boldsymbol{B}$ 的解为 $\boldsymbol{X}=\boldsymbol{A}^{-1}\boldsymbol{B}$，求 $\boldsymbol{AX}=\boldsymbol{B}$ 的解可以对 $(\boldsymbol{A},\boldsymbol{B})$ 进行初等行变换，使之成为 $(\boldsymbol{E},\boldsymbol{A}^{-1}\boldsymbol{B})$，此时即得 $\boldsymbol{X}=\boldsymbol{A}^{-1}\boldsymbol{B}$．

例 2.11　设 $\boldsymbol{A}=\begin{pmatrix}2 & 1 & -1\\ 2 & 1 & 0\\ 1 & -1 & 1\end{pmatrix}$，求 $\boldsymbol{A}^{-1}$．

解　因为

$$(\boldsymbol{A},\boldsymbol{E})=\begin{pmatrix}2 & 1 & -1 & 1 & 0 & 0\\ 2 & 1 & 0 & 0 & 1 & 0\\ 1 & -1 & 1 & 0 & 0 & 1\end{pmatrix}\underset{r_3-2r_1}{\overset{\substack{r_1\leftrightarrow r_3\\ r_2-2r_1}}{\sim}}\begin{pmatrix}1 & -1 & 1 & 0 & 0 & 1\\ 0 & 3 & -2 & 0 & 1 & -2\\ 0 & 3 & -3 & 1 & 0 & -2\end{pmatrix}$$

$$\underset{r_3\div(-1)}{\overset{\substack{r_3-r_2\\ r_2\div 3}}{\sim}}\begin{pmatrix}1 & -1 & 1 & 0 & 0 & 1\\ 0 & 1 & -\frac{2}{3} & 0 & \frac{1}{3} & -\frac{2}{3}\\ 0 & 0 & 1 & -1 & 1 & 0\end{pmatrix}\underset{r_1+r_2}{\overset{\substack{r_2+\frac{2}{3}r_3\\ r_1-r_3}}{\sim}}\begin{pmatrix}1 & 0 & 0 & \frac{1}{3} & 0 & \frac{1}{3}\\ 0 & 1 & 0 & -\frac{2}{3} & 1 & -\frac{2}{3}\\ 0 & 0 & 1 & -1 & 1 & 0\end{pmatrix},$$

所以

$$A^{-1}=\begin{pmatrix}\frac{1}{3} & 0 & \frac{1}{3}\\ -\frac{2}{3} & 1 & -\frac{2}{3}\\ -1 & 1 & 0\end{pmatrix}.$$

例 2.12　设 A，B 满足 $AB=A+2B$，其中 $A=\begin{pmatrix}3 & 0 & 1\\ 1 & 1 & 0\\ 0 & 1 & 4\end{pmatrix}$，求 B．

解　由 $AB=A+2B$ 得 $(A-2E)B=A$，

$$(A-2E,\ A)=\begin{pmatrix}1 & 0 & 1 & 3 & 0 & 1\\ 1 & -1 & 0 & 1 & 1 & 0\\ 0 & 1 & 2 & 0 & 1 & 4\end{pmatrix}\underset{r_2\div(-1)}{\overset{\substack{r_2-r_1\\ r_3+r_2}}{\sim}}\begin{pmatrix}1 & 0 & 1 & 3 & 0 & 1\\ 0 & 1 & 1 & 2 & -1 & 1\\ 0 & 0 & 1 & -2 & 2 & 3\end{pmatrix}$$

$$\underset{r_2-r_3}{\overset{r_1-r_3}{\sim}}\begin{pmatrix}1 & 0 & 0 & 5 & -2 & -2\\ 0 & 1 & 0 & 4 & -3 & -2\\ 0 & 0 & 1 & -2 & 2 & 3\end{pmatrix},$$

可见 $A-2E$ 可逆，且

$$B=(A-2E)^{-1}A=\begin{pmatrix}5 & -2 & -2\\ 4 & -3 & -2\\ -2 & 2 & 3\end{pmatrix}.$$

例 2.13　设

$$A=\begin{pmatrix}3 & -1 & 4\\ 0 & 2 & 1\\ 1 & -1 & -2\end{pmatrix},\quad b_1=\begin{pmatrix}1\\ 2\\ 3\end{pmatrix},\quad b_2=\begin{pmatrix}-1\\ 0\\ 5\end{pmatrix},$$

求线性方程组 $Ax=b_1$ 和 $Ax=b_2$ 的解.

解　设 $Ax_1=b_1, Ax_2=b_2$，记 $X=(x_1,x_2), B=(b_1,b_2)$，则两个线性方程组可合成一个矩阵方程 $AX=B$．为求 X，把 (A,B) 化成行最简形矩阵：

$$(A,\ B)=\begin{pmatrix}3 & -1 & 4 & 1 & -1\\ 0 & 2 & 1 & 2 & 0\\ 1 & -1 & -2 & 3 & 5\end{pmatrix}\underset{r_3-r_2}{\overset{\substack{r_1\leftrightarrow r_3\\ r_3-3r_1}}{\sim}}\begin{pmatrix}1 & -1 & -2 & 3 & 5\\ 0 & 2 & 1 & 2 & 0\\ 0 & 0 & 9 & -10 & -16\end{pmatrix}$$

$$\xrightarrow[r_1+r_2]{\substack{r_2\div 2\\ r_3\div 9}}\begin{pmatrix}1&0&-\dfrac{3}{2}&4&5\\0&1&\dfrac{1}{2}&1&0\\0&0&1&-\dfrac{10}{9}&-\dfrac{16}{9}\end{pmatrix}\xrightarrow[r_2-\frac{1}{2}r_3]{r_1+\frac{3}{2}r_3}\begin{pmatrix}1&0&0&\dfrac{7}{3}&\dfrac{7}{3}\\0&1&0&\dfrac{14}{9}&\dfrac{8}{9}\\0&0&1&-\dfrac{10}{9}&-\dfrac{16}{9}\end{pmatrix},$$

可见$\boldsymbol{A}$是可逆的，且

$$\boldsymbol{X}=\boldsymbol{A}^{-1}\boldsymbol{B}=\begin{pmatrix}\dfrac{7}{3}&\dfrac{7}{3}\\\dfrac{14}{9}&\dfrac{8}{9}\\-\dfrac{10}{9}&-\dfrac{16}{9}\end{pmatrix},$$

即线性方程组$\boldsymbol{Ax}=\boldsymbol{b}_1$和$\boldsymbol{Ax}=\boldsymbol{b}_2$都有唯一解，依次为

$$\boldsymbol{x}_1=\begin{pmatrix}\dfrac{7}{3}\\\dfrac{14}{9}\\-\dfrac{10}{9}\end{pmatrix},\qquad \boldsymbol{x}_2=\begin{pmatrix}\dfrac{7}{3}\\\dfrac{8}{9}\\-\dfrac{16}{9}\end{pmatrix}.$$

例 2.14 如何求解矩阵方程$\boldsymbol{XA}=\boldsymbol{B}$？其中$\boldsymbol{A}$可逆.

解 因为$\boldsymbol{XA}=\boldsymbol{B}\Leftrightarrow\boldsymbol{A}^{\mathrm{T}}\boldsymbol{X}^{\mathrm{T}}=\boldsymbol{B}^{\mathrm{T}}$，要求$\boldsymbol{X}^{\mathrm{T}}$，只需对$(\boldsymbol{A}^{\mathrm{T}},\boldsymbol{B}^{\mathrm{T}})$进行初等行变换，使之成为行最简形矩阵$(\boldsymbol{E},(\boldsymbol{A}^{\mathrm{T}})^{-1}\boldsymbol{B}^{\mathrm{T}})$，且$\boldsymbol{X}^{\mathrm{T}}=(\boldsymbol{A}^{\mathrm{T}})^{-1}\boldsymbol{B}^{\mathrm{T}},\boldsymbol{X}=\boldsymbol{BA}^{-1}$.

应用实例(矩阵在图形学上的应用)

平面图形由一条封闭曲线围成的区域或多条封闭曲线围成的区域构成. 例如，字母L，由a,b,c,d,e,f的连线构成(图 2.1)，如将这 6 个点的坐标记录下来，便可由此生成这个字母. 将 6 个点的坐标按矩阵$\boldsymbol{A}=\begin{pmatrix}0&4&4&1&1&0\\0&0&1&1&6&6\end{pmatrix}$的方式记录下来，第$i$个列向量就是第$i$个点的坐标.

数乘矩阵$k\boldsymbol{A}$所对应的图形相当于把图形放大k倍.

用矩阵$\boldsymbol{P}=\begin{pmatrix}1&0.25\\0&1\end{pmatrix}$乘$\boldsymbol{A}$，有$\boldsymbol{PA}=\begin{pmatrix}0&4&4.25&1.25&2.5&1.5\\0&0&1&1&6&6\end{pmatrix}$，矩阵$\boldsymbol{PA}$所对应的字形变成斜体(图 2.2).

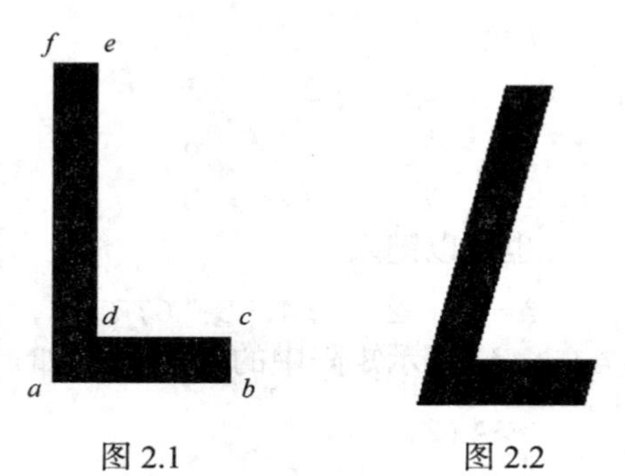

图 2.1　　图 2.2

2.7　矩阵运算的 MATLAB 实验

MATLAB 语言的基本计算对象是向量和矩阵，而把数看作一维向量.

1. 向量的表示

在 MATLAB 中，向量的赋值可采用下列方式：

```
>> a=[1, 2, 3, 4, 5]
>> b=[6 7 8 9 10]
```

两种方法是等价的. 还可以用生成的方法表示向量：

```
>> c=1: 2: 10
```

上面的式子生成以 1 开头，以 2 为步长，一直到小于等于 10 的最大整数的向量，即

```
c=[1, 3, 5, 7, 9]
```

一般，c=a: c: b 生成向量

```
[a, a+c, a+2c, a+Nc]
```

N 为整数，使得 b 在 a+Nc 与 a+(N+1)c 之间.

```
>> c=3: -0. 1: 2. 53
```

生成

```
[3, 2.9, 2.8, 2.7, 2.6, 2.5]
```

2. 矩阵的运算

在 MATLAB 中输入一个矩阵 $\boldsymbol{A}=\begin{pmatrix}1&2&3\\4&5&6\\7&8&9\end{pmatrix}$.

在 MATLAB 提示符“>>”后面键入：

```
>> A=[1 2 3
      4 5 6
      7 8 9]
```

按回车键可得

```
A=
    1     2     3
    4     5     6
    7     8     9
```

也可以键入：

```
A=[1, 2, 3;4, 5, 6;7, 8, 9]
```

A(i, j)表示矩阵中的元素 a_{ij}，如

```
>>A(2, 3)
```

```
ans =
      6
```

再赋值一个矩阵 ***B***：

```
>> B=[1, 3, 2;4, 3, 2;6, 4, 5]

B =
     1     3     2
     4     3     2
     6     4     5
```

求 ***B*** 的转置矩阵可键入：

```
>> B'
ans =
     1     4     6
     3     3     4
     2     2     5
```

在 MATLAB 中，矩阵的运算非常简单，如 $\boldsymbol{A}+\boldsymbol{B}$，$3\boldsymbol{B}$，$\boldsymbol{AB}$，可直接键入算式便可得结果：

```
>> A+B
ans =
     2     5     5
     8     8     8
    13    12    14
>> 3*B
ans =
     3     9     6
    12     9     6
    18    12    15
>> A*B
ans =
    27    21    21
    60    51    48
    93    81    75
```

3. 特殊矩阵的输入

在 MATLAB 中，

```
A=zeros(n), B=ones(n), C=eye(n)
```

分别表示生成 n 阶零矩阵、n 阶全 1 矩阵、n 阶单位矩阵.

A=zeros(m, n), B=ones(m, n), C=eye(m, n)

分别表示生成 $m\times n$ 零矩阵、$m\times n$ 全 1 矩阵、$m\times n$ 主对角线为 1，其余为 0 的矩阵.

例如，

```
>> eye(3, 4)
ans =
      1     0     0     0
      0     1     0     0
      0     0     1     0
```

A=rand(n), B=rand(m, n)

分别生成 n 阶标准均匀分布的伪随机矩阵和 $m\times n$ 标准均匀分布的伪随机矩阵. 例如，

```
>> A=rand(3)
A =
     0.9501    0.4860    0.4565
     0.2311    0.8913    0.0185
     0.6068    0.7621    0.8214
```

(1) 如 c 为一个向量，diag(c)生成对角矩阵，如

```
>> c=1: 5
c =
      1     2     3     4     5
>> diag(c)
ans =
      1     0     0     0     0
      0     2     0     0     0
      0     0     3     0     0
      0     0     0     4     0
      0     0     0     0     5
```

(2) C=[A B]表示把 A 和 B 合并成一个矩阵(%后面为注释语句，在程序中不运行).

例如

```
>>A=eye(3);              %语句后面打分号，表示不显示结果
  B=ones(3, 4);
  C=[A B]
C =
    1     0     0     1     1     1     1
    0     1     0     1     1     1     1
    0     0     1     1     1     1     1
```

(3) `size(C)` 为检查矩阵 C 的阶数语句，如

```
>> size(C)
ans =
     3     6
```

从结果可知 C 为 3×6 矩阵.

(4) 求矩阵 $\boldsymbol{A}$ 的 n 次幂，可用 `A^n`.

```
>> A=[1 2 3;2 1 3;3, 1, 6];
>> A^3
ans =
     109    62   225
     110    61   225
     193   107   396
```

(5) 求 $\boldsymbol{A}$ 的逆矩阵，用函数 `inv(A)`，如

```
>> A=[1 2 3;2 1 3;3, 1, 6]
A =
    1     2     3
    2     1     3
    3     1     6
>> B=inv(A)
B =
   -0.5000    1.5000   -0.5000
    0.5000    0.5000   -0.5000
    0.1667   -0.8333    0.5000
```

检证一下：

```
>> A*B
ans =
     1     0     0
     0     1     0
     0     0     1
```

例 2.15　求解矩阵方程 $\begin{pmatrix} 1 & 3 & 2 \\ 3 & -4 & 1 \\ -3 & 6 & 7 \end{pmatrix} \boldsymbol{X} \begin{pmatrix} 3 & 4 & -1 \\ 2 & -3 & 6 \\ 3 & 0 & 2 \end{pmatrix} = \begin{pmatrix} 156 & -91 & 281 \\ -162 & 44 & -228 \\ 324 & -100 & 494 \end{pmatrix}$.

解

```
>>A=[1, 3, 2;3, -4, 1;-3, 6, 7];
>>B=[3, 4, -1;2, -3, 6;3, 0, 2];
>>C=[156, -91, 281;-162, 44, -228;324, -100, 494];
>>X=inv(A)*C*inv(B)
X=
```

```
-2.0000      3.0000    1.0000
 3.0000     12.0000    4.0000
 2.0000      3.0000   -1.0000
```

习 题 2

(A)

一、填空题.

1. 已知$\boldsymbol{\alpha}=(1,2,3)^{\mathrm{T}}, \boldsymbol{\beta}=\left(1,\frac{1}{2},\frac{1}{3}\right)^{\mathrm{T}}$，设$\boldsymbol{A}=\boldsymbol{\alpha}\boldsymbol{\beta}^{\mathrm{T}}$，则$\boldsymbol{A}^n=$__________.

2. 设$\boldsymbol{\alpha}$为三维列向量，若$\boldsymbol{\alpha}\boldsymbol{\alpha}^{\mathrm{T}}=\begin{pmatrix}1&-1&1\\-1&1&-1\\1&-1&1\end{pmatrix}$，则$\boldsymbol{\alpha}^{\mathrm{T}}\boldsymbol{\alpha}=$__________.

3. 设$\boldsymbol{A}=\begin{pmatrix}1&0&1\\0&2&0\\1&0&1\end{pmatrix}$，而$n\geqslant 2$为正整数，则$\boldsymbol{A}^n-2\boldsymbol{A}^{n-1}=$__________.

4. 设$\boldsymbol{A}=\begin{pmatrix}0&-1&0\\1&0&0\\0&0&-1\end{pmatrix}, \boldsymbol{B}=\boldsymbol{P}^{-1}\boldsymbol{A}\boldsymbol{P}$，其中$\boldsymbol{P}$为三阶可逆矩阵，则$\boldsymbol{B}^{2004}=$__________.

5. 设矩阵$\boldsymbol{A}$满足$\boldsymbol{A}^2+\boldsymbol{A}-4\boldsymbol{E}=\boldsymbol{O}$，其中$\boldsymbol{E}$为单位矩阵，则$(\boldsymbol{A}-\boldsymbol{E})^{-1}=$__________.

6. 设n维向量$\boldsymbol{\alpha}=(a,0,\cdots,0,a)^{\mathrm{T}}, a<0$，$\boldsymbol{E}$为$n$阶单位矩阵，

$$\boldsymbol{A}=\boldsymbol{E}-\boldsymbol{\alpha}\boldsymbol{\alpha}^{\mathrm{T}}, \quad \boldsymbol{B}=\boldsymbol{E}+\frac{1}{a}\boldsymbol{\alpha}\boldsymbol{\alpha}^{\mathrm{T}},$$

其中$\boldsymbol{A}$的逆矩阵为$\boldsymbol{B}$，则$a=$__________.

7. 设$\boldsymbol{A}$和$\boldsymbol{B}$为可逆矩阵，$\boldsymbol{X}=\begin{pmatrix}\boldsymbol{O}&\boldsymbol{A}\\\boldsymbol{B}&\boldsymbol{O}\end{pmatrix}$为分块矩阵，则$\boldsymbol{X}^{-1}=$__________.

8. 设$\boldsymbol{A}=\begin{pmatrix}0&0&0&1\\0&0&1&0\\0&1&0&0\\1&0&0&0\end{pmatrix}$，则$\boldsymbol{A}^{-1}=$__________.

9. 设$\boldsymbol{A}=\begin{pmatrix}1&-1\\2&3\end{pmatrix}, \boldsymbol{B}=\boldsymbol{A}^2-3\boldsymbol{A}+2\boldsymbol{E}$，则$\boldsymbol{B}^{-1}=$__________.

10. 设$\boldsymbol{A}=\begin{pmatrix}3&0&0\\1&4&0\\0&0&3\end{pmatrix}, \boldsymbol{E}$为三阶单位矩阵，则$(\boldsymbol{A}-2\boldsymbol{E})^{-1}=$__________.

11. 已知 $\boldsymbol{AB}-\boldsymbol{B}=\boldsymbol{A}$，其中 $\boldsymbol{B}=\begin{pmatrix}1&-2&0\\2&1&0\\0&0&2\end{pmatrix}$，则 $\boldsymbol{A}=$______.

12. 设 $\boldsymbol{A},\boldsymbol{B}$ 均为三阶矩阵，$\boldsymbol{E}$ 是三阶单位矩阵，已知 $\boldsymbol{AB}=2\boldsymbol{A}+\boldsymbol{B},\boldsymbol{B}=\begin{pmatrix}2&0&2\\0&4&0\\2&0&2\end{pmatrix}$，则 $(\boldsymbol{A}-\boldsymbol{E})^{-1}=$______.

13. 设三阶方阵 $\boldsymbol{A},\boldsymbol{B}$ 满足关系 $\boldsymbol{A}^{-1}\boldsymbol{BA}=6\boldsymbol{A}+\boldsymbol{BA}$，且 $\boldsymbol{A}=\begin{pmatrix}\frac{1}{3}&0&0\\0&\frac{1}{4}&0\\0&0&\frac{1}{7}\end{pmatrix}$，则 $\boldsymbol{B}=$______.

14. 设 $\boldsymbol{A}=\begin{pmatrix}1&0&0&0\\-2&3&0&0\\0&-4&5&0\\0&0&-6&7\end{pmatrix}$，$\boldsymbol{E}$ 为四阶单位矩阵，且 $\boldsymbol{B}=(\boldsymbol{E}+\boldsymbol{A})^{-1}(\boldsymbol{E}-\boldsymbol{A})$，则 $(\boldsymbol{E}+\boldsymbol{B})^{-1}=$______.

二、选择题.

1. 设 n 维行向量 $\boldsymbol{\alpha}^{\mathrm{T}}=\left(\frac{1}{2},0,\cdots,0,\frac{1}{2}\right)$，矩阵 $\boldsymbol{A}=\boldsymbol{E}-\boldsymbol{\alpha\alpha}^{\mathrm{T}},\boldsymbol{B}=\boldsymbol{E}+2\boldsymbol{\alpha\alpha}^{\mathrm{T}}$，其中 $\boldsymbol{E}$ 为 n 阶单位矩阵，则 $\boldsymbol{AB}$ 等于(　　).

A. $\boldsymbol{O}$　　B. $-\boldsymbol{E}$　　C. $\boldsymbol{E}$　　D. $\boldsymbol{E}+\boldsymbol{\alpha}^{\mathrm{T}}\boldsymbol{\alpha}$

2. 设 $\boldsymbol{A}$ 为 n 阶非零矩阵，$\boldsymbol{E}$ 为 n 阶单位矩阵，若 $\boldsymbol{A}^3=\boldsymbol{O}$，则下列结论正确的是(　　).

A. $\boldsymbol{E}-\boldsymbol{A}$ 不可逆，则 $\boldsymbol{E}+\boldsymbol{A}$ 不可逆　　B. $\boldsymbol{E}-\boldsymbol{A}$ 不可逆，则 $\boldsymbol{E}+\boldsymbol{A}$ 可逆

C. $\boldsymbol{E}-\boldsymbol{A}$ 可逆，则 $\boldsymbol{E}+\boldsymbol{A}$ 可逆　　D. $\boldsymbol{E}-\boldsymbol{A}$ 可逆，则 $\boldsymbol{E}+\boldsymbol{A}$ 不可逆

3. 设 $\boldsymbol{A},\boldsymbol{B},\boldsymbol{A}+\boldsymbol{B}$ 均为 n 阶可逆矩阵，则 $(\boldsymbol{A}^{-1}+\boldsymbol{B}^{-1})^{-1}$ 等于(　　).

A. $\boldsymbol{A}^{-1}+\boldsymbol{B}^{-1}$　　B. $\boldsymbol{A}+\boldsymbol{B}$　　C. $\boldsymbol{A}(\boldsymbol{A}+\boldsymbol{B})^{-1}\boldsymbol{B}$　　D. $(\boldsymbol{A}+\boldsymbol{B})^{-1}$

4. 设 $\boldsymbol{A},\boldsymbol{B},\boldsymbol{C}$ 均为 n 阶矩阵，$\boldsymbol{E}$ 为 n 阶单位矩阵，若 $\boldsymbol{B}=\boldsymbol{E}+\boldsymbol{AB},\boldsymbol{C}=\boldsymbol{A}+\boldsymbol{CA}$，则 $\boldsymbol{B}-\boldsymbol{C}$ 为(　　).

A. $\boldsymbol{E}$　　B. $-\boldsymbol{E}$　　C. $\boldsymbol{A}$　　D. $-\boldsymbol{A}$

5. 设 $\boldsymbol{A}$ 为三阶矩阵，$\boldsymbol{P}$ 为三阶可逆矩阵，且 $\boldsymbol{P}^{-1}\boldsymbol{AP}=\begin{pmatrix}1&0&0\\0&1&0\\0&0&2\end{pmatrix}$，若 $\boldsymbol{P}=(\boldsymbol{\alpha}_1,\boldsymbol{\alpha}_2,\boldsymbol{\alpha}_3)$，$\boldsymbol{Q}=(\boldsymbol{\alpha}_1+\boldsymbol{\alpha}_2,\boldsymbol{\alpha}_2,\boldsymbol{\alpha}_3)$，则 $\boldsymbol{Q}^{-1}\boldsymbol{AQ}=$(　　).

A. $\begin{pmatrix}1&&\\&2&\\&&1\end{pmatrix}$　　B. $\begin{pmatrix}1&&\\&1&\\&&2\end{pmatrix}$　　C. $\begin{pmatrix}2&&\\&1&\\&&2\end{pmatrix}$　　D. $\begin{pmatrix}2&&\\&2&\\&&1\end{pmatrix}$

6. 设$\boldsymbol{A},\boldsymbol{P}$均为三阶矩阵，$\boldsymbol{P}^{\mathrm{T}}\boldsymbol{A}\boldsymbol{P}=\begin{pmatrix}1&0&0\\0&1&0\\0&0&2\end{pmatrix}$，若$\boldsymbol{P}=(\boldsymbol{\alpha}_1,\boldsymbol{\alpha}_2,\boldsymbol{\alpha}_3),\boldsymbol{Q}=(\boldsymbol{\alpha}_1+\boldsymbol{\alpha}_2,\boldsymbol{\alpha}_2,\boldsymbol{\alpha}_3)$，则$\boldsymbol{Q}^{\mathrm{T}}\boldsymbol{A}\boldsymbol{Q}$为(　　).

A. $\begin{pmatrix}2&1&0\\1&1&0\\0&0&2\end{pmatrix}$　　B. $\begin{pmatrix}1&1&0\\1&2&0\\0&0&2\end{pmatrix}$　　C. $\begin{pmatrix}2&0&0\\0&1&0\\0&0&2\end{pmatrix}$　　D. $\begin{pmatrix}1&0&0\\0&2&0\\0&0&2\end{pmatrix}$

7. 设$\boldsymbol{A}$是三阶矩阵，将$\boldsymbol{A}$的第1列与第2列交换得$\boldsymbol{B}$，再把$\boldsymbol{B}$的第2列加到第3列得$\boldsymbol{C}$，则满足$\boldsymbol{A}\boldsymbol{Q}=\boldsymbol{C}$的可逆矩阵$\boldsymbol{Q}$为(　　).

A. $\begin{pmatrix}0&1&0\\1&0&0\\1&0&1\end{pmatrix}$　　B. $\begin{pmatrix}0&1&0\\1&0&1\\0&0&1\end{pmatrix}$　　C. $\begin{pmatrix}0&1&0\\1&0&0\\0&1&1\end{pmatrix}$　　D. $\begin{pmatrix}0&1&1\\1&0&0\\0&0&1\end{pmatrix}$

8. 设$\boldsymbol{A}$为三阶矩阵，将$\boldsymbol{A}$的第2列加到第1列得矩阵$\boldsymbol{B}$，再交换$\boldsymbol{B}$的第2行与第3行得单位矩阵，记$\boldsymbol{P}_1=\begin{pmatrix}1&0&0\\1&1&0\\0&0&1\end{pmatrix},\boldsymbol{P}_2=\begin{pmatrix}1&0&0\\0&0&1\\0&1&0\end{pmatrix}$，则$\boldsymbol{A}=$(　　).

A. $\boldsymbol{P}_1\boldsymbol{P}_2$　　B. $\boldsymbol{P}_1^{-1}\boldsymbol{P}_2$　　C. $\boldsymbol{P}_2\boldsymbol{P}_1$　　D. $\boldsymbol{P}_2\boldsymbol{P}_1^{-1}$

9. 设$\boldsymbol{A}$为三阶矩阵，将$\boldsymbol{A}$的第2行加到第1行得$\boldsymbol{B}$，再将$\boldsymbol{B}$的第1列的-1倍加到第2列得$\boldsymbol{C}$，记$\boldsymbol{P}=\begin{pmatrix}1&1&0\\0&1&0\\0&0&1\end{pmatrix}$，则(　　).

A. $\boldsymbol{C}=\boldsymbol{P}^{-1}\boldsymbol{A}\boldsymbol{P}$　　B. $\boldsymbol{C}=\boldsymbol{P}\boldsymbol{A}\boldsymbol{P}^{-1}$　　C. $\boldsymbol{C}=\boldsymbol{P}^{\mathrm{T}}\boldsymbol{A}\boldsymbol{P}$　　D. $\boldsymbol{C}=\boldsymbol{P}\boldsymbol{A}\boldsymbol{P}^{\mathrm{T}}$

10. 设$\boldsymbol{A}=\begin{pmatrix}a_{11}&a_{12}&a_{13}\\a_{21}&a_{22}&a_{23}\\a_{31}&a_{32}&a_{33}\end{pmatrix}$，$\boldsymbol{B}=\begin{pmatrix}a_{21}&a_{22}&a_{23}\\a_{11}&a_{12}&a_{13}\\a_{31}+a_{11}&a_{32}+a_{12}&a_{33}+a_{13}\end{pmatrix}$，

$$\boldsymbol{P}_1=\begin{pmatrix}0&1&0\\1&0&0\\0&0&1\end{pmatrix},\qquad \boldsymbol{P}_2=\begin{pmatrix}1&0&0\\0&1&0\\1&0&1\end{pmatrix},$$

则必有(　　).

A. $\boldsymbol{A}\boldsymbol{P}_1\boldsymbol{P}_2=\boldsymbol{B}$　　B. $\boldsymbol{A}\boldsymbol{P}_2\boldsymbol{P}_1=\boldsymbol{B}$　　C. $\boldsymbol{P}_1\boldsymbol{P}_2\boldsymbol{A}=\boldsymbol{B}$　　D. $\boldsymbol{P}_2\boldsymbol{P}_1\boldsymbol{A}=\boldsymbol{B}$

11. 设 $\boldsymbol{A}=\begin{pmatrix} a_{11} & a_{12} & a_{13} & a_{14} \\ a_{21} & a_{22} & a_{23} & a_{24} \\ a_{31} & a_{32} & a_{33} & a_{34} \\ a_{41} & a_{42} & a_{43} & a_{44} \end{pmatrix}$，$\boldsymbol{B}=\begin{pmatrix} a_{14} & a_{13} & a_{12} & a_{11} \\ a_{24} & a_{23} & a_{22} & a_{21} \\ a_{34} & a_{33} & a_{32} & a_{31} \\ a_{44} & a_{43} & a_{42} & a_{41} \end{pmatrix}$，

$$\boldsymbol{P}_1=\begin{pmatrix} 0 & 0 & 0 & 1 \\ 0 & 1 & 0 & 0 \\ 0 & 0 & 1 & 0 \\ 1 & 0 & 0 & 0 \end{pmatrix},\qquad \boldsymbol{P}_2=\begin{pmatrix} 1 & 0 & 0 & 0 \\ 0 & 0 & 1 & 0 \\ 0 & 1 & 0 & 0 \\ 0 & 0 & 0 & 1 \end{pmatrix},$$

其中 $\boldsymbol{A}$ 可逆，则 $\boldsymbol{B}^{-1}$ 等于(　　).

A. $\boldsymbol{A}^{-1}\boldsymbol{P}_1\boldsymbol{P}_2$　　B. $\boldsymbol{P}_1\boldsymbol{A}^{-1}\boldsymbol{P}_2$　　C. $\boldsymbol{P}_1\boldsymbol{P}_2\boldsymbol{A}^{-1}$　　D. $\boldsymbol{P}_2\boldsymbol{A}^{-1}\boldsymbol{P}_1$

三、计算题与证明题.

1. 写出下列方程组的矩阵形式.

(1) $x_1-2x_2+5x_3=-1$；　(2) $\begin{cases} 2x_1-x_3=2, \\ x_2+x_3=1; \end{cases}$　(3) $\begin{cases} 5x+y+4z=0, \\ 2y+z=0, \\ x-z=0. \end{cases}$

2. 设 $\boldsymbol{A}=\begin{pmatrix} 1 & 2 & 1 \\ 2 & 1 & 2 \end{pmatrix}$，$\boldsymbol{B}=\begin{pmatrix} 4 & 3 & 2 \\ -2 & 1 & -2 \end{pmatrix}$，求：

(1) $3\boldsymbol{A}-2\boldsymbol{B}$；

(2) 若 $\boldsymbol{X}$ 满足 $\boldsymbol{A}^{\mathrm{T}}+\boldsymbol{X}^{\mathrm{T}}=\boldsymbol{B}^{\mathrm{T}}$，求 $\boldsymbol{X}$.

3. 计算下列矩阵的乘积.

(1) $(-1,2,1)\begin{pmatrix} 3 \\ 1 \\ 2 \end{pmatrix}$；　(2) $\begin{pmatrix} 1 \\ 2 \\ 3 \\ 4 \end{pmatrix}(-1,2)$；

(3) $\begin{pmatrix} 1 & 2 & 3 \\ -2 & 1 & 2 \end{pmatrix}\begin{pmatrix} 1 & 2 & 0 \\ 0 & 1 & 1 \\ 3 & 0 & -1 \end{pmatrix}$；　(4) $\begin{pmatrix} 3 & 1 & 2 \\ 0 & 3 & 1 \end{pmatrix}\begin{pmatrix} 1 & 0 & 1 \\ 0 & 2 & -1 \\ -1 & 1 & 0 \end{pmatrix}\begin{pmatrix} 1 \\ -1 \\ 0 \end{pmatrix}$.

4. 设 $\boldsymbol{A}=\begin{pmatrix} 1 & 0 & 1 \\ 0 & 2 & 1 \\ 0 & 1 & 3 \end{pmatrix}$，$\boldsymbol{B}=\begin{pmatrix} 3 & 0 & 0 \\ 0 & 1 & 2 \\ 1 & 0 & 2 \end{pmatrix}$，求：(1) $(\boldsymbol{A}+\boldsymbol{B})(\boldsymbol{A}-\boldsymbol{B})$；(2) $\boldsymbol{A}^2-\boldsymbol{B}^2$. 比较(1)和(2)的结果，可得出什么结论？

5. 设 $\boldsymbol{\alpha}^{\mathrm{T}}=(1,2,3),\boldsymbol{\beta}^{\mathrm{T}}=(1,1,1)$，求 $(\boldsymbol{\alpha}\boldsymbol{\beta}^{\mathrm{T}})^{n+1}$.

6. 已知矩阵 $\boldsymbol{A},\boldsymbol{B},\boldsymbol{C}$，求矩阵 $\boldsymbol{X},\boldsymbol{Y}$ 使其满足下列方程：

$$\begin{cases} 2\boldsymbol{X}-\boldsymbol{Y}=\boldsymbol{C}, \\ \boldsymbol{X}+\boldsymbol{Y}=(\boldsymbol{A}+\boldsymbol{B})^{\mathrm{T}}. \end{cases}$$

7. 举反例说明下列命题是错误的.

(1) 若$\boldsymbol{A}^2=\boldsymbol{O}$，则$\boldsymbol{A}=\boldsymbol{O}$；

(2) 若$\boldsymbol{A}^2=\boldsymbol{A}$，则$\boldsymbol{A}=\boldsymbol{O}$或$\boldsymbol{A}=\boldsymbol{E}$；

(3) 若$\boldsymbol{AX}=\boldsymbol{AY}$，且$\boldsymbol{A}\neq\boldsymbol{O}$，则$\boldsymbol{X}=\boldsymbol{Y}$.

8. 设$\boldsymbol{A}=\begin{pmatrix}1&0\\\lambda&1\end{pmatrix}$，求$\boldsymbol{A}^2,\boldsymbol{A}^3,\cdots,\boldsymbol{A}^k$.

9. 若矩阵$\boldsymbol{A},\boldsymbol{B}$满足条件$\boldsymbol{AB}=\boldsymbol{BA}$，则称$\boldsymbol{A}$与$\boldsymbol{B}$可交换，试证：

(1) 如果$\boldsymbol{B}_1,\boldsymbol{B}_2$都与$\boldsymbol{A}$可交换，那么$\boldsymbol{B}_1+\boldsymbol{B}_2,\boldsymbol{B}_1\boldsymbol{B}_2$也与$\boldsymbol{A}$可交换；

(2) 如果$\boldsymbol{B}$与$\boldsymbol{A}$可交换, 那么$\boldsymbol{B}$的$k\ (k>0)$次幂$\boldsymbol{B}^k$也与$\boldsymbol{A}$可交换.

10. 若矩阵$\boldsymbol{A}$满足条件$\boldsymbol{A}=\boldsymbol{A}^{\mathrm{T}}$，则称$\boldsymbol{A}$为对称矩阵. 设$\boldsymbol{A},\boldsymbol{B}$都是$n$阶对称矩阵，证明：$\boldsymbol{AB}$是对称矩阵的充分必要条件是$\boldsymbol{AB}=\boldsymbol{BA}$.

11. 检验以下两个矩阵是否互为逆矩阵.

$$\boldsymbol{A}=\begin{pmatrix}1&2&3&4\\0&1&2&3\\0&0&1&2\\0&0&0&1\end{pmatrix},\quad \boldsymbol{B}=\begin{pmatrix}1&-2&1&0\\0&1&-2&1\\0&0&1&-2\\0&0&0&1\end{pmatrix}.$$

12. 若n阶矩阵$\boldsymbol{A}$满足$\boldsymbol{A}^2-3\boldsymbol{A}-2\boldsymbol{E}=\boldsymbol{O}$，$\boldsymbol{E}$是$n$阶单位矩阵, 证明: $\boldsymbol{A}$可逆, 并求$\boldsymbol{A}^{-1}$。

13. 若n阶矩阵$\boldsymbol{A}$满足$\boldsymbol{A}^2-2\boldsymbol{A}-4\boldsymbol{E}=\boldsymbol{O}$，$\boldsymbol{E}$是$n$阶单位矩阵，证明：$\boldsymbol{A}+\boldsymbol{E}$可逆，并求$(\boldsymbol{A}+\boldsymbol{E})^{-1}$.

14. 已知对于n阶方阵$\boldsymbol{A}$，存在自然数k，使得$\boldsymbol{A}^k=\boldsymbol{O}$，证明：矩阵$\boldsymbol{E}-\boldsymbol{A}$可逆，并写出其逆矩阵的表达式.

15. 证明: 如果$\boldsymbol{A}=\boldsymbol{AB}$，但$\boldsymbol{B}$不是单位矩阵, 则$\boldsymbol{A}$不是可逆矩阵.

16. 设$\boldsymbol{A},\boldsymbol{B},\boldsymbol{C}$均为$n$阶可逆矩阵，且$\boldsymbol{ABC}=\boldsymbol{E}$，证明：$\boldsymbol{BCA}=\boldsymbol{E}$.

17. 若矩阵$\boldsymbol{A}$满足$\boldsymbol{A}^2=\boldsymbol{A}$，则称$\boldsymbol{A}$是等幂矩阵. 设$\boldsymbol{A}$是等幂矩阵，且$\boldsymbol{A}\neq\boldsymbol{E}$，则$\boldsymbol{A}$不是可逆矩阵.

18. 设$\boldsymbol{A},\boldsymbol{B}$是等幂矩阵，证明$\boldsymbol{A}+\boldsymbol{B}$是等幂矩阵的充分必要条件是$\boldsymbol{AB}+\boldsymbol{BA}=\boldsymbol{O}$.

19. 利用分块的方法，求下列矩阵的乘积.

(1) $\begin{pmatrix}1&-2&0\\0&1&1\\1&0&2\end{pmatrix}\begin{pmatrix}0&1\\1&0\\0&1\end{pmatrix}$；　(2) $\begin{pmatrix}a&0&0&0\\0&a&0&0\\1&0&b&0\\0&1&0&b\end{pmatrix}\begin{pmatrix}1&0&c&0\\0&1&0&c\\0&0&d&0\\0&0&0&d\end{pmatrix}$.

20. 判别下列矩阵是否为初等矩阵.

(1) $\begin{pmatrix}1&0&0\\0&-2&0\\0&0&1\end{pmatrix}$；(2) $\begin{pmatrix}0&0&1\\0&1&0\\1&0&0\end{pmatrix}$；(3) $\begin{pmatrix}1&0&2\\0&0&1\\0&1&0\end{pmatrix}$；(4) $\begin{pmatrix}1&0&0\\0&1&-4\\0&0&1\end{pmatrix}$.

21. 求三阶方阵 $\boldsymbol{A}$ 满足 $\boldsymbol{A}\begin{pmatrix} a_{11} & a_{12} & a_{13} \\ a_{21} & a_{22} & a_{23} \\ a_{31} & a_{32} & a_{33} \end{pmatrix} = \begin{pmatrix} a_{11}-5a_{31} & a_{12}-5a_{32} & a_{13}-5a_{33} \\ a_{21} & a_{22} & a_{23} \\ a_{31} & a_{32} & a_{33} \end{pmatrix}$.

22. 求下列矩阵的逆矩阵.

(1) $\boldsymbol{A}=\begin{pmatrix} 2 & 2 & -1 \\ 1 & -2 & 4 \\ 5 & 8 & 2 \end{pmatrix}$；(2) $\boldsymbol{A}=\begin{pmatrix} 1 & 1 & 1 & 1 \\ 1 & 1 & -1 & -1 \\ 1 & -1 & 1 & -1 \\ 1 & -1 & -1 & 1 \end{pmatrix}$；

(3) $\boldsymbol{A}=\begin{pmatrix} 0 & a_1 & 0 & \cdots & 0 \\ 0 & 0 & a_2 & \cdots & 0 \\ \vdots & \vdots & \vdots & & \vdots \\ 0 & 0 & 0 & \cdots & a_{n-1} \\ a_n & 0 & 0 & \cdots & 0 \end{pmatrix}$ $(a_i \neq 0, i=1,2,\cdots,n)$.

23. 解下列矩阵方程，求出未知矩阵 $\boldsymbol{X}$.

(1) $\begin{pmatrix} 2 & 5 \\ 1 & 3 \end{pmatrix}\boldsymbol{X}=\begin{pmatrix} 4 & -6 \\ 2 & 1 \end{pmatrix}$；(2) $\boldsymbol{X}\begin{pmatrix} 0 & 2 & 1 \\ 2 & -1 & 3 \\ -3 & 3 & 4 \end{pmatrix}=\begin{pmatrix} 1 & 2 & 3 \\ 2 & -3 & 1 \end{pmatrix}$；

(3) $\boldsymbol{X}=\boldsymbol{AX}+\boldsymbol{B}$，其中 $\boldsymbol{A}=\begin{pmatrix} 0 & 1 & 0 \\ -1 & 1 & 1 \\ -1 & 0 & -1 \end{pmatrix}, \boldsymbol{B}=\begin{pmatrix} 1 & -1 \\ 2 & 0 \\ 5 & -3 \end{pmatrix}$；

(4) $\boldsymbol{AX}=\boldsymbol{A}+2\boldsymbol{X}$，其中 $\boldsymbol{A}=\begin{pmatrix} 3 & 0 & 1 \\ 1 & 1 & 0 \\ 0 & 1 & 4 \end{pmatrix}$；

(5) $\boldsymbol{A}^2-\boldsymbol{AX}=\boldsymbol{E}$，其中 $\boldsymbol{A}=\begin{pmatrix} 1 & 1 & -1 \\ 0 & 1 & 1 \\ 0 & 0 & -1 \end{pmatrix}$，$\boldsymbol{E}$ 是三阶单位矩阵；

(6) $\boldsymbol{AX}+\boldsymbol{E}=\boldsymbol{A}^2+\boldsymbol{X}$，其中 $\boldsymbol{A}=\begin{pmatrix} 1 & 0 & 1 \\ 0 & 2 & 0 \\ 1 & 0 & 1 \end{pmatrix}$，$\boldsymbol{E}$ 为三阶单位矩阵；

(7) $\boldsymbol{AXA}+\boldsymbol{BXB}=\boldsymbol{AXB}+\boldsymbol{BXA}+\boldsymbol{E}$，其中 $\boldsymbol{A}=\begin{pmatrix} 1 & 0 & 0 \\ 1 & 1 & 0 \\ 1 & 1 & 1 \end{pmatrix}, \boldsymbol{B}=\begin{pmatrix} 0 & 1 & 1 \\ 1 & 0 & 1 \\ 1 & 1 & 0 \end{pmatrix}$，$\boldsymbol{E}$ 是三阶单位矩阵；

(8) $(2\boldsymbol{E}-\boldsymbol{C}^{-1}\boldsymbol{B})\boldsymbol{X}^{\mathrm{T}}=\boldsymbol{C}^{-1}$，其中 $\boldsymbol{B}=\begin{pmatrix}1&2&-3&-2\\0&1&3&-3\\0&0&1&2\\0&0&0&1\end{pmatrix}$，$\boldsymbol{C}=\begin{pmatrix}1&2&0&1\\0&1&2&0\\0&0&1&2\\0&0&0&1\end{pmatrix}$，$\boldsymbol{E}$ 是四阶单位矩阵.

24. 设 $\boldsymbol{A},\boldsymbol{B},\boldsymbol{C}$ 为 n 阶方阵，$\boldsymbol{C}$ 可逆，且满足条件 $\boldsymbol{C}^{-1}\boldsymbol{A}\boldsymbol{C}=\boldsymbol{B}$，求证：$\boldsymbol{B}^m=\boldsymbol{C}^{-1}\boldsymbol{A}^m\boldsymbol{C}$（$m$ 为正整数).

25. 设 $\boldsymbol{P}^{-1}\boldsymbol{A}\boldsymbol{P}=\boldsymbol{\Lambda}$，其中 $\boldsymbol{P}=\begin{pmatrix}-1&-4\\1&1\end{pmatrix}$，$\boldsymbol{\Lambda}=\begin{pmatrix}-1&0\\0&2\end{pmatrix}$，求 $\boldsymbol{A}^{11}$.

26. 设 $\boldsymbol{A}$ 是 n 阶可逆方阵，将 $\boldsymbol{A}$ 的第 i 行和第 j 行对换后得到的矩阵记为 $\boldsymbol{B}$.

(1) 证明 $\boldsymbol{B}$ 可逆；

(2) 求 $\boldsymbol{A}\boldsymbol{B}^{-1}$.

(B)

1. 设 $\boldsymbol{A}=\begin{pmatrix}\lambda&1&0\\0&\lambda&1\\0&0&\lambda\end{pmatrix}$，求 $\boldsymbol{A}^k$.

2. 设 $\boldsymbol{A}=\begin{pmatrix}a_1&&&\\&a_2&&\\&&\ddots&\\&&&a_n\end{pmatrix}$，其中 $a_i\neq a_j$，当 $i\neq j\ (i,j=1,2,\cdots,n)$ 时，试证：与 $\boldsymbol{A}$ 可交换的矩阵一定是对角矩阵.

3. 设 $\boldsymbol{A},\boldsymbol{B}$ 均为 n 阶方阵，且 $\boldsymbol{A}=\dfrac{1}{2}(\boldsymbol{B}+\boldsymbol{E})$，证明：$\boldsymbol{A}^2=\boldsymbol{A}$ 的充分必要条件是 $\boldsymbol{B}^2=\boldsymbol{E}$.

4. 设 n 阶方阵

$$\boldsymbol{A}=\begin{pmatrix}0&1&&&\\&\ddots&\ddots&&\\&&\ddots&\ddots&\\&&&0&1\\&&&&0\end{pmatrix},$$

求证：$\boldsymbol{A}^n=\boldsymbol{O}$.

5. 设 $\boldsymbol{A}=\boldsymbol{E}-\boldsymbol{\alpha}\boldsymbol{\alpha}^{\mathrm{T}}$，其中 $\boldsymbol{E}$ 是 n 阶单位矩阵，$\boldsymbol{\alpha}$ 是 n 维非零列向量，证明：

(1) $\boldsymbol{A}^2=\boldsymbol{A}$ 的充分必要条件是 $\boldsymbol{\alpha}^{\mathrm{T}}\boldsymbol{\alpha}=1$；

(2) 当 $\boldsymbol{\alpha}^{\mathrm{T}}\boldsymbol{\alpha}=1$ 时，$\boldsymbol{A}$ 是不可逆矩阵.

6. 设 n 阶矩阵 $\boldsymbol{A},\boldsymbol{B},\boldsymbol{A}+\boldsymbol{B}$ 都可逆，证明：$\boldsymbol{A}^{-1}+\boldsymbol{B}^{-1}$ 也可逆，并求其逆阵.

7. 设$\boldsymbol{A}$，$\boldsymbol{B}$分别是s，t阶可逆矩阵，证明：$\begin{pmatrix} \boldsymbol{A} & \boldsymbol{O} \\ \boldsymbol{C} & \boldsymbol{B} \end{pmatrix}$可逆.

8. 设$\boldsymbol{A}$，$\boldsymbol{B}$是n阶矩阵，且$\boldsymbol{A}+\boldsymbol{B},\boldsymbol{A}-\boldsymbol{B}$都可逆，证明：$\begin{pmatrix} \boldsymbol{A} & \boldsymbol{B} \\ \boldsymbol{B} & \boldsymbol{A} \end{pmatrix}$可逆.

9. 已知$\boldsymbol{AP}=\boldsymbol{PB}$，其中$\boldsymbol{B}=\begin{pmatrix} 1 & 0 & 0 \\ 0 & 0 & 0 \\ 0 & 0 & -1 \end{pmatrix},\boldsymbol{P}=\begin{pmatrix} 1 & 0 & 0 \\ 2 & -1 & 0 \\ 2 & 1 & 1 \end{pmatrix}$，求$\boldsymbol{A}$及$\boldsymbol{A}^5$.

10. 设四阶矩阵$\boldsymbol{B}=\begin{pmatrix} 1 & -1 & 0 & 0 \\ 0 & 1 & -1 & 0 \\ 0 & 0 & 1 & -1 \\ 0 & 0 & 0 & 1 \end{pmatrix},\boldsymbol{C}=\begin{pmatrix} 2 & 1 & 3 & 4 \\ 0 & 2 & 1 & 3 \\ 0 & 0 & 2 & 1 \\ 0 & 0 & 0 & 2 \end{pmatrix}$，且矩阵$\boldsymbol{A}$满足关系式$\boldsymbol{A}(\boldsymbol{E}-\boldsymbol{C}^{-1}\boldsymbol{B})^{\mathrm{T}}\boldsymbol{C}^{\mathrm{T}}=\boldsymbol{E}$．将上述关系式化简，并求$\boldsymbol{A}$.

11. 设三阶矩阵$\boldsymbol{A}$满足$\boldsymbol{A}\boldsymbol{\alpha}_i=i\boldsymbol{\alpha}_i\ (i=1,2,3)$，其中列向量

$$\boldsymbol{\alpha}_1=(1,2,2)^{\mathrm{T}},\qquad \boldsymbol{\alpha}_2=(2,-2,1)^{\mathrm{T}},\qquad \boldsymbol{\alpha}_3=(-2,-1,2)^{\mathrm{T}},$$

试求矩阵$\boldsymbol{A}$.

12. 设$\boldsymbol{AP}=\boldsymbol{P\Lambda}$，其中$\boldsymbol{P}=\begin{pmatrix} 1 & 1 & 1 \\ 1 & 0 & -2 \\ 1 & -1 & 1 \end{pmatrix},\boldsymbol{\Lambda}=\begin{pmatrix} -1 & & \\ & 1 & \\ & & 5 \end{pmatrix}$，求$\varphi(\boldsymbol{A})=\boldsymbol{A}^8(5\boldsymbol{E}-6\boldsymbol{A}+\boldsymbol{A}^2)$.

第3章 行 列 式

行列式是n阶方阵的一个特征量，一个n阶方阵通过特定的运算可得到其行列式的值．行列式在求解线性方程组和求方阵的逆矩阵时起着重要的作用．本章主要介绍n阶行列式的定义、性质及其计算方法．

3.1 二阶与三阶行列式

3.1.1 二元线性方程组与二阶行列式

用消元法解二元线性方程组

$$\begin{cases} a_{11}x_1 + a_{12}x_2 = b_1, \\ a_{21}x_1 + a_{22}x_2 = b_2. \end{cases} \tag{3.1}$$

方程组(3.1)的第1个方程$\times a_{22}$－第2个方程$\times a_{12}$，得

$$(a_{11}a_{22} - a_{12}a_{21})x_1 = b_1a_{22} - a_{12}b_2,$$

即

$$x_1 = \frac{b_1a_{22} - a_{12}b_2}{a_{11}a_{22} - a_{12}a_{21}}.$$

方程组(3.1)的第1个方程$\times a_{21}$－第2个方程$\times a_{11}$，得

$$(a_{11}a_{22} - a_{12}a_{21})x_2 = b_2a_{11} - a_{21}b_1,$$

即

$$x_2 = \frac{b_2a_{11} - a_{21}b_1}{a_{11}a_{22} - a_{12}a_{21}}.$$

若定义二阶行列式

$$\begin{vmatrix} a_{11} & a_{12} \\ a_{21} & a_{22} \end{vmatrix} = a_{11}a_{22} - a_{12}a_{21},$$

并记

$$D = \begin{vmatrix} a_{11} & a_{12} \\ a_{21} & a_{22} \end{vmatrix}, \qquad D_1 = \begin{vmatrix} b_1 & a_{12} \\ b_2 & a_{22} \end{vmatrix}, \qquad D_2 = \begin{vmatrix} a_{11} & b_1 \\ a_{21} & b_2 \end{vmatrix},$$

则线性方程组的解可表示为

$$x_1=\frac{D_1}{D}=\frac{\begin{vmatrix}b_1 & a_{12}\\ b_2 & a_{22}\end{vmatrix}}{\begin{vmatrix}a_{11} & a_{12}\\ a_{21} & a_{22}\end{vmatrix}},\qquad x_2=\frac{D_2}{D}=\frac{\begin{vmatrix}a_{11} & b_1\\ a_{21} & b_2\end{vmatrix}}{\begin{vmatrix}a_{11} & a_{12}\\ a_{21} & a_{22}\end{vmatrix}}.$$

例 3.1　求解二元线性方程组 $\begin{cases}3x_1-2x_2=12,\\ 2x_1+\ \ x_2=1.\end{cases}$

解　由于

$$D=\begin{vmatrix}3 & -2\\ 2 & 1\end{vmatrix}=7\neq 0,\qquad D_1=\begin{vmatrix}12 & -2\\ 1 & 1\end{vmatrix}=14,\qquad D_2=\begin{vmatrix}3 & 12\\ 2 & 1\end{vmatrix}=-21,$$

有

$$x_1=\frac{D_1}{D}=\frac{14}{7}=2,\qquad x_2=\frac{D_2}{D}=\frac{-21}{7}=-3.$$

二阶行列式的定义，可用对角线法则来记忆. 参见图 3.1，把 a_{11} 到 a_{22} 的实连线称为主对角线，a_{12} 到 a_{21} 的虚连线称为副对角线，于是二阶行列式便是主对角线上的两元素之积减去副对角线上的两元素之积所得的差.

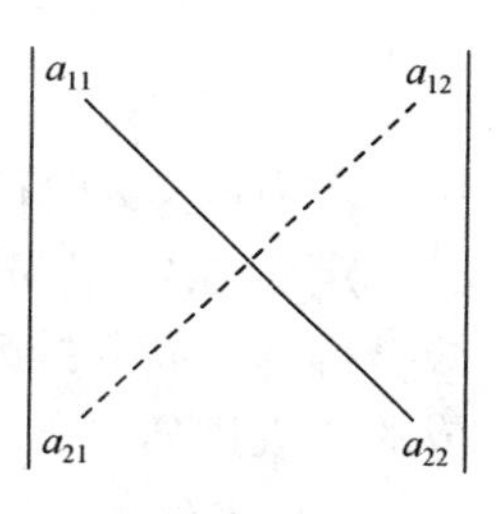

图 3.1

3.1.2　三阶行列式

解二元线性方程组产生了二阶行列式的概念. 类似地，解三元线性方程组产生了三阶行列式的概念.

对于三元线性方程组 $\begin{cases}a_{11}x_1+a_{12}x_2+a_{13}x_3=b_1,\\ a_{21}x_1+a_{22}x_2+a_{23}x_3=b_2,\\ a_{31}x_1+a_{32}x_2+a_{33}x_3=b_3,\end{cases}$ 若定义三阶行列式

$$\begin{vmatrix}a_{11} & a_{12} & a_{13}\\ a_{21} & a_{22} & a_{23}\\ a_{31} & a_{32} & a_{33}\end{vmatrix}=a_{11}a_{22}a_{33}+a_{12}a_{23}a_{31}+a_{13}a_{21}a_{32}$$

$$-a_{13}a_{22}a_{31}-a_{12}a_{21}a_{33}-a_{11}a_{23}a_{32},$$

并记

$$D=\begin{vmatrix}a_{11} & a_{12} & a_{13}\\ a_{21} & a_{22} & a_{23}\\ a_{31} & a_{32} & a_{33}\end{vmatrix},\quad D_1=\begin{vmatrix}b_1 & a_{12} & a_{13}\\ b_2 & a_{22} & a_{23}\\ b_3 & a_{32} & a_{33}\end{vmatrix},\quad D_2=\begin{vmatrix}a_{11} & b_1 & a_{13}\\ a_{21} & b_2 & a_{23}\\ a_{31} & b_3 & a_{33}\end{vmatrix},\quad D_3=\begin{vmatrix}a_{11} & a_{12} & b_1\\ a_{21} & a_{22} & b_2\\ a_{31} & a_{32} & b_3\end{vmatrix}.$$

类似于上面的二元线性方程组的消元法求解过程，可将线性方程组的解表示为

$$x_1=\frac{D_1}{D}=\frac{\begin{vmatrix}b_1 & a_{12} & a_{13}\\ b_2 & a_{22} & a_{23}\\ b_3 & a_{32} & a_{33}\end{vmatrix}}{\begin{vmatrix}a_{11} & a_{12} & a_{13}\\ a_{21} & a_{22} & a_{23}\\ a_{31} & a_{32} & a_{33}\end{vmatrix}},\qquad x_2=\frac{D_2}{D}=\frac{\begin{vmatrix}a_{11} & b_1 & a_{13}\\ a_{21} & b_2 & a_{23}\\ a_{31} & b_3 & a_{33}\end{vmatrix}}{\begin{vmatrix}a_{11} & a_{12} & a_{13}\\ a_{21} & a_{22} & a_{23}\\ a_{31} & a_{32} & a_{33}\end{vmatrix}},\qquad x_3=\frac{D_3}{D}=\frac{\begin{vmatrix}a_{11} & a_{12} & b_1\\ a_{21} & a_{22} & b_2\\ a_{31} & a_{32} & b_3\end{vmatrix}}{\begin{vmatrix}a_{11} & a_{12} & a_{13}\\ a_{21} & a_{22} & a_{23}\\ a_{31} & a_{32} & a_{33}\end{vmatrix}}.$$

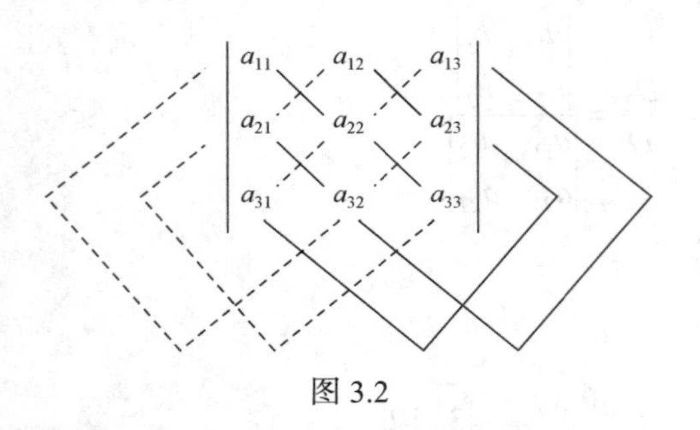

图 3.2

三阶行列式含 6 项，每项均为三个元素的乘积再冠以正负号,其规律遵循图 3.2 所示的对角线法则：图中有三条实线可看作平行于主对角线的连线，三条虚线可看作平行于副对角线的连线，实线上三元素的乘积冠正号，虚线上三元素的乘积冠负号.

对角线法则只适用于二阶与三阶行列式，为研究四阶及更高阶行列式，下面先介绍有关全排列的知识，然后引出 n 阶行列式的概念.

3.2　全排列及其逆序数

作为定义 n 阶行列式的准备，先来讨论一下排列的性质.

定义 3.1　由 n 个自然数 $1,2,3,\cdots,n$ 按照某种次序排成的不重复有序数组称为一个 n 级全排列，简称排列. 例如，123，132，231，213，312，321 都是由自然数 1，2，3 构成的 3 级排列.

n 个自然数 $1,2,3,\cdots,n$ 总共可以构成 $n!$ 个 n 级排列.

显然 $12\cdots n$ 也是一个 n 级排列，这个排列具有自然顺序，就是按递增的顺序排起来；对于 n 个不同的元素，可规定由小到大为标准次序. 其他的排列都或多或少地破坏标准次序.

定义 3.2　在一个排列中，如果一对数的前后位置与大小顺序相反，即前面的数大于后面的数，那么它们就称为一个逆序，一个排列中所有逆序的总数称为这个排列的逆序数.

排列 $p_1p_2\cdots p_n$ 的逆序数记为 $t(p_1p_2\cdots p_n)$.

下面来讨论计算逆序数的方法.

不失一般性，不妨设 n 个元素为 1 至 n 这 n 个自然数，并规定由小到大为标准次序，设

$$p_1p_2\cdots p_n$$

为这 n 个自然数的一个排列，考虑元素 $p_i\ (i=1,2,\cdots,n)$ ，如果比 p_i 大的且排在 p_i 前面的元素有 t_i 个，就是说 p_i 这个元素的逆序数是 t_i ，全体元素的逆序数之总和

$$t(p_1p_2\cdots p_n)=t_1+t_2+\cdots+t_n=\sum_{i=1}^{n}t_i$$

是这个排列的逆序数.

例 3.2　求排列 45321 的逆序数.

解　在排列 45321 中，4 排在首位，逆序数为 0；5 为最大数，逆序数为 0；3 的前面比 3 大的数有两个(4，5)，故逆序数为 2；2 的前面比 2 大的数有三个(4，5，3)，故逆序数为 3；1 的前面比 1 大的数有四个(4，5，3，2)，故逆序数为 4. 于是这个排列的逆

序数为

$$t(45321)=0+0+2+3+4=9.$$

定义 3.3 逆序数为偶数的排列称为偶排列；逆序数为奇数的排列称为奇排列.

例如，2431 是偶排列；45321 是奇排列；$12\cdots n$ 的逆序数为 0，是偶排列.

3.3 n 阶行列式的定义

在给出 n 阶行列式定义之前，先来看一下二阶和三阶行列式的定义：

$$\begin{vmatrix} a_{11} & a_{12} \\ a_{21} & a_{22} \end{vmatrix}=a_{11}a_{22}-a_{12}a_{21}, \tag{3.2}$$

$$\begin{vmatrix} a_{11} & a_{12} & a_{13} \\ a_{21} & a_{22} & a_{23} \\ a_{31} & a_{32} & a_{33} \end{vmatrix}=a_{11}a_{22}a_{33}+a_{12}a_{23}a_{31}+a_{13}a_{21}a_{32} \\ -a_{13}a_{22}a_{31}-a_{12}a_{21}a_{33}-a_{11}a_{23}a_{32}. \tag{3.3}$$

从二阶和三阶行列式的定义可以看出，它们都是一些乘积的代数和，而每一项乘积都是由行列式中位于不同的行和不同的列的元素构成的，并且展开式恰好就是由所有这种可能的乘积组成的．在二阶行列式的展开式(3.2)中，除正负号外，项的一般形式可以写成 $a_{1p_1}a_{2p_2}$，这里第一个下标(行标)排成标准次序 12，而第二个下标(列标)排成 p_1p_2，它是 1，2 两个数的某个排列，这样的排列共有 2 种，对应的式(3.2)的右端共含 2 项．同样，在三阶行列式的展开式(3.3)中，除正负号外，项的一般形式可以写成 $a_{1p_1}a_{2p_2}a_{3p_3}$，这里第一个下标(行标)排成标准次序 123，而第二个下标(列标)排成 $p_1p_2p_3$，它是 1，2，3 三个数的某个排列，这样的排列共有 6 种，对应的式(3.3)的右端共含 6 项.

另外，每一项乘积都带有符号，符号是按什么原则决定的呢？在三阶行列式的展开式(3.3)中，我们来看看各项的正负号与列标的排列对照：

带正号的三项列标排列是 123，231，312；

带负号的三项列标排列是 321，213，132.

经计算可知，前三个排列都是偶排列，而后三个排列都是奇排列．因此，各项所带的正负号可以表示为 $(-1)^{t(p_1p_2p_3)}$，其中 $t(p_1p_2p_3)$ 为列标 1, 2, 3 三个数的某个排列 $p_1p_2p_3$ 的逆序数．二阶行列式显然也符合这个原则.

总之，三阶行列式可以写成

$$\begin{vmatrix} a_{11} & a_{12} & a_{13} \\ a_{21} & a_{22} & a_{23} \\ a_{31} & a_{32} & a_{33} \end{vmatrix}=\sum_{p_1p_2p_3}(-1)^{t(p_1p_2p_3)}a_{1p_1}a_{2p_2}a_{3p_3},$$

其中，$p_1p_2p_3$ 是自然数1,2,3 的一个 3 级排列，t 为这个排列的逆序数．$\sum\limits_{p_1p_2p_3}$ 表示对 1，

2，3 三个数的所有排列 $p_1p_2p_3$ 取和.

仿此，可以把行列式推广到一般情形.

定义 3.4 一个 n 阶矩阵

$$\boldsymbol{A}=\begin{pmatrix} a_{11} & a_{12} & \cdots & a_{1n} \\ a_{21} & a_{22} & \cdots & a_{2n} \\ \vdots & \vdots & & \vdots \\ a_{n1} & a_{n2} & \cdots & a_{nn} \end{pmatrix}$$

的行列式称为 n 阶行列式，记为 D 或 $\det(\boldsymbol{A})$ 或 $|\boldsymbol{A}|$，定义

$$D=\begin{vmatrix} a_{11} & a_{12} & \cdots & a_{1n} \\ a_{21} & a_{22} & \cdots & a_{2n} \\ \vdots & \vdots & & \vdots \\ a_{n1} & a_{n2} & \cdots & a_{nn} \end{vmatrix}=\sum_{p_1p_2\cdots p_n}(-1)^{t(p_1p_2\cdots p_n)}a_{1p_1}a_{2p_2}\cdots a_{np_n}, \tag{3.4}$$

其中，$p_1p_2\cdots p_n$ 是 n 个自然数 $1,2,3,\cdots,n$ 的一个 n 级排列，t 为这个排列的逆序数. $\sum\limits_{p_1p_2\cdots p_n}$ 是对所有这样的 n 级排列求和. 称和式 $\sum\limits_{p_1p_2\cdots p_n}(-1)^{t(p_1p_2\cdots p_n)}a_{1p_1}a_{2p_2}\cdots a_{np_n}$ 为 n 阶行列式 D 的展开式.

定义表明，为了计算 n 阶行列式，首先做所有可能由位于不同行不同列元素构成的乘积. 把构成这些乘积的元素按行标排成标准次序，然后由列标所构成排列的奇偶性来决定这一项的符号. 由定义可以立即看出，n 阶行列式是由 $n!$ 项组成的.

按此定义的二阶、三阶行列式与对角线法则定义的二阶、三阶行列式，显然是一致的. 当 $n=1$ 时，一阶行列式 $|a|=a$，注意不要与绝对值记号相混淆.

下面来看几个例子.

例 3.3 证明 n 阶行列式

$$\begin{vmatrix} a_{11} & 0 & \cdots & 0 \\ 0 & a_{22} & \cdots & 0 \\ \vdots & \vdots & & \vdots \\ 0 & 0 & \cdots & a_{nn} \end{vmatrix}=a_{11}a_{22}\cdots a_{nn},$$

$$\begin{vmatrix} 0 & \cdots & 0 & a_{1n} \\ 0 & \cdots & a_{2,n-1} & 0 \\ \vdots & & \vdots & \vdots \\ a_{n1} & \cdots & 0 & 0 \end{vmatrix}=(-1)^{\frac{n(n-1)}{2}}a_{1n}a_{2,n-1}\cdots a_{n1}.$$

证 第一式左端称为对角行列式，其结果是显然的，下面只证第二式. 根据行列式的定义

$$\begin{vmatrix} 0 & \cdots & 0 & a_{1n} \\ 0 & \cdots & a_{2,n-1} & 0 \\ \vdots & & \vdots & \vdots \\ a_{n1} & \cdots & 0 & 0 \end{vmatrix} = (-1)^{t(n(n-1)\cdots 21)} a_{1n}a_{2,n-1}\cdots a_{n1},$$

其中，$t(n(n-1)\cdots 21)$ 为 $n(n-1)\cdots 21$ 的逆序数，故

$$t(n(n-1)\cdots 21) = 0+1+2+\cdots+(n-1) = \frac{n(n-1)}{2}.$$

例 3.4 证明 n 阶行列式 $D = \begin{vmatrix} 0 & \cdots & 0 & a_{1n} \\ 0 & \cdots & a_{2,n-1} & a_{2n} \\ \vdots & & \vdots & \vdots \\ a_{n1} & \cdots & a_{n,n-2} & a_{nn} \end{vmatrix} = (-1)^{\frac{n(n-1)}{2}} a_{1n}a_{2,n-1}\cdots a_{n1}$.

证 记 D 的一般项为

$$(-1)^{t(p_1p_2\cdots p_n)} a_{1p_1}a_{2p_2}\cdots a_{np_n},$$

因为 D 中第一行除 a_{1n} 外，其余元素全为 0，所以可能的非零项中 $p_1=n$；在第二行除 a_{2n-1} 及 a_{2n} 外，其余元素全为 0，因此，可能的非零项中 $p_2=n-1$ 或 n，但 $p_1=n$，故只能取 $p_2=n-1$．这样继续下去，在所有排列 $p_1p_2\cdots p_n$ 中，能满足上述关系的排列只有一个 $n(n-1)\cdots 21$，所以 D 中可能不为零的项只有一项 $(-1)^{t(n(n-1)\cdots 21)} a_{1n}a_{2,n-1}\cdots a_{n1}$．此项的符号 $(-1)^{t(n(n-1)\cdots 21)}=(-1)^{0+1+2+\cdots+(n-1)}=(-1)^{\frac{n(n-1)}{2}}$，所以 $D=(-1)^{\frac{n(n-1)}{2}} a_{1n}a_{2,n-1}\cdots a_{n1}$．

类似地，

$$\begin{vmatrix} a_{11} & \cdots & a_{1,n-1} & a_{1n} \\ a_{21} & \cdots & a_{2,n-1} & 0 \\ \vdots & & \vdots & \vdots \\ a_{n1} & \cdots & 0 & 0 \end{vmatrix} = (-1)^{\frac{n(n-1)}{2}} a_{1n}a_{2,n-1}\cdots a_{n1}.$$

3.4 对 换

为了研究 n 阶行列式的性质，先来讨论对换及它与排列的奇偶性的关系．

把一个排列中某两个元素的位置互换，而其余的元素不动，就得到另一个排列，这样的一个变换称为一个对换．将相邻两个元素对换，叫作相邻对换．

例如，经过 1，2 对换，排列 2431 就变为了 1432，排列 2134 就变成了 1234．显然，如果连续施行两次相同的变换，那么排列就还原了．关于排列的奇偶性，有下面的基本事实．

定理 3.1 一个排列中的任意两个元素对换，排列改变奇偶性．

这就是说，经过一次对换，奇排列变成偶排列，偶排列变为奇排列．

证 先看一个特殊的情形，即对换的两个元素在排列中是相邻的情形．

设排列为$a_1\cdots a_l abb_1\cdots b_m$，对换$a$与$b$，变为$a_1\cdots a_l bab_1\cdots b_m$．显然，$a_1\cdots a_l$，$b_1\cdots b_m$这些元素的逆序数经过对换并不改变，而$a$，$b$两元素的逆序数改变如下：当$a<b$时，经对换后$a$的逆序数增加1，而$b$的逆序数不变；当$a>b$时，经对换后$a$的逆序数不变，而$b$的逆序数减少1．无论增加1还是减少1，排列$a_1\cdots a_l abb_1\cdots b_m$与排列$a_1\cdots a_l bab_1\cdots b_m$的逆序数的奇偶性总是变了．

再看一般的情形．

设排列为$a_1\cdots a_l ab_1\cdots b_m bc_1\cdots c_n$，对换$a$与$b$，变为$a_1\cdots a_l bb_1\cdots b_m ac_1\cdots c_n$．不难看出，这样一个对换可以通过一系列的相邻对换来实现．从$a_1\cdots a_l ab_1\cdots b_m bc_1\cdots c_n$出发，把$b$与$b_m$对换，再与$b_{m-1}$对换，…，也就是说，把$b$一位一位向左移动，对它做$m+1$次相邻对换，变为$a_1\cdots a_l bab_1\cdots b_m c_1\cdots c_n$．再把$a$一位一位向右移动，经过$m$次相邻对换，变为$a_1\cdots a_l bb_1\cdots b_m ac_1\cdots c_n$．总之，经过$2m+1$次相邻对换，排列$a_1\cdots a_l ab_1\cdots b_m bc_1\cdots c_n$变成排列$a_1\cdots a_l bb_1\cdots b_m ac_1\cdots c_n$，所以这两个排列的奇偶性相反．

推论 3.1　奇排列变为标准排列的对换次数为奇数，偶排列变为标准排列的对换次数为偶数．

证　由定理3.1知,对换的次数就是排列奇偶性的变化次数,而标准排列是偶排列(逆序数为0)，因此知推论3.1成立．

下面利用定理3.1来讨论行列式的另一种表示法．

对于行列式的任一项

$$(-1)^{t(p_1\cdots p_i\cdots p_j\cdots p_n)}a_{1p_1}\cdots a_{ip_i}\cdots a_{jp_j}\cdots a_{np_n},$$

其中，$1\cdots i\cdots j\cdots n$为自然排列，$t(p_1\cdots p_i\cdots p_j\cdots p_n)$为排列$p_1\cdots p_i\cdots p_j\cdots p_n$的逆序数，对换元素$a_{ip_i}$与$a_{jp_j}$，成为

$$(-1)^{t(p_1\cdots p_i\cdots p_j\cdots p_n)}a_{1p_1}\cdots a_{jp_j}\cdots a_{ip_i}\cdots a_{np_n},$$

这时，这一项的值不变，而行标排列与列标排列同时做了一次相应的变换．设新的行标排列$1\cdots j\cdots i\cdots n$的逆序数为$r$，则$r$为奇数；新的列标排列$p_1\cdots p_j\cdots p_i\cdots p_n$的逆序数为$t_1(p_1\cdots p_j\cdots p_i\cdots p_n)$，则

$$(-1)^{t_1(p_1\cdots p_j\cdots p_i\cdots p_n)}=-(-1)^{t(p_1\cdots p_i\cdots p_j\cdots p_n)},$$

故$(-1)^{t(p_1\cdots p_i\cdots p_j\cdots p_n)}=(-1)^{r+t_1(p_1\cdots p_j\cdots p_i\cdots p_n)}$，于是

$$(-1)^{t(p_1\cdots p_i\cdots p_j\cdots p_n)}a_{1p_1}\cdots a_{ip_i}\cdots a_{jp_j}\cdots a_{np_n}=(-1)^{r+t_1(p_1\cdots p_j\cdots p_i\cdots p_n)}a_{1p_1}\cdots a_{jp_j}\cdots a_{ip_i}\cdots a_{np_n}.$$

这就表明，对换乘积中两元素的次序，从而行标排列与列标排列同时做了相应的对换，则行标排列与列标排列的逆序数之和并不改变奇偶性．经一次对换如此，经多次对换当然还是如此．于是，经过若干次变换，使：

列标排列$p_1p_2\cdots p_n$(逆序数为t)变为标准排列(逆序数为0)；

行标排列则相应地从标准排列变为某个新的排列，设此新排列为$q_1q_2\cdots q_n$，其逆序数为$s(q_1q_2\cdots q_n)$，则有

$$(-1)^{t(p_1p_2\cdots p_n)}a_{1p_1}a_{2p_2}\cdots a_{np_n}=(-1)^{s(q_1q_2\cdots q_n)}a_{q_11}a_{q_22}\cdots a_{q_nn}.$$

又若 $p_i=j$，则 $q_j=i$（即 $a_{ip_i}=a_{ij}=a_{q_jj}$）. 可见排列 $q_1q_2\cdots q_n$ 由排列 $p_1p_2\cdots p_n$ 所唯一确定.

由此可得如下定理.

定理 3.2　n 阶行列式也可定义为

$$D=\begin{vmatrix} a_{11} & a_{12} & \cdots & a_{1n} \\ a_{21} & a_{22} & \cdots & a_{2n} \\ \vdots & \vdots & & \vdots \\ a_{n1} & a_{n2} & \cdots & a_{nn} \end{vmatrix}=\sum_{p_1p_2\cdots p_n}(-1)^{t(p_1p_2\cdots p_n)}a_{p_11}a_{p_22}\cdots a_{p_nn},$$

其中，$t(p_1p_2\cdots p_n)$ 为行标排列 $p_1p_2\cdots p_n$ 的逆序数.

证　按行列式的定义有

$$D=\sum_{p_1p_2\cdots p_n}(-1)^{t(p_1p_2\cdots p_n)}a_{1p_1}a_{2p_2}\cdots a_{np_n},$$

记

$$D_1=\sum_{p_1p_2\cdots p_n}(-1)^{t(p_1p_2\cdots p_n)}a_{p_11}a_{p_22}\cdots a_{p_nn}.$$

由上面的讨论知：对于 D 中的任一项 $(-1)^{t(p_1p_2\cdots p_n)}a_{1p_1}a_{2p_2}\cdots a_{np_n}$，总有且仅有 D_1 的某一项 $(-1)^{s(q_1q_2\cdots q_n)}a_{q_11}a_{q_22}\cdots a_{q_nn}$ 与之对应并相等；反之，对于 D_1 中的任一项 $(-1)^{t(p_1p_2\cdots p_n)}a_{p_11}a_{p_22}\cdots a_{p_nn}$，也总有且仅有 D 中的某一项 $(-1)^{s(q_1q_2\cdots q_n)}a_{1q_1}a_{2q_2}\cdots a_{nq_n}$ 与之对应并相等. 于是 D 与 D_1 中的项可以一一对应并相等，从而 $D=D_1$.

3.5　行列式的性质

记

$$D=\begin{vmatrix} a_{11} & a_{12} & \cdots & a_{1n} \\ a_{21} & a_{22} & \cdots & a_{2n} \\ \vdots & \vdots & & \vdots \\ a_{n1} & a_{n2} & \cdots & a_{nn} \end{vmatrix},\qquad D^{\mathrm{T}}=\begin{vmatrix} a_{11} & a_{21} & \cdots & a_{n1} \\ a_{12} & a_{22} & \cdots & a_{n2} \\ \vdots & \vdots & & \vdots \\ a_{1n} & a_{2n} & \cdots & a_{nn} \end{vmatrix},$$

行列式 D^{T} 称为行列式 D 的转置行列式.

性质 3.1　行列式与它的转置行列式相等.

证　记 $D=\det(a_{ij})$ 的转置行列式

$$D^{\mathrm{T}}=\begin{vmatrix} b_{11} & b_{21} & \cdots & b_{n1} \\ b_{12} & b_{22} & \cdots & b_{n2} \\ \vdots & \vdots & & \vdots \\ b_{1n} & b_{2n} & \cdots & b_{nn} \end{vmatrix},$$

即 D^{T} 的 (i,j) 元为 b_{ij}，则 $b_{ij}=a_{ji}\ (i,j=1,2,\cdots,n)$，按定义

$$D^{\mathrm{T}}=\sum_{p_1p_2\cdots p_n}(-1)^{t(p_1p_2\cdots p_n)}b_{1p_1}b_{2p_2}\cdots b_{np_n}=\sum_{p_1p_2\cdots p_n}(-1)^{t(p_1p_2\cdots p_n)}a_{p_11}a_{p_22}\cdots a_{p_nn},$$

由定理 3.2，有

$$D=\sum_{p_1p_2\cdots p_n}(-1)^{t(p_1p_2\cdots p_n)}a_{p_11}a_{p_22}\cdots a_{p_nn},$$

故

$$D^{\mathrm{T}}=D.$$

由此性质可知，行列式中的行与列具有同等的地位，行列式的性质凡是对行成立的对列也同样成立，反之亦然.

性质 3.2　互换行列式的两行(列)，行列式变号.

证　设行列式

$$D_1=\begin{vmatrix}b_{11}&b_{12}&\cdots&b_{1n}\\b_{21}&b_{22}&\cdots&b_{2n}\\\vdots&\vdots&&\vdots\\b_{n1}&b_{n2}&\cdots&b_{nn}\end{vmatrix}$$

是由行列式 $D=\det(a_{ij})$ 对换 i,j 两行得到的，即当 $k\neq i,j$ 时，$b_{kp}=a_{kp}$；当 $k=i,j$ 时，$b_{ip}=a_{jp}$，$b_{jp}=a_{ip}$，于是

$$\begin{aligned}D_1&=\sum_{p_1\cdots p_i\cdots p_j\cdots p_n}(-1)^{t(p_1\cdots p_i\cdots p_j\cdots p_n)}b_{1p_1}\cdots b_{ip_i}\cdots b_{jp_j}\cdots b_{np_n}\\&=\sum_{p_1\cdots p_i\cdots p_j\cdots p_n}(-1)^{t(p_1\cdots p_i\cdots p_j\cdots p_n)}a_{1p_1}\cdots a_{jp_i}\cdots a_{ip_j}\cdots a_{np_n}\\&=\sum_{p_1\cdots p_i\cdots p_j\cdots p_n}(-1)^{t(p_1\cdots p_i\cdots p_j\cdots p_n)}a_{1p_1}\cdots a_{ip_j}\cdots a_{jp_i}\cdots a_{np_n},\end{aligned}$$

其中，$1\cdots i\cdots j\cdots n$ 为标准排列，t 为排列 $p_1\cdots p_i\cdots p_j\cdots p_n$ 的逆序数.

设排列 $p_1\cdots p_j\cdots p_i\cdots p_n$ 的逆序数为 t_1，则 $(-1)^{t(p_1\cdots p_i\cdots p_j\cdots p_n)}=-(-1)^{t_1(p_1\cdots p_j\cdots p_i\cdots p_n)}$，故

$$D_1=-\sum_{p_1\cdots p_j\cdots p_i\cdots p_n}(-1)^{t_1(p_1\cdots p_j\cdots p_i\cdots p_n)}a_{1p_1}\cdots a_{ip_j}\cdots a_{jp_i}\cdots a_{np_n}=-D.$$

推论 3.2　若行列式有两行(列)完全相同，则此行列式等于零.

证　把这两行互换，有 $D=-D$，故 $D=0$.

性质 3.3　行列式的某一行(列)中所有的元素都乘以同一数 k 等于用数 k 乘此行列式，即

$$D_1=\begin{vmatrix} a_{11} & a_{12} & \cdots & a_{1n} \\ \vdots & \vdots & & \vdots \\ ka_{i1} & ka_{i2} & \cdots & ka_{in} \\ \vdots & \vdots & & \vdots \\ a_{n1} & a_{n2} & \cdots & a_{nn} \end{vmatrix}=k\begin{vmatrix} a_{11} & a_{12} & \cdots & a_{1n} \\ \vdots & \vdots & & \vdots \\ a_{i1} & a_{i2} & \cdots & a_{in} \\ \vdots & \vdots & & \vdots \\ a_{n1} & a_{n2} & \cdots & a_{nn} \end{vmatrix}=kD,$$

第 i 行乘以 k，记作 $r_i \times k$.

证 按行列式定义

$$D_1=\sum_{p_1p_2\cdots p_n}(-1)^{t(p_1p_2\cdots p_n)}a_{1p_1}\cdots(ka_{ip_i})\cdots a_{np_n},$$

$$D_1=k\sum_{p_1p_2\cdots p_n}(-1)^{t(p_1p_2\cdots p_n)}a_{1p_1}\cdots a_{ip_i}\cdots a_{np_n}=kD.$$

推论 3.3 行列式中某一行(列)的所有元素的公因子可以提到行列式符号的外面.

性质 3.4 行列式中如果有两行(列)元素成比例，那么行列式等于零.

性质 3.5 若行列式 D 的第 i 行(列)的元素都是两数之和，则

$$D=\begin{vmatrix} a_{11} & a_{12} & \cdots & a_{1n} \\ \vdots & \vdots & & \vdots \\ a_{i1}+b_{i1} & a_{i2}+b_{i2} & \cdots & a_{in}+b_{in} \\ \vdots & \vdots & & \vdots \\ a_{n1} & a_{n2} & \cdots & a_{nn} \end{vmatrix}=D_1+D_2,$$

其中，$D_1=\begin{vmatrix} a_{11} & a_{12} & \cdots & a_{1n} \\ \vdots & \vdots & & \vdots \\ a_{i1} & a_{i2} & \cdots & a_{in} \\ \vdots & \vdots & & \vdots \\ a_{n1} & a_{n2} & \cdots & a_{nn} \end{vmatrix}$，$D_2=\begin{vmatrix} a_{11} & a_{12} & \cdots & a_{1n} \\ \vdots & \vdots & & \vdots \\ b_{i1} & b_{i2} & \cdots & b_{in} \\ \vdots & \vdots & & \vdots \\ a_{n1} & a_{n2} & \cdots & a_{nn} \end{vmatrix}$.

证 按行列式的定义

$$\begin{aligned} D&=\sum_{p_1p_2\cdots p_n}(-1)^{t(p_1p_2\cdots p_n)}a_{1p_1}\cdots(a_{ip_i}+b_{ip_i})\cdots a_{np_n} \\ &=\sum_{p_1p_2\cdots p_n}(-1)^{t(p_1p_2\cdots p_n)}a_{1p_1}\cdots a_{ip_i}\cdots a_{np_n}+\sum_{p_1p_2\cdots p_n}(-1)^{t(p_1p_2\cdots p_n)}a_{1p_1}\cdots b_{ip_i}\cdots a_{np_n} \\ &=D_1+D_2. \end{aligned}$$

性质 3.6 把行列式的某一行(列)的各元素乘以同一数然后加到另一行(列)对应的元素上去，行列式不变，即

$$\begin{vmatrix} a_{11} & a_{12} & \cdots & a_{1n} \\ \vdots & \vdots & & \vdots \\ a_{i1} & a_{i2} & \cdots & a_{in} \\ \vdots & \vdots & & \vdots \\ a_{n1} & a_{n2} & \cdots & a_{nn} \end{vmatrix}=\begin{vmatrix} a_{11} & a_{12} & \cdots & a_{1n} \\ \vdots & \vdots & & \vdots \\ a_{i1}+ka_{j1} & a_{i2}+ka_{j2} & \cdots & a_{in}+ka_{jn} \\ \vdots & \vdots & & \vdots \\ a_{n1} & a_{n2} & \cdots & a_{nn} \end{vmatrix}.$$

证 由性质 3.4 与性质 3.5 立即得到.

3.6 行列式按行(列)展开

一般来说，低阶行列式的计算比高阶行列式的计算要简便，于是，自然考虑用低阶行列式来表示高阶行列式的问题. 为此，先引入余子式和代数余子式的概念.

在 n 阶行列式中，把 (i,j) 元素 a_{ij} 所在的第 i 行和第 j 列划去后，留下来的 $n-1$ 阶行列式叫作 (i,j) 元素 a_{ij} 的余子式，记作 M_{ij}；记

$$A_{ij}=(-1)^{i+j}M_{ij},$$

A_{ij} 叫作 (i,j) 元素 a_{ij} 的代数余子式.

例如，五阶行列式

$$D=\begin{vmatrix} a_{11} & a_{12} & a_{13} & a_{14} & a_{15} \\ a_{21} & a_{22} & a_{23} & a_{24} & a_{25} \\ a_{31} & a_{32} & a_{33} & a_{34} & a_{35} \\ a_{41} & a_{42} & a_{43} & a_{44} & a_{45} \\ a_{51} & a_{52} & a_{53} & a_{54} & a_{55} \end{vmatrix}$$

中元素 a_{23} 的余子式为

$$M_{23}=\begin{vmatrix} a_{11} & a_{12} & a_{14} & a_{15} \\ a_{31} & a_{32} & a_{34} & a_{35} \\ a_{41} & a_{42} & a_{44} & a_{45} \\ a_{51} & a_{52} & a_{54} & a_{55} \end{vmatrix},$$

代数余子式为

$$A_{23}=(-1)^{2+3}\begin{vmatrix} a_{11} & a_{12} & a_{14} & a_{15} \\ a_{31} & a_{32} & a_{34} & a_{35} \\ a_{41} & a_{42} & a_{44} & a_{45} \\ a_{51} & a_{52} & a_{54} & a_{55} \end{vmatrix}.$$

引理 3.1 一个 n 阶行列式，如果其中第 i 行所有元素除 (i,j) 元 a_{ij} 外都为零，那么这个行列式等于 a_{ij} 与它的代数余子式的乘积，即

$$D=a_{ij}A_{ij}.$$

证 首先考虑 D 的第一行中的元素除 $a_{11}\neq 0$ 外，其余元素均为 0 的特殊情形，即

$$D=\begin{vmatrix} a_{11} & 0 & \cdots & 0 \\ \vdots & \vdots & & \vdots \\ a_{i1} & a_{i2} & \cdots & a_{in} \\ \vdots & \vdots & & \vdots \\ a_{n1} & a_{n2} & \cdots & a_{nn} \end{vmatrix}.$$

因为 D 的每一项都含有第一行的元素，但第一行仅有 $a_{11}\neq 0$，所以 D 仅含下面形式的项

$$(-1)^{t(1p_2\cdots p_n)}a_{11}a_{2p_2}\cdots a_{np_n}=a_{11}\left[(-1)^{t(p_2\cdots p_n)}a_{2p_2}\cdots a_{np_n}\right],$$

等号右端方括号内正是 M_{11} 的一般项，故 $D=a_{11}M_{11}$.

又

$$A_{11}=(-1)^{1+1}M_{11}=M_{11},$$

从而

$$D=a_{11}A_{11}.$$

再证一般情形，讨论行列式 D 中第 i 行的元素除 $a_{ij}\neq 0$ 外，其余元素均为 0 的特殊情形，即

$$D=\begin{vmatrix} a_{11} & \cdots & a_{1,j-1} & a_{1j} & a_{1,j+1} & \cdots & a_{1n} \\ \vdots & & \vdots & \vdots & \vdots & & \vdots \\ a_{i-1,1} & \cdots & a_{i-1,j-1} & a_{i-1,j} & a_{i-1,j+1} & \cdots & a_{i-1,n} \\ 0 & \cdots & 0 & a_{ij} & 0 & \cdots & 0 \\ a_{i+1,1} & \cdots & a_{i+1,j-1} & a_{i+1,j} & a_{i+1,j+1} & \cdots & a_{i+1,n} \\ \vdots & & \vdots & \vdots & \vdots & & \vdots \\ a_{n1} & \cdots & a_{n,j-1} & a_{n,j} & a_{n,j+1} & \cdots & a_{nn} \end{vmatrix}.$$

为了利用前面的结果，将 D 的第 i 行依次与第 $i-1$ 行，第 $i-2$ 行，…，第 1 行对调，再将第 j 行依次与第 $j-1$ 列，第 $j-2$ 列，…，第 1 列对调，共经过 $i+j-2$ 次 D 的行和列的调换，得

$$D=(-1)^{i+j-2}\begin{vmatrix} a_{ij} & 0 & \cdots & 0 & 0 & \cdots & 0 \\ a_{1j} & a_{11} & \cdots & a_{1,j-1} & a_{1,j+1} & \cdots & a_{1n} \\ \vdots & \vdots & & \vdots & \vdots & & \vdots \\ a_{i-1,j} & a_{i-1,1} & \cdots & a_{i-1,j-1} & a_{i-1,j+1} & \cdots & a_{i-1,n} \\ a_{i+1,j} & a_{i+1,1} & \cdots & a_{i+1,j-1} & a_{i+1,j+1} & \cdots & a_{i+1,n} \\ \vdots & \vdots & & \vdots & \vdots & & \vdots \\ a_{nj} & a_{n1} & \cdots & a_{n,j-1} & a_{n,j+1} & \cdots & a_{nn} \end{vmatrix}$$

$$=(-1)^{i+j}a_{ij}M_{ij}=a_{ij}A_{ij}.$$

定理 3.3　行列式可以按第 i 行(j 列)展开，等于它的任一行(列)的各元素与其对应的代数余子式乘积之和，即

$$D=a_{i1}A_{i1}+a_{i2}A_{i2}+\cdots+a_{in}A_{in}\quad(i=1,2,\cdots,n),$$

或

$$D=a_{1j}A_{1j}+a_{2j}A_{2j}+\cdots+A_{nj}a_{nj}\quad(j=1,2,\cdots,n).$$

证 $D=\begin{vmatrix} a_{11} & a_{12} & \cdots & a_{1n} \\ \vdots & \vdots & & \vdots \\ a_{i1} & a_{i2} & \cdots & a_{in} \\ \vdots & \vdots & & \vdots \\ a_{n1} & a_{n2} & \cdots & a_{nn} \end{vmatrix}=\begin{vmatrix} a_{11} & a_{12} & \cdots & a_{1n} \\ \vdots & \vdots & & \vdots \\ a_{i1}+0+\cdots+0 & 0+a_{i2}+\cdots+0 & \cdots & 0+\cdots+0+a_{in} \\ \vdots & \vdots & & \vdots \\ a_{n1} & a_{n2} & \cdots & a_{nn} \end{vmatrix}$

$$=\begin{vmatrix} a_{11} & a_{12} & \cdots & a_{1n} \\ \vdots & \vdots & & \vdots \\ a_{i1} & 0 & \cdots & 0 \\ \vdots & \vdots & & \vdots \\ a_{n1} & a_{n2} & \cdots & a_{nn} \end{vmatrix}+\begin{vmatrix} a_{11} & a_{12} & \cdots & a_{1n} \\ \vdots & \vdots & & \vdots \\ 0 & a_{i2} & \cdots & 0 \\ \vdots & \vdots & & \vdots \\ a_{n1} & a_{n2} & \cdots & a_{nn} \end{vmatrix}+\cdots+\begin{vmatrix} a_{11} & a_{12} & \cdots & a_{1n} \\ \vdots & \vdots & & \vdots \\ 0 & 0 & \cdots & a_{in} \\ \vdots & \vdots & & \vdots \\ a_{n1} & a_{n2} & \cdots & a_{nn} \end{vmatrix},$$

根据引理，得

$$D=a_{i1}A_{i1}+a_{i2}A_{i2}+\cdots+a_{in}A_{in} \quad (i=1,2,\cdots,n).$$

类似地，若按列证明，可得

$$D=a_{1j}A_{1j}+a_{2j}A_{2j}+\cdots+A_{nj}a_{nj} \quad (j=1,2,\cdots,n),$$

这一定理叫作行列式按行(列)展开法则.

推论 3.4 行列式某一行(列)的元素与另一行(列)的对应元素的代数余子式乘积之和等于零，即

$$a_{i1}A_{j1}+a_{i2}A_{j2}+\cdots+a_{in}A_{jn}=0 \quad (i\neq j),$$

或

$$a_{1i}A_{1j}+a_{2i}A_{2j}+\cdots+a_{ni}A_{nj}=0 \quad (i\neq j).$$

证 把行列式按第 j 行展开，有

$$a_{j1}A_{j1}+a_{j2}A_{j2}+\cdots+a_{jn}A_{jn}=\begin{vmatrix} a_{11} & a_{12} & \cdots & a_{1n} \\ \vdots & \vdots & & \vdots \\ a_{i1} & a_{i2} & \cdots & a_{in} \\ \vdots & \vdots & & \vdots \\ a_{j1} & a_{j2} & \cdots & a_{jn} \\ \vdots & \vdots & & \vdots \\ a_{n1} & a_{n2} & \cdots & a_{nn} \end{vmatrix},$$

把上式的 a_{jk} 换成 a_{ik} $(k=1,2,\cdots,n)$，可得

$$a_{i1}A_{j1}+a_{i2}A_{j2}+\cdots+a_{in}A_{jn}=\begin{vmatrix} a_{11} & a_{12} & \cdots & a_{1n} \\ \vdots & \vdots & & \vdots \\ a_{i1} & a_{i2} & \cdots & a_{in} \\ \vdots & \vdots & & \vdots \\ a_{i1} & a_{i2} & \cdots & a_{in} \\ \vdots & \vdots & & \vdots \\ a_{n1} & a_{n2} & \cdots & a_{nn} \end{vmatrix},$$

当$i \neq j$时，上式右端行列式中有两行对应元素相同，故行列式等于零，即得

$$a_{i1}A_{j1} + a_{i2}A_{j2} + \cdots + a_{in}A_{jn} = 0 \quad (i \neq j).$$

上述证法如按列进行，即可得

$$a_{1i}A_{1j} + a_{2i}A_{2j} + \cdots + a_{ni}A_{nj} = 0 \quad (i \neq j).$$

总结定理 3.3 及推论 3.4，有

(1) $\sum_{k=1}^{n} a_{ik}A_{jk} = \begin{cases} |\boldsymbol{A}|, & i = j, \\ 0, & i \neq j; \end{cases}$ (2) $\sum_{k=1}^{n} a_{ki}A_{kj} = \begin{cases} |\boldsymbol{A}|, & i = j, \\ 0, & i \neq j. \end{cases}$

根据定理 3.3，在行列式

$$\det(\boldsymbol{A}) = \begin{vmatrix} a_{11} & a_{12} & \cdots & a_{1n} \\ a_{21} & a_{22} & \cdots & a_{2n} \\ \vdots & \vdots & & \vdots \\ a_{n1} & a_{n2} & \cdots & a_{nn} \end{vmatrix}$$

中，用$b_1, b_2, \cdots, b_n$依次取代$a_{i1}, a_{i2}, \cdots, a_{in}$或$a_{1j}, a_{2j}, \cdots, a_{nj}$，并按第$i$行或第$j$列展开，有

$$(1) \begin{vmatrix} a_{11} & a_{12} & \cdots & a_{1n} \\ \vdots & \vdots & & \vdots \\ a_{i-1,1} & a_{i-1,2} & \cdots & a_{i-1,n} \\ b_1 & b_2 & \cdots & b_n \\ a_{i+1,1} & a_{i+1,2} & \cdots & a_{i+1,n} \\ \vdots & \vdots & & \vdots \\ a_{n1} & a_{n2} & \cdots & a_{nn} \end{vmatrix} = b_1A_{i1} + b_2A_{i2} + \cdots + b_nA_{in};$$

$$(2) \begin{vmatrix} a_{11} & \cdots & a_{1,j-1} & b_1 & a_{1,j+1} & \cdots & a_{1n} \\ a_{21} & \cdots & a_{2,j-1} & b_2 & a_{2,j+1} & \cdots & a_{2n} \\ \vdots & & \vdots & \vdots & \vdots & & \vdots \\ a_{n1} & \cdots & a_{n,j-1} & b_n & a_{n,j+1} & \cdots & a_{nn} \end{vmatrix} = b_1A_{1j} + b_2A_{2j} + \cdots + b_nA_{nj}.$$

例 3.5 设

$$D = \begin{vmatrix} 3 & 0 & 4 & 0 \\ 2 & 2 & 2 & 2 \\ 0 & -7 & 0 & 0 \\ 9 & -8 & 7 & 5 \end{vmatrix},$$

D的(i,j)元的余子式和代数余子式依次记作M_{ij}和A_{ij},求

$$A_{41} + A_{42} + A_{43} + A_{44}, \qquad M_{41} + M_{42} + M_{43} + M_{44}.$$

解 按上面分析得到的(1)可知，$A_{41} + A_{42} + A_{43} + A_{44}$等于用 1，1，1，1 代替$D$中的第四行所得的行列式，即

$$A_{41}+A_{42}+A_{43}+A_{44}=\begin{vmatrix}3&0&4&0\\2&2&2&2\\0&-7&0&0\\1&1&1&1\end{vmatrix}=(-1)^{3+2}(-7)\begin{vmatrix}3&4&0\\2&2&2\\1&1&1\end{vmatrix}=0.$$

$$M_{41}+M_{42}+M_{43}+M_{44}$$

$$=-A_{41}+A_{42}-A_{43}+A_{44}=\begin{vmatrix}3&0&4&0\\2&2&2&2\\0&-7&0&0\\-1&1&-1&1\end{vmatrix}$$

$$=7\begin{vmatrix}3&4&0\\2&2&2\\-1&-1&1\end{vmatrix}=7\begin{vmatrix}3&4&0\\0&0&4\\-1&-1&1\end{vmatrix}=-7\times4\begin{vmatrix}3&4\\-1&-1\end{vmatrix}=-28.$$

根据行列式的性质，可以对行列式做一些变换而不改变行列式的值或只改变行列式的符号.

(1) 将行列式的第 i 行与第 j 行互换，记为 $r_i\leftrightarrow r_j$；

(2) 将行列式的第 i 列与第 j 列互换，记为 $c_i\leftrightarrow c_j$；

(3) 将行列式的第 i 行加上 k 乘第 j 行，记为 r_i+kr_j；

(4) 将行列式的第 i 列加上 k 乘第 j 列，记为 c_i+kc_j.

例 3.6 计算下三角行列式 $D=\begin{vmatrix}a_{11}&0&\cdots&0\\a_{12}&a_{22}&\cdots&0\\\vdots&\vdots&&\vdots\\a_{1n}&a_{2n}&\cdots&a_{nn}\end{vmatrix}$.

解 将 D 按第一行展开，并一直按第一行展开，得

$$D=a_{11}\begin{vmatrix}a_{22}&\cdots&0\\\vdots&&\vdots\\a_{n2}&\cdots&a_{nn}\end{vmatrix}=a_{11}a_{22}\begin{vmatrix}a_{33}&\cdots&0\\\vdots&&\vdots\\a_{n3}&\cdots&a_{nn}\end{vmatrix}=\cdots=a_{11}a_{22}\cdots a_{nn}.$$

同样可得，上三角行列式

$$D=\begin{vmatrix}a_{11}&a_{12}&\cdots&a_{1n}\\0&a_{22}&\cdots&a_{2n}\\\vdots&\vdots&&\vdots\\0&0&\cdots&a_{nn}\end{vmatrix}=a_{11}a_{22}\cdots a_{nn}.$$

3.7 行列式的计算

一个 n 阶行列式全部展开后，共有 $n!$ 项，当 $n=10$ 时，$n!=3628800$，仅加法就要进

行三百多万次，而在实际应用中，几百阶几千阶的行列式计算是常见的，所以按定义计算行列式，在实际中几乎没有可行性.

在实际应用中，行列式的计算是利用行列式的性质，将行列式简化为三角行列式，然后将对角元相乘得到行列式的值，或者是按 0 元较多的行展开，化为低阶行列式计算.

例 3.7 计算 $D=\begin{vmatrix} 2 & -8 & 6 & 8 \\ 3 & -9 & 5 & 10 \\ -3 & 0 & 1 & -2 \\ 1 & -4 & 0 & 6 \end{vmatrix}$.

解 $D \xlongequal{\text{第1行提公因子2}} 2\begin{vmatrix} 1 & -4 & 3 & 4 \\ 3 & -9 & 5 & 10 \\ -3 & 0 & 1 & -2 \\ 1 & -4 & 0 & 6 \end{vmatrix} \xlongequal[r_4-r_1]{\substack{r_2-3r_1 \\ r_3+3r_1}} 2\begin{vmatrix} 1 & -4 & 3 & 4 \\ 0 & 3 & -4 & -2 \\ 0 & -12 & 10 & 10 \\ 0 & 0 & -3 & 2 \end{vmatrix}$

$$\xlongequal{r_3+4r_2} 2\begin{vmatrix} 1 & -4 & 3 & 4 \\ 0 & 3 & -4 & -2 \\ 0 & 0 & -6 & 2 \\ 0 & 0 & -3 & 2 \end{vmatrix} \xlongequal{r_4-\frac{1}{2}r_3} 2\begin{vmatrix} 1 & -4 & 3 & 4 \\ 0 & 3 & -4 & -2 \\ 0 & 0 & -6 & 2 \\ 0 & 0 & 0 & 1 \end{vmatrix} = 2\times1\times3\times(-6)\times1=-36.$$

例 3.8 计算 $D=\begin{vmatrix} 3 & 1 & 1 & 1 \\ 1 & 3 & 1 & 1 \\ 1 & 1 & 3 & 1 \\ 1 & 1 & 1 & 3 \end{vmatrix}$.

解 $D \xlongequal{c_1+c_2+c_3+c_4} \begin{vmatrix} 6 & 1 & 1 & 1 \\ 6 & 3 & 1 & 1 \\ 6 & 1 & 3 & 1 \\ 6 & 1 & 1 & 3 \end{vmatrix} \xlongequal{\text{提取公因子6}} 6\begin{vmatrix} 1 & 1 & 1 & 1 \\ 1 & 3 & 1 & 1 \\ 1 & 1 & 3 & 1 \\ 1 & 1 & 1 & 3 \end{vmatrix} \xlongequal[r_4-r_1]{\substack{r_2-r_1 \\ r_3-r_1}} 6\begin{vmatrix} 1 & 1 & 1 & 1 \\ 0 & 2 & 0 & 0 \\ 0 & 0 & 2 & 0 \\ 0 & 0 & 0 & 2 \end{vmatrix} = 6\times8=48.$

例 3.9 计算 $D=\begin{vmatrix} 0 & 1 & 1 & \cdots & 1 \\ 1 & 2 & 0 & \cdots & 0 \\ 1 & 0 & 3 & \cdots & 0 \\ \vdots & \vdots & \vdots & & \vdots \\ 1 & 0 & 0 & \cdots & n \end{vmatrix}$.

解 $D=n!\begin{vmatrix} 0 & \frac{1}{2} & \frac{1}{3} & \cdots & \frac{1}{n} \\ 1 & 1 & 0 & \cdots & 0 \\ 1 & 0 & 1 & \cdots & 0 \\ \vdots & \vdots & \vdots & & \vdots \\ 1 & 0 & 0 & \cdots & 1 \end{vmatrix}$ (从第 i 列提出公因子 $i, i=2,3,\cdots,n$)

$$\xlongequal{c_1-c_2-c_3-\cdots-c_n} n!\begin{vmatrix} -\frac{1}{2}-\frac{1}{3}-\cdots-\frac{1}{n} & \frac{1}{2} & \frac{1}{3} & \cdots & \frac{1}{n} \\ 0 & 1 & 0 & \cdots & 0 \\ 0 & 0 & 1 & \cdots & 0 \\ \vdots & \vdots & \vdots & & \vdots \\ 0 & 0 & 0 & \cdots & 1 \end{vmatrix}$$

$$=-n!\left(\frac{1}{2}+\frac{1}{3}+\cdots+\frac{1}{n}\right).$$

例 3.10 $D=\begin{vmatrix} a_{11} & \cdots & a_{1k} & 0 & \cdots & 0 \\ \vdots & & \vdots & \vdots & & \vdots \\ a_{k1} & \cdots & a_{kk} & 0 & \cdots & 0 \\ c_{11} & \cdots & c_{1k} & b_{11} & \cdots & b_{1n} \\ \vdots & & \vdots & \vdots & & \vdots \\ c_{n1} & \cdots & c_{nk} & b_{n1} & \cdots & b_{nn} \end{vmatrix}=\begin{vmatrix} \boldsymbol{A} & \boldsymbol{O} \\ \boldsymbol{C} & \boldsymbol{B} \end{vmatrix}$，证明：$D=\det(\boldsymbol{A})\det(\boldsymbol{B})$.

证 对 $\boldsymbol{A}$ 的阶数 k 用数学归纳法.

当 $k=1$ 时，$D=\begin{vmatrix} a_{11} & 0 & \cdots & 0 \\ c_{11} & b_{11} & \cdots & b_{1n} \\ \vdots & \vdots & & \vdots \\ c_{n1} & b_{n1} & \cdots & b_{nn} \end{vmatrix}=a_{11}\begin{vmatrix} b_{11} & \cdots & b_{1n} \\ \vdots & & \vdots \\ b_{n1} & \cdots & b_{nn} \end{vmatrix}=\det(\boldsymbol{A})\det(\boldsymbol{B})$.

设结论对 $k-1$ 阶矩阵 $\boldsymbol{A}$ 成立，当 $\boldsymbol{A}$ 是 k 阶矩阵时，

$$D=\begin{vmatrix} a_{11} & \cdots & a_{1k} & 0 & \cdots & 0 \\ \vdots & & \vdots & \vdots & & \vdots \\ a_{k1} & \cdots & a_{kk} & 0 & \cdots & 0 \\ c_{11} & \cdots & c_{1k} & b_{11} & \cdots & b_{1n} \\ \vdots & & \vdots & \vdots & & \vdots \\ c_{n1} & \cdots & c_{nk} & b_{n1} & \cdots & b_{nn} \end{vmatrix}=\sum_{m=1}^{k} a_{1m}(-1)^{1+m}D_{1m}$$

$$=\sum_{m=1}^{k} a_{1m}(-1)^{1+m}\begin{vmatrix} \boldsymbol{S}_{1m} & \boldsymbol{O} \\ \boldsymbol{C}_m & \boldsymbol{B} \end{vmatrix}$$

（$\boldsymbol{S}_{1m}$ 是 $\boldsymbol{A}$ 关于 a_{1m} 的 $k-1$ 阶余子矩阵，$\boldsymbol{C}_m$ 是 $\boldsymbol{C}$ 去掉第 m 列后得到的矩阵）

$$=\sum_{m=1}^{k} a_{1m}(-1)^{1+m}\det(\boldsymbol{S}_{1m})\det(\boldsymbol{B})=\det(\boldsymbol{B})\sum_{m=1}^{k} a_{1m}(-1)^{1+m}\det(\boldsymbol{S}_{1m})$$

$$=\det(\boldsymbol{B})\sum_{m=1}^{k} a_{1m}\boldsymbol{A}_{1m}=\det(\boldsymbol{A})\det(\boldsymbol{B}).$$

由例 3.10 可以证明如下定理.

定理 3.4　设 $\boldsymbol{A}=\begin{pmatrix} a_{11} & \cdots & a_{1n} \\ \vdots & & \vdots \\ a_{n1} & \cdots & a_{nn} \end{pmatrix}, \boldsymbol{B}=\begin{pmatrix} b_{11} & \cdots & b_{1n} \\ \vdots & & \vdots \\ b_{n1} & \cdots & b_{nn} \end{pmatrix}$，则 $\det(\boldsymbol{AB})=\det(\boldsymbol{A})\det(\boldsymbol{B})$.

证　记 $2n$ 阶行列式

$$D=\begin{vmatrix} a_{11} & \cdots & a_{1n} & 0 & \cdots & 0 \\ \vdots & & \vdots & \vdots & & \vdots \\ a_{n1} & \cdots & a_{nn} & 0 & \cdots & 0 \\ -1 & \cdots & 0 & b_{11} & \cdots & b_{1n} \\ \vdots & & \vdots & \vdots & & \vdots \\ 0 & \cdots & -1 & b_{n1} & \cdots & b_{nn} \end{vmatrix}=\begin{vmatrix} \boldsymbol{A} & \boldsymbol{O} \\ -\boldsymbol{E} & \boldsymbol{B} \end{vmatrix},$$

由例 3.10，知 $D=|\boldsymbol{A}||\boldsymbol{B}|$，而在 D 中以 b_{1j} 乘第 1 列，b_{2j} 乘第 2 列，…，b_{nj} 乘第 n 列，都加到第 $n+j$ 列上（$j=1,2,\cdots,n$），有 $D=\begin{vmatrix} \boldsymbol{A} & \boldsymbol{C} \\ -\boldsymbol{E} & \boldsymbol{O} \end{vmatrix}$，其中 $\boldsymbol{C}=(c_{ij}), c_{ij}=a_{i1}b_{1j}+a_{i2}b_{2j}+\cdots+a_{in}b_{nj}$，故 $\boldsymbol{C}=\boldsymbol{AB}$.

再对 D 的行做 $r_j \leftrightarrow r_{n+j}\ (j=1,2,\cdots,n)$，有 $D=(-1)^n\begin{vmatrix} -\boldsymbol{E} & \boldsymbol{O} \\ \boldsymbol{A} & \boldsymbol{C} \end{vmatrix}$，于是

$$D=(-1)^n|-\boldsymbol{E}||\boldsymbol{C}|=(-1)^n(-1)^n|\boldsymbol{C}|=|\boldsymbol{AB}| .$$

因此，

$$|\boldsymbol{AB}|=|\boldsymbol{A}||\boldsymbol{B}| .$$

例 3.11　计算 $2n$ 阶行列式

$$D_{2n}=\begin{vmatrix} a & & & & & b \\ & \ddots & & & \iddots & \\ & & a & b & & \\ & & c & d & & \\ & \iddots & & & \ddots & \\ c & & & & & d \end{vmatrix},$$

其中，未写出的元素为 0.

解　$$D_{2n}=\begin{vmatrix} a & 0 & & & & & 0 & b \\ 0 & a & & & & & b & 0 \\ & & \ddots & & & \iddots & & \\ & & & a & b & & & \\ & & & c & d & & & \\ & & \iddots & & & \ddots & & \\ 0 & c & & & & & d & 0 \\ c & 0 & & & & & 0 & d \end{vmatrix}$$

$$=a\begin{vmatrix} a & & & & & b & 0\\ & \ddots & & & \iddots & & \\ & & a & b & & & \\ & & c & d & & & \\ & & \iddots & & \ddots & & \\ c & & & & & d & 0\\ 0 & & & & & 0 & d \end{vmatrix}+(-1)^{1+2n}b\begin{vmatrix} 0 & a & & & & & b\\ & & \ddots & & & \iddots & \\ & & & a & b & & \\ & & & c & d & & \\ & & \iddots & & & \ddots & \\ 0 & c & & & & & d\\ c & 0 & & & & & 0 \end{vmatrix}$$

(按第一行展开)

$$=ad\begin{vmatrix} a & & & & & b\\ & \ddots & & & \iddots & \\ & & a & b & & \\ & & c & d & & \\ & \iddots & & & \ddots & \\ c & & & & & d \end{vmatrix}+(-1)^{1+2n}bc(-1)^{(2n-1)+1}\begin{vmatrix} a & & & & & b\\ & \ddots & & & \iddots & \\ & & a & b & & \\ & & c & d & & \\ & \iddots & & & \ddots & \\ c & & & & & d \end{vmatrix}$$

(按最后一行展开)

$$=(ad-bc)D_{2(n-1)}=(ad-bc)^2D_{2(n-2)}=(ad-bc)^{n-1}D_2$$

$$=(ad-bc)^{n-1}\begin{vmatrix} a & b\\ c & d \end{vmatrix}=(ad-bc)^n .$$

例 3.12　计算 n 阶范德蒙德行列式

$$D_n=\begin{vmatrix} 1 & 1 & \cdots & 1\\ a_1 & a_2 & \cdots & a_n\\ a_1^2 & a_2^2 & \cdots & a_n^2\\ \vdots & \vdots & & \vdots\\ a_1^{n-1} & a_2^{n-1} & \cdots & a_n^{n-1} \end{vmatrix}.$$

解　$$D_n \xlongequal[\substack{\vdots \\ r_2-a_1r_1}]{\substack{r_n-a_1r_{n-1}\\ r_{n-1}-a_1r_{n-2}}} \begin{vmatrix} 1 & 1 & \cdots & 1\\ 0 & a_2-a_1 & \cdots & a_n-a_1\\ 0 & a_2^2-a_1a_2 & \cdots & a_n^2-a_1a_n\\ \vdots & \vdots & & \vdots\\ 0 & a_2^{n-1}-a_1a_2^{n-2} & \cdots & a_n^{n-1}-a_1a_n^{n-2} \end{vmatrix}$$

$$=\begin{vmatrix} a_2-a_1 & a_3-a_1 & \cdots & a_n-a_1\\ a_2^2-a_1a_2 & a_3^2-a_1a_3 & \cdots & a_n^2-a_1a_n\\ \vdots & \vdots & & \vdots\\ a_2^{n-1}-a_1a_2^{n-2} & a_3^{n-1}-a_1a_3^{n-2} & \cdots & a_n^{n-1}-a_1a_n^{n-2} \end{vmatrix}\text{(按第一列展开)}$$

$$
=(a_2-a_1)(a_3-a_1)\cdots(a_n-a_1)\begin{vmatrix} 1 & 1 & \cdots & 1 \\ a_2 & a_3 & \cdots & a_n \\ a_2^2 & a_3^2 & \cdots & a_n^2 \\ \vdots & \vdots & & \vdots \\ a_2^{n-2} & a_3^{n-2} & \cdots & a_n^{n-2} \end{vmatrix}\text{(提出公因子)}
$$

$$
=(a_2-a_1)(a_3-a_1)\cdots(a_n-a_1)D_{n-1}
$$

$$
=(a_2-a_1)(a_3-a_1)\cdots(a_n-a_1)(a_3-a_2)(a_4-a_2)\cdots(a_n-a_2)D_{n-2}
$$

$$
=\prod_{1\leqslant i<j\leqslant n}(a_j-a_i).
$$

3.8　逆阵公式

第 2 章中学习了利用矩阵的初等变换求矩阵的逆，下面将给出一个求逆矩阵的公式，形式是很完美的，但在实际应用中，只有对三阶及以下的矩阵才有可操作性.

定义 3.5　设 $\boldsymbol{A}$ 是 n 阶方阵，其行列式 $|\boldsymbol{A}|$ 的各个元素的代数余子式 A_{ij} 所构成的如下方阵

$$
\boldsymbol{A}^*=\begin{pmatrix} A_{11} & A_{21} & \cdots & A_{n1} \\ A_{12} & A_{22} & \cdots & A_{n2} \\ \vdots & \vdots & & \vdots \\ A_{1n} & A_{2n} & \cdots & A_{nn} \end{pmatrix}
$$

称为矩阵 $\boldsymbol{A}$ 的伴随矩阵，简称伴随阵.

例 3.13　设 $\boldsymbol{A}$ 是 n 阶方阵，证明：$\boldsymbol{A}\boldsymbol{A}^*=\boldsymbol{A}^*\boldsymbol{A}=|\boldsymbol{A}|\boldsymbol{E}$.

证　设 $\boldsymbol{A}=(a_{ij})$，$\boldsymbol{A}\boldsymbol{A}^*=(c_{ij})$，由

$$
\boldsymbol{A}\boldsymbol{A}^*=\begin{pmatrix} a_{11} & a_{12} & \cdots & a_{1n} \\ a_{21} & a_{22} & \cdots & a_{2n} \\ \vdots & \vdots & & \vdots \\ a_{n1} & a_{n2} & \cdots & a_{nn} \end{pmatrix}\begin{pmatrix} A_{11} & A_{21} & \cdots & A_{n1} \\ A_{12} & A_{22} & \cdots & A_{n2} \\ \vdots & \vdots & & \vdots \\ A_{1n} & A_{2n} & \cdots & A_{nn} \end{pmatrix},
$$

知

$$
c_{ij}=\sum_{k=1}^{n}a_{ik}A_{jk}=\begin{cases}|\boldsymbol{A}|, & i=j, \\ 0, & i\neq j,\end{cases}
$$

所以

$$
\boldsymbol{A}\boldsymbol{A}^*=\begin{pmatrix} |\boldsymbol{A}| & 0 & \cdots & 0 \\ 0 & |\boldsymbol{A}| & \cdots & 0 \\ \vdots & \vdots & & \vdots \\ 0 & 0 & \cdots & |\boldsymbol{A}| \end{pmatrix}=|\boldsymbol{A}|\boldsymbol{E}.
$$

同理可证 $A^*A=|A|E$．于是 $AA^*=A^*A=|A|E$．

定理 3.5　n 阶方阵 A 可逆的充分必要条件是 $|A|\neq 0$．此时，有 $A^{-1}=\dfrac{1}{|A|}A^*$．

证　必要性．设 A 可逆，则 $A^{-1}A=E$，因此 $|A^{-1}||A|=1$，故 $|A|\neq 0$．

充分性．设 $|A|\neq 0$，由 $AA^*=A^*A=|A|E$，知 $A\dfrac{1}{|A|}A^*=\dfrac{1}{|A|}A^*A=E$．因此，$A$ 可逆，且有 $A^{-1}=\dfrac{1}{|A|}A^*$．

推论 3.5　设 A,B 都是 n 阶方阵，若 $AB=E$（或 $BA=E$），则 $B=A^{-1}$．

证　因为 $|A||B|=1\neq 0$，所以 $|A|\neq 0$，因而 A^{-1} 存在，于是

$$B=EB=(A^{-1}A)B=A^{-1}(AB)=A^{-1}E=A^{-1}.$$

推论 3.6　$|A^{-1}|=\dfrac{1}{|A|}$．

证　因为 $|AA^{-1}|=|A||A^{-1}|=|E|=1$，所以 $|A^{-1}|=\dfrac{1}{|A|}$．

例 3.14　设 $A=\begin{pmatrix} a & b \\ c & d \end{pmatrix}$，且 $ad-bc\neq 0$，求 A^{-1}．

解　$A^{-1}=\dfrac{1}{ad-bc}\begin{pmatrix} d & -b \\ -c & a \end{pmatrix}$．

例 3.15　求 $A=\begin{pmatrix} 1 & 1 & 2 \\ 2 & 2 & 1 \\ 0 & 1 & 2 \end{pmatrix}$ 的逆矩阵．

解　因为 $|A|=\begin{vmatrix} 1 & 1 & 2 \\ 2 & 2 & 1 \\ 0 & 1 & 2 \end{vmatrix}=3$，$A_{11}=3$，$A_{21}=0$，$A_{31}=-3$，$A_{12}=-4$，$A_{22}=2$，$A_{32}=3$，$A_{13}=2$，$A_{23}=-1$，$A_{33}=0$，所以 $A^*=\begin{pmatrix} 3 & 0 & -3 \\ -4 & 2 & 3 \\ 2 & -1 & 0 \end{pmatrix}$，$A^{-1}=\dfrac{1}{|A|}A^*=\begin{pmatrix} 1 & 0 & -1 \\ -\frac{4}{3} & \frac{2}{3} & 1 \\ \frac{2}{3} & -\frac{1}{3} & 0 \end{pmatrix}$．

例 3.16　解方程 $\begin{pmatrix} 1 & 1 & 2 \\ 2 & 2 & 1 \\ 0 & 1 & 2 \end{pmatrix}\begin{pmatrix} x_1 \\ x_2 \\ x_3 \end{pmatrix}=\begin{pmatrix} 3 \\ 3 \\ 1 \end{pmatrix}$．

解　方程的系数矩阵就是例 3.15 的矩阵 A，用 A^{-1} 左乘方程两边，得

$$A^{-1}A\begin{pmatrix}x_1\\x_2\\x_3\end{pmatrix}=A^{-1}\begin{pmatrix}3\\3\\1\end{pmatrix},$$

所以

$$\begin{pmatrix}x_1\\x_2\\x_3\end{pmatrix}=\begin{pmatrix}1 & 0 & -1\\ -\dfrac{4}{3} & \dfrac{2}{3} & 1\\ \dfrac{2}{3} & -\dfrac{1}{3} & 0\end{pmatrix}\begin{pmatrix}3\\3\\1\end{pmatrix}=\begin{pmatrix}2\\-1\\1\end{pmatrix}.$$

一般地，对于n元线性方程组$\boldsymbol{Ax}=\boldsymbol{b}$，若$\boldsymbol{A}$是$n$阶方阵，且$|\boldsymbol{A}|\neq 0$，则$\boldsymbol{x}=\boldsymbol{A}^{-1}\boldsymbol{b}$.

3.9 克拉默法则

含有n个未知数n个方程的线性方程组的一般形式为

$$\begin{cases}a_{11}x_1+a_{12}x_2+\cdots+a_{1n}x_n=b_1,\\ a_{21}x_1+a_{22}x_2+\cdots+a_{2n}x_n=b_2,\\ \quad\cdots\cdots\\ a_{n1}x_1+a_{n2}x_2+\cdots+a_{nn}x_n=b_n.\end{cases}\tag{3.5}$$

由它的系数组成的n阶行列式

$$D=\begin{vmatrix}a_{11} & a_{12} & \cdots & a_{1n}\\ a_{21} & a_{22} & \cdots & a_{2n}\\ \vdots & \vdots & & \vdots\\ a_{n1} & a_{n2} & \cdots & a_{nn}\end{vmatrix}$$

称为n元线性方程组(3.5)的系数行列式.

克拉默法则 若方程组(3.5)的系数行列式$D\neq 0$，则它有唯一解

$$x_1=\frac{D_1}{D},\ x_2=\frac{D_2}{D},\ \cdots,\ x_n=\frac{D_n}{D},$$

其中，$D_j=\begin{vmatrix}a_{11} & \cdots & a_{1,j-1} & b_1 & a_{1,j+1} & \cdots & a_{1n}\\ a_{21} & \cdots & a_{2,j-1} & b_2 & a_{2,j+1} & \cdots & a_{2n}\\ \vdots & & \vdots & \vdots & \vdots & & \vdots\\ a_{n1} & \cdots & a_{n,j-1} & b_n & a_{n,j+1} & \cdots & a_{nn}\end{vmatrix}(j=1,2,\cdots,n)$.

证 将方程组(3.5)写成$\boldsymbol{Ax}=\boldsymbol{b}$. 由于$|\boldsymbol{A}|=D\neq 0$，所以$\boldsymbol{A}^{-1}$存在. 令$\boldsymbol{x}=\boldsymbol{A}^{-1}\boldsymbol{b}$，有$\boldsymbol{Ax}=\boldsymbol{AA}^{-1}\boldsymbol{b}=\boldsymbol{b}$，这表明$\boldsymbol{x}=\boldsymbol{A}^{-1}\boldsymbol{b}$是方程组(3.5)的解向量. 若$\boldsymbol{Ax}=\boldsymbol{b}$，则$\boldsymbol{A}^{-1}\boldsymbol{Ax}=\boldsymbol{A}^{-1}\boldsymbol{b}$，即$\boldsymbol{x}=\boldsymbol{A}^{-1}\boldsymbol{b}$，所以$\boldsymbol{x}=\boldsymbol{A}^{-1}\boldsymbol{b}$是方程组的唯一的解向量.

由 $\boldsymbol{A}^{-1}=\frac{1}{|\boldsymbol{A}|}\boldsymbol{A}^*$，知 $\boldsymbol{x}=\boldsymbol{A}^{-1}\boldsymbol{b}=\frac{1}{D}\boldsymbol{A}^*\boldsymbol{b}$，即

$$\begin{pmatrix} x_1 \\ x_2 \\ \vdots \\ x_n \end{pmatrix}=\frac{1}{D}\begin{pmatrix} A_{11} & A_{21} & \cdots & A_{n1} \\ A_{12} & A_{22} & \cdots & A_{n2} \\ \vdots & \vdots & & \vdots \\ A_{1n} & A_{2n} & \cdots & A_{nn} \end{pmatrix}\begin{pmatrix} b_1 \\ b_2 \\ \vdots \\ b_n \end{pmatrix}=\frac{1}{D}\begin{pmatrix} b_1A_{11}+b_2A_{21}+\cdots+b_nA_{n1} \\ b_1A_{12}+b_2A_{22}+\cdots+b_nA_{n2} \\ \vdots \\ b_1A_{1n}+b_2A_{2n}+\cdots+b_nA_{nn} \end{pmatrix},$$

也就是 $x_j=\frac{1}{D}\sum\limits_{k=1}^{n}b_kA_{kj}\ (j=1,2,\cdots,n)$，而 $\sum\limits_{k=1}^{n}b_kA_{kj}$ 是行列式

$$D_j=\begin{vmatrix} a_{11} & \cdots & a_{1,j-1} & b_1 & a_{1,j+1} & \cdots & a_{1n} \\ a_{21} & \cdots & a_{2,j-1} & b_2 & a_{2,j+1} & \cdots & a_{2n} \\ \vdots & & \vdots & \vdots & \vdots & & \vdots \\ a_{n1} & \cdots & a_{n,j-1} & b_n & a_{n,j+1} & \cdots & a_{nn} \end{vmatrix}$$

按第 j 列展开的表达式，故

$$x_j=\frac{1}{D}\sum_{k=1}^{n}b_kA_{kj}=\frac{D_j}{D}\quad (j=1,2,\cdots,n).$$

定理 3.6　若线性方程组(3.5)的系数行列式 $D\neq 0$，则它一定有解，且解是唯一的．换言之，若线性方程组(3.5)无解或有两个不同的解，则它的系数行列式必为零．

线性方程组(3.5)右端的常数项 $b_1,b_2,\cdots,b_n$ 不全为零时，线性方程组(3.5)称为非齐次线性方程组．当 $b_1,b_2,\cdots,b_n$ 全为零时，线性方程组(3.5)称为齐次线性方程组．

对于齐次线性方程组

$$\begin{cases} a_{11}x_1+a_{12}x_2+\cdots+a_{1n}x_n=0, \\ a_{21}x_1+a_{22}x_2+\cdots+a_{2n}x_n=0, \\ \qquad\cdots\cdots \\ a_{n1}x_1+a_{n2}x_2+\cdots+a_{nn}x_n=0, \end{cases} \tag{3.6}$$

$x_1=x_2=\cdots=x_n=0$ 一定是它的解，这个解称为齐次线性方程组(3.6)的零解．若一组不全为零的数是方程组(3.6)的解，则称它为齐次线性方程组(3.6)的非零解．齐次线性方程组(3.6)一定有零解，但不一定有非零解．

定理 3.7　若齐次线性方程组(3.6)的系数行列式 $D\neq 0$，则它没有非零解；换言之，若齐次线性方程组(3.6)有非零解，则它的系数行列式必为零．

例 3.17　用克拉默法则解方程组 $\begin{cases} x_1+x_2+x_3+x_4=5, \\ x_1+2x_2-x_3+4x_4=-2, \\ 2x_1-3x_2-x_3-5x_4=-2, \\ 3x_1+x_2+2x_3+11x_4=0. \end{cases}$

解　因为

$$D=\begin{vmatrix}1&1&1&1\\1&2&-1&4\\2&-3&-1&-5\\3&1&2&11\end{vmatrix}=-142,$$

$$D_1=\begin{vmatrix}5&1&1&1\\-2&2&-1&4\\-2&-3&-1&-5\\0&1&2&11\end{vmatrix}=-142,\qquad D_2=\begin{vmatrix}1&5&1&1\\1&-2&-1&4\\2&-2&-1&-5\\3&0&2&11\end{vmatrix}=-284,$$

$$D_3=\begin{vmatrix}1&1&5&1\\1&2&-2&4\\2&-3&-2&-5\\3&1&0&11\end{vmatrix}=-426,\qquad D_4=\begin{vmatrix}1&1&1&5\\1&2&-1&-2\\2&-3&-1&-2\\3&1&2&0\end{vmatrix}=142,$$

所以 $x_1=\dfrac{D_1}{D}=1$，$x_2=\dfrac{D_2}{D}=2$，$x_3=\dfrac{D_3}{D}=3$，$x_4=\dfrac{D_4}{D}=-1$.

例 3.18　平面上不共线的三点可确定一个圆，设一个圆通过三点(1,0)，(0,1)，(2,1)，求圆的方程.

解　设圆的方程为 $x^2+y^2-2ax-2by+c=0$，把三个点的坐标代入曲线方程，得

$$\begin{cases}1+0-2a-0\ \ +c=0,\\0+1-0\ \ -2b+c=0,\\4+1-4a-2b+c=0,\end{cases}$$

即

$$\begin{cases}2a\qquad\ -c=1,\\\qquad 2b-c=1,\\4a+2b-c=5.\end{cases}$$

因为

$$D=\begin{vmatrix}2&0&-1\\0&2&-1\\4&2&-1\end{vmatrix}=-4+4+8=8,\qquad D_1=\begin{vmatrix}1&0&-1\\1&2&-1\\5&2&-1\end{vmatrix}=8,$$

$$D_2=\begin{vmatrix}2&1&-1\\0&1&-1\\4&5&-1\end{vmatrix}=8,\qquad D_3=\begin{vmatrix}2&0&1\\0&2&1\\4&2&5\end{vmatrix}=8,$$

所以 $a=\dfrac{D_1}{D}=1$，$b=\dfrac{D_2}{D}=1$，$c=\dfrac{D_3}{D}=1$，从而得圆的方程 $x^2+y^2-2x-2y+1=0$，即 $(x-1)^2+(y-1)^2=1$.

例 3.19　问 λ 取何值时，齐次线性方程组

$$\begin{cases}(1-\lambda)x_1 - 2x_2 + 4x_3 = 0,\\ 2x_1 + (3-\lambda)x_2 + x_3 = 0,\\ x_1 + x_2 + (1-\lambda)x_3 = 0\end{cases}$$

有非零解?

解 系数行列式为

$$D=\begin{vmatrix}1-\lambda & -2 & 4\\ 2 & 3-\lambda & 1\\ 1 & 1 & 1-\lambda\end{vmatrix}=-\lambda(\lambda-2)(\lambda-3),$$

令 $D=0$，得 $\lambda_1=0,\lambda_2=2,\lambda_3=3$.

容易验证，当 $\lambda=0$ 或 $\lambda=2$ 或 $\lambda=3$ 时，该齐次线性方程组有非零解.

例 3.20 证明 $n-1$ 次多项式方程

$$f(x)=a_0+a_1x+a_2x^2+\cdots+a_{n-1}x^{n-1}=0$$

至多有 $n-1$ 个互异的根.

证 用反证法. 设 $f(x)=0$ 有 n 个互异的根 $x_1,x_2,\cdots,x_n$，将这 n 个根代入方程，得

$$\begin{cases}a_0+a_1x_1+a_2x_1^2+\cdots+a_{n-1}x_1^{n-1}=0,\\ a_0+a_1x_2+a_2x_2^2+\cdots+a_{n-1}x_2^{n-1}=0,\\ \cdots\cdots\\ a_0+a_1x_n+a_2x_n^2+\cdots+a_{n-1}x_n^{n-1}=0.\end{cases}\tag{3.7}$$

因为

$$D=\begin{vmatrix}1 & x_1 & x_1^2 & \cdots & x_1^{n-1}\\ 1 & x_2 & x_2^2 & \cdots & x_2^{n-1}\\ \vdots & \vdots & \vdots & & \vdots\\ 1 & x_n & x_n^2 & \cdots & x_n^{n-1}\end{vmatrix}=\prod_{1\leqslant i<j\leqslant n}(x_j-x_i)\neq 0,$$

所以方程组(3.7)只有零解，即 $a_0=a_1=a_2=\cdots=a_{n-1}=0$，因此 $f(x)\equiv 0$，这与 $f(x)$ 为 $n-1$ 次多项式矛盾，于是 $f(x)=0$ 至多有 $n-1$ 个互异的根.

3.10 行列式计算的 MATLAB 实验

求方阵 $\boldsymbol{A}$ 的行列式调用函数 `det(A)`.

例 3.21 求矩阵 $\boldsymbol{A}=\begin{pmatrix}1 & 3 & 5\\ 2 & 4 & 2\\ 6 & 3 & 9\end{pmatrix}$ 的行列式.

解
```
>> A=[1, 3, 5;2, 4, 2;6, 3, 9]
A=
```

```
     1     3     5
     2     4     2
     6     3     9

>> det(A)

ans =
      -94
```

例 3.22 解方程组

$$\begin{cases} x_1 + x_2 + x_3 + x_4 = 4, \\ x_1 + 2x_2 - x_3 + 4x_4 = 6, \\ 2x_1 - 3x_2 - x_3 - 5x_4 = -7, \\ 3x_1 + x_2 + 2x_3 + 11x_4 = 17. \end{cases}$$

解
```
>> A=[1, 1, 1, 1;1, 2, -1, 4;2, -3, -1, -5;3, 1, 2, 11]
A =
     1     1     1     1
     1     2    -1     4
     2    -3    -1    -5
     3     1     2    11
>> b=[4, 6, -7, 17]'
b =
     4
     6
    -7
    17
>> x=inv(A)*b
x =
    1.0000
    1.0000
    1.0000
    1.0000
```

MATLAB 可以进行符号运算，首先将式子将用到的符号用语句 syms 定义.

例 3.23 求行列式$\begin{vmatrix} a & b \\ c & d \end{vmatrix}$的值.

解
```
>> syms a b c d
A=[a, b;c, d]
```

```
A=
   [a, b]
   [c, d]

>> det(A)
ans =
        a*d—b*c
```

例 3.24 求行列式$\begin{vmatrix} 1-a & a & 0 & 0 & 0 \\ -1 & 1-a & a & 0 & 0 \\ 0 & -1 & 1-a & a & 0 \\ 0 & 0 & -1 & 1-a & a \\ 0 & 0 & 0 & -1 & 1-a \end{vmatrix}$的值.

解

```
>> syms a
A=[1-a, a, 0, 0, 0;-1, 1-a, a, 0, 0;0, -1, 1-a, a, 0;0, 0, -1, 1-a,
    a;0, 0, 0, -1, 1-a]
A =
     [1-a, a,    0,   0,    0]
     [ -1, 1-a,  a,   0,    0]
     [  0, -1,  1-a,  a,    0]
     [  0, 0,   -1,  1-a,   a]
     [  0, 0,    0,  -1,  1-a]

>> det(A)
ans =
        1-a+a^2-a^3+a^4-a^5
```

习 题 3

(A)

一、填空题.

1. 若 $\boldsymbol{A}$ 为 n 阶方阵，k 为常数，则 $|k\boldsymbol{A}|=$____________.

2. 设 4×4 矩阵 $\boldsymbol{A}=(\boldsymbol{\alpha},\boldsymbol{\gamma}_2,\boldsymbol{\gamma}_3,\boldsymbol{\gamma}_4),\boldsymbol{B}=(\boldsymbol{\beta},\boldsymbol{\gamma}_2,\boldsymbol{\gamma}_3,\boldsymbol{\gamma}_4)$，其中 $\boldsymbol{\alpha},\boldsymbol{\beta},\boldsymbol{\gamma}_2,\boldsymbol{\gamma}_3,\boldsymbol{\gamma}_4$ 均为四维列向量，且已知行列式 $|\boldsymbol{A}|=4,|\boldsymbol{B}|=1$，则行列式 $|\boldsymbol{A}+\boldsymbol{B}|=$____________.

3. 设 $\boldsymbol{\alpha}_1,\boldsymbol{\alpha}_2,\boldsymbol{\alpha}_3$ 均为三维列向量，记矩阵

$$\boldsymbol{A}=(\boldsymbol{\alpha}_1,\boldsymbol{\alpha}_2,\boldsymbol{\alpha}_3),\qquad \boldsymbol{B}=(\boldsymbol{\alpha}_1+\boldsymbol{\alpha}_2+\boldsymbol{\alpha}_3,\boldsymbol{\alpha}_1+2\boldsymbol{\alpha}_2+4\boldsymbol{\alpha}_3,\boldsymbol{\alpha}_1+3\boldsymbol{\alpha}_2+9\boldsymbol{\alpha}_3),$$

如果$|\boldsymbol{A}|=1$，那么$|\boldsymbol{B}|=$__________.

4. 设$\boldsymbol{A}$为m阶方阵，$\boldsymbol{B}$为n阶方阵，且$|\boldsymbol{A}|=a,|\boldsymbol{B}|=b,\boldsymbol{C}=\begin{pmatrix}\boldsymbol{O}&\boldsymbol{A}\\\boldsymbol{B}&\boldsymbol{O}\end{pmatrix}$，则$|\boldsymbol{C}|=$________.

5. $\begin{vmatrix}1&1&1&0\\1&1&0&1\\1&0&1&1\\0&1&1&1\end{vmatrix}=$__________.

6. 行列式$\begin{vmatrix}1&-1&1&x-1\\1&-1&x+1&-1\\1&x-1&1&-1\\x+1&-1&1&-1\end{vmatrix}=$__________.

7. 五阶行列式$\begin{vmatrix}1-a&a&0&0&0\\-1&1-a&a&0&0\\0&-1&1-a&a&0\\0&0&-1&1-a&a\\0&0&0&-1&1-a\end{vmatrix}=$__________.

8. 设n阶矩阵$\boldsymbol{A}=\begin{pmatrix}0&1&1&\cdots&1&1\\1&0&1&\cdots&1&1\\\vdots&\vdots&\vdots&&\vdots&\vdots\\1&1&1&\cdots&0&1\\1&1&1&\cdots&1&0\end{pmatrix}$，则$|\boldsymbol{A}|=$__________.

9. n阶行列式$\begin{vmatrix}a&b&0&\cdots&0&0\\0&a&b&\cdots&0&0\\\vdots&\vdots&\vdots&&\vdots&\vdots\\0&0&0&\cdots&a&b\\b&0&0&\cdots&0&a\end{vmatrix}=$__________.

10. 设矩阵$\boldsymbol{A}=\begin{pmatrix}2&1\\-1&2\end{pmatrix}$，矩阵$\boldsymbol{B}$满足$\boldsymbol{BA}=\boldsymbol{B}+2\boldsymbol{E}$，则$|\boldsymbol{B}|=$__________.

11. 设三阶方阵$\boldsymbol{A},\boldsymbol{B}$满足$\boldsymbol{A}^2\boldsymbol{B}-\boldsymbol{A}-\boldsymbol{B}=\boldsymbol{E}$，其中$\boldsymbol{E}$为三阶单位矩阵，若$\boldsymbol{A}=\begin{pmatrix}1&0&1\\0&2&0\\-2&0&1\end{pmatrix}$，则$|\boldsymbol{B}|=$__________.

12. 设行列式$D=\begin{vmatrix}3&0&4&0\\2&2&2&2\\0&-7&0&0\\5&3&-2&2\end{vmatrix}$，则第四行各元素余子式之和的值为__________.

13. 设矩阵 $\boldsymbol{A}=\begin{pmatrix}2&1&0\\1&2&0\\0&0&1\end{pmatrix}$，矩阵 $\boldsymbol{B}$ 满足 $\boldsymbol{ABA}^*=2\boldsymbol{BA}^*+\boldsymbol{E}$，其中 $\boldsymbol{E}$ 为三阶单位矩阵，则 $|\boldsymbol{B}|=$__________.

14. 设 $\boldsymbol{A}$ 为三阶矩阵，$|\boldsymbol{A}|=3$，若交换 $\boldsymbol{A}$ 的第 1 行与第 2 行得矩阵 $\boldsymbol{B}$，则 $|\boldsymbol{BA}^*|=$__________.

15. 设 $\boldsymbol{A},\boldsymbol{B}$ 为三阶矩阵，且 $|\boldsymbol{A}|=3,|\boldsymbol{B}|=2,|\boldsymbol{A}^{-1}+\boldsymbol{B}|=2$，则 $|\boldsymbol{A}+\boldsymbol{B}^{-1}|=$__________.

16. 设 $\boldsymbol{A},\boldsymbol{B}$ 均为 n 阶矩阵，$|\boldsymbol{A}|=2,|\boldsymbol{B}|=-3$，则 $|2\boldsymbol{A}^*\boldsymbol{B}^{-1}|=$__________.

17. 设矩阵 $\boldsymbol{A},\boldsymbol{B}$ 满足 $\boldsymbol{A}^*\boldsymbol{BA}=2\boldsymbol{BA}-8\boldsymbol{E}$，其中 $\boldsymbol{A}=\begin{pmatrix}1&0&0\\0&-2&0\\0&0&1\end{pmatrix}$，$\boldsymbol{E}$ 为三阶单位矩阵，则 $\boldsymbol{B}=$__________.

18. 设 $\boldsymbol{A}=\begin{pmatrix}1&0&0\\2&2&0\\3&4&5\end{pmatrix}$，则 $(\boldsymbol{A}^*)^{-1}=$__________.

19. 设四阶矩阵 $\boldsymbol{A}=\begin{pmatrix}5&2&0&0\\2&1&0&0\\0&0&1&-2\\0&0&1&1\end{pmatrix}$，则 $\boldsymbol{A}^{-1}=$__________.

20. 设 $\boldsymbol{A}=\begin{pmatrix}1&1&\cdots&1\\a_1&a_2&\cdots&a_n\\\vdots&\vdots&&\vdots\\a_1^{n-1}&a_2^{n-1}&\cdots&a_n^{n-1}\end{pmatrix}$，$\boldsymbol{x}=\begin{pmatrix}x_1\\x_2\\\vdots\\x_n\end{pmatrix}$，$\boldsymbol{b}=\begin{pmatrix}1\\1\\\vdots\\1\end{pmatrix}$，其中 $a_i\neq a_j\ (i\neq j;i,j=1,2,\cdots,n)$，则线性方程组 $\boldsymbol{A}^{\mathrm{T}}\boldsymbol{x}=\boldsymbol{b}$ 的解是__________.

二、选择题.

1. 若 $\boldsymbol{\alpha}_1,\boldsymbol{\alpha}_2,\boldsymbol{\alpha}_3,\boldsymbol{\beta}_1,\boldsymbol{\beta}_2$ 都是四维列向量，且四阶行列式

$$|\boldsymbol{\alpha}_1,\boldsymbol{\alpha}_2,\boldsymbol{\alpha}_3,\boldsymbol{\beta}_1|=m,\quad |\boldsymbol{\alpha}_1,\boldsymbol{\alpha}_2,\boldsymbol{\beta}_2,\boldsymbol{\alpha}_3|=n,$$

则四阶行列式 $|\boldsymbol{\alpha}_3,\boldsymbol{\alpha}_2,\boldsymbol{\alpha}_1,\boldsymbol{\beta}_1+\boldsymbol{\beta}_2|$ 等于(　　).

A. $m+n$　　B. $-(m+n)$　　C. $n-m$　　D. $m-n$

2. 设 $\boldsymbol{A},\boldsymbol{B}$ 为 n 阶方阵，满足 $\boldsymbol{AB}=\boldsymbol{O}$，则必有(　　).

A. $\boldsymbol{A}=\boldsymbol{O}$ 或 $\boldsymbol{B}=\boldsymbol{O}$　B. $\boldsymbol{A}+\boldsymbol{B}=\boldsymbol{O}$　C. $|\boldsymbol{A}|=0$ 或 $|\boldsymbol{B}|=0$　D. $|\boldsymbol{A}|+|\boldsymbol{B}|=0$

3. 四阶行列式 $\begin{vmatrix}a_1&0&0&b_1\\0&a_2&b_2&0\\0&b_3&a_3&0\\b_4&0&0&a_4\end{vmatrix}$ 的值等于(　　).

A. $a_1a_2a_3a_4 - b_1b_2b_3b_4$　　B. $(a_1a_2 - b_1b_2)(a_3a_4 - b_3b_4)$

C. $a_1a_2a_3a_4 - b_1b_2b_3b_4$　　D. $(a_2a_3 - b_2b_3)(a_1a_4 - b_1b_4)$

4. 记 $f(x)=\begin{vmatrix} x-2 & x-1 & x-2 & x-3 \\ 2x-2 & 2x-1 & 2x-2 & 2x-3 \\ 3x-3 & 3x-2 & 4x-5 & 3x-5 \\ 4x & 4x-3 & 5x-7 & 4x-3 \end{vmatrix}$，则方程 $f(x)=0$ 的根的个数为(　　).

A. 1　　B. 2　　C. 3　　D. 4

5. 设 $\boldsymbol{A},\boldsymbol{B},\boldsymbol{C}$ 为 n 阶方阵，若 $\boldsymbol{ABC}=\boldsymbol{E}$，则必有(　　).

A. $\boldsymbol{ACB}=\boldsymbol{E}$　　B. $\boldsymbol{CBA}=\boldsymbol{E}$　　C. $\boldsymbol{BAC}=\boldsymbol{E}$　　D. $\boldsymbol{BCA}=\boldsymbol{E}$

6. 设 $\boldsymbol{A}$ 是任一 $n\,(n\geqslant 3)$ 阶方阵，k 是常数，且 $k\neq 0,\pm 1$，则必有 $(k\boldsymbol{A})^*=$(　　).

A. $k\boldsymbol{A}^*$　　B. $k^{n-1}\boldsymbol{A}^*$　　C. $k^n\boldsymbol{A}^*$　　D. $k^{-1}\boldsymbol{A}^*$

7. 设 $\boldsymbol{A}$ 是 n 阶可逆矩阵，则(　　).

A. $|\boldsymbol{A}^*|=|\boldsymbol{A}|^{n-1}$　　B. $|\boldsymbol{A}^*|=|\boldsymbol{A}|$　　C. $|\boldsymbol{A}^*|=|\boldsymbol{A}|^n$　　D. $|\boldsymbol{A}^*|=|\boldsymbol{A}^{-1}|$

8. 设矩阵 $\boldsymbol{A}=(a_{ij})_{3\times 3}$ 满足 $\boldsymbol{A}^*=\boldsymbol{A}^{\mathrm{T}}$，若 a_{11},a_{12},a_{13} 为 3 个相等的正数，则 a_{11} 为(　　).

A. $\dfrac{\sqrt{3}}{3}$　　B. 3　　C. $\dfrac{1}{3}$　　D. $\sqrt{3}$

9. 设 n 阶矩阵 $\boldsymbol{A}$ 非奇异($n\geqslant 2$)，则(　　).

A. $(\boldsymbol{A}^*)^*=|\boldsymbol{A}|^{n-1}\boldsymbol{A}$　　B. $(\boldsymbol{A}^*)^*=|\boldsymbol{A}|^{n+1}\boldsymbol{A}$

C. $(\boldsymbol{A}^*)^*=|\boldsymbol{A}|^{n-2}\boldsymbol{A}$　　D. $(\boldsymbol{A}^*)^*=|\boldsymbol{A}|^{n+2}\boldsymbol{A}$

10. 设 $\boldsymbol{A}$ 为 n($n\geqslant 2$)阶可逆矩阵，交换 $\boldsymbol{A}$ 的第 1 行与第 2 行得矩阵 $\boldsymbol{B}$，则(　　).

A. 交换 $\boldsymbol{A}^*$ 的第 1 列与第 2 列得 $\boldsymbol{B}^*$　　B. 交换 $\boldsymbol{A}^*$ 的第 1 行与第 2 行得 $\boldsymbol{B}^*$

C. 交换 $\boldsymbol{A}^*$ 的第 1 列与第 2 列得 $-\boldsymbol{B}^*$　　D. 交换 $\boldsymbol{A}^*$ 的第 1 行与第 2 行得 $-\boldsymbol{B}^*$

11. 设 $\boldsymbol{A},\boldsymbol{B}$ 均为二阶矩阵，若 $|\boldsymbol{A}|=2,|\boldsymbol{B}|=3$，则分块矩阵 $\begin{pmatrix} \boldsymbol{O} & \boldsymbol{A} \\ \boldsymbol{B} & \boldsymbol{O} \end{pmatrix}$ 的伴随矩阵为(　　).

A. $\begin{pmatrix} \boldsymbol{O} & 3\boldsymbol{B}^* \\ 2\boldsymbol{A}^* & \boldsymbol{O} \end{pmatrix}$　　B. $\begin{pmatrix} \boldsymbol{O} & 2\boldsymbol{B}^* \\ 3\boldsymbol{A}^* & \boldsymbol{O} \end{pmatrix}$

C. $\begin{pmatrix} \boldsymbol{O} & 3\boldsymbol{A}^* \\ 2\boldsymbol{B}^* & \boldsymbol{O} \end{pmatrix}$　　D. $\begin{pmatrix} \boldsymbol{O} & 2\boldsymbol{A}^* \\ 3\boldsymbol{B}^* & \boldsymbol{O} \end{pmatrix}$

12. 设 $\boldsymbol{A},\boldsymbol{B}$ 为 n 阶矩阵，则分块矩阵 $\boldsymbol{C}=\begin{pmatrix} \boldsymbol{A} & \boldsymbol{O} \\ \boldsymbol{O} & \boldsymbol{B} \end{pmatrix}$ 的伴随矩阵为(　　).

A. $\begin{pmatrix} |\boldsymbol{A}|\boldsymbol{A}^* & \boldsymbol{O} \\ \boldsymbol{O} & |\boldsymbol{B}|\boldsymbol{B}^* \end{pmatrix}$　　B. $\begin{pmatrix} |\boldsymbol{B}|\boldsymbol{B}^* & \boldsymbol{O} \\ \boldsymbol{O} & |\boldsymbol{A}|\boldsymbol{A}^* \end{pmatrix}$

C. $\begin{pmatrix} |\boldsymbol{A}|\boldsymbol{B}^* & \boldsymbol{O} \\ \boldsymbol{O} & |\boldsymbol{B}|\boldsymbol{A}^* \end{pmatrix}$　　D. $\begin{pmatrix} |\boldsymbol{B}|\boldsymbol{A}^* & \boldsymbol{O} \\ \boldsymbol{O} & |\boldsymbol{A}|\boldsymbol{B}^* \end{pmatrix}$

三、计算题与证明题.

1. 计算下列行列式的值.

(1) $\begin{vmatrix} 2 & 0 & 1 \\ 1 & -4 & -1 \\ -1 & 8 & 3 \end{vmatrix}$；　(2) $\begin{vmatrix} 5 & 0 & 0 \\ 0 & 4 & 3 \\ 0 & 2 & 1 \end{vmatrix}$；

(3) $\begin{vmatrix} 0 & 0 & 1 & 0 \\ 0 & 1 & 0 & 0 \\ 0 & 0 & 0 & 1 \\ 1 & 0 & 0 & 0 \end{vmatrix}$；　(4) $\begin{vmatrix} 1 & 0 & 0 & 2 \\ 0 & 1 & 2 & 0 \\ 0 & 3 & 4 & 0 \\ 3 & 0 & 0 & 4 \end{vmatrix}$.

2. 计算下列行列式的值.

(1) $\begin{vmatrix} x & y & x+y \\ y & x+y & x \\ x+y & x & y \end{vmatrix}$；　(2) $\begin{vmatrix} x & a & a & a \\ a & x & a & a \\ a & a & x & a \\ a & a & a & x \end{vmatrix}$；

(3) $\begin{vmatrix} 1 & 1 & 1 & 1 \\ a & b & c & d \\ a^2 & b^2 & c^2 & d^2 \\ a^4 & b^4 & c^4 & d^4 \end{vmatrix}$；　(4) $\begin{vmatrix} 1+a & 1 & 1 \\ 1 & 1+b & 1 \\ 1 & 1 & 1+c \end{vmatrix}$ $(abc \neq 0)$；

(5) $\begin{vmatrix} -ab & ac & ae \\ bd & -cd & de \\ bf & cf & -ef \end{vmatrix}$.

3. 设

$$D = \begin{vmatrix} 1 & -5 & 1 & 3 \\ 1 & 1 & 3 & 4 \\ 1 & 1 & 2 & 3 \\ 2 & 2 & 3 & 4 \end{vmatrix},$$

求 $A_{41} + A_{42} + A_{43} + A_{44}$ 的值，其中 $A_{4j}\ (j = 1,2,3,4)$ 是 D 中元素 a_{4j} 的代数余子式.

4. 证明：

(1) $\begin{vmatrix} 1 & 1 & 1 & 1 \\ a & b & c & d \\ a^2 & b^2 & c^2 & d^2 \\ a^3 & b^3 & c^3 & d^3 \end{vmatrix} = (d-a)(c-a)(b-a)(d-b)(c-b)(d-c)$；

(2) $\begin{vmatrix} a^2 & (a+1)^2 & (a+2)^2 & (a+3)^2 \\ b^2 & (b+1)^2 & (b+2)^2 & (b+3)^2 \\ c^2 & (c+1)^2 & (c+2)^2 & (c+3)^2 \\ d^2 & (d+1)^2 & (d+2)^2 & (d+3)^2 \end{vmatrix} = 0$.

5. 设 $\boldsymbol{A}$ 是 n 阶矩阵，满足 $\boldsymbol{A}\boldsymbol{A}^{\mathrm{T}} = \boldsymbol{E}$，其中 $\boldsymbol{E}$ 为 n 阶单位矩阵，$|\boldsymbol{A}|<0$，求 $|\boldsymbol{A}+\boldsymbol{E}|$.

6. 设 $\boldsymbol{A}$ 是三阶方阵，$|\boldsymbol{A}|=\dfrac{1}{2}$，求 $D=|(3\boldsymbol{A})^{-1}-2\boldsymbol{A}^*|$.

7. 已知 $\boldsymbol{A}^{-1}=\begin{pmatrix} 1 & 1 & 1 \\ 1 & 2 & 1 \\ 1 & 1 & 3 \end{pmatrix}$，求 $(\boldsymbol{A}^*)^{-1}$.

8. 已知 $\boldsymbol{A},\boldsymbol{B}$ 为三阶矩阵，且满足 $2\boldsymbol{A}^{-1}\boldsymbol{B}=\boldsymbol{B}-4\boldsymbol{E}$，其中 $\boldsymbol{E}$ 是三阶单位矩阵.

(1) 证明矩阵 $\boldsymbol{A}-2\boldsymbol{E}$ 可逆；

(2) 若 $\boldsymbol{B}=\begin{pmatrix} 1 & -2 & 0 \\ 1 & 2 & 0 \\ 0 & 0 & 2 \end{pmatrix}$，求矩阵 $\boldsymbol{A}$.

9. 解下列矩阵方程，求出未知矩阵 $\boldsymbol{X}$.

(1) $\boldsymbol{A}^*\boldsymbol{X}=\boldsymbol{A}^{-1}+2\boldsymbol{X}$，其中 $\boldsymbol{A}=\begin{pmatrix} 1 & 1 & -1 \\ -1 & 1 & 1 \\ 1 & -1 & 1 \end{pmatrix}$；

(2) $\boldsymbol{A}\boldsymbol{X}\boldsymbol{A}^{-1}=\boldsymbol{X}\boldsymbol{A}^{-1}+3\boldsymbol{E}$，其中矩阵 $\boldsymbol{A}$ 的伴随矩阵 $\boldsymbol{A}^*=\begin{pmatrix} 1 & 0 & 0 & 0 \\ 0 & 1 & 0 & 0 \\ 1 & 0 & 1 & 0 \\ 0 & -3 & 0 & 8 \end{pmatrix}$，$\boldsymbol{E}$ 为四阶单位矩阵.

10. 设 $\boldsymbol{A}$ 为 n 阶非零实方阵，当 $\boldsymbol{A}^*=\boldsymbol{A}^{\mathrm{T}}$ 时，证明：$|\boldsymbol{A}|\neq 0$.

11. 用克拉默法则解下列方程组.

(1) $\begin{cases} x_1 + x_3 = 1, \\ 2x_1+3x_2+4x_3=2, \\ 2x_1+2x_2+3x_3=3; \end{cases}$

(2) $\begin{cases} x_1+x_2+x_3+x_4=5, \\ x_1+2x_2-x_3+4x_4=-2, \\ 2x_1-3x_2-x_3-5x_4=-2, \\ 3x_1+x_2+2x_3+11x_4=0. \end{cases}$

12. 当 λ，μ 取何值时，齐次线性方程组

$$\begin{cases} \lambda x_1 + x_2 + x_3 = 0, \\ x_1 + \mu x_2 + x_3 = 0, \\ x_1 + 2\mu x_2 + x_3 = 0 \end{cases}$$

有非零解？

13. 当 λ 取何值时，齐次线性方程组

$$\begin{cases} (1-\lambda)x_1 - 2x_2 + 4x_3 = 0, \\ 2x_1 + (3-\lambda)x_2 + x_3 = 0, \\ x_1 + x_2 + (1-\lambda)x_3 = 0 \end{cases}$$

有非零解？

14. 证明：平面上 3 条不同直线

$$l_1: ax+by+c=0, \qquad l_2: bx+cy+a=0, \qquad l_3: cx+ay+b=0$$

相交于一点的必要条件为 $a+b+c=0$.

(B)

1. 设行列式

$$D=\begin{vmatrix} 3 & 0 & 4 & 0 \\ 2 & 2 & 2 & 2 \\ 0 & -7 & 0 & 0 \\ 5 & 3 & -2 & 2 \end{vmatrix},$$

计算行列式中各行元素的余子式和的值.

2. 设 $\boldsymbol{A}$ 是 10×10 矩阵 $\begin{pmatrix} 0 & 1 & 0 & \cdots & 0 & 0 \\ 0 & 0 & 1 & \cdots & 0 & 0 \\ \vdots & \vdots & \vdots & & \vdots & \vdots \\ 0 & 0 & 0 & \cdots & 0 & 1 \\ 10^{10} & 0 & 0 & \cdots & 0 & 0 \end{pmatrix}$，计算行列式 $|\boldsymbol{A}-\lambda\boldsymbol{E}|$，其中 $\boldsymbol{E}$ 为 10 阶单位矩阵，λ 为常数.

3. 计算下列行列式的值.

(1) $D_{2n}=\begin{vmatrix} a_n & & & & & b_n \\ & \ddots & & & \iddots & \\ & & a_1 & b_1 & & \\ & & c_1 & d_1 & & \\ & \iddots & & & \ddots & \\ c_n & & & & & d_n \end{vmatrix}$；

(2) $D_n=\begin{vmatrix} 0 & 1 & 2 & 3 & \cdots & n-1 \\ 1 & 0 & 1 & 2 & \cdots & n-2 \\ 2 & 1 & 0 & 1 & \cdots & n-3 \\ 3 & 2 & 1 & 0 & \cdots & n-4 \\ \vdots & \vdots & \vdots & \vdots & & \vdots \\ n-1 & n-2 & n-3 & n-4 & \cdots & 0 \end{vmatrix}$；

(3) $D_n=\begin{vmatrix}1+a_1 & 1 & \cdots & 1\\ 1 & 1+a_2 & \cdots & 1\\ \vdots & \vdots & & \vdots\\ 1 & 1 & \cdots & 1+a_n\end{vmatrix}$ $(a_1a_2\cdots a_n\neq 0)$.

4. 证明：

(1) $\begin{vmatrix}1 & 1 & 1 & 1\\ a & b & c & d\\ a^2 & b^2 & c^2 & d^2\\ a^4 & b^4 & c^4 & d^4\end{vmatrix}=(a-b)(a-c)(a-d)(b-c)(b-d)(c-d)(a+b+c+d)$；

(2) $\begin{vmatrix}x & -1 & 0 & \cdots & 0 & 0\\ 0 & x & -1 & \cdots & 0 & 0\\ \vdots & \vdots & \vdots & & \vdots & \vdots\\ 0 & 0 & 0 & \cdots & x & -1\\ a_n & a_{n-1} & a_{n-2} & \cdots & a_2 & x+a_1\end{vmatrix}=x^n+a_1x^{n-1}+\cdots+a_{n-1}x+a_n$.

5. 计算下列行列式的值.

(1) $D_n=\begin{vmatrix}\alpha+\beta & \alpha & 0 & \cdots & 0 & 0\\ \beta & \alpha+\beta & \alpha & \cdots & 0 & 0\\ 0 & \beta & \alpha+\beta & \cdots & 0 & 0\\ \vdots & \vdots & \vdots & & \vdots & \vdots\\ 0 & 0 & 0 & \cdots & \alpha+\beta & \alpha\\ 0 & 0 & 0 & \cdots & \beta & \alpha+\beta\end{vmatrix}$；

(2) $D_n=\begin{vmatrix}x_1 & a & a & \cdots & a & a\\ b & x_2 & a & \cdots & a & a\\ b & b & x_3 & \cdots & a & a\\ \vdots & \vdots & \vdots & & \vdots & \vdots\\ b & b & b & \cdots & x_{n-1} & a\\ b & b & b & \cdots & b & x_n\end{vmatrix}$.

6. 设 $\boldsymbol{A}$ 是 n 阶非奇异矩阵，$\boldsymbol{\alpha}$ 为 n 维列向量，b 为常数，记分块矩阵

$$\boldsymbol{P}=\begin{pmatrix}\boldsymbol{E} & \boldsymbol{O}\\ -\boldsymbol{\alpha}^{\mathrm{T}}\boldsymbol{A}^* & |\boldsymbol{A}|\end{pmatrix},\qquad \boldsymbol{Q}=\begin{pmatrix}\boldsymbol{A} & \boldsymbol{\alpha}\\ \boldsymbol{\alpha}^{\mathrm{T}} & b\end{pmatrix},$$

其中，$\boldsymbol{E}$ 为 n 阶单位矩阵.

(1) 计算并化简 $\boldsymbol{PQ}$；

(2) 证明矩阵 $\boldsymbol{Q}$ 可逆的充分必要条件是 $\boldsymbol{\alpha}^{\mathrm{T}}\boldsymbol{A}^{-1}\boldsymbol{\alpha}\neq b$.

7. 设 n 阶矩阵 $\boldsymbol{A},\boldsymbol{B}$ 满足 $\boldsymbol{A}+\boldsymbol{B}=\boldsymbol{AB}$，证明：

(1) $\boldsymbol{A}-\boldsymbol{E}$ 是可逆矩阵；

(2) $\boldsymbol{AB}=\boldsymbol{BA}$.

8. 已知实矩阵 $\boldsymbol{A}=(a_{ij})_{3\times 3}$ 满足条件 $a_{11}\neq 0, a_{ij}=A_{ij}\ (i,j=1,2,3)$，其中 A_{ij} 为 a_{ij} 的代数余子式，计算行列式 $|\boldsymbol{A}|$.

9. 用克拉默法则解方程组 $\begin{cases} 5x_1+6x_2=1, \\ x_1+5x_2+6x_3=0, \\ x_2+5x_3+6x_4=0, \\ x_3+5x_4+6x_5=0, \\ x_4+5x_5=0. \end{cases}$

第 4 章　矩阵的秩与 n 维向量空间

矩阵的秩是表示矩阵重要特性的一个非负整数，它是矩阵在初等变换下的一个不变量．对一个向量组，也定义了秩．如果向量组是有限的，将其向量排成一个矩阵后所具有的秩与向量组的秩是同一个数．对于向量组，向量之间的相互关系是研究的重要内容，向量组的线性相关性是个抽象而重要的概念．向量组进一步推广，就得到向量空间的概念，这是线性代数的中心内容和基本概念之一，它的理论和方法在科学技术的各个领域都有广泛的应用．向量组的秩表示向量组所生成的向量空间的维数，矩阵的秩表示矩阵作为线性变换矩阵所产生的像空间的维数，矩阵的秩在研究 n 维向量空间的空间结构及向量之间的相互关系中起着重要的作用．

4.1　矩 阵 的 秩

定义 4.1　设 $\boldsymbol{A}$ 是一个 $m\times n$ 矩阵，任取 $\boldsymbol{A}$ 的 k 行与 k 列($k\leqslant m,k\leqslant n$)，位于这些行列交叉处的 k^2 个元素，按原来的次序所构成的 k 阶行列式，称为矩阵 $\boldsymbol{A}$ 的 k 阶子式．

$m\times n$ 矩阵 $\boldsymbol{A}$ 的 k 阶子式共有 $C_m^k C_n^k$ 个．

定义 4.2　设 $\boldsymbol{A}$ 是一个 $m\times n$ 矩阵，如果 $\boldsymbol{A}$ 中至少存在一个非零的 r 阶子式 D，且所有 $r+1$ 阶子式(如果存在)全为零，那么 D 称为矩阵 $\boldsymbol{A}$ 的最高阶非零子式，数 r 称为矩阵 $\boldsymbol{A}$ 的秩，记作 $R(\boldsymbol{A})$．

规定零矩阵的秩等于 0．

由上述定义可知：

(1) $R(\boldsymbol{A})$ 是 $\boldsymbol{A}$ 的非零子式的最高阶数；

(2) $0\leqslant R(\boldsymbol{A}_{m\times n})\leqslant \min\{m,n\}$；

(3) $R(\boldsymbol{A}^{\mathrm{T}})=R(\boldsymbol{A})$；

(4) 对于 n 阶方阵 $\boldsymbol{A}$，$R(\boldsymbol{A})=n \Leftrightarrow |\boldsymbol{A}|\neq 0$．

对于矩阵 $\boldsymbol{A}_{m\times n}$，如果 $R(\boldsymbol{A})=m$，则称矩阵 $\boldsymbol{A}$ 是行满秩矩阵，如果 $R(\boldsymbol{A})=n$，则称矩阵 $\boldsymbol{A}$ 是列满秩矩阵．对于 n 阶方阵 $\boldsymbol{A}$，如果 $R(\boldsymbol{A})=n$，则称矩阵 $\boldsymbol{A}$ 是满秩矩阵．

例 4.1　求矩阵 $\boldsymbol{A}$ 和 $\boldsymbol{B}$ 的秩，其中

$$\boldsymbol{A}=\begin{pmatrix} 2 & 5 & -1 \\ 0 & 0 & 3 \\ 0 & 4 & -2 \end{pmatrix}, \qquad \boldsymbol{B}=\begin{pmatrix} 1 & 2 & 3 & -1 \\ 0 & -1 & -1 & 1 \\ 0 & 0 & 0 & 0 \end{pmatrix}.$$

解　因为 $|\boldsymbol{A}|\neq 0$，所以 $R(\boldsymbol{A})=3$．由于 $\boldsymbol{B}$ 的所有三阶子式全为零，显然 $\begin{vmatrix} 1 & 2 \\ 0 & -1 \end{vmatrix}$ 是 $\boldsymbol{B}$ 的

一个二阶非零子式，所以 $R(\boldsymbol{B})=2$．

对于行、列数较多的矩阵 $\boldsymbol{A}$，用秩的定义计算 $R(\boldsymbol{A})$，有时要计算很多个行列式，工作量相当大．此时，通常用初等变换来计算 $R(\boldsymbol{A})$．下面介绍这种方法，为此，先证明一个很重要的定理．

定理 4.1　若 $\boldsymbol{A}\sim\boldsymbol{B}$，则 $R(\boldsymbol{A})=R(\boldsymbol{B})$．

证　先证明若 $\boldsymbol{A}$ 经一次初等行变换变为 $\boldsymbol{B}$，则 $R(\boldsymbol{A})=R(\boldsymbol{B})$．

设 $R(\boldsymbol{A})=r$，则 $\boldsymbol{A}$ 存在某个 r 阶子式 $D\neq 0$．

(1) $\boldsymbol{A}\overset{r_i\leftrightarrow r_j}{\sim}\boldsymbol{B}$：$\boldsymbol{B}$ 中必存在与 D 相对应的 r 阶子式 D_1，满足 $D_1=D$ 或 $D_1=-D$，因此 $D_1\neq 0, R(\boldsymbol{B})\geqslant r$．

(2) $\boldsymbol{A}\overset{r_i\times k}{\sim}\boldsymbol{B}$：$\boldsymbol{B}$ 中必存在与 D 相对应的 r 阶子式 D_1，满足 $D_1=D$ 或 $D_1=kD$，因此 $D_1\neq 0, R(\boldsymbol{B})\geqslant r$．

(3) $\boldsymbol{A}\overset{r_i+kr_j}{\sim}\boldsymbol{B}$：由(1)知，只需考虑 $\boldsymbol{A}\overset{r_1+kr_2}{\sim}\boldsymbol{B}$ 的情形．

若 D 不含 $\boldsymbol{A}$ 的第 1 行：$\boldsymbol{B}$ 中与 D 相对应的 r 阶子式也为 D，因此 $R(\boldsymbol{B})\geqslant r$．

若 D 包含 $\boldsymbol{A}$ 的第 1 行：设 $\boldsymbol{B}$ 中与 D 相对应的 r 阶子式为 D_1，记

$$D_1=\begin{vmatrix}\boldsymbol{\gamma}_1^{\mathrm{T}}+k\boldsymbol{\gamma}_2^{\mathrm{T}}\\ \boldsymbol{\gamma}_p^{\mathrm{T}}\\ \vdots\\ \boldsymbol{\gamma}_q^{\mathrm{T}}\end{vmatrix}=\begin{vmatrix}\boldsymbol{\gamma}_1^{\mathrm{T}}\\ \boldsymbol{\gamma}_p^{\mathrm{T}}\\ \vdots\\ \boldsymbol{\gamma}_q^{\mathrm{T}}\end{vmatrix}+\begin{vmatrix}k\boldsymbol{\gamma}_2^{\mathrm{T}}\\ \boldsymbol{\gamma}_p^{\mathrm{T}}\\ \vdots\\ \boldsymbol{\gamma}_q^{\mathrm{T}}\end{vmatrix}=D+kD_2,$$

当 $p=2$ 时，$D_2=0, D_1=D\neq 0$，因此 $R(\boldsymbol{B})\geqslant r$；当 $p\neq 2$ 时，D_2 也是 $\boldsymbol{B}$ 的 r 阶子式，由 $D_1-kD_2=D\neq 0$，知 D_1 与 D_2 不同时为 0，因此 $R(\boldsymbol{B})\geqslant r$．

以上证明了：若 $\boldsymbol{A}$ 经一次初等行变换变为 $\boldsymbol{B}$，则 $R(\boldsymbol{A})\leqslant R(\boldsymbol{B})$．由于 $\boldsymbol{B}$ 也可经一次初等行变换变为 $\boldsymbol{A}$，故也有 $R(\boldsymbol{B})\leqslant R(\boldsymbol{A})$．因此，$R(\boldsymbol{A})=R(\boldsymbol{B})$．

从而，若 $\boldsymbol{A}\overset{r}{\sim}\boldsymbol{B}$，则 $R(\boldsymbol{A})=R(\boldsymbol{B})$．

于是，若 $\boldsymbol{A}\overset{c}{\sim}\boldsymbol{B}$，则 $\boldsymbol{A}^{\mathrm{T}}\overset{r}{\sim}\boldsymbol{B}^{\mathrm{T}}$，故

$$R(\boldsymbol{A})=R(\boldsymbol{A}^{\mathrm{T}})=R(\boldsymbol{B}^{\mathrm{T}})=R(\boldsymbol{B}).$$

因此，若 $\boldsymbol{A}\sim\boldsymbol{B}$，则 $R(\boldsymbol{A})=R(\boldsymbol{B})$．证毕．

例 4.2　设

$$\boldsymbol{A}=\begin{pmatrix}1&4&-1&2&2\\3&-8&3&6&-1\\2&-2&1&1&0\\-2&-8&2&2&-3\end{pmatrix},$$

求 $R(\boldsymbol{A})$，并求 $\boldsymbol{A}$ 的一个最高阶非零子式．

解　由于

$$A=(a_1,a_2,a_3,a_4,a_5)=\begin{pmatrix}1&4&-1&2&2\\3&-8&3&6&-1\\2&-2&1&1&0\\-2&-8&2&2&-3\end{pmatrix}$$

$$\overset{\substack{r_2-r_1-r_3\\r_4+r_3\\r_3-2r_1}}{\sim}_{\substack{r_4-r_2\\r_3-r_2}}\begin{pmatrix}1&4&-1&2&2\\0&-10&3&3&-3\\0&0&0&-6&-1\\0&0&0&0&0\end{pmatrix}=(b_1,b_2,b_3,b_4,b_5)=B,$$

显然 $R(B)=3$， $R(A)=3$.

可见

$$A_1=(a_1,a_2,a_4)=\begin{pmatrix}1&4&2\\3&-8&6\\2&-2&1\\-2&-8&2\end{pmatrix}\overset{r}{\sim}(b_1,b_2,b_4)=\begin{pmatrix}1&4&2\\0&-10&3\\0&0&-6\\0&0&0\end{pmatrix}=B_1,$$

显然， $R(B_1)=3$，所以 $R(A_1)=3$，故 A_1 中必有三阶非零子式． A_1 的前三行构成的子式

$$\begin{vmatrix}1&4&2\\3&-8&6\\2&-2&1\end{vmatrix}=60\neq 0$$

就是 A 的一个最高阶非零子式.

例 4.3　设

$$A=\begin{pmatrix}k&1&1\\1&k&1\\1&1&2\end{pmatrix},\qquad b=\begin{pmatrix}1\\k\\2\end{pmatrix},\qquad B=(A,b),$$

问 k 取何值，可使(1) $R(A)=R(B)=3$； (2) $R(A)<R(B)$； (3) $R(A)=R(B)<3$.

解　由于

$$B=\begin{pmatrix}k&1&1&1\\1&k&1&k\\1&1&2&2\end{pmatrix}\overset{\substack{r_1\leftrightarrow r_3\\r_2-r_1}}{\sim}_{r_3-kr_1}\begin{pmatrix}1&1&2&2\\0&k-1&-1&k-2\\0&1-k&1-2k&1-2k\end{pmatrix}$$

$$\overset{\substack{r_3+r_2\\r_2\div(-1)}}{\sim}_{r_3\div(-1)}\begin{pmatrix}1&1&2&2\\0&1-k&1&2-k\\0&0&2k&k+1\end{pmatrix},$$

(1) 当 $k\neq 0$ 且 $k\neq 1$ 时， $R(A)=R(B)=3$；

(2) 当 $k=0$ 时， $R(A)=2, R(B)=3, R(A)<R(B)$；

(3) 当 $k=1$ 时，

$$\begin{pmatrix}1&1&2&2\\0&1-k&1&2-k\\0&0&2k&k+1\end{pmatrix}=\begin{pmatrix}1&1&2&2\\0&0&1&1\\0&0&2&2\end{pmatrix}\overset{r_3-2r_2}{\sim}\begin{pmatrix}1&1&2&2\\0&0&1&1\\0&0&0&0\end{pmatrix},$$

$$R(\boldsymbol{A})=R(\boldsymbol{B})=2<3.$$

矩阵的秩的性质：

(1) $0\leqslant R(\boldsymbol{A}_{m\times n})\leqslant\min\{m,n\}$；

(2) $R(\boldsymbol{A}^{\mathrm{T}})=R(\boldsymbol{A})$；

(3) 若 $\boldsymbol{A}\sim\boldsymbol{B}$，则 $R(\boldsymbol{A})=R(\boldsymbol{B})$；

(4) 设 $\boldsymbol{A}$ 是 $m\times n$ 矩阵，$\boldsymbol{P}_m$ 是 m 阶可逆矩阵，$\boldsymbol{Q}_n$ 是 n 阶可逆矩阵，则 $R(\boldsymbol{PAQ})=R(\boldsymbol{A})$；

(5) 设 $\boldsymbol{A}$ 是 $m\times n$ 矩阵，$\boldsymbol{B}$ 是 $m\times l$ 矩阵，则

$$\max\{R(\boldsymbol{A}),R(\boldsymbol{B})\}\leqslant R(\boldsymbol{A},\boldsymbol{B})\leqslant R(\boldsymbol{A})+R(\boldsymbol{B}).$$

特别地，当 $\boldsymbol{B}=\boldsymbol{b}$ 为列向量时，有 $R(\boldsymbol{A})\leqslant R(\boldsymbol{A},\boldsymbol{b})\leqslant R(\boldsymbol{A})+1$.

证 因为 $\boldsymbol{A}$ 的最高阶非零子式也是 $(\boldsymbol{A},\boldsymbol{B})$ 的非零子式，所以 $R(\boldsymbol{A})\leqslant R(\boldsymbol{A},\boldsymbol{B})$，同理有 $R(\boldsymbol{B})\leqslant R(\boldsymbol{A},\boldsymbol{B})$. 从而，

$$\max\{R(\boldsymbol{A}),R(\boldsymbol{B})\}\leqslant R(\boldsymbol{A},\boldsymbol{B}).$$

设 $R(\boldsymbol{A})=r,R(\boldsymbol{B})=s$，则 $\boldsymbol{A}$ 和 $\boldsymbol{B}$ 的列阶梯形矩阵 $\boldsymbol{A}_0$ 和 $\boldsymbol{B}_0$ 中分别含有 r 个和 s 个非零列. 因为 $\boldsymbol{A}\overset{c}{\sim}\boldsymbol{A}_0,\boldsymbol{B}\overset{c}{\sim}\boldsymbol{B}_0$，所以 $(\boldsymbol{A},\boldsymbol{B})\overset{c}{\sim}(\boldsymbol{A}_0,\boldsymbol{B}_0)$. 因为 $(\boldsymbol{A}_0,\boldsymbol{B}_0)$ 中只含有 $r+s$ 个非零列，所以 $R(\boldsymbol{A}_0,\boldsymbol{B}_0)\leqslant r+s$，而 $R(\boldsymbol{A},\boldsymbol{B})=R(\boldsymbol{A}_0,\boldsymbol{B}_0)$，故 $R(\boldsymbol{A},\boldsymbol{B})\leqslant r+s$，即

$$R(\boldsymbol{A},\boldsymbol{B})\leqslant R(\boldsymbol{A})+R(\boldsymbol{B}).$$

(6) 设 $\boldsymbol{A},\boldsymbol{B}$ 都是 $m\times n$ 矩阵，则 $R(\boldsymbol{A}+\boldsymbol{B})\leqslant R(\boldsymbol{A})+R(\boldsymbol{B})$.

证 显然 $(\boldsymbol{A}+\boldsymbol{B},\boldsymbol{B})\overset{c}{\sim}(\boldsymbol{A},\boldsymbol{B})$，故

$$R(\boldsymbol{A}+\boldsymbol{B})\leqslant R(\boldsymbol{A}+\boldsymbol{B},\boldsymbol{B})\leqslant R(\boldsymbol{A},\boldsymbol{B})\leqslant R(\boldsymbol{A})+R(\boldsymbol{B}).$$

(7) 设 $\boldsymbol{A}$ 是 $m\times n$ 矩阵，$\boldsymbol{B}$ 是 $n\times l$ 矩阵，则 $R(\boldsymbol{AB})\leqslant\min\{R(\boldsymbol{A}),R(\boldsymbol{B})\}$.

证 设 $R(\boldsymbol{A})=r,R(\boldsymbol{B})=s$，又设 $\boldsymbol{A}$ 的行阶梯形矩阵为 $\boldsymbol{A}_0$，$\boldsymbol{B}$ 的列阶梯形矩阵为 $\boldsymbol{B}_0$，则存在可逆矩阵 $\boldsymbol{P}$ 和 $\boldsymbol{Q}$ 使 $\boldsymbol{A}=\boldsymbol{PA}_0,\boldsymbol{B}=\boldsymbol{B}_0\boldsymbol{Q}$. 因为 $\boldsymbol{AB}=\boldsymbol{PA}_0\boldsymbol{B}_0\boldsymbol{Q}$，所以 $R(\boldsymbol{AB})=R(\boldsymbol{A}_0\boldsymbol{B}_0)$.

由于 $\boldsymbol{A}_0$ 有 r 个非零行，$\boldsymbol{B}_0$ 有 s 个非零列，$\boldsymbol{A}_0\boldsymbol{B}_0$ 至多有 r 个非零行和 s 个非零列，故

$$R(\boldsymbol{A}_0\boldsymbol{B}_0)\leqslant\min\{r,s\}=\min\{R(\boldsymbol{A}),R(\boldsymbol{B})\},$$

即

$$R(\boldsymbol{AB})\leqslant\min\{R(\boldsymbol{A}),R(\boldsymbol{B})\}.$$

(8) 设 $\boldsymbol{A}$ 是 $m\times n$ 矩阵，$\boldsymbol{B}$ 是 $n\times l$ 矩阵，若 $\boldsymbol{AB}=\boldsymbol{O}$，则 $R(\boldsymbol{A})+R(\boldsymbol{B})\leqslant n$.

证 设矩阵 $\boldsymbol{A}_{m\times n}$ 的秩为 r，显然 $r\leqslant n$，且存在可逆矩阵 $\boldsymbol{P}_m$ 和 $\boldsymbol{Q}_n$ 使

$$\boldsymbol{P}_m\boldsymbol{A}_{m\times n}\boldsymbol{Q}_n=\begin{pmatrix}\boldsymbol{E}_r&\boldsymbol{O}\\\boldsymbol{O}&\boldsymbol{O}\end{pmatrix},$$

记 $Q_n^{-1}B_{n\times l}=C_{n\times l}=\begin{pmatrix}C_{r\times l}\\C_{(n-r)\times l}\end{pmatrix}$，则

$$P_mA_{m\times n}Q_nQ_n^{-1}B_{n\times l}=\begin{pmatrix}E_r&O\\O&O\end{pmatrix}\begin{pmatrix}C_{r\times l}\\C_{(n-r)\times l}\end{pmatrix}=\begin{pmatrix}C_{r\times l}\\O\end{pmatrix}=O,$$

所以 $Q_n^{-1}B_{n\times l}=C_{n\times l}=\begin{pmatrix}O\\C_{(n-r)\times l}\end{pmatrix}$，$C_{n\times l}$ 至多有 $n-r$ 行不全为零，于是 $R(B)=R(C_{n\times l})\leqslant n-r$，从而 $R(A)+R(B)=r+R(B)\leqslant r+n-r=n$.

例 4.4　设 n 阶矩阵 A 满足 $A^2=A$，E 为 n 阶单位阵，证明：

$$R(A)+R(A-E)=n.$$

证　由 $A^2=A$，知 $A(A-E)=O$，由性质(8)，有 $R(A)+R(A-E)\leqslant n$. 由于 $A+(E-A)=E$，由性质(6)，有 $R(A)+R(E-A)\geqslant R(E)=n$，而 $R(A-E)=R(E-A)$，所以 $R(A)+R(A-E)=n$.

4.2　n 维向量

定义 4.3　n 个有次序的数 $a_1,a_2,\cdots,a_n$ 所组成的数组称为 n 维向量，记为

$$a=\begin{pmatrix}a_1\\a_2\\\vdots\\a_n\end{pmatrix}\quad(\text{或 } a^{\mathrm{T}}=(a_1,a_2,\cdots,a_n)),$$

其中，$a_i\ (i=1,2,\cdots,n)$ 称为向量 a 或 a^{T} 的第 i 个分量.

分量全为实数的向量称为实向量，分量为复数的向量称为复向量.

向量 $a=\begin{pmatrix}a_1\\a_2\\\vdots\\a_n\end{pmatrix}$ 称为列向量，向量 $a^{\mathrm{T}}=(a_1,a_2,\cdots,a_n)$ 称为行向量. 列向量用黑体小写字母 a,b,α,β 等表示，行向量用 $a^{\mathrm{T}},b^{\mathrm{T}},\alpha^{\mathrm{T}},\beta^{\mathrm{T}}$ 等表示. 如无特别声明，向量都当作列向量.

n 维向量可以看作矩阵，按矩阵的运算规则进行运算.

n 维向量的全体所组成的集合

$$\mathbf{R}^n=\{x=(x_1,x_2,\cdots,x_n)^{\mathrm{T}}\mid x_1,x_2,\cdots,x_n\in\mathbf{R}\}$$

叫作 n 维向量空间.

n 维向量的集合

$$\{x=(x_1,x_2,\cdots,x_n)^{\mathrm{T}}\mid a_1x_1+a_2x_2+\cdots+a_nx_n=b\}$$

叫作 n 维向量空间 $\mathbf{R}^n$ 中的 $n-1$ 维超平面.

若干个同维数的列向量(或同维数的行向量)所组成的集合叫作向量组.

矩阵的列向量组和行向量组都是只含有有限个向量的向量组；反之，一个含有有限个向量的向量组总可以构成一个矩阵. 例如，n 个 m 维列向量所组成的向量组 $\boldsymbol{a}_1,\boldsymbol{a}_2,\cdots,\boldsymbol{a}_n$ 构成一个 $m\times n$ 矩阵

$$\boldsymbol{A}_{m\times n}=(\boldsymbol{a}_1,\boldsymbol{a}_2,\cdots,\boldsymbol{a}_n)\ ;$$

m 个 n 维行向量所组成的向量组 $\boldsymbol{\beta}_1^{\mathrm{T}},\boldsymbol{\beta}_2^{\mathrm{T}},\cdots,\boldsymbol{\beta}_m^{\mathrm{T}}$ 构成一个 $m\times n$ 矩阵

$$\boldsymbol{B}_{m\times n}=\begin{pmatrix}\boldsymbol{\beta}_1^{\mathrm{T}}\\ \boldsymbol{\beta}_2^{\mathrm{T}}\\ \vdots\\ \boldsymbol{\beta}_m^{\mathrm{T}}\end{pmatrix}.$$

综上所述，含有有限个向量的有序向量组与矩阵一一对应.

定义 4.4 给定向量组 $A:\boldsymbol{a}_1,\boldsymbol{a}_2,\cdots,\boldsymbol{a}_m$，对于任何一组实数 $k_1,k_2,\cdots,k_m$，表达式

$$k_1\boldsymbol{a}_1+k_2\boldsymbol{a}_2+\cdots+k_m\boldsymbol{a}_m$$

称为向量组 A 的一个线性组合，$k_1,k_2,\cdots,k_m$ 称为其线性组合的系数.

给定向量组 $A:\boldsymbol{a}_1,\boldsymbol{a}_2,\cdots,\boldsymbol{a}_m$ 和向量 $\boldsymbol{b}$，如果存在一组数 $\lambda_1,\lambda_2,\cdots,\lambda_m$，使

$$\boldsymbol{b}=\lambda_1\boldsymbol{a}_1+\lambda_2\boldsymbol{a}_2+\cdots+\lambda_m\boldsymbol{a}_m\ ,$$

那么称向量 $\boldsymbol{b}$ 可由向量组 A 线性表示.

向量 $\boldsymbol{b}$ 可由向量组 A 线性表示，也就是方程组

$$x_1\boldsymbol{a}_1+x_2\boldsymbol{a}_2+\cdots+x_m\boldsymbol{a}_m=\boldsymbol{b}$$

有解.

例 4.5 向量组

$$\boldsymbol{e}_1=(1,0,\cdots,0)^{\mathrm{T}},\quad \boldsymbol{e}_2=(0,1,\cdots,0)^{\mathrm{T}},\quad \cdots,\quad \boldsymbol{e}_n=(0,0,\cdots,1)^{\mathrm{T}}$$

称为 n 维单位坐标向量. 对任一 n 维向量 $\boldsymbol{a}=(a_1,a_2,\cdots,a_n)^{\mathrm{T}}$，有

$$\boldsymbol{a}=a_1\boldsymbol{e}_1+a_2\boldsymbol{e}_2+\cdots+a_n\boldsymbol{e}_n\ ,$$

即任一 n 维向量可由向量组 $\boldsymbol{e}_1,\boldsymbol{e}_2,\cdots,\boldsymbol{e}_n$ 线性表示.

例 4.6 设

$$\boldsymbol{\alpha}_1=(1,2,1)^{\mathrm{T}},\qquad \boldsymbol{\alpha}_2=(2,1,-1)^{\mathrm{T}},\qquad \boldsymbol{\alpha}_3=(2,-2,-5)^{\mathrm{T}},\qquad \boldsymbol{\beta}=(1,-2,-4)^{\mathrm{T}}\ ,$$

证明：向量 $\boldsymbol{\beta}$ 可由向量组 $\boldsymbol{\alpha}_1,\boldsymbol{\alpha}_2,\boldsymbol{\alpha}_3$ 线性表示，并求出表示式.

证 因为

$$(\boldsymbol{\alpha}_1,\boldsymbol{\alpha}_2,\boldsymbol{\alpha}_3,\boldsymbol{\beta})=\begin{pmatrix}1&2&2&1\\2&1&-2&-2\\1&-1&-5&-4\end{pmatrix}\overset{r}{\sim}\begin{pmatrix}1&0&0&\dfrac{1}{3}\\0&1&0&-\dfrac{2}{3}\\0&0&1&1\end{pmatrix},$$

所以向量 $\boldsymbol{\beta}$ 可由向量组 $\boldsymbol{\alpha}_1,\boldsymbol{\alpha}_2,\boldsymbol{\alpha}_3$ 线性表示，且表示式为

$$\boldsymbol{\beta}=\frac{1}{3}\boldsymbol{\alpha}_1-\frac{2}{3}\boldsymbol{\alpha}_2+\boldsymbol{\alpha}_3 .$$

定义 4.5　设有两个向量组 A 及 B，若向量组 B 中的每个向量都可由向量组 A 中的有限个向量线性表示，则称向量组 B 可由向量组 A 线性表示．若向量组 A 与向量组 B 可以相互线性表示，则称这两个向量组等价．

4.3　向量组的线性相关性

定义 4.6　给定向量组 $A:\boldsymbol{a}_1,\boldsymbol{a}_2,\cdots,\boldsymbol{a}_m$，若存在不全为零的数 $k_1,k_2,\cdots,k_m$，使

$$k_1\boldsymbol{a}_1+k_2\boldsymbol{a}_2+\cdots+k_m\boldsymbol{a}_m=\boldsymbol{0} ,$$

则称向量组 A 是线性相关的，否则称线性无关．

向量组 $A:\boldsymbol{a}_1,\boldsymbol{a}_2,\cdots,\boldsymbol{a}_m$ 构成矩阵 $\boldsymbol{A}=(\boldsymbol{a}_1,\boldsymbol{a}_2,\cdots,\boldsymbol{a}_m)$，向量组 A 线性相关，就是齐次线性方程组

$$x_1\boldsymbol{a}_1+x_2\boldsymbol{a}_2+\cdots+x_m\boldsymbol{a}_m=\boldsymbol{0} ,$$

即 $\boldsymbol{Ax}=\boldsymbol{0}$ 有非零解．

例 4.7　n 维单位坐标向量组 $\boldsymbol{e}_1,\boldsymbol{e}_2,\cdots,\boldsymbol{e}_n$ 线性无关．

证　设有数 $x_1,x_2,\cdots,x_n$ 使 $x_1\boldsymbol{e}_1+x_2\boldsymbol{e}_2+\cdots+x_n\boldsymbol{e}_n=\boldsymbol{0}$，即

$$(x_1,x_2,\cdots,x_n)^{\mathrm{T}}=\boldsymbol{0} ,$$

故 $x_1=x_2=\cdots=x_n=0$，所以 $\boldsymbol{e}_1,\boldsymbol{e}_2,\cdots,\boldsymbol{e}_n$ 线性无关．

例 4.8　设 $\boldsymbol{\beta}_1=\boldsymbol{\alpha}_1+\boldsymbol{\alpha}_2,\boldsymbol{\beta}_2=\boldsymbol{\alpha}_2+\boldsymbol{\alpha}_3,\boldsymbol{\beta}_3=\boldsymbol{\alpha}_3+\boldsymbol{\alpha}_4,\boldsymbol{\beta}_4=\boldsymbol{\alpha}_4+\boldsymbol{\alpha}_1$，证明：向量组 $\boldsymbol{\beta}_1,\boldsymbol{\beta}_2,\boldsymbol{\beta}_3,\boldsymbol{\beta}_4$ 线性相关．

证　因为 $\boldsymbol{\beta}_1+\boldsymbol{\beta}_3=\boldsymbol{\beta}_2+\boldsymbol{\beta}_4$，所以向量组 $\boldsymbol{\beta}_1,\boldsymbol{\beta}_2,\boldsymbol{\beta}_3,\boldsymbol{\beta}_4$ 线性相关．

例 4.9　设 n 维向量组 $A:\boldsymbol{a}_1,\boldsymbol{a}_2,\cdots,\boldsymbol{a}_m$ 线性无关，$\boldsymbol{P}$ 为 n 阶可逆矩阵，证明：$\boldsymbol{Pa}_1,\boldsymbol{Pa}_2,\cdots,\boldsymbol{Pa}_m$ 也线性无关．

证　用反证法．假设 $\boldsymbol{Pa}_1,\boldsymbol{Pa}_2,\cdots,\boldsymbol{Pa}_m$ 线性相关，则齐次线性方程组

$$x_1\boldsymbol{Pa}_1+x_2\boldsymbol{Pa}_2+\cdots+x_m\boldsymbol{Pa}_m=\boldsymbol{0}$$

有非零解．上式两边左乘 $\boldsymbol{P}^{-1}$，得

$$x_1\boldsymbol{a}_1+x_2\boldsymbol{a}_2+\cdots+x_m\boldsymbol{a}_m=\boldsymbol{0} ,$$

它也有非零解，于是 $\boldsymbol{a}_1,\boldsymbol{a}_2,\cdots,\boldsymbol{a}_m$ 线性相关，这与题设相矛盾．因此，$\boldsymbol{Pa}_1,\boldsymbol{Pa}_2,\cdots,\boldsymbol{Pa}_m$ 线性无关．

下面给出线性相关和线性无关的一些重要结论．

定理 4.2　向量组 $A:\boldsymbol{a}_1,\boldsymbol{a}_2,\cdots,\boldsymbol{a}_m(m\geqslant 2)$ 线性相关的充分必要条件是在向量组 A 中至少有一个向量可由其余 $m-1$ 个向量线性表示．

证　必要性. 设向量组 $A:\boldsymbol{a}_1,\boldsymbol{a}_2,\cdots,\boldsymbol{a}_m$ 线性相关，则有不全为 0 的数 $k_1,k_2,\cdots,k_m$ (不妨设 $k_1\neq 0$)使

$$k_1\boldsymbol{a}_1+k_2\boldsymbol{a}_2+\cdots+k_m\boldsymbol{a}_m=\boldsymbol{0},$$

从而

$$\boldsymbol{a}_1=-\frac{k_2}{k_1}\boldsymbol{a}_2-\cdots-\frac{k_m}{k_1}\boldsymbol{a}_m,$$

即 $\boldsymbol{a}_1$ 可由 $\boldsymbol{a}_2,\cdots,\boldsymbol{a}_m$ 线性表示.

充分性. 设向量组 A 中有某个向量可由其余 $m-1$ 个向量线性表示，不妨设 $\boldsymbol{a}_m$ 可由 $\boldsymbol{a}_1,\boldsymbol{a}_2,\cdots,\boldsymbol{a}_{m-1}$ 线性表示，即有 $\lambda_1,\lambda_2,\cdots,\lambda_{m-1}$，使

$$\boldsymbol{a}_m=\lambda_1\boldsymbol{a}_1+\lambda_2\boldsymbol{a}_2+\cdots+\lambda_{m-1}\boldsymbol{a}_{m-1},$$

于是

$$\lambda_1\boldsymbol{a}_1+\lambda_2\boldsymbol{a}_2+\cdots+\lambda_{m-1}\boldsymbol{a}_{m-1}+(-1)\boldsymbol{a}_m=\boldsymbol{0}.$$

因为 $\lambda_1,\lambda_2,\cdots,\lambda_{m-1},-1$ 这 m 个数不全为 0，所以向量组 A 线性相关.

定理 4.3　若向量组 $A:\boldsymbol{a}_1,\boldsymbol{a}_2,\cdots,\boldsymbol{a}_r$ 线性相关，则向量组 $B:\boldsymbol{a}_1,\boldsymbol{a}_2,\cdots,\boldsymbol{a}_r,\boldsymbol{a}_{r+1}$ 也线性相关. 换言之，若向量组 B 线性无关，则向量组 A 也线性无关.

证　因为向量组 $\boldsymbol{a}_1,\boldsymbol{a}_2,\cdots,\boldsymbol{a}_r$ 线性相关，所以存在不全为零的 r 个数 $k_1,k_2,\cdots,k_r$，使

$$k_1\boldsymbol{a}_1+k_2\boldsymbol{a}_2+\cdots+k_r\boldsymbol{a}_r=\boldsymbol{0},$$

从而

$$k_1\boldsymbol{a}_1+k_2\boldsymbol{a}_2+\cdots+k_r\boldsymbol{a}_r+0\cdot\boldsymbol{a}_{r+1}=\boldsymbol{0},$$

且 $k_1,k_2,\cdots,k_r,0$ 这 $r+1$ 个数不全为零. 因此，$\boldsymbol{a}_1,\boldsymbol{a}_2,\cdots,\boldsymbol{a}_r,\boldsymbol{a}_{r+1}$ 线性相关.

定理 4.4　设向量组 $A:\boldsymbol{a}_1,\boldsymbol{a}_2,\cdots,\boldsymbol{a}_r$ 线性无关，而向量组 $B:\boldsymbol{a}_1,\boldsymbol{a}_2,\cdots,\boldsymbol{a}_r,\boldsymbol{b}$ 线性相关，则向量 $\boldsymbol{b}$ 可由向量组 A 唯一地线性表示.

证　因为向量组 $B:\boldsymbol{a}_1,\boldsymbol{a}_2,\cdots,\boldsymbol{a}_r,\boldsymbol{b}$ 线性相关，所以存在不全为零的 $r+1$ 个数 $k_1,k_2,\cdots,k_r,k$，使

$$k_1\boldsymbol{a}_1+k_2\boldsymbol{a}_2+\cdots+k_r\boldsymbol{a}_r+k\boldsymbol{b}=\boldsymbol{0}.$$

若 $k=0$，则 $k_1,k_2,\cdots,k_r$ 不全为零，且

$$k_1\boldsymbol{a}_1+k_2\boldsymbol{a}_2+\cdots+k_r\boldsymbol{a}_r=\boldsymbol{0},$$

这与向量组 $A:\boldsymbol{a}_1,\boldsymbol{a}_2,\cdots,\boldsymbol{a}_r$ 线性无关矛盾，所以 $k\neq 0$，故

$$\boldsymbol{b}=-\frac{k_1}{k}\boldsymbol{a}_1-\frac{k_2}{k}\boldsymbol{a}_2-\cdots-\frac{k_r}{k}\boldsymbol{a}_r.$$

设有 $\boldsymbol{b}=\lambda_1\boldsymbol{a}_1+\lambda_2\boldsymbol{a}_2+\cdots+\lambda_r\boldsymbol{a}_r$，$\boldsymbol{b}=\mu_1\boldsymbol{a}_1+\mu_2\boldsymbol{a}_2+\cdots+\mu_r\boldsymbol{a}_r$，两式相减，则有

$$(\lambda_1-\mu_1)\boldsymbol{a}_1+(\lambda_2-\mu_2)\boldsymbol{a}_2+\cdots+(\lambda_r-\mu_r)\boldsymbol{a}_r=\boldsymbol{0},$$

由向量组 $A:\boldsymbol{a}_1,\boldsymbol{a}_2,\cdots,\boldsymbol{a}_r$ 线性无关，知 $\lambda_i-\mu_i=0$，即 $\lambda_i=\mu_i\ (i=1,2,\cdots,r)$.

因此，向量 $\boldsymbol{b}$ 可由向量组 A 唯一地线性表示.

定理 4.5　n 维向量组 $A:\boldsymbol{a}_1,\boldsymbol{a}_2,\cdots,\boldsymbol{a}_r$ 线性相关$\Leftrightarrow R(A)<r$．换言之，n 维向量组 $A:\boldsymbol{a}_1,\boldsymbol{a}_2,\cdots,\boldsymbol{a}_r$ 线性无关$\Leftrightarrow R(A)=r$．

证　必要性．由于向量组 $A:\boldsymbol{a}_1,\boldsymbol{a}_2,\cdots,\boldsymbol{a}_r$ 线性相关，根据定理 4.2，不妨设 $\boldsymbol{a}_r$ 可由 $\boldsymbol{a}_1,\boldsymbol{a}_2,\cdots,\boldsymbol{a}_{r-1}$ 线性表示，即存在 $r-1$ 个数 $\lambda_1,\lambda_2,\cdots,\lambda_{r-1}$，使

$$\boldsymbol{a}_r=\lambda_1\boldsymbol{a}_1+\lambda_2\boldsymbol{a}_2+\cdots+\lambda_{r-1}\boldsymbol{a}_{r-1},$$

则对 $\boldsymbol{A}=(\boldsymbol{a}_1,\boldsymbol{a}_2,\cdots,\boldsymbol{a}_r)$ 施行初等列变换

$$c_r-\lambda_1c_1-\lambda_2c_2-\cdots-\lambda_{r-1}c_{r-1},$$

可将 $\boldsymbol{A}$ 的第 r 列变成 $\boldsymbol{0}$，故 $\boldsymbol{A}\overset{c}{\sim}(\boldsymbol{a}_1,\boldsymbol{a}_2,\cdots,\boldsymbol{a}_{r-1},\boldsymbol{0})$，所以 $R(\boldsymbol{A})=R(\boldsymbol{a}_1,\boldsymbol{a}_2,\cdots,\boldsymbol{a}_{r-1})<r$．

充分性．设 $R(\boldsymbol{A})=s<r$，可用初等列变换将 $\boldsymbol{A}$ 化为列阶梯形矩阵，即存在可逆矩阵 $\boldsymbol{Q}=(q_{ij})_{r\times r}$，使得 $\boldsymbol{AQ}=(\boldsymbol{C}_{n\times s},\boldsymbol{O})$．特别地，有 $q_{1r}\boldsymbol{a}_1+q_{2r}\boldsymbol{a}_2+\cdots+q_{rr}\boldsymbol{a}_r=\boldsymbol{0}$，显然，$q_{1r},q_{2r},\cdots,q_{rr}$ 不全为零．由此可知，矩阵 $\boldsymbol{A}$ 的列向量组 $\boldsymbol{a}_1,\boldsymbol{a}_2,\cdots,\boldsymbol{a}_r$ 线性相关．

定理 4.6　若向量组 $\boldsymbol{a}_1,\boldsymbol{a}_2,\cdots,\boldsymbol{a}_r$ 线性相关，向量组 $\boldsymbol{b}_1,\boldsymbol{b}_2,\cdots,\boldsymbol{b}_s\ (s\geqslant r)$ 可由向量组 $\boldsymbol{a}_1,\boldsymbol{a}_2,\cdots,\boldsymbol{a}_r$ 线性表示，则向量组 $\boldsymbol{b}_1,\boldsymbol{b}_2,\cdots,\boldsymbol{b}_s$ 也线性相关．

证　向量组 $B:\boldsymbol{b}_1,\boldsymbol{b}_2,\cdots,\boldsymbol{b}_s$ 可由向量组 $A:\boldsymbol{a}_1,\boldsymbol{a}_2,\cdots,\boldsymbol{a}_r$ 线性表示，则有

$$\begin{aligned}\boldsymbol{B}&=(\boldsymbol{b}_1,\boldsymbol{b}_2,\cdots,\boldsymbol{b}_s)\\&=(k_{11}\boldsymbol{a}_1+k_{21}\boldsymbol{a}_2+\cdots+k_{r1}\boldsymbol{a}_r,k_{12}\boldsymbol{a}_1+k_{22}\boldsymbol{a}_2+\cdots+k_{r2}\boldsymbol{a}_r,\cdots,k_{1s}\boldsymbol{a}_1+k_{2s}\boldsymbol{a}_2+\cdots+k_{rs}\boldsymbol{a}_r),\end{aligned}$$

即

$$\boldsymbol{B}=(\boldsymbol{a}_1,\boldsymbol{a}_2,\cdots,\boldsymbol{a}_r)\begin{pmatrix}k_{11}&k_{12}&\cdots&k_{1s}\\k_{21}&k_{22}&\cdots&k_{2s}\\\vdots&\vdots&&\vdots\\k_{r1}&k_{r2}&\cdots&k_{rs}\end{pmatrix}=\boldsymbol{AK},$$

因为矩阵 $\boldsymbol{A}$ 的列向量组线性相关，所以 $R(\boldsymbol{A})<r$，由矩阵的秩的性质(7)，知

$$R(\boldsymbol{B})=R(\boldsymbol{AK})\leqslant R(\boldsymbol{A})<r\leqslant s.$$

由定理 4.5，知 $\boldsymbol{B}$ 的列向量组 $\boldsymbol{b}_1,\boldsymbol{b}_2,\cdots,\boldsymbol{b}_r$ 线性相关．

推论 4.1　若向量组 $B:\boldsymbol{b}_1,\boldsymbol{b}_2,\cdots,\boldsymbol{b}_r,\boldsymbol{b}_{r+1},\cdots,\boldsymbol{b}_{r+s}$ 可由向量组 $A:\boldsymbol{a}_1,\boldsymbol{a}_2,\cdots,\boldsymbol{a}_r$ 线性表示，则向量组 $B:\boldsymbol{b}_1,\boldsymbol{b}_2,\cdots,\boldsymbol{b}_r,\boldsymbol{b}_{r+1},\cdots,\boldsymbol{b}_{r+s}$ 线性相关．

证　显然，向量组 $B:\boldsymbol{b}_1,\boldsymbol{b}_2,\cdots,\boldsymbol{b}_r,\boldsymbol{b}_{r+1},\cdots,\boldsymbol{b}_{r+s}$ 可由向量组 $A':\boldsymbol{a}_1,\boldsymbol{a}_2,\cdots,\boldsymbol{a}_r,\boldsymbol{0},\cdots,\boldsymbol{0}$（$s$ 个零向量)线性表示，而向量组 A' 线性相关，由定理 4.6，知 $\boldsymbol{b}_1,\boldsymbol{b}_2,\cdots,\boldsymbol{b}_r,\boldsymbol{b}_{r+1},\cdots,\boldsymbol{b}_{r+s}$ 线性相关．

推论 4.2　$n+1$ 个 n 维向量一定线性相关．

证　$n+1$ 个 n 维向量组 A 一定可以由

$$\boldsymbol{e}_1=(1,0,\cdots,0)^{\mathrm{T}},\quad \boldsymbol{e}_2=(0,1,\cdots,0)^{\mathrm{T}},\quad \cdots,\quad \boldsymbol{e}_n=(0,0,\cdots,1)^{\mathrm{T}}$$

线性表示，由推论 4.1 立即可得结论．

4.4　向量组的秩

矩阵的秩在讨论向量组的线性组合和线性相关性时，起到了十分关键的作用．向量组的秩也是一个很重要的概念，它在向量组的线性相关性问题中同样起到十分重要的作用．

定义 4.7　给定向量组 A，如果存在 $A_0 \subset A$，满足

(1) $A_0: \boldsymbol{a}_1, \boldsymbol{a}_2, \cdots, \boldsymbol{a}_r$ 线性无关；

(2) 向量组 A 中任意 $r+1$ 个向量(如果 A 中有 $r+1$ 个向量)都线性相关，

那么称向量组 A_0 是向量组 A 的一个极大线性无关向量组(简称极大无关组)，r 称为向量组 A 的秩，记作 R_A．

规定：只含零向量的向量组的秩为 0．

极大无关组的一个基本性质是，向量组 A 的任意一个极大无关组 $A_0: \boldsymbol{a}_1, \boldsymbol{a}_2, \cdots, \boldsymbol{a}_r$ 与 A 是等价的．

事实上，显然 A_0 组可由 A 组线性表示；而由定义 4.7 的条件(2)知，对于 A 中任一向量 $\boldsymbol{a}$，$r+1$ 个向量 $\boldsymbol{a}_1, \boldsymbol{a}_2, \cdots, \boldsymbol{a}_r, \boldsymbol{a}$ 线性相关，而 $\boldsymbol{a}_1, \boldsymbol{a}_2, \cdots, \boldsymbol{a}_r$ 线性无关，由定理 4.4 知，$\boldsymbol{a}$ 可由 $\boldsymbol{a}_1, \boldsymbol{a}_2, \cdots, \boldsymbol{a}_r$ 线性表示，即 A 组可由 A_0 组线性表示．因此，A_0 组与 A 组等价．

定理 4.7　矩阵的秩等于其列(行)向量组的秩．

证　设 $\boldsymbol{A} = (\boldsymbol{a}_1, \boldsymbol{a}_2, \cdots, \boldsymbol{a}_m)$, $R(\boldsymbol{A}) = r$，则 $\boldsymbol{A}$ 存在 r 阶非零子式 D_r．根据定理 4.5，由 $D_r \neq 0$，知 D_r 所在的 r 个列向量线性无关；又由 $\boldsymbol{A}$ 的所有 $r+1$ 阶子式全为零，知 $\boldsymbol{A}$ 中任意 $r+1$ 个列向量都线性相关．因此，D_r 所在的 r 个列向量是 $\boldsymbol{A}$ 的列向量组的一个极大无关组，所以列向量组的秩等于 r．

类似可证矩阵 $\boldsymbol{A}$ 的行向量组的秩也等于 $R(\boldsymbol{A})$．

例 4.10　$E: \boldsymbol{e}_1, \boldsymbol{e}_2, \cdots, \boldsymbol{e}_n$ 是 n 维向量空间 $\mathbf{R}^n$ 的一个极大无关组，$\mathbf{R}^n$ 的秩等于 n．

极大无关组有如下等价定义．

推论 4.3　设向量组 $A_0: \boldsymbol{a}_1, \boldsymbol{a}_2, \cdots, \boldsymbol{a}_r$ 是向量组 A 的一个部分组，且满足

(1) A_0 线性无关；

(2) A 中任一向量都可由 A_0 线性表示，那么 A_0 是 A 的一个极大无关组．

证　任取 $\boldsymbol{b}_1, \boldsymbol{b}_2, \cdots, \boldsymbol{b}_{r+1} \in A$，由条件(2)，知这 $r+1$ 个向量可由向量组 A_0 线性表示，根据推论 4.1，知 $\boldsymbol{b}_1, \boldsymbol{b}_2, \cdots, \boldsymbol{b}_{r+1}$ 线性相关．因此，A_0 是 A 的一个极大无关组．

设向量组 $A: \boldsymbol{a}_1, \boldsymbol{a}_2, \cdots, \boldsymbol{a}_m$ 构成矩阵 $\boldsymbol{A} = (\boldsymbol{a}_1, \boldsymbol{a}_2, \cdots, \boldsymbol{a}_m)$，根据向量组的秩的定义及定理 4.7，有

$$R_A = R(\boldsymbol{a}_1, \boldsymbol{a}_2, \cdots, \boldsymbol{a}_m) = R(\boldsymbol{A}),$$

因此，$R(\boldsymbol{a}_1, \boldsymbol{a}_2, \cdots, \boldsymbol{a}_m)$ 既可理解成矩阵的秩，也可理解成向量组的秩．

定理 4.8　若向量组 B 可由向量组 A 线性表示，则 $R_B \leqslant R_A$．

证　设向量组 A 与向量组 B 的极大无关组分别是 $\boldsymbol{a}_1, \boldsymbol{a}_2, \cdots, \boldsymbol{a}_s$ 与 $\boldsymbol{b}_1, \boldsymbol{b}_2, \cdots, \boldsymbol{b}_t$，显然，

$\boldsymbol{b}_1,\boldsymbol{b}_2,\cdots,\boldsymbol{b}_t$ 可由 $\boldsymbol{a}_1,\boldsymbol{a}_2,\cdots,\boldsymbol{a}_s$ 线性表示，如 $t>s$，由推论 4.1，知 $\boldsymbol{b}_1,\boldsymbol{b}_2,\cdots,\boldsymbol{b}_t$ 线性相关，这与 $\boldsymbol{b}_1,\boldsymbol{b}_2,\cdots,\boldsymbol{b}_t$ 是极大无关组矛盾．因此，$t\leqslant s$，即 $R_B\leqslant R_A$．

定理 4.9　设有两个同维数的向量组 A 和向量组 B，向量组 C 由向量组 A 和向量组 B 合并而成，则向量组 B 可由向量组 A 线性表示的充分必要条件是 $R_A=R_C$．

特别地，向量 $\boldsymbol{b}$ 可由向量组 $A:\boldsymbol{a}_1,\boldsymbol{a}_2,\cdots,\boldsymbol{a}_m$ 线性表示的充分必要条件是

$$R(\boldsymbol{a}_1,\boldsymbol{a}_2,\cdots,\boldsymbol{a}_m)=R(\boldsymbol{a}_1,\boldsymbol{a}_2,\cdots,\boldsymbol{a}_m,\boldsymbol{b}).$$

证　设 $R(\boldsymbol{A})=r$，并设 $A_0:\boldsymbol{a}_1,\boldsymbol{a}_2,\cdots,\boldsymbol{a}_r$ 是 A 组的一个极大无关组．

必要性．C 组由 A 组和 B 组合并而成，因为 B 组可由 A 组线性表示，所以 C 组可由 A 组线性表示，由定理 4.8，知 $R_C\leqslant R_A$，显然，A 组可由 C 组线性表示，所以 $R_A\leqslant R_C$．因此，$R_A=R_C$．

充分性．任取 $\boldsymbol{b}\in B$，由于 $r=R(\boldsymbol{a}_1,\boldsymbol{a}_2,\cdots,\boldsymbol{a}_r)\leqslant R(\boldsymbol{a}_1,\boldsymbol{a}_2,\cdots,\boldsymbol{a}_r,\boldsymbol{b})\leqslant R_C=R_A=r$，故 $R(\boldsymbol{a}_1,\boldsymbol{a}_2,\cdots,\boldsymbol{a}_r,\boldsymbol{b})=r$，从而，向量组 $\boldsymbol{a}_1,\boldsymbol{a}_2,\cdots,\boldsymbol{a}_r,\boldsymbol{b}$ 线性相关，而向量组 $A_0:\boldsymbol{a}_1,\boldsymbol{a}_2,\cdots,\boldsymbol{a}_r$ 线性无关，由定理 4.4 知，$\boldsymbol{b}$ 可由 A_0 组线性表示，所以 $\boldsymbol{b}$ 可由 A 组线性表示．由 $\boldsymbol{b}$ 的任意性，知 B 组可由 A 组线性表示．

推论 4.4　设 A 和 B 是两个同维数的向量组，向量组 C 由向量组 A 和向量组 B 合并而成，则向量组 A 与向量组 B 等价的充分必要条件是 $R_A=R_B=R_C$．

例 4.11　设 n 维向量组 $A:\boldsymbol{a}_1,\boldsymbol{a}_2,\cdots,\boldsymbol{a}_m$ 构成 $n\times m$ 矩阵 $\boldsymbol{A}=(\boldsymbol{a}_1,\boldsymbol{a}_2,\cdots,\boldsymbol{a}_m)$．证明：任一 n 维向量可由向量组 A 线性表示的充分必要条件是 $R(\boldsymbol{A})=n$．

证　必要性．由于任一 n 维向量可由向量组 A 线性表示，故向量组 $E:\boldsymbol{e}_1,\boldsymbol{e}_2,\cdots,\boldsymbol{e}_n$ 可由向量组 A 线性表示，根据定理 4.9，有 $R(\boldsymbol{A})=R(\boldsymbol{A},\boldsymbol{E})$．而 $n=R(\boldsymbol{E})\leqslant R(\boldsymbol{A},\boldsymbol{E})\leqslant n$，所以 $R(\boldsymbol{A},\boldsymbol{E})=n$．因此，$R(\boldsymbol{A})=n$．

充分性．设 $\boldsymbol{\beta}$ 是任一 n 维向量，由于 $n=R(\boldsymbol{A})\leqslant R(\boldsymbol{A},\boldsymbol{\beta})\leqslant n$，故 $R(\boldsymbol{A})=R(\boldsymbol{A},\boldsymbol{\beta})$，由定理 4.9 知，$\boldsymbol{\beta}$ 可由向量组 A 线性表示．

例 4.12　设矩阵

$$\boldsymbol{A}=\begin{pmatrix}1&-2&1&0&-2\\4&4&-8&7&7\\3&-7&4&-3&0\\2&5&-7&6&5\end{pmatrix},$$

求矩阵 $\boldsymbol{A}$ 的列向量组的一个极大无关组，并把不属于这个极大无关组的列向量用该极大无关组线性表示．

解　由于

$$\boldsymbol{A}=(\boldsymbol{a}_1,\boldsymbol{a}_2,\boldsymbol{a}_3,\boldsymbol{a}_4,\boldsymbol{a}_5)\overset{r}{\sim}\begin{pmatrix}1&0&-1&0&4\\0&1&-1&0&3\\0&0&0&1&-3\\0&0&0&0&0\end{pmatrix}=(\boldsymbol{b}_1,\boldsymbol{b}_2,\boldsymbol{b}_3,\boldsymbol{b}_4,\boldsymbol{b}_5)=\boldsymbol{B},$$

齐次线性方程组 $\boldsymbol{Ax}=\boldsymbol{0}$ 与 $\boldsymbol{Bx}=\boldsymbol{0}$ 同解，即 $x_1\boldsymbol{a}_1+x_2\boldsymbol{a}_2+x_3\boldsymbol{a}_3+x_4\boldsymbol{a}_4+x_5\boldsymbol{a}_5=\boldsymbol{0}$ 与 $x_1\boldsymbol{b}_1$

$+x_2\boldsymbol{b}_2+x_3\boldsymbol{b}_3+x_4\boldsymbol{b}_4+x_5\boldsymbol{b}_5=\boldsymbol{0}$同解，因此向量$\boldsymbol{a}_1,\boldsymbol{a}_2,\boldsymbol{a}_3,\boldsymbol{a}_4,\boldsymbol{a}_5$之间与向量$\boldsymbol{b}_1,\boldsymbol{b}_2,\boldsymbol{b}_3,\boldsymbol{b}_4,\boldsymbol{b}_5$之间有相同的线性关系．而$\boldsymbol{b}_1,\boldsymbol{b}_2,\boldsymbol{b}_4$是$\boldsymbol{b}_1,\boldsymbol{b}_2,\boldsymbol{b}_3,\boldsymbol{b}_4,\boldsymbol{b}_5$的一个极大无关组，且

$$\boldsymbol{b}_3=-\boldsymbol{b}_1-\boldsymbol{b}_2,\qquad \boldsymbol{b}_5=4\boldsymbol{b}_1+3\boldsymbol{b}_2-3\boldsymbol{b}_4,$$

所以$\boldsymbol{a}_1,\boldsymbol{a}_2,\boldsymbol{a}_4$是$\boldsymbol{a}_1,\boldsymbol{a}_2,\boldsymbol{a}_3,\boldsymbol{a}_4,\boldsymbol{a}_5$的一个极大无关组，且

$$\boldsymbol{a}_3=-\boldsymbol{a}_1-\boldsymbol{a}_2,\qquad \boldsymbol{a}_5=4\boldsymbol{a}_1+3\boldsymbol{a}_2-3\boldsymbol{a}_4.$$

4.5 向 量 空 间

前面把n维向量的全体所构成的集合$\mathbf{R}^n$称为n维向量空间．本节介绍向量空间的一般概念．

定义 4.8 设V为n维向量的集合，若V非空，且对于线性运算(加法及数乘两种运算)封闭，即$\forall\boldsymbol{\alpha},\boldsymbol{\beta}\in V,\forall\lambda\in\mathbf{R}$，有$\boldsymbol{\alpha}+\boldsymbol{\beta}\in V,\lambda\boldsymbol{\alpha}\in V$，则称$V$为向量空间．

定义 4.9 设有向量空间V_1及V_2，若$V_1\subset V_2$，就称V_1是V_2的子空间．

例 4.13 $\mathbf{R}^n$是一个向量空间．

例 4.14 集合$V=\{\boldsymbol{x}=(x_1,x_2,\cdots,x_{n-1},0)^{\mathrm{T}}\mid x_1,x_2,\cdots,x_{n-1}\in\mathbf{R}\}$是一个向量空间．它是$\mathbf{R}^n$的一个子空间．

例 4.15 集合

$$V=\{\boldsymbol{x}=(x_1,x_2,\cdots,x_{n-1},2)^{\mathrm{T}}\mid x_1,x_2,\cdots,x_{n-1}\in\mathbf{R}\}$$

不是一个向量空间．

定义 4.10 设V为向量空间，如果$\boldsymbol{\alpha}_1,\boldsymbol{\alpha}_2,\cdots,\boldsymbol{\alpha}_r\in V$满足

(1) $\boldsymbol{\alpha}_1,\boldsymbol{\alpha}_2,\cdots,\boldsymbol{\alpha}_r$线性无关；

(2) V中任一向量都可由$\boldsymbol{\alpha}_1,\boldsymbol{\alpha}_2,\cdots,\boldsymbol{\alpha}_r$线性表示，那么向量组$\boldsymbol{\alpha}_1,\boldsymbol{\alpha}_2,\cdots,\boldsymbol{\alpha}_r$就称为向量空间$V$的一个基，$r$称为向量空间$V$的维数，并称$V$为$r$维向量空间．

例 4.16 设有n维向量组$\boldsymbol{\alpha}_1,\boldsymbol{\alpha}_2,\cdots,\boldsymbol{\alpha}_m$，集合

$$V=\{\boldsymbol{x}=\lambda_1\boldsymbol{\alpha}_1+\lambda_2\boldsymbol{\alpha}_2+\cdots+\lambda_m\boldsymbol{\alpha}_m\mid\lambda_1,\lambda_2,\cdots,\lambda_m\in\mathbf{R}\}$$

是一个向量空间，称为由向量组$\boldsymbol{\alpha}_1,\boldsymbol{\alpha}_2,\cdots,\boldsymbol{\alpha}_m$所生成的向量空间．$\boldsymbol{\alpha}_1,\boldsymbol{\alpha}_2,\cdots,\boldsymbol{\alpha}_m$的任一极大无关组是$V$的一个基．

例 4.17 设向量组$A:\boldsymbol{\alpha}_1,\boldsymbol{\alpha}_2,\cdots,\boldsymbol{\alpha}_m$与向量组$B:\boldsymbol{\beta}_1,\boldsymbol{\beta}_2,\cdots,\boldsymbol{\beta}_s$等价，记

$$V_1=\{\boldsymbol{x}=\lambda_1\boldsymbol{\alpha}_1+\lambda_2\boldsymbol{\alpha}_2+\cdots+\lambda_m\boldsymbol{\alpha}_m\mid\lambda_1,\lambda_2,\cdots,\lambda_m\in\mathbf{R}\},$$

$$V_2=\{\boldsymbol{x}=\mu_1\boldsymbol{\beta}_1+\mu_2\boldsymbol{\beta}_2+\cdots+\mu_s\boldsymbol{\beta}_s\mid\mu_1,\mu_2,\cdots,\mu_s\in\mathbf{R}\},$$

则$V_1=V_2$．

容易得出如下结论：

(1) 若向量空间V没有基，则V的维数为 0．0 维向量空间只含一个零向量．

(2) 若向量空间 $V \subset \mathbf{R}^n$，则 V 的维数不会超过 n，并且当 V 的维数为 n 时，$V = \mathbf{R}^n$；

(3) 若向量组 $\boldsymbol{\alpha}_1, \boldsymbol{\alpha}_2, \cdots, \boldsymbol{\alpha}_r$ 是向量空间 V 的一个基，则

$$V = \{\boldsymbol{x} = \lambda_1\boldsymbol{\alpha}_1 + \lambda_2\boldsymbol{\alpha}_2 + \cdots + \lambda_r\boldsymbol{\alpha}_r \mid \lambda_1, \lambda_2, \cdots, \lambda_r \in \mathbf{R}\}.$$

例 4.18　设 $\boldsymbol{A} = (\boldsymbol{\alpha}_1, \boldsymbol{\alpha}_2, \boldsymbol{\alpha}_3) = \begin{pmatrix} 1 & 3 & 4 \\ 3 & 7 & 9 \\ 2 & 4 & 5 \\ 2 & 6 & 8 \end{pmatrix}$，求由向量组 $\boldsymbol{\alpha}_1, \boldsymbol{\alpha}_2, \boldsymbol{\alpha}_3$ 所生成的向量空间的一个基和维数，并将 $\boldsymbol{\alpha}_1, \boldsymbol{\alpha}_2, \boldsymbol{\alpha}_3$ 中的非基向量用这个基线性表示.

解　由于

$$\boldsymbol{A} = \begin{pmatrix} 1 & 3 & 4 \\ 3 & 7 & 9 \\ 2 & 4 & 5 \\ 2 & 6 & 8 \end{pmatrix} \overset{r}{\sim} \begin{pmatrix} 1 & 0 & -\dfrac{1}{2} \\ 0 & 1 & \dfrac{3}{2} \\ 0 & 0 & 0 \\ 0 & 0 & 0 \end{pmatrix},$$

$\boldsymbol{\alpha}_1, \boldsymbol{\alpha}_2, \boldsymbol{\alpha}_3$ 所生成的向量空间的维数是 2，$\boldsymbol{\alpha}_1, \boldsymbol{\alpha}_2$ 是这个向量空间的一个基，且有

$$\boldsymbol{\alpha}_3 = -\frac{1}{2}\boldsymbol{\alpha}_1 + \frac{3}{2}\boldsymbol{\alpha}_2.$$

例 4.19　在 $\mathbf{R}^n$ 中取定一个基 $\boldsymbol{\alpha}_1, \boldsymbol{\alpha}_2, \cdots, \boldsymbol{\alpha}_n$，再取一个新基 $\boldsymbol{\beta}_1, \boldsymbol{\beta}_2, \cdots, \boldsymbol{\beta}_n$，设

$$\boldsymbol{A} = (\boldsymbol{\alpha}_1, \boldsymbol{\alpha}_2, \cdots, \boldsymbol{\alpha}_n), \qquad \boldsymbol{B} = (\boldsymbol{\beta}_1, \boldsymbol{\beta}_2, \cdots, \boldsymbol{\beta}_n),$$

求用 $\boldsymbol{\alpha}_1, \boldsymbol{\alpha}_2, \cdots, \boldsymbol{\alpha}_n$ 表示 $\boldsymbol{\beta}_1, \boldsymbol{\beta}_2, \cdots, \boldsymbol{\beta}_n$ 的表示式(基变换公式)，并求向量在两个基中的坐标之间的关系式(坐标变换公式).

解　由 $(\boldsymbol{\beta}_1, \boldsymbol{\beta}_2, \cdots, \boldsymbol{\beta}_n) = \boldsymbol{EB} = (\boldsymbol{\alpha}_1, \boldsymbol{\alpha}_2, \cdots, \boldsymbol{\alpha}_n)\boldsymbol{A}^{-1}\boldsymbol{B}$，得基变换公式：

$$(\boldsymbol{\beta}_1, \boldsymbol{\beta}_2, \cdots, \boldsymbol{\beta}_n) = (\boldsymbol{\alpha}_1, \boldsymbol{\alpha}_2, \cdots, \boldsymbol{\alpha}_n)\boldsymbol{P},$$

其中，系数矩阵 $\boldsymbol{P} = \boldsymbol{A}^{-1}\boldsymbol{B}$ 称为从旧基到新基的过渡矩阵.

设向量 $\boldsymbol{\gamma}$ 在旧基和新基中的坐标分别为 $(a_1, a_2, \cdots, a_n)$ 和 $(b_1, b_2, \cdots, b_n)$，即

$$\boldsymbol{\gamma} = (\boldsymbol{\alpha}_1, \boldsymbol{\alpha}_2, \cdots, \boldsymbol{\alpha}_n)\begin{pmatrix} a_1 \\ a_2 \\ \vdots \\ a_n \end{pmatrix}, \qquad \boldsymbol{\gamma} = (\boldsymbol{\beta}_1, \boldsymbol{\beta}_2, \cdots, \boldsymbol{\beta}_n)\begin{pmatrix} b_1 \\ b_2 \\ \vdots \\ b_n \end{pmatrix},$$

则

$$\boldsymbol{A}\begin{pmatrix} a_1 \\ a_2 \\ \vdots \\ a_n \end{pmatrix} = \boldsymbol{B}\begin{pmatrix} b_1 \\ b_2 \\ \vdots \\ b_n \end{pmatrix},$$

于是

$$\begin{pmatrix} b_1 \\ b_2 \\ \vdots \\ b_n \end{pmatrix} = \boldsymbol{B}^{-1}\boldsymbol{A}\begin{pmatrix} a_1 \\ a_2 \\ \vdots \\ a_n \end{pmatrix},$$

即

$$\begin{pmatrix} b_1 \\ b_2 \\ \vdots \\ b_n \end{pmatrix} = \boldsymbol{P}^{-1}\begin{pmatrix} a_1 \\ a_2 \\ \vdots \\ a_n \end{pmatrix},$$

这就是从旧坐标到新坐标的坐标变换公式.

4.6　向量的内积 正交矩阵

在解析几何中，曾引进向量的数量积

$$\boldsymbol{x}\cdot\boldsymbol{y}=|\boldsymbol{x}||\boldsymbol{y}|\cos\theta,$$

且在直角坐标系中，有

$$(x_1,x_2,x_3)\cdot(y_1,y_2,y_3)=x_1y_1+x_2y_2+x_3y_3.$$

下面将数量积的概念进行推广. 由于n维向量没有三维向量那样直观的长度和夹角的概念，只能按数量积的直角坐标计算公式来推广，给出n维向量的内积的概念. 再利用内积来定义n维向量的长度和夹角.

定义 4.11　设有n维向量$\boldsymbol{x}=(x_1,x_2,\cdots,x_n)^{\mathrm{T}}$，$\boldsymbol{y}=(y_1,y_2,\cdots,y_n)^{\mathrm{T}}$，令

$$[\boldsymbol{x},\boldsymbol{y}]=x_1y_1+x_2y_2+\cdots+x_ny_n,$$

称$[\boldsymbol{x},\boldsymbol{y}]$为向量$\boldsymbol{x}$与$\boldsymbol{y}$的内积.

当$\boldsymbol{x}$与$\boldsymbol{y}$都是n维列向量时，有$[\boldsymbol{x},\boldsymbol{y}]=\boldsymbol{x}^{\mathrm{T}}\boldsymbol{y}$.

内积具有下列性质($\boldsymbol{x},\boldsymbol{y},\boldsymbol{z}$为$n$维向量，$\lambda$为实数):

(1) $[\boldsymbol{x},\boldsymbol{y}]=[\boldsymbol{y},\boldsymbol{x}]$.

(2) $[\lambda\boldsymbol{x},\boldsymbol{y}]=\lambda[\boldsymbol{x},\boldsymbol{y}]$.

(3) $[\boldsymbol{x}+\boldsymbol{y},\boldsymbol{z}]=[\boldsymbol{x},\boldsymbol{z}]+[\boldsymbol{y},\boldsymbol{z}]$.

(4) 当$\boldsymbol{x}=\boldsymbol{0}$时，$[\boldsymbol{x},\boldsymbol{x}]=0$；当$\boldsymbol{x}\neq\boldsymbol{0}$时，$[\boldsymbol{x},\boldsymbol{x}]>0$.

这些性质都可根据内积的定义直接证明.

定义 4.12　设$\boldsymbol{x}$是n维向量，令

$$\|\boldsymbol{x}\|=\sqrt{[\boldsymbol{x},\boldsymbol{x}]}=\sqrt{x_1^2+x_2^2+\cdots+x_n^2},$$

称$\|\boldsymbol{x}\|$为n维向量$\boldsymbol{x}$的长度(或范数).

当 $\|\boldsymbol{x}\|=1$ 时，称 $\boldsymbol{x}$ 为单位向量.

向量的长度具有下述性质($\boldsymbol{x}, \boldsymbol{y}$ 为 n 维向量， λ 为实数).

(1) 非负性：当 $\boldsymbol{x} \neq \boldsymbol{0}$ 时， $\|\boldsymbol{x}\|>0$ ；当 $\boldsymbol{x}=\boldsymbol{0}$ 时， $\|\boldsymbol{x}\|=0$.

(2) 齐次性： $\|\lambda \boldsymbol{x}\|=|\lambda| \cdot\|\boldsymbol{x}\|$.

(3) 三角不等式： $\|\boldsymbol{x}+\boldsymbol{y}\| \leqslant\|\boldsymbol{x}\|+\|\boldsymbol{y}\|$.

证　(1)与(2)是显然的，只需证明(3). 因为

$$\begin{aligned}\|\boldsymbol{x}+\boldsymbol{y}\|^{2} &=[\boldsymbol{x}+\boldsymbol{y}, \boldsymbol{x}+\boldsymbol{y}]=[\boldsymbol{x}, \boldsymbol{x}]+2[\boldsymbol{x}, \boldsymbol{y}]+[\boldsymbol{y}, \boldsymbol{y}] \\ & \leqslant\|\boldsymbol{x}\|^{2}+2\|\boldsymbol{x}\| \cdot\|\boldsymbol{y}\|+\|\boldsymbol{y}\|^{2}=(\|\boldsymbol{x}\|+\|\boldsymbol{y}\|)^{2},\end{aligned}$$

所以

$$\|\boldsymbol{x}+\boldsymbol{y}\| \leqslant\|\boldsymbol{x}\|+\|\boldsymbol{y}\| .$$

上面证明中用到了施瓦茨不等式： $[\boldsymbol{x}, \boldsymbol{y}]^{2} \leqslant[\boldsymbol{x}, \boldsymbol{x}] \cdot[\boldsymbol{y}, \boldsymbol{y}]$.

事实上，

$$\varphi(t)=[t \boldsymbol{x}+\boldsymbol{y}, t \boldsymbol{x}+\boldsymbol{y}]=t^{2}[\boldsymbol{x}, \boldsymbol{x}]+2 t[\boldsymbol{x}, \boldsymbol{y}]+[\boldsymbol{y}, \boldsymbol{y}] \geqslant 0,$$

因此

$$\Delta=4([\boldsymbol{x}, \boldsymbol{y}]^{2}-[\boldsymbol{x}, \boldsymbol{x}][\boldsymbol{y}, \boldsymbol{y}]) \leqslant 0,$$

即

$$[\boldsymbol{x}, \boldsymbol{y}]^{2} \leqslant[\boldsymbol{x}, \boldsymbol{x}] \cdot[\boldsymbol{y}, \boldsymbol{y}] .$$

由施瓦茨不等式，可得当 $\boldsymbol{x} \neq \boldsymbol{0}$ ， $\boldsymbol{y} \neq \boldsymbol{0}$ 时，有 $\left|\frac{[\boldsymbol{x}, \boldsymbol{y}]}{\|\boldsymbol{x}\| \cdot\|\boldsymbol{y}\|}\right| \leqslant 1$.

于是有下面的定义：

(1) 当 $\boldsymbol{x} \neq \boldsymbol{0}$ ， $\boldsymbol{y} \neq \boldsymbol{0}$ 时， $\theta=\arccos \frac{[\boldsymbol{x}, \boldsymbol{y}]}{\|\boldsymbol{x}\| \cdot\|\boldsymbol{y}\|}$ 称为 n 维向量 $\boldsymbol{x}$ 与 $\boldsymbol{y}$ 的夹角；

(2) 当 $[\boldsymbol{x}, \boldsymbol{y}]=0$ 时，称 n 维向量 $\boldsymbol{x}$ 与 $\boldsymbol{y}$ 正交. 显然，若 $\boldsymbol{x}=\boldsymbol{0}$ ，则 $\boldsymbol{x}$ 与任何 n 维向量都正交.

定理 4.10　若 n 维向量 $\boldsymbol{\alpha}_{1}, \boldsymbol{\alpha}_{2}, \cdots, \boldsymbol{\alpha}_{r}$ 是一组两两正交的非零向量，则 $\boldsymbol{\alpha}_{1}, \boldsymbol{\alpha}_{2}, \cdots, \boldsymbol{\alpha}_{r}$ 线性无关.

证　设有 $\lambda_{1}, \lambda_{2}, \cdots, \lambda_{r}$ 使

$$\lambda_{1} \boldsymbol{\alpha}_{1}+\lambda_{2} \boldsymbol{\alpha}_{2}+\cdots+\lambda_{r} \boldsymbol{\alpha}_{r}=\boldsymbol{0},$$

以 $\boldsymbol{\alpha}_{i}^{\mathrm{T}}$ 左乘上式两端，得 $\lambda_{i} \boldsymbol{\alpha}_{i}^{\mathrm{T}} \boldsymbol{\alpha}_{i}=0$ ，由于 $\boldsymbol{\alpha}_{i} \neq \boldsymbol{0}$ ，故

$$\boldsymbol{\alpha}_{i}^{\mathrm{T}} \boldsymbol{\alpha}_{i}=\|\boldsymbol{\alpha}_{i}\|^{2} \neq 0,$$

从而必有 $\lambda_{i}=0\,(i=1,2, \cdots, r)$ ，于是向量组 $\boldsymbol{\alpha}_{1}, \boldsymbol{\alpha}_{2}, \cdots, \boldsymbol{\alpha}_{r}$ 线性无关.

定义 4.13　设 n 维向量 $\boldsymbol{e}_{1}, \boldsymbol{e}_{2}, \cdots, \boldsymbol{e}_{r}$ 是向量空间 $V(V \subset \mathbf{R}^{n})$ 的一个基，若 $\boldsymbol{e}_{1}, \boldsymbol{e}_{2}, \cdots, \boldsymbol{e}_{r}$ 两两正交，且都是单位向量，则称 $\boldsymbol{e}_{1}, \boldsymbol{e}_{2}, \cdots, \boldsymbol{e}_{r}$ 是 V 的一个规范正交基.

例如，$\boldsymbol{e}_1=\dfrac{1}{3}\begin{pmatrix}1\\-2\\-2\end{pmatrix},\boldsymbol{e}_2=\dfrac{1}{3}\begin{pmatrix}2\\-1\\2\end{pmatrix},\boldsymbol{e}_3=\dfrac{1}{3}\begin{pmatrix}2\\2\\-1\end{pmatrix}$就是$\mathbf{R}^3$的一个规范正交基.

为了计算方便，常常需要从向量空间V的一个基$\boldsymbol{\alpha}_1,\boldsymbol{\alpha}_2,\cdots,\boldsymbol{\alpha}_r$出发，找出$V$的一个规范正交基$\boldsymbol{e}_1,\boldsymbol{e}_2,\cdots,\boldsymbol{e}_r$，使$\boldsymbol{e}_1,\boldsymbol{e}_2,\cdots,\boldsymbol{e}_r$与$\boldsymbol{\alpha}_1,\boldsymbol{\alpha}_2,\cdots,\boldsymbol{\alpha}_r$等价. 这样的问题称把基$\boldsymbol{\alpha}_1,\boldsymbol{\alpha}_2,\cdots,\boldsymbol{\alpha}_r$规范正交化.

施密特正交化方法. 设$\boldsymbol{\alpha}_1,\boldsymbol{\alpha}_2,\cdots,\boldsymbol{\alpha}_r$是向量空间$V$中的一个基，首先将$\boldsymbol{\alpha}_1,\boldsymbol{\alpha}_2,\cdots,\boldsymbol{\alpha}_r$正交化：

$$\boldsymbol{\beta}_1=\boldsymbol{\alpha}_1,$$

$$\boldsymbol{\beta}_2=\boldsymbol{\alpha}_2-\frac{[\boldsymbol{\beta}_1,\ \boldsymbol{\alpha}_2]}{[\boldsymbol{\beta}_1,\ \boldsymbol{\beta}_1]}\boldsymbol{\beta}_1,$$

……

$$\boldsymbol{\beta}_r=\boldsymbol{\alpha}_r-\frac{[\boldsymbol{\beta}_1,\ \boldsymbol{\alpha}_r]}{[\boldsymbol{\beta}_1,\ \boldsymbol{\beta}_1]}\boldsymbol{\beta}_1-\frac{[\boldsymbol{\beta}_2,\ \boldsymbol{\alpha}_r]}{[\boldsymbol{\beta}_2,\ \boldsymbol{\beta}_2]}\boldsymbol{\beta}_2-\cdots-\frac{[\boldsymbol{\beta}_{r-1},\ \boldsymbol{\alpha}_r]}{[\boldsymbol{\beta}_{r-1},\ \boldsymbol{\beta}_{r-1}]}\boldsymbol{\beta}_{r-1}.$$

然后将$\boldsymbol{\beta}_1,\boldsymbol{\beta}_2,\cdots,\boldsymbol{\beta}_r$单位化：

$$\boldsymbol{e}_1=\frac{1}{\|\boldsymbol{\beta}_1\|}\boldsymbol{\beta}_1,\quad \boldsymbol{e}_2=\frac{1}{\|\boldsymbol{\beta}_2\|}\boldsymbol{\beta}_2,\quad \cdots,\quad \boldsymbol{e}_r=\frac{1}{\|\boldsymbol{\beta}_r\|}\boldsymbol{\beta}_r.$$

容易验证，$\boldsymbol{e}_1,\boldsymbol{e}_2,\cdots,\boldsymbol{e}_r$是$V$的一个规范正交基，且与$\boldsymbol{\alpha}_1,\boldsymbol{\alpha}_2,\cdots,\boldsymbol{\alpha}_r$等价.

上述从线性无关向量组$\boldsymbol{\alpha}_1,\boldsymbol{\alpha}_2,\cdots,\boldsymbol{\alpha}_r$导出正交向量组$\boldsymbol{\beta}_1,\boldsymbol{\beta}_2,\cdots,\boldsymbol{\beta}_r$的过程称为施密特正交化过程. 它满足：对任何$k\ (1\leqslant k\leqslant r)$，向量组$\boldsymbol{\beta}_1,\boldsymbol{\beta}_2,\cdots,\boldsymbol{\beta}_k$与$\boldsymbol{\alpha}_1,\boldsymbol{\alpha}_2,\cdots,\boldsymbol{\alpha}_k$等价.

例 4.20　试用施密特正交化过程将线性无关向量组

$$\boldsymbol{\alpha}_1=(1,1,1)^{\mathrm{T}},\quad \boldsymbol{\alpha}_2=(1,2,3)^{\mathrm{T}},\quad \boldsymbol{\alpha}_3=(1,4,9)^{\mathrm{T}}$$

规范正交化.

解　取

$$\boldsymbol{\beta}_1=\boldsymbol{\alpha}_1=\begin{pmatrix}1\\1\\1\end{pmatrix},\qquad \boldsymbol{\beta}_2=\boldsymbol{\alpha}_2-\frac{[\boldsymbol{\beta}_1,\ \boldsymbol{\alpha}_2]}{[\boldsymbol{\beta}_1,\ \boldsymbol{\beta}_1]}\boldsymbol{\beta}_1=\begin{pmatrix}-1\\0\\1\end{pmatrix},$$

$$\boldsymbol{\beta}_3=\boldsymbol{\alpha}_3-\frac{[\boldsymbol{\beta}_1,\ \boldsymbol{\alpha}_3]}{[\boldsymbol{\beta}_1,\ \boldsymbol{\beta}_1]}\boldsymbol{\beta}_1-\frac{[\boldsymbol{\beta}_2,\ \boldsymbol{\alpha}_3]}{[\boldsymbol{\beta}_2,\ \boldsymbol{\beta}_2]}\boldsymbol{\beta}_2=\frac{1}{3}\begin{pmatrix}1\\-2\\1\end{pmatrix},$$

再取

$$\boldsymbol{e}_1=\frac{\boldsymbol{\beta}_1}{\|\boldsymbol{\beta}_1\|}=\frac{1}{\sqrt{3}}\begin{pmatrix}1\\1\\1\end{pmatrix},\qquad \boldsymbol{e}_2=\frac{\boldsymbol{\beta}_2}{\|\boldsymbol{\beta}_2\|}=\frac{1}{\sqrt{2}}\begin{pmatrix}-1\\0\\1\end{pmatrix},\qquad \boldsymbol{e}_3=\frac{3\boldsymbol{\beta}_3}{\|3\boldsymbol{\beta}_3\|}=\frac{1}{\sqrt{6}}\begin{pmatrix}1\\-2\\1\end{pmatrix},$$

$\boldsymbol{e}_1,\boldsymbol{e}_2,\boldsymbol{e}_3$ 即所求.

定义 4.14　若 n 阶方阵 $\boldsymbol{A}$ 满足 $\boldsymbol{A}^{\mathrm{T}}\boldsymbol{A}=\boldsymbol{E}$ (即 $\boldsymbol{A}^{-1}=\boldsymbol{A}^{\mathrm{T}}$)，则称 $\boldsymbol{A}$ 为正交矩阵，简称正交阵.

正交阵有下述性质：

(1) 若 $\boldsymbol{A}$ 为正交阵，则 $\boldsymbol{A}^{-1}=\boldsymbol{A}^{\mathrm{T}}$ 也是正交阵，且 $|\boldsymbol{A}|=\pm 1$；

(2) 若 $\boldsymbol{A}$ 和 $\boldsymbol{B}$ 都是正交阵，则 $\boldsymbol{AB}$ 也是正交阵；

(3) n 阶方阵 $\boldsymbol{A}$ 为正交阵的充分必要条件是 $\boldsymbol{A}$ 的 n 个列(行)向量构成向量空间 $\mathbf{R}^n$ 的一个规范正交基.

证　性质(1)、(2)显然成立．下面证明性质(3).

只就列向量加以证明．设 $\boldsymbol{A}=(\boldsymbol{a}_1,\boldsymbol{a}_2,\cdots,\boldsymbol{a}_n)$，因为

$$\boldsymbol{A}^{\mathrm{T}}\boldsymbol{A}=\begin{pmatrix}\boldsymbol{a}_1^{\mathrm{T}}\\ \boldsymbol{a}_2^{\mathrm{T}}\\ \vdots\\ \boldsymbol{a}_n^{\mathrm{T}}\end{pmatrix}(\boldsymbol{a}_1,\boldsymbol{a}_2,\cdots,\boldsymbol{a}_n),$$

所以

$$\boldsymbol{A}^{\mathrm{T}}\boldsymbol{A}=\boldsymbol{E}\Leftrightarrow(\boldsymbol{a}_i^{\mathrm{T}}\boldsymbol{a}_j)=(\delta_{ij}),$$

即 $\boldsymbol{A}$ 为正交阵的充分必要条件是 $\boldsymbol{A}$ 的 n 个列向量构成向量空间 $\mathbf{R}^n$ 的一个规范正交基，其中 $\delta_{ij}=\begin{cases}1, & i=j,\\ 0, & i\neq j\end{cases}$ $(i,j=1,2,\cdots,n)$.

定义 4.15　若 $\boldsymbol{P}$ 为正交阵，则线性变换 $\boldsymbol{y}=\boldsymbol{Px}$ 称为正交变换.

设 $\boldsymbol{y}=\boldsymbol{Px}$ 为正交变换，则有

$$\|\boldsymbol{y}\|=\sqrt{\boldsymbol{y}^{\mathrm{T}}\boldsymbol{y}}=\sqrt{\boldsymbol{x}^{\mathrm{T}}\boldsymbol{P}^{\mathrm{T}}\boldsymbol{Px}}=\sqrt{\boldsymbol{x}^{\mathrm{T}}\boldsymbol{x}}=\|\boldsymbol{x}\|.$$

由此可知，经正交变换两点间的距离保持不变，这是正交变换的优良特性.

4.7　秩的计算、向量的正交化的 MATLAB 实验

1. 矩阵秩的计算

矩阵秩的计算是调用函数 rank().

```
>> A=[-10, 4, -6, 8;4, -1, 6, -2;5, 7, 9, -6;0, 9, 6, -2]
A =
   -10     4    -6     8
     4    -1     6    -2
     5     7     9    -6
     0     9     6    -2
```

```
>> rank(A)
ans =
     3
```

向量组 ***a***，***b***，***c***，***d*** 的秩可用下列语句求出：

```
rank([a b c d])
```

2. 向量组的线性相关性与极大无关组

判断一个含 m 个向量的向量组 A 是否线性相关，可以通过求向量组的秩来判断，如果 rank(A)=m，则线性无关，如果 rank(A)<m，则线性相关.

例如，键入 ***a***，***b***，***c***，***d*** 四个向量：

```
>>a=[1 -1 2 4]';
>>b=[0 3 1 2]';
>>c=[-3 3 7 14]';
>>d=[4 -1 9 18]';
```

将 ***a***，***b***，***c***，***d*** 并为一个矩阵 ***u***：

```
>>u=[a b c d]
>>rank(u)
ans =
     3
```

u 的秩为 3，所以 ***a***，***b***，***c***，***d*** 线性相关.

使用下列语句，不仅可以求出 ***u*** 的行最简形矩阵，而且可以给出线性无关向量组在原矩阵中的列数，这实际上就是极大无关组.

```
[t ip]=rref(t)
u=
    1    0    0    4
    0    1    0    1
    0    0    1    0
    0    0    0    0
ip =
    1    2    3
```

这表明 ***u*** 中第 1，2，3 列向量线性无关，即向量 ***a***，***b***，***c*** 线性无关.

3. 向量的内积与正交性

(1) 求两个向量 ***a***，***b*** 的内积，可把 ***a*** 设为行向量，将 ***b*** 设为列向量，***a*** 与 ***b*** 作矩阵乘法，求出 ***a*** 与 ***b*** 的内积.

```
>>a=[1 2 -3 4]';
>>b=[2 -3 4 8]';
>>p =
```

```
    16
```

(2) 求向量 $\boldsymbol{a}$ 的模可调用函数 `norm()`.

```
>> norm(a)
ans =
      5.4772
```

(3) 求向量 $\boldsymbol{a}$ 和 $\boldsymbol{b}$ 之间的夹角.

```
>> thita=acos((a*b')/(norm(a)*norm(b)))
thita =
        1.2630
```

要将线性无关的向量组 $\boldsymbol{a}$，$\boldsymbol{b}$，$\boldsymbol{c}$，$\boldsymbol{d}$ 化为标准正交基，可先将向量组并为一个矩阵 $\boldsymbol{u}$，再调用正交分解程序`[Q, R]=qr()`，将矩阵 $\boldsymbol{u}$ 分解为一个正交矩阵 $\boldsymbol{Q}$ 和一个上三角矩阵的乘积. $\boldsymbol{Q}$ 中前四个行向量，相当于施密特正交化方法得到的标准正交向量，加上最后一行补充的标准正交向量，构成五维线性空间的标准正交基.

例如，将线性无关的向量组 $\boldsymbol{a}$，$\boldsymbol{b}$，$\boldsymbol{c}$，$\boldsymbol{d}$ 正交化，先对 $\boldsymbol{a}$，$\boldsymbol{b}$，$\boldsymbol{c}$，$\boldsymbol{d}$ 赋值：

```
>>a=[1 -1 -1 1 1]';
>>b=[2 1 4 -4 2]';
>>c=[5 -4 -3 7 1]';
>>d=[3, 2 4 6 -1]';
```

再补充一个与 $\boldsymbol{a}$，$\boldsymbol{b}$，$\boldsymbol{c}$，$\boldsymbol{d}$ 线性无关的向量 $\boldsymbol{e}$：

```
>>e=[2 3 1 5 6]';
```

合并各向量，再调用语句`[Q, R]=qr[u]`：

```
>>u=[a b c d e]
>>[Q, R]=qr(u)
u =
      1     2     5     1     3
     -1     1    -4     2     3
     -1     4    -3    -2     3
      1    -4     7     3    -1
      1     2     1     3    -1
Q =
   -0.4472   -0.5000   -0.5000   -0.0245   -0.5472
    0.4472   -0.0000    0.0000   -0.8320   -0.3283
    0.4472   -0.5000   -0.5000    0.0245    0.5472
   -0.4472    0.5000   -0.5000   -0.3915    0.3830
   -0.4472   -0.5000    0.5000   -0.3915    0.3830
R =
      -2.2361    2.2361   -8.9443   -3.1305    2.2361
       0        -6.0000    2.0000    0.5000   -3.0000
```

```
      0          0          -4.0000    0.5000    -3.0000
      0          0          0          -4.0866   -1.7129
      0          0          0          0         -1.7510
```

验证：$\boldsymbol{Q}^{\mathrm{T}}\cdot\boldsymbol{Q}=\boldsymbol{E}$.

```
>> Q'*Q
ans =
     1.0000   -0.0000   -0.0000   -0.0000   -0.0000
    -0.0000    1.0000   -0.0000    0        -0.0000
    -0.0000   -0.0000    1.0000   -0.0000   -0.0000
    -0.0000    0        -0.0000    1.0000    0
    -0.0000   -0.0000   -0.0000    0         1.0000
```

习 题 4

(A)

一、填空题.

1. 设 $a_i \neq 0, b_i \neq 0\ (i=1,2,\cdots,n)$ ，矩阵 $\boldsymbol{A}=\begin{pmatrix} a_1b_1 & a_1b_2 & \cdots & a_1b_n \\ a_2b_1 & a_2b_2 & \cdots & a_2b_n \\ \vdots & \vdots & & \vdots \\ a_nb_1 & a_nb_2 & \cdots & a_nb_n \end{pmatrix}$ ，则矩阵 $\boldsymbol{A}$ 的秩 $R(\boldsymbol{A})=$__________.

2. 设矩阵 $\boldsymbol{A}=\begin{pmatrix} 0 & 1 & 0 & 0 \\ 0 & 0 & 1 & 0 \\ 0 & 0 & 0 & 1 \\ 0 & 0 & 0 & 0 \end{pmatrix}$，则 $\boldsymbol{A}^3$ 的秩为__________.

3. 设 $\boldsymbol{A}$ 是 4×3 矩阵，且 $\boldsymbol{A}$ 的秩 $R(\boldsymbol{A})=2$，而 $\boldsymbol{B}=\begin{pmatrix} 1 & 0 & 2 \\ 0 & 2 & 0 \\ -1 & 0 & 3 \end{pmatrix}$，则 $R(\boldsymbol{AB})=$__________.

4. 若 $\boldsymbol{A}$ 和 $\boldsymbol{B}$ 都是 n 阶非零方阵，且 $\boldsymbol{AB}=\boldsymbol{O}$ ，则 $\boldsymbol{A}$ 的秩 $R(\boldsymbol{A})$ __________ n .

5. 设四阶方阵 $\boldsymbol{A}$ 的秩为 2，则其伴随矩阵 $\boldsymbol{A}^*$ 的秩为__________.

6. 设矩阵 $\boldsymbol{A}=\begin{pmatrix} k & 1 & 1 & 1 \\ 1 & k & 1 & 1 \\ 1 & 1 & k & 1 \\ 1 & 1 & 1 & k \end{pmatrix}$，且 $R(\boldsymbol{A})=3$ ，则 $k=$__________.

7. 已知向量组

$\boldsymbol{\alpha}_1=(1,2,3,4)$,　$\boldsymbol{\alpha}_2=(2,3,4,5)$,　$\boldsymbol{\alpha}_3=(3,4,5,6)$,　$\boldsymbol{\alpha}_4=(4,5,6,7)$,

则该向量组的秩是__________.

8. 设向量组 $\boldsymbol{\alpha}_1=(a,0,c),\boldsymbol{\alpha}_2=(b,c,0),\boldsymbol{\alpha}_3=(0,a,b)$ 线性无关，则 a,b,c 必满足关系式__________.

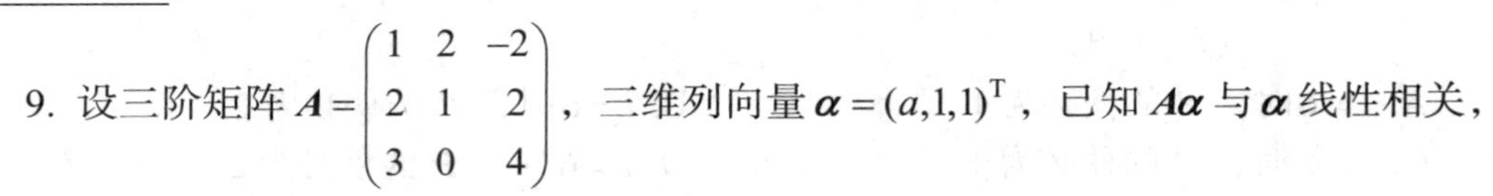

9. 设三阶矩阵 $\boldsymbol{A}=\begin{pmatrix}1&2&-2\\2&1&2\\3&0&4\end{pmatrix}$，三维列向量 $\boldsymbol{\alpha}=(a,1,1)^{\mathrm{T}}$，已知 $\boldsymbol{A\alpha}$ 与 $\boldsymbol{\alpha}$ 线性相关，则 $a=$__________.

10. 设向量组 $(2,1,1,1),(2,1,a,a),(3,2,1,a),(4,3,2,1)$ 线性相关，且 $a\neq 1$，则 $a=$________.

11. 设 $\boldsymbol{\alpha}_1=(1,2,-1,0)^{\mathrm{T}},\boldsymbol{\alpha}_2=(1,1,0,2)^{\mathrm{T}},\boldsymbol{\alpha}_3=(2,1,1,a)^{\mathrm{T}}$，若由 $\boldsymbol{\alpha}_1,\boldsymbol{\alpha}_2,\boldsymbol{\alpha}_3$ 生成的向量空间的维数为 2，则 $a=$__________.

12. 已知向量组 $\boldsymbol{\alpha}_1=(1,2,-1,1)^{\mathrm{T}},\boldsymbol{\alpha}_2=(2,0,t,0)^{\mathrm{T}},\boldsymbol{\alpha}_3=(0,-4,5,-2)^{\mathrm{T}}$ 的秩为 2，则 $t=$__________.

13. 已知三维线性空间的一组基为 $\boldsymbol{\alpha}_1=(1,1,0)^{\mathrm{T}},\boldsymbol{\alpha}_2=(1,0,1)^{\mathrm{T}},\boldsymbol{\alpha}_3=(0,1,1)^{\mathrm{T}}$，向量 $\boldsymbol{\beta}=(2,0,0)^{\mathrm{T}}$ 在上述基下的坐标为__________.

14. 从 $\mathbf{R}^2$ 的基 $\boldsymbol{\alpha}_1=\begin{pmatrix}1\\0\end{pmatrix},\boldsymbol{\alpha}_2=\begin{pmatrix}1\\-1\end{pmatrix}$ 到基 $\boldsymbol{\beta}_1=\begin{pmatrix}1\\1\end{pmatrix},\boldsymbol{\beta}_2=\begin{pmatrix}1\\2\end{pmatrix}$ 的过渡矩阵为__________.

15. 设 $\boldsymbol{A}=(a_{ij})_{3\times 3}$ 是实正交矩阵，且 $a_{11}=1,\boldsymbol{b}=(1,0,0)^{\mathrm{T}}$，则线性方程组 $\boldsymbol{Ax}=\boldsymbol{b}$ 的解是__________.

二、选择题.

1. 设 $\boldsymbol{A}$ 是 $m\times n$ 矩阵，$\boldsymbol{B}$ 是 $n\times m$ 矩阵，则(　　).

A. 当 $m>n$ 时，必有行列式 $|\boldsymbol{AB}|\neq 0$　　B. 当 $m>n$ 时，必有行列式 $|\boldsymbol{AB}|=0$

C. 当 $n>m$ 时，必有行列式 $|\boldsymbol{AB}|\neq 0$　　D. 当 $n>m$ 时，必有行列式 $|\boldsymbol{AB}|=0$

2. 设 $\boldsymbol{A}$ 为 $m\times n$ 矩阵，$\boldsymbol{B}$ 为 $n\times m$ 矩阵，$\boldsymbol{E}$ 为 m 阶单位矩阵，若 $\boldsymbol{AB}=\boldsymbol{E}$，则(　　).

A. $R(\boldsymbol{A})=m,R(\boldsymbol{B})=m$　　B. $R(\boldsymbol{A})=m,R(\boldsymbol{B})=n$

C. $R(\boldsymbol{A})=n,R(\boldsymbol{B})=m$　　D. $R(\boldsymbol{A})=n,R(\boldsymbol{B})=n$

3. 设 $\boldsymbol{A}$ 是 $m\times n$ 矩阵，$\boldsymbol{C}$ 是 n 阶可逆矩阵，$\boldsymbol{A}$ 的秩为 r，$\boldsymbol{B}=\boldsymbol{AC}$ 的秩为 r_1，则(　　).

A. $r>r_1$　　B. $r<r_1$　　C. $r=r_1$　　D. r 与 r_1 的关系依 $\boldsymbol{C}$ 而定

4. 设 $\boldsymbol{A},\boldsymbol{B}$ 都是 n 阶非零矩阵，且 $\boldsymbol{AB}=\boldsymbol{O}$，则 $\boldsymbol{A}$ 和 $\boldsymbol{B}$ 的秩(　　).

A. 必有一个等于零　　B. 都小于 n

C. 一个小于 n，一个等于 n　　D. 都等于 n

5. 设矩阵 $\boldsymbol{A}=\begin{pmatrix}a_1&b_1&c_1\\a_2&b_2&c_2\\a_3&b_3&c_3\end{pmatrix}$ 是满秩的，则直线 $\dfrac{x-a_3}{a_1-a_2}=\dfrac{y-b_3}{b_1-b_2}=\dfrac{z-c_3}{c_1-c_2}$ 与直线 $\dfrac{x-a_1}{a_2-a_3}=\dfrac{y-b_1}{b_2-b_3}=\dfrac{z-c_1}{c_2-c_3}$ (　　).

A. 相交于一点　　B. 重合　　C. 平行但不重合　　D. 异面

6. 已知$Q=\begin{pmatrix}1&2&3\\2&4&t\\3&6&9\end{pmatrix}$，$P$为三阶非零矩阵，且满足$PQ=O$，则(　　).

A. $t=6$时，P的秩必为1　　B. $t=6$时，P的秩必为2

C. $t\neq6$时，P的秩必为1　　D. $t\neq6$时，P的秩必为2

7. 设$n\,(n\geqslant3)$阶矩阵$A=\begin{pmatrix}1&a&\cdots&a\\a&1&\cdots&a\\\vdots&\vdots&&\vdots\\a&a&\cdots&1\end{pmatrix}$，若$R(A)=n-1$，则$a=$(　　).

A. 1　　B. $\dfrac{1}{1-n}$　　C. -1　　D. $\dfrac{1}{n-1}$

8. 设三阶矩阵$A=\begin{pmatrix}a&b&b\\b&a&b\\b&b&a\end{pmatrix}$，若$A$的伴随矩阵的秩等于1，则必有(　　).

A. $a=b$或$a+2b=0$　　B. $a=b$或$a+2b\neq0$

C. $a\neq b$且$a+2b=0$　　D. $a\neq b$或$a+2b\neq0$

9. 设A是n阶方阵，其秩$r<n$，那么在A的n个行向量中(　　).

A. 必有r个行向量线性无关

B. 任意r个行向量线性无关

C. 任意r个行向量都构成极大无关组

D. 任意一个行向量都可由其他r个行向量线性表示

10. 设矩阵$A=(a_{ij})_{m\times n}$的秩为$R(A)=m<n$，E_m为单位矩阵，下述结论中正确的是(　　).

A. A的任意m个列向量必线性无关

B. A的任意m阶子式不等于零

C. 若矩阵B满足$BA=O$，则$B=O$

D. A通过初等行变换，必可化为(E_m,O)的形式

11. 设A是n阶方阵，且$|A|=0$，则(　　).

A. A中必有两行(列)元素对应成比例

B. A中任意一行(列)向量是其余行(列)向量的线性组合

C. A中必有一行(列)向量是其余行(列)向量的线性组合

D. A中至少有一行(列)向量的元素全为0

12. 设A,B为满足$AB=O$的任意两个非零矩阵，则必有(　　).

A. A的列向量组线性相关，B的行向量组线性相关

B. A的列向量组线性相关，B的列向量组线性相关

C. A的行向量组线性相关，B的行向量组线性相关

D. $\boldsymbol{A}$ 的行向量组线性相关，$\boldsymbol{B}$ 的列向量组线性相关

13. 若向量组 $\boldsymbol{\alpha},\boldsymbol{\beta},\boldsymbol{\gamma}$ 线性无关，$\boldsymbol{\alpha},\boldsymbol{\beta},\boldsymbol{\delta}$ 线性相关，则(　　).

A. $\boldsymbol{\alpha}$ 必可由 $\boldsymbol{\beta},\boldsymbol{\gamma},\boldsymbol{\delta}$ 线性表示　　B. $\boldsymbol{\beta}$ 必不可由 $\boldsymbol{\alpha},\boldsymbol{\gamma},\boldsymbol{\delta}$ 线性表示

C. $\boldsymbol{\delta}$ 必可由 $\boldsymbol{\alpha},\boldsymbol{\beta},\boldsymbol{\gamma}$ 线性表示　　D. $\boldsymbol{\delta}$ 必不可由 $\boldsymbol{\alpha},\boldsymbol{\beta},\boldsymbol{\gamma}$ 线性表示

14. 设向量 $\boldsymbol{\beta}$ 可由向量组 $\boldsymbol{\alpha}_1,\boldsymbol{\alpha}_2,\cdots,\boldsymbol{\alpha}_m$ 线性表示，但不能由向量组(I) $\boldsymbol{\alpha}_1,\boldsymbol{\alpha}_2,\cdots,\boldsymbol{\alpha}_{m-1}$ 线性表示，记向量组(II) $\boldsymbol{\alpha}_1,\boldsymbol{\alpha}_2,\cdots,\boldsymbol{\alpha}_{m-1},\boldsymbol{\beta}$，则(　　).

A. $\boldsymbol{\alpha}_m$ 不能由向量组(I)线性表示，也不能由向量组(II)线性表示

B. $\boldsymbol{\alpha}_m$ 不能由向量组(I)线性表示，但可由向量组(II)线性表示

C. $\boldsymbol{\alpha}_m$ 可由向量组(I)线性表示，也可由向量组(II)线性表示

D. $\boldsymbol{\alpha}_m$ 可由向量组(I)线性表示，但不可由向量组(II)线性表示

15. 设 $\boldsymbol{\alpha}_1=\begin{pmatrix}0\\0\\c_1\end{pmatrix},\boldsymbol{\alpha}_2=\begin{pmatrix}0\\-1\\c_2\end{pmatrix},\boldsymbol{\alpha}_3=\begin{pmatrix}1\\-1\\c_3\end{pmatrix},\boldsymbol{\alpha}_4=\begin{pmatrix}-1\\1\\c_4\end{pmatrix}$，其中 c_1,c_2,c_3,c_4 为任意常数，则下列向量组线性相关的为(　　).

A. $\boldsymbol{\alpha}_1,\boldsymbol{\alpha}_2,\boldsymbol{\alpha}_3$　　B. $\boldsymbol{\alpha}_1,\boldsymbol{\alpha}_2,\boldsymbol{\alpha}_4$　　C. $\boldsymbol{\alpha}_1,\boldsymbol{\alpha}_3,\boldsymbol{\alpha}_4$　　D. $\boldsymbol{\alpha}_2,\boldsymbol{\alpha}_3,\boldsymbol{\alpha}_4$

16. 设向量组 $\boldsymbol{\alpha}_1,\boldsymbol{\alpha}_2,\boldsymbol{\alpha}_3$ 线性无关，则下列向量组线性相关的是(　　).

A. $\boldsymbol{\alpha}_1-\boldsymbol{\alpha}_2,\boldsymbol{\alpha}_2-\boldsymbol{\alpha}_3,\boldsymbol{\alpha}_3-\boldsymbol{\alpha}_1$　　B. $\boldsymbol{\alpha}_1+\boldsymbol{\alpha}_2,\boldsymbol{\alpha}_2+\boldsymbol{\alpha}_3,\boldsymbol{\alpha}_3+\boldsymbol{\alpha}_1$

C. $\boldsymbol{\alpha}_1-2\boldsymbol{\alpha}_2,\boldsymbol{\alpha}_2-2\boldsymbol{\alpha}_3,\boldsymbol{\alpha}_3-2\boldsymbol{\alpha}_1$　　D. $\boldsymbol{\alpha}_1+2\boldsymbol{\alpha}_2,\boldsymbol{\alpha}_2+2\boldsymbol{\alpha}_3,\boldsymbol{\alpha}_3+2\boldsymbol{\alpha}_1$

17. 设向量组 $\boldsymbol{\alpha}_1,\boldsymbol{\alpha}_2,\boldsymbol{\alpha}_3$ 线性无关，则下列向量组中线性无关的是(　　).

A. $\boldsymbol{\alpha}_1+\boldsymbol{\alpha}_2,\boldsymbol{\alpha}_2+\boldsymbol{\alpha}_3,\boldsymbol{\alpha}_3-\boldsymbol{\alpha}_1$　　B. $\boldsymbol{\alpha}_1+\boldsymbol{\alpha}_2,\boldsymbol{\alpha}_2+\boldsymbol{\alpha}_3,\boldsymbol{\alpha}_1+2\boldsymbol{\alpha}_2+\boldsymbol{\alpha}_3$

C. $\boldsymbol{\alpha}_1+2\boldsymbol{\alpha}_2,2\boldsymbol{\alpha}_2+3\boldsymbol{\alpha}_3,3\boldsymbol{\alpha}_3+\boldsymbol{\alpha}_1$　　D. $\boldsymbol{\alpha}_1+\boldsymbol{\alpha}_2+\boldsymbol{\alpha}_3,2\boldsymbol{\alpha}_1-3\boldsymbol{\alpha}_2+22\boldsymbol{\alpha}_3,3\boldsymbol{\alpha}_1+5\boldsymbol{\alpha}_2-5\boldsymbol{\alpha}_3$

18. 设向量组 $\boldsymbol{\alpha}_1,\boldsymbol{\alpha}_2,\boldsymbol{\alpha}_3,\boldsymbol{\alpha}_4$ 线性无关，则下列向量组中线性无关的是(　　).

A. $\boldsymbol{\alpha}_1+\boldsymbol{\alpha}_2,\boldsymbol{\alpha}_2+\boldsymbol{\alpha}_3,\boldsymbol{\alpha}_3+\boldsymbol{\alpha}_4,\boldsymbol{\alpha}_4+\boldsymbol{\alpha}_1$　　B. $\boldsymbol{\alpha}_1-\boldsymbol{\alpha}_2,\boldsymbol{\alpha}_2-\boldsymbol{\alpha}_3,\boldsymbol{\alpha}_3-\boldsymbol{\alpha}_4,\boldsymbol{\alpha}_4-\boldsymbol{\alpha}_1$

C. $\boldsymbol{\alpha}_1+\boldsymbol{\alpha}_2,\boldsymbol{\alpha}_2+\boldsymbol{\alpha}_3,\boldsymbol{\alpha}_3+\boldsymbol{\alpha}_4,\boldsymbol{\alpha}_4-\boldsymbol{\alpha}_1$　　D. $\boldsymbol{\alpha}_1+\boldsymbol{\alpha}_2,\boldsymbol{\alpha}_2+\boldsymbol{\alpha}_3,\boldsymbol{\alpha}_3-\boldsymbol{\alpha}_4,\boldsymbol{\alpha}_4-\boldsymbol{\alpha}_1$

19. n 维向量组 $\boldsymbol{\alpha}_1,\boldsymbol{\alpha}_2,\cdots,\boldsymbol{\alpha}_s$ $(3\leqslant s\leqslant n)$ 线性无关的充分必要条件是(　　).

A. 存在一组不全为 0 的数 $k_1,k_2,\cdots,k_s$，使得 $k_1\boldsymbol{\alpha}_1+k_2\boldsymbol{\alpha}_2+\cdots+k_s\boldsymbol{\alpha}_s\neq\mathbf{0}$

B. $\boldsymbol{\alpha}_1,\boldsymbol{\alpha}_2,\cdots,\boldsymbol{\alpha}_s$ 中任意两个向量都线性无关

C. $\boldsymbol{\alpha}_1,\boldsymbol{\alpha}_2,\cdots,\boldsymbol{\alpha}_s$ 中存在一个向量，它不能用其余向量线性表示

D. $\boldsymbol{\alpha}_1,\boldsymbol{\alpha}_2,\cdots,\boldsymbol{\alpha}_s$ 中任意一个向量都不能用其余向量线性表示

20. 设 $\boldsymbol{\alpha}_1,\boldsymbol{\alpha}_2,\cdots,\boldsymbol{\alpha}_s$ 均为 n 维向量，下列结论不正确的是(　　).

A. 若对于任意一组不全为零的数 $k_1,k_2,\cdots,k_s$，都有 $k_1\boldsymbol{\alpha}_1+k_2\boldsymbol{\alpha}_2+\cdots+k_s\boldsymbol{\alpha}_s\neq\mathbf{0}$，则 $\boldsymbol{\alpha}_1,\boldsymbol{\alpha}_2,\cdots,\boldsymbol{\alpha}_s$ 线性无关

B. 若 $\boldsymbol{\alpha}_1,\boldsymbol{\alpha}_2,\cdots,\boldsymbol{\alpha}_s$ 线性相关，则对于任意一组不全为零的数 $k_1,k_2,\cdots,k_s$，都有 $k_1\boldsymbol{\alpha}_1+k_2\boldsymbol{\alpha}_2+\cdots+k_s\boldsymbol{\alpha}_s=\mathbf{0}$

C. $\boldsymbol{\alpha}_1,\boldsymbol{\alpha}_2,\cdots,\boldsymbol{\alpha}_s$ 线性无关的充分必要条件是此向量组的秩为 s

D. $\boldsymbol{\alpha}_1,\boldsymbol{\alpha}_2,\cdots,\boldsymbol{\alpha}_s$ 线性无关的必要条件是其中任意两个向量线性无关

21. 设 $\boldsymbol{\alpha}_1,\boldsymbol{\alpha}_2,\cdots,\boldsymbol{\alpha}_m$ 均为 n 维向量，下列结论正确的是(　　).

A. 若 $k_1\boldsymbol{\alpha}_1+k_2\boldsymbol{\alpha}_2+\cdots+k_m\boldsymbol{\alpha}_m=\mathbf{0}$，则 $\boldsymbol{\alpha}_1,\boldsymbol{\alpha}_2,\cdots,\boldsymbol{\alpha}_m$ 线性相关

B. 若对任意一组不全为零的数 $k_1,k_2,\cdots,k_m$，都有 $k_1\boldsymbol{\alpha}_1+k_2\boldsymbol{\alpha}_2+\cdots+k_m\boldsymbol{\alpha}_m\neq\mathbf{0}$，则 $\boldsymbol{\alpha}_1,\boldsymbol{\alpha}_2,\cdots,\boldsymbol{\alpha}_m$ 线性无关

C. 若 $\boldsymbol{\alpha}_1,\boldsymbol{\alpha}_2,\cdots,\boldsymbol{\alpha}_m$ 线性相关，则对任意一组不全为零的数 $k_1,k_2,\cdots,k_m$，都有 $k_1\boldsymbol{\alpha}_1+k_2\boldsymbol{\alpha}_2+\cdots+k_m\boldsymbol{\alpha}_m=\mathbf{0}$

D. 若 $0\boldsymbol{\alpha}_1+0\boldsymbol{\alpha}_2+\cdots+0\boldsymbol{\alpha}_m=\mathbf{0}$，则 $\boldsymbol{\alpha}_1,\boldsymbol{\alpha}_2,\cdots,\boldsymbol{\alpha}_m$ 线性无关

22. 设 $\boldsymbol{\alpha}_1,\boldsymbol{\alpha}_2,\cdots,\boldsymbol{\alpha}_n$ 均为 n 维列向量，$\boldsymbol{A}$ 是 $m\times n$ 矩阵，下列选项正确的是(　　).

A. 若 $\boldsymbol{\alpha}_1,\boldsymbol{\alpha}_2,\cdots,\boldsymbol{\alpha}_n$ 线性相关，则 $\boldsymbol{A\alpha}_1,\boldsymbol{A\alpha}_2,\cdots,\boldsymbol{A\alpha}_n$ 线性相关

B. 若 $\boldsymbol{\alpha}_1,\boldsymbol{\alpha}_2,\cdots,\boldsymbol{\alpha}_n$ 线性相关，则 $\boldsymbol{A\alpha}_1,\boldsymbol{A\alpha}_2,\cdots,\boldsymbol{A\alpha}_n$ 线性无关

C. 若 $\boldsymbol{\alpha}_1,\boldsymbol{\alpha}_2,\cdots,\boldsymbol{\alpha}_n$ 线性无关，则 $\boldsymbol{A\alpha}_1,\boldsymbol{A\alpha}_2,\cdots,\boldsymbol{A\alpha}_n$ 线性相关

D. 若 $\boldsymbol{\alpha}_1,\boldsymbol{\alpha}_2,\cdots,\boldsymbol{\alpha}_n$ 线性无关，则 $\boldsymbol{A\alpha}_1,\boldsymbol{A\alpha}_2,\cdots,\boldsymbol{A\alpha}_n$ 线性无关

23. 设向量组 $\boldsymbol{\alpha}_1,\boldsymbol{\alpha}_2,\boldsymbol{\alpha}_3$ 线性无关，向量 $\boldsymbol{\beta}_1$ 可由 $\boldsymbol{\alpha}_1,\boldsymbol{\alpha}_2,\boldsymbol{\alpha}_3$ 线性表示，而向量 $\boldsymbol{\beta}_2$ 不能由 $\boldsymbol{\alpha}_1,\boldsymbol{\alpha}_2,\boldsymbol{\alpha}_3$ 线性表示，则对于任意常数 k，必有(　　).

A. $\boldsymbol{\alpha}_1,\boldsymbol{\alpha}_2,\boldsymbol{\alpha}_3,k\boldsymbol{\beta}_1+\boldsymbol{\beta}_2$ 线性无关

B. $\boldsymbol{\alpha}_1,\boldsymbol{\alpha}_2,\boldsymbol{\alpha}_3,k\boldsymbol{\beta}_1+\boldsymbol{\beta}_2$ 线性相关

C. $\boldsymbol{\alpha}_1,\boldsymbol{\alpha}_2,\boldsymbol{\alpha}_3,\boldsymbol{\beta}_1+k\boldsymbol{\beta}_2$ 线性无关

D. $\boldsymbol{\alpha}_1,\boldsymbol{\alpha}_2,\boldsymbol{\alpha}_3,\boldsymbol{\beta}_1+k\boldsymbol{\beta}_2$ 线性相关

24. 设向量组 I：$\boldsymbol{\alpha}_1,\boldsymbol{\alpha}_2,\cdots,\boldsymbol{\alpha}_r$ 可由向量组 II：$\boldsymbol{\beta}_1,\boldsymbol{\beta}_2,\cdots,\boldsymbol{\beta}_s$ 线性表示，则(　　).

A. 当 $r<s$ 时，向量组 II 必线性相关

B. 当 $r>s$ 时，向量组 II 必线性相关

C. 当 $r<s$ 时，向量组 I 必线性相关

D. 当 $r>s$ 时，向量组 I 必线性相关

25. 设向量组 I：$\boldsymbol{\alpha}_1,\boldsymbol{\alpha}_2,\cdots,\boldsymbol{\alpha}_r$ 可由向量组 II：$\boldsymbol{\beta}_1,\boldsymbol{\beta}_2,\cdots,\boldsymbol{\beta}_s$ 线性表示，下列命题正确的是(　　).

A. 若向量组 I 线性无关，则 $r\leqslant s$

B. 若向量组 I 线性相关，则 $r>s$

C. 若向量组 II 线性无关，则 $r\leqslant s$

D. 若向量组 II 线性相关，则 $r>s$

26. 设 n 维列向量组 $\boldsymbol{\alpha}_1,\boldsymbol{\alpha}_2,\cdots,\boldsymbol{\alpha}_m\ (m<n)$ 线性无关，则 n 维列向量组 $\boldsymbol{\beta}_1,\boldsymbol{\beta}_2,\cdots,\boldsymbol{\beta}_m$ 线性无关的充分必要条件为(　　).

A. 向量组 $\boldsymbol{\alpha}_1,\boldsymbol{\alpha}_2,\cdots,\boldsymbol{\alpha}_m$ 可由向量组 $\boldsymbol{\beta}_1,\boldsymbol{\beta}_2,\cdots,\boldsymbol{\beta}_m$ 线性表示

B. 向量组 $\boldsymbol{\beta}_1,\boldsymbol{\beta}_2,\cdots,\boldsymbol{\beta}_m$ 可由向量组 $\boldsymbol{\alpha}_1,\boldsymbol{\alpha}_2,\cdots,\boldsymbol{\alpha}_m$ 线性表示

C. 向量组 $\boldsymbol{\alpha}_1,\boldsymbol{\alpha}_2,\cdots,\boldsymbol{\alpha}_m$ 与向量组 $\boldsymbol{\beta}_1,\boldsymbol{\beta}_2,\cdots,\boldsymbol{\beta}_m$ 等价

D. 矩阵 $\boldsymbol{A}=(\boldsymbol{\alpha}_1,\boldsymbol{\alpha}_2,\cdots,\boldsymbol{\alpha}_m)$ 与矩阵 $\boldsymbol{B}=(\boldsymbol{\beta}_1,\boldsymbol{\beta}_2,\cdots,\boldsymbol{\beta}_m)$ 等价

27. 设有任意两个 n 维向量组 $\boldsymbol{\alpha}_1,\boldsymbol{\alpha}_2,\cdots,\boldsymbol{\alpha}_m$ 和 $\boldsymbol{\beta}_1,\boldsymbol{\beta}_2,\cdots,\boldsymbol{\beta}_m$，若存在两组不全为零的数 $\lambda_1,\lambda_2,\cdots,\lambda_m$ 和 $\mu_1,\mu_2,\cdots,\mu_m$，使

$$(\lambda_1+\mu_1)\boldsymbol{\alpha}_1+(\lambda_2+\mu_2)\boldsymbol{\alpha}_2+\cdots+(\lambda_m+\mu_m)\boldsymbol{\alpha}_m$$
$$+(\lambda_1-\mu_1)\boldsymbol{\beta}_1+(\lambda_2-\mu_2)\boldsymbol{\beta}_2+\cdots+(\lambda_m-\mu_m)\boldsymbol{\beta}_m=\mathbf{0},$$

则(　　).

A. $\boldsymbol{\alpha}_1,\boldsymbol{\alpha}_2,\cdots,\boldsymbol{\alpha}_m$ 和 $\boldsymbol{\beta}_1,\boldsymbol{\beta}_2,\cdots,\boldsymbol{\beta}_m$ 都线性相关

B. $\boldsymbol{\alpha}_1,\boldsymbol{\alpha}_2,\cdots,\boldsymbol{\alpha}_m$ 和 $\boldsymbol{\beta}_1,\boldsymbol{\beta}_2,\cdots,\boldsymbol{\beta}_m$ 都线性无关

C. $\boldsymbol{\alpha}_1+\boldsymbol{\beta}_1,\boldsymbol{\alpha}_2+\boldsymbol{\beta}_2,\cdots,\boldsymbol{\alpha}_m+\boldsymbol{\beta}_m,\boldsymbol{\alpha}_1-\boldsymbol{\beta}_1,\boldsymbol{\alpha}_2-\boldsymbol{\beta}_2,\cdots,\boldsymbol{\alpha}_m-\boldsymbol{\beta}_m$ 线性无关

D. $\boldsymbol{\alpha}_1+\boldsymbol{\beta}_1,\boldsymbol{\alpha}_2+\boldsymbol{\beta}_2,\cdots,\boldsymbol{\alpha}_m+\boldsymbol{\beta}_m,\boldsymbol{\alpha}_1-\boldsymbol{\beta}_1,\boldsymbol{\alpha}_2-\boldsymbol{\beta}_2,\cdots,\boldsymbol{\alpha}_m-\boldsymbol{\beta}_m$ 线性相关

28. 设有向量组

$$\boldsymbol{\alpha}_1=(1,-1,2,4),\quad \boldsymbol{\alpha}_2=(0,3,1,2),\quad \boldsymbol{\alpha}_3=(3,0,7,14),$$
$$\boldsymbol{\alpha}_4=(1,-2,2,0),\quad \boldsymbol{\alpha}_5=(2,1,5,10),$$

则该向量组的极大无关组是(　　).

A. $\boldsymbol{\alpha}_1,\boldsymbol{\alpha}_2,\boldsymbol{\alpha}_3$　　B. $\boldsymbol{\alpha}_1,\boldsymbol{\alpha}_2,\boldsymbol{\alpha}_4$　　C. $\boldsymbol{\alpha}_1,\boldsymbol{\alpha}_2,\boldsymbol{\alpha}_5$　　D. $\boldsymbol{\alpha}_1,\boldsymbol{\alpha}_2,\boldsymbol{\alpha}_4,\boldsymbol{\alpha}_5$

29. 设 $\boldsymbol{\alpha}_1=(a_1,a_2,a_3)^{\mathrm{T}},\boldsymbol{\alpha}_2=(b_1,b_2,b_3)^{\mathrm{T}},\boldsymbol{\alpha}_3=(c_1,c_2,c_3)^{\mathrm{T}}$，则 3 条直线

$$a_ix+b_iy+c_i=0\quad(i=1,2,3)\quad(a_i^2+b_i^2\neq 0,i=1,2,3)$$

交于一点的充分必要条件是(　　).

A. $\boldsymbol{\alpha}_1,\boldsymbol{\alpha}_2,\boldsymbol{\alpha}_3$ 线性相关　　B. $\boldsymbol{\alpha}_1,\boldsymbol{\alpha}_2,\boldsymbol{\alpha}_3$ 线性无关

C. $R(\boldsymbol{\alpha}_1,\boldsymbol{\alpha}_2,\boldsymbol{\alpha}_3)=R(\boldsymbol{\alpha}_1,\boldsymbol{\alpha}_2)$　　D. $\boldsymbol{\alpha}_1,\boldsymbol{\alpha}_2,\boldsymbol{\alpha}_3$ 线性相关，$\boldsymbol{\alpha}_1,\boldsymbol{\alpha}_2$ 线性无关

30. 设 $\boldsymbol{\alpha}_1,\boldsymbol{\alpha}_2,\boldsymbol{\alpha}_3$ 是三维向量空间 $\mathbf{R}^3$ 的一组基，则由基 $\boldsymbol{\alpha}_1,\frac{1}{2}\boldsymbol{\alpha}_2,\frac{1}{3}\boldsymbol{\alpha}_3$ 到基 $\boldsymbol{\alpha}_1+\boldsymbol{\alpha}_2$, $\boldsymbol{\alpha}_2+\boldsymbol{\alpha}_3,\boldsymbol{\alpha}_3+\boldsymbol{\alpha}_1$ 的过渡矩阵为(　　).

A. $\begin{pmatrix}1&0&1\\2&2&0\\0&3&3\end{pmatrix}$　　B. $\begin{pmatrix}1&2&0\\0&2&3\\1&0&3\end{pmatrix}$

C. $\begin{pmatrix}\frac{1}{2}&\frac{1}{4}&-\frac{1}{4}\\-\frac{1}{2}&\frac{1}{4}&\frac{1}{6}\\\frac{1}{2}&-\frac{1}{4}&\frac{1}{6}\end{pmatrix}$　　D. $\begin{pmatrix}\frac{1}{2}&-\frac{1}{2}&\frac{1}{2}\\\frac{1}{4}&\frac{1}{4}&-\frac{1}{4}\\-\frac{1}{6}&\frac{1}{6}&\frac{1}{6}\end{pmatrix}$

三、计算题与证明题.

1. 求下列矩阵的秩.

(1) $\boldsymbol{A}=\begin{pmatrix}1&2&3&4\\1&-2&4&5\\1&10&1&2\end{pmatrix}$；　　(2) $\boldsymbol{A}=\begin{pmatrix}2&1&8&3&7\\2&-3&0&7&-5\\3&-2&5&8&0\\1&0&3&2&0\end{pmatrix}$.

2. 设 $\boldsymbol{A}=\begin{pmatrix}1&-2&3k\\-1&2k&-3\\k&-2&3\end{pmatrix}$，问 k 为何值时，可使(1) $R(\boldsymbol{A})=1$；(2) $R(\boldsymbol{A})=2$；(3) $R(\boldsymbol{A})=3$.

3. 设 $\boldsymbol{\alpha}_1=(1,1,1)^{\mathrm{T}},\boldsymbol{\alpha}_2=(-1,2,1)^{\mathrm{T}},\boldsymbol{\alpha}_3=(2,3,4)^{\mathrm{T}}$，求 $\boldsymbol{\beta}=3\boldsymbol{\alpha}_1+2\boldsymbol{\alpha}_2-\boldsymbol{\alpha}_3$.

4. 设 $3(\boldsymbol{\alpha}_1-\boldsymbol{\alpha})+2(\boldsymbol{\alpha}_2+\boldsymbol{\alpha})=5(\boldsymbol{\alpha}_3+\boldsymbol{\alpha})$，求 $\boldsymbol{\alpha}$，其中 $\boldsymbol{\alpha}_1=(2,5,1,3)^{\mathrm{T}},\boldsymbol{\alpha}_2=(10,1,5,10)^{\mathrm{T}}$, $\boldsymbol{\alpha}_3=(4,1,-1,1)^{\mathrm{T}}$.

5. 判断下列向量组是线性相关还是线性无关.

(1) $\boldsymbol{\alpha}_1=(1,1)^{\mathrm{T}},\boldsymbol{\alpha}_2=(2,2)^{\mathrm{T}}$；

(2) $\boldsymbol{\alpha}_1=(2,3)^{\mathrm{T}},\boldsymbol{\alpha}_2=(1,4)^{\mathrm{T}},\boldsymbol{\alpha}_3=(5,6)^{\mathrm{T}}$；

(3) $\boldsymbol{\alpha}_1=(1,1,1)^{\mathrm{T}},\boldsymbol{\alpha}_2=(2,1,3)^{\mathrm{T}},\boldsymbol{\alpha}_3=(0,1,2)^{\mathrm{T}}$；

(4) $\boldsymbol{\alpha}_1=(a_{11},0,\cdots,0)^{\mathrm{T}},\boldsymbol{\alpha}_2=(0,a_{22},\cdots,0)^{\mathrm{T}},\cdots,\boldsymbol{\alpha}_n=(0,0,\cdots,a_{nn})^{\mathrm{T}}\ (a_{ii}\neq 0,i=1,2,\cdots,n)$；

(5) $\boldsymbol{\alpha}_1=(1,0,\cdots,0,a_1)^{\mathrm{T}},\boldsymbol{\alpha}_2=(0,1,\cdots,0,a_2)^{\mathrm{T}},\cdots,\boldsymbol{\alpha}_n=(0,0,\cdots,1,a_n)^{\mathrm{T}}$.

6. 设n维向量组$\boldsymbol{\alpha}_1,\boldsymbol{\alpha}_2,\cdots,\boldsymbol{\alpha}_m$线性相关，证明：任意加上$h$个$n$维向量$\boldsymbol{\alpha}_{m+1},\boldsymbol{\alpha}_{m+2},\cdots,\boldsymbol{\alpha}_{m+h}$构成的向量组$\boldsymbol{\alpha}_1,\boldsymbol{\alpha}_2,\cdots,\boldsymbol{\alpha}_m,\boldsymbol{\alpha}_{m+1},\boldsymbol{\alpha}_{m+2},\cdots,\boldsymbol{\alpha}_{m+h}$也线性相关.

7. 设向量组$\boldsymbol{\alpha}_1,\boldsymbol{\alpha}_2,\boldsymbol{\alpha}_3$线性无关，$\boldsymbol{\beta}_1=\boldsymbol{\alpha}_1+\boldsymbol{\alpha}_2,\boldsymbol{\beta}_2=\boldsymbol{\alpha}_2+\boldsymbol{\alpha}_3,\boldsymbol{\beta}_3=\boldsymbol{\alpha}_3+\boldsymbol{\alpha}_1$，证明：向量组$\boldsymbol{\beta}_1,\boldsymbol{\beta}_2,\boldsymbol{\beta}_3$也线性无关.

8. 设向量组$\boldsymbol{\alpha}_1,\boldsymbol{\alpha}_2,\cdots,\boldsymbol{\alpha}_s$线性无关，证明：向量组$\boldsymbol{\alpha}_1,\boldsymbol{\alpha}_1+\boldsymbol{\alpha}_2,\cdots,\boldsymbol{\alpha}_1+\boldsymbol{\alpha}_2+\cdots+\boldsymbol{\alpha}_s$也线性无关.

9. 设向量组$\boldsymbol{\alpha}_1,\boldsymbol{\alpha}_2,\boldsymbol{\alpha}_3$线性相关，向量组$\boldsymbol{\alpha}_2,\boldsymbol{\alpha}_3,\boldsymbol{\alpha}_4$线性无关，问：

(1) $\boldsymbol{\alpha}_1$能否由$\boldsymbol{\alpha}_2,\boldsymbol{\alpha}_3$线性表示？证明你的结论.

(2) $\boldsymbol{\alpha}_4$能否由$\boldsymbol{\alpha}_1,\boldsymbol{\alpha}_2,\boldsymbol{\alpha}_3$线性表示？证明你的结论.

10. 设$\boldsymbol{\alpha}_1,\boldsymbol{\alpha}_2,\cdots,\boldsymbol{\alpha}_n$是一组$n$维向量，已知$n$维单位坐标向量$\boldsymbol{e}_1,\boldsymbol{e}_2,\cdots,\boldsymbol{e}_n$可由它们线性表示，证明：$\boldsymbol{\alpha}_1,\boldsymbol{\alpha}_2,\cdots,\boldsymbol{\alpha}_n$线性无关.

11. 证明：n维列向量$\boldsymbol{\alpha}_1,\boldsymbol{\alpha}_2,\cdots,\boldsymbol{\alpha}_n$线性无关的充分必要条件是

$$D=\begin{vmatrix}\boldsymbol{\alpha}_1^{\mathrm{T}}\boldsymbol{\alpha}_1 & \boldsymbol{\alpha}_1^{\mathrm{T}}\boldsymbol{\alpha}_2 & \cdots & \boldsymbol{\alpha}_1^{\mathrm{T}}\boldsymbol{\alpha}_n\\ \boldsymbol{\alpha}_2^{\mathrm{T}}\boldsymbol{\alpha}_1 & \boldsymbol{\alpha}_2^{\mathrm{T}}\boldsymbol{\alpha}_2 & \cdots & \boldsymbol{\alpha}_2^{\mathrm{T}}\boldsymbol{\alpha}_n\\ \vdots & \vdots & & \vdots\\ \boldsymbol{\alpha}_n^{\mathrm{T}}\boldsymbol{\alpha}_1 & \boldsymbol{\alpha}_n^{\mathrm{T}}\boldsymbol{\alpha}_2 & \cdots & \boldsymbol{\alpha}_n^{\mathrm{T}}\boldsymbol{\alpha}_n\end{vmatrix}\neq 0.$$

12. 证明：同一个向量组的任意两个极大无关组等价.

13. 证明：等价的向量组有相同的秩.

14. 设$\boldsymbol{\alpha}_1=(1,1,1),\boldsymbol{\alpha}_2=(1,2,3),\boldsymbol{\alpha}_3=(1,3,t)$，问：

(1) 当t为何值时，向量组$\boldsymbol{\alpha}_1,\boldsymbol{\alpha}_2,\boldsymbol{\alpha}_3$线性无关？

(2) 当t为何值时，向量组$\boldsymbol{\alpha}_1,\boldsymbol{\alpha}_2,\boldsymbol{\alpha}_3$线性相关？

(3) 当向量组$\boldsymbol{\alpha}_1,\boldsymbol{\alpha}_2,\boldsymbol{\alpha}_3$线性相关时，将$\boldsymbol{\alpha}_3$表示为向量组$\boldsymbol{\alpha}_1,\boldsymbol{\alpha}_2$的线性组合.

15. 求下列向量组的秩，并求出它的一个极大无关组.

(1) $\boldsymbol{\alpha}_1=(1,2,1,3)^{\mathrm{T}},\boldsymbol{\alpha}_2=(4,-1,-5,-6)^{\mathrm{T}},\boldsymbol{\alpha}_3=(1,-3,-4,-7)^{\mathrm{T}}$；

(2) $\boldsymbol{\alpha}_1=(2,0,1,1)^{\mathrm{T}},\boldsymbol{\alpha}_2=(-1,-1,0,1)^{\mathrm{T}},\boldsymbol{\alpha}_3=(1,-1,0,0)^{\mathrm{T}},\boldsymbol{\alpha}_4=(0,-2,-1,-1)^{\mathrm{T}}$.

16. 设向量组

$$\boldsymbol{\alpha}_1=(1,1,1,3)^{\mathrm{T}},\qquad \boldsymbol{\alpha}_2=(-1,-3,5,1)^{\mathrm{T}},\qquad \boldsymbol{\alpha}_3=(3,2,-1,p+2)^{\mathrm{T}},\qquad \boldsymbol{\alpha}_4=(-2,-6,10,p)^{\mathrm{T}},$$

(1) p为何值时，该向量组线性无关？并在此时将向量$\boldsymbol{\alpha}=(4,1,6,10)^{\mathrm{T}}$用$\boldsymbol{\alpha}_1,\boldsymbol{\alpha}_2,\boldsymbol{\alpha}_3,\boldsymbol{\alpha}_4$线性表示.

(2) p为何值时，该向量组线性相关？并在此时求出它的秩和一个极大无关组.

17. 设四维向量组

$$\boldsymbol{\alpha}_1=(1+a,1,1,1)^{\mathrm{T}},\quad \boldsymbol{\alpha}_2=(2,2+a,2,2)^{\mathrm{T}},\quad \boldsymbol{\alpha}_3=(3,3,3+a,3)^{\mathrm{T}},\quad \boldsymbol{\alpha}_4=(4,4,4,4+a)^{\mathrm{T}},$$

问 a 为何值时，$\boldsymbol{\alpha}_1,\boldsymbol{\alpha}_2,\boldsymbol{\alpha}_3,\boldsymbol{\alpha}_4$ 线性相关？当 $\boldsymbol{\alpha}_1,\boldsymbol{\alpha}_2,\boldsymbol{\alpha}_3,\boldsymbol{\alpha}_4$ 线性相关时，求其一个极大无关组，并将其余向量用该极大无关组线性表示.

18. 设 $\mathbf{R}$ 为全体实数的集合，并且设

$$V_1=\{\boldsymbol{x}=(x_1,x_2,\cdots,x_n)^{\mathrm{T}}\mid x_1,x_2,\cdots,x_n\in\mathbf{R}，满足\ x_1+x_2+\cdots+x_n=0\},$$

$$V_2=\{\boldsymbol{x}=(x_1,x_2,\cdots,x_n)^{\mathrm{T}}\mid x_1,x_2,\cdots,x_n\in\mathbf{R}，满足\ x_1+x_2+\cdots+x_n=1\},$$

问 V_1,V_2 是不是向量空间？为什么？

19. 试证：由 $\boldsymbol{\alpha}_1=(0,0,1)^{\mathrm{T}},\boldsymbol{\alpha}_2=(0,1,1)^{\mathrm{T}},\boldsymbol{\alpha}_3=(1,1,1)^{\mathrm{T}}$ 所生成的向量空间就是 $\mathbf{R}^3$.

20. 验证 $\boldsymbol{\alpha}_1=(1,-1,0)^{\mathrm{T}},\boldsymbol{\alpha}_2=(2,1,3)^{\mathrm{T}},\boldsymbol{\alpha}_3=(3,1,2)^{\mathrm{T}}$ 是 $\mathbf{R}^3$ 的一个基，并把 $\boldsymbol{\beta}=(5,0,7)^{\mathrm{T}}$ 用这个基线性表示.

21. 问 $\mathbf{R}^n$ 的子集 $S=\{\boldsymbol{x}=(x_1,x_2,\cdots,x_{n-1},0)^{\mathrm{T}}\mid x_1,x_2,\cdots,x_{n-1}\in\mathbf{R}\}$ 是不是 $\mathbf{R}^n$ 的子空间？如果是子空间，写出该子空间的基和维数.

22. 在 $\mathbf{R}^3$ 中，设 S_1 是由 $\boldsymbol{\alpha}_1=(1,1,1)^{\mathrm{T}},\boldsymbol{\alpha}_2=(2,3,4)^{\mathrm{T}}$ 生成的子空间，S_2 是由 $\boldsymbol{\beta}_1=(3,4,5)^{\mathrm{T}}$，$\boldsymbol{\beta}_2=(0,1,2)^{\mathrm{T}}$ 生成的子空间，证明：$S_1=S_2$，并说出该子空间的维数.

23. 设 $\boldsymbol{\alpha}_1,\boldsymbol{\alpha}_2,\cdots,\boldsymbol{\alpha}_n$ 是 $\mathbf{R}^n$ 的一个基，$\boldsymbol{A}$ 为 n 阶可逆矩阵，求证：$\boldsymbol{A}\boldsymbol{\alpha}_1,\boldsymbol{A}\boldsymbol{\alpha}_2,\cdots,\boldsymbol{A}\boldsymbol{\alpha}_n$ 也是 $\mathbf{R}^n$ 的一个基.

24. 设三维向量空间里的两个基分别为 $\boldsymbol{\alpha}_1,\boldsymbol{\alpha}_2,\boldsymbol{\alpha}_3$ 与 $\boldsymbol{\beta}_1,\boldsymbol{\beta}_2,\boldsymbol{\beta}_3$，且

$$\begin{cases}\boldsymbol{\beta}_1=\ \ \boldsymbol{\alpha}_1-\ \boldsymbol{\alpha}_2,\\ \boldsymbol{\beta}_2=2\boldsymbol{\alpha}_1+3\boldsymbol{\alpha}_2+2\boldsymbol{\alpha}_3,\\ \boldsymbol{\beta}_3=\ \ \boldsymbol{\alpha}_1+3\boldsymbol{\alpha}_2+2\boldsymbol{\alpha}_3.\end{cases}$$

(1) 若向量 $\boldsymbol{\xi}=2\boldsymbol{\beta}_1-\boldsymbol{\beta}_2+3\boldsymbol{\beta}_3$，求 $\boldsymbol{\xi}$ 对于基 $\boldsymbol{\alpha}_1,\boldsymbol{\alpha}_2,\boldsymbol{\alpha}_3$ 的坐标；

(2) 若向量 $\boldsymbol{\eta}=2\boldsymbol{\alpha}_1-\boldsymbol{\alpha}_2+3\boldsymbol{\alpha}_3$，求 $\boldsymbol{\eta}$ 对于基 $\boldsymbol{\beta}_1,\boldsymbol{\beta}_2,\boldsymbol{\beta}_3$ 的坐标.

25. 已知 $\mathbf{R}^3$ 的两个基为 $\boldsymbol{\alpha}_1=(1,1,1)^{\mathrm{T}},\boldsymbol{\alpha}_2=(1,0,-1)^{\mathrm{T}},\boldsymbol{\alpha}_3=(1,0,1)^{\mathrm{T}}$ 及 $\boldsymbol{\beta}_1=(1,2,1)^{\mathrm{T}},\boldsymbol{\beta}_2=(2,3,4)^{\mathrm{T}},\boldsymbol{\beta}_3=(3,4,3)^{\mathrm{T}}$，求由基 $\boldsymbol{\alpha}_1,\boldsymbol{\alpha}_2,\boldsymbol{\alpha}_3$ 到基 $\boldsymbol{\beta}_1,\boldsymbol{\beta}_2,\boldsymbol{\beta}_3$ 的过渡矩阵.

26. 在四维向量空间中找出一单位向量 $\boldsymbol{\alpha}$ 与下列向量都正交，

$$\boldsymbol{\alpha}_1=(1,1,-1,1)^{\mathrm{T}},\quad \boldsymbol{\alpha}_2=(1,-1,-1,1)^{\mathrm{T}},\quad \boldsymbol{\alpha}_3=(2,1,1,3)^{\mathrm{T}}.$$

27. 设 $\boldsymbol{\alpha}_i=(a_{i1},a_{i2},\cdots,a_{in})^{\mathrm{T}}\ (i=1,2,\cdots,r;r<n)$ 是 n 维实向量，且 $\boldsymbol{\alpha}_1,\boldsymbol{\alpha}_2,\cdots,\boldsymbol{\alpha}_r$ 线性无关，已知 $\boldsymbol{\beta}=(b_1,b_2,\cdots,b_n)^{\mathrm{T}}$ 是线性方程组

$$\begin{cases}a_{11}x_1+a_{12}x_2+\cdots+a_{1n}x_n=0,\\ a_{21}x_1+a_{22}x_2+\cdots+a_{2n}x_n=0,\\ \qquad\cdots\cdots\\ a_{r1}x_1+a_{r2}x_2+\cdots+a_{rn}x_n=0\end{cases}$$

的非零解，判断向量组 $\boldsymbol{\alpha}_1,\boldsymbol{\alpha}_2,\cdots,\boldsymbol{\alpha}_r,\boldsymbol{\beta}$ 的线性相关性.

28. 下列矩阵是不是正交矩阵？若是，求出它的逆矩阵.

(1) $\begin{pmatrix} 1 & -\frac{1}{2} & \frac{1}{3} \\ -\frac{1}{2} & 1 & \frac{1}{2} \\ \frac{1}{3} & \frac{1}{2} & 1 \end{pmatrix}$；　　(2) $\begin{pmatrix} \frac{1}{9} & -\frac{8}{9} & -\frac{4}{9} \\ -\frac{8}{9} & \frac{1}{9} & -\frac{4}{9} \\ -\frac{4}{9} & -\frac{4}{9} & \frac{7}{9} \end{pmatrix}$.

29. 用施密特正交化方法将 $\mathbf{R}^3$ 的一个基 $\boldsymbol{\alpha}_1=(1,-1,0)^{\mathrm{T}}, \boldsymbol{\alpha}_2=(1,0,1)^{\mathrm{T}}, \boldsymbol{\alpha}_3=(1,-1,1)^{\mathrm{T}}$ 化成规范正交基，并求 $\boldsymbol{\alpha}=(1,2,3)^{\mathrm{T}}$ 在该基下的坐标.

30. 设 $\boldsymbol{A}=\boldsymbol{E}-2\boldsymbol{x}\boldsymbol{x}^{\mathrm{T}}$，$\boldsymbol{x}$ 为 n 维向量，$\|\boldsymbol{x}\|=1$，$\boldsymbol{E}$ 为 n 阶单位矩阵，证明：$\boldsymbol{A}$ 为正交矩阵.

31. 设 $\boldsymbol{A},\boldsymbol{B}$ 都是正交阵，证明：$\boldsymbol{AB}$ 也是正交阵.

(B)

1. 设 $\boldsymbol{A},\boldsymbol{B}$ 都是 $m\times n$ 矩阵，证明：$\boldsymbol{A}\sim\boldsymbol{B}$ 的充分必要条件是 $R(\boldsymbol{A})=R(\boldsymbol{B})$.

2. 设 $\boldsymbol{A}$ 为 n 阶方阵，证明：$\boldsymbol{A}$ 的秩 $R(\boldsymbol{A})=1$ 的充分必要条件是存在非零向量 $\boldsymbol{a},\boldsymbol{b}$，使 $\boldsymbol{A}=\boldsymbol{a}\boldsymbol{b}^{\mathrm{T}}$.

3. 设 $\boldsymbol{A}$ 为 n 阶矩阵($n\geqslant 2$)，$\boldsymbol{A}^*$ 为 $\boldsymbol{A}$ 的伴随阵，证明：$R(\boldsymbol{A}^*)=\begin{cases} n, & R(\boldsymbol{A})=n, \\ 1, & R(\boldsymbol{A})=n-1, \\ 0, & R(\boldsymbol{A})\leqslant n-2. \end{cases}$

4. 设 $\boldsymbol{A}=\boldsymbol{\alpha}\boldsymbol{\alpha}^{\mathrm{T}}+\boldsymbol{\beta}\boldsymbol{\beta}^{\mathrm{T}}$，证明：(1) $R(\boldsymbol{A})\leqslant 2$；(2)若 $\boldsymbol{\alpha},\boldsymbol{\beta}$ 线性相关，则 $R(\boldsymbol{A})<2$.

5. 设 $\boldsymbol{A}$ 是 $m\times n$ 矩阵，$\boldsymbol{B}$ 是 $n\times m$ 矩阵，$\boldsymbol{E}$ 是 n 阶单位矩阵($m>n$)，已知 $\boldsymbol{BA}=\boldsymbol{E}$，判断 $\boldsymbol{A}$ 的列向量是否线性相关？为什么？

6. 设 $\boldsymbol{A}$ 是 n 阶矩阵，若存在正整数 k，使线性方程组 $\boldsymbol{A}^k\boldsymbol{x}=\boldsymbol{0}$ 有解向量 $\boldsymbol{\alpha}$，且 $\boldsymbol{A}^{k-1}\boldsymbol{\alpha}\neq\boldsymbol{0}$，证明：$\boldsymbol{\alpha},\boldsymbol{A\alpha},\cdots,\boldsymbol{A}^{k-1}\boldsymbol{\alpha}$ 线性无关.

7. 设 $\begin{cases} \boldsymbol{\beta}_1= \quad\quad \boldsymbol{\alpha}_2+\boldsymbol{\alpha}_3+\cdots+\boldsymbol{\alpha}_n, \\ \boldsymbol{\beta}_2=\boldsymbol{\alpha}_1 \quad\quad +\boldsymbol{\alpha}_3+\cdots+\boldsymbol{\alpha}_n, \\ \quad\quad\quad \cdots\cdots \\ \boldsymbol{\beta}_n=\boldsymbol{\alpha}_1+\boldsymbol{\alpha}_2+\cdots+\boldsymbol{\alpha}_{n-1}, \end{cases}$ 证明：向量组 $\boldsymbol{\alpha}_1,\boldsymbol{\alpha}_2,\cdots,\boldsymbol{\alpha}_n$ 与向量组 $\boldsymbol{\beta}_1,\boldsymbol{\beta}_2,\cdots,\boldsymbol{\beta}_n$ 等价.

8. 已知向量组(I) $\boldsymbol{\alpha}_1,\boldsymbol{\alpha}_2,\boldsymbol{\alpha}_3$、(II) $\boldsymbol{\alpha}_1,\boldsymbol{\alpha}_2,\boldsymbol{\alpha}_3,\boldsymbol{\alpha}_4$、(III) $\boldsymbol{\alpha}_1,\boldsymbol{\alpha}_2,\boldsymbol{\alpha}_3,\boldsymbol{\alpha}_5$，如果向量组的秩分别为 $R(\mathrm{I})=R(\mathrm{II})=3, R(\mathrm{III})=4$，求证向量组 $\boldsymbol{\alpha}_1,\boldsymbol{\alpha}_2,\boldsymbol{\alpha}_3,\boldsymbol{\alpha}_5-\boldsymbol{\alpha}_4$ 的秩为 4.

9. 设向量组 $A:\boldsymbol{\alpha}_1,\boldsymbol{\alpha}_2,\cdots,\boldsymbol{\alpha}_s$ 的秩为 r_1，向量组 $B:\boldsymbol{\beta}_1,\boldsymbol{\beta}_2,\cdots,\boldsymbol{\beta}_t$ 的秩为 r_2，向量组 $C:\boldsymbol{\alpha}_1,\boldsymbol{\alpha}_2,\cdots,\boldsymbol{\alpha}_s,\boldsymbol{\beta}_1,\boldsymbol{\beta}_2,\cdots,\boldsymbol{\beta}_t$ 的秩为 r_3，证明：$\max\{r_1,r_2\}\leqslant r_3\leqslant r_1+r_2$.

10. 设向量 $\boldsymbol{\beta}$ 可由向量组 $\boldsymbol{\alpha}_1,\boldsymbol{\alpha}_2,\cdots,\boldsymbol{\alpha}_{r-1},\boldsymbol{\alpha}_r$ 线性表示，但向量 $\boldsymbol{\beta}$ 不能由向量组 $\boldsymbol{\alpha}_1,\boldsymbol{\alpha}_2,\cdots,\boldsymbol{\alpha}_{r-1}$ 线性表示，试证：向量组 $\boldsymbol{\alpha}_1,\boldsymbol{\alpha}_2,\cdots,\boldsymbol{\alpha}_{r-1},\boldsymbol{\alpha}_r$ 与 $\boldsymbol{\alpha}_1,\boldsymbol{\alpha}_2,\cdots,\boldsymbol{\alpha}_{r-1},\boldsymbol{\beta}$ 有相同的秩.

11. 设 $\boldsymbol{\alpha}_1,\boldsymbol{\alpha}_2,\cdots,\boldsymbol{\alpha}_n$ 是一组 n 维向量，证明它们线性无关的充分必要条件是任一 n 维

向量都可由它们线性表示.

12. 设向量组 $\boldsymbol{\alpha}_1,\boldsymbol{\alpha}_2,\cdots,\boldsymbol{\alpha}_m$ 线性相关，且 $\boldsymbol{\alpha}_1\neq\mathbf{0}$，证明存在某个向量 $\boldsymbol{\alpha}_k\ (2\leqslant k\leqslant m)$，使 $\boldsymbol{\alpha}_k$ 可由 $\boldsymbol{\alpha}_1,\boldsymbol{\alpha}_2,\cdots,\boldsymbol{\alpha}_{k-1}$ 线性表示.

13. 设向量组 $B:\boldsymbol{\beta}_1,\boldsymbol{\beta}_2,\cdots,\boldsymbol{\beta}_r$ 可由向量组 $A:\boldsymbol{\alpha}_1,\boldsymbol{\alpha}_2,\cdots,\boldsymbol{\alpha}_s$ 线性表示，证明：

(1) 存在 $s\times r$ 矩阵 $\boldsymbol{K}$，使得 $(\boldsymbol{\beta}_1,\boldsymbol{\beta}_2,\cdots,\boldsymbol{\beta}_r)=(\boldsymbol{\alpha}_1,\boldsymbol{\alpha}_2,\cdots,\boldsymbol{\alpha}_s)\boldsymbol{K}$；

(2) 若 A 组线性无关，则 B 组线性无关的充分必要条件是矩阵 $\boldsymbol{K}$ 的秩 $R(\boldsymbol{K})=r$.

14. 已知三阶矩阵 $\boldsymbol{A}$ 与三维向量 $\boldsymbol{x}$，使得向量组 $\boldsymbol{x},\boldsymbol{Ax},\boldsymbol{A}^2\boldsymbol{x}$ 线性无关，且满足 $\boldsymbol{A}^3\boldsymbol{x}=3\boldsymbol{Ax}-2\boldsymbol{A}^2\boldsymbol{x}$.

(1) 记 $\boldsymbol{P}=(\boldsymbol{x},\boldsymbol{Ax},\boldsymbol{A}^2\boldsymbol{x})$，求三阶矩阵 $\boldsymbol{B}$，使 $\boldsymbol{A}=\boldsymbol{PBP}^{-1}$；

(2) 计算行列式 $\det(\boldsymbol{A}+\boldsymbol{E})$.

15. 已知向量组 $\boldsymbol{\alpha}_1,\boldsymbol{\alpha}_2,\cdots,\boldsymbol{\alpha}_s\ (s\geqslant 2)$ 线性无关，设

$$\boldsymbol{\beta}_1=\boldsymbol{\alpha}_1+\boldsymbol{\alpha}_2,\quad \boldsymbol{\beta}_2=\boldsymbol{\alpha}_2+\boldsymbol{\alpha}_3,\quad \cdots,\quad \boldsymbol{\beta}_{s-1}=\boldsymbol{\alpha}_{s-1}+\boldsymbol{\alpha}_s,\quad \boldsymbol{\beta}_s=\boldsymbol{\alpha}_s+\boldsymbol{\alpha}_1,$$

讨论向量组 $\boldsymbol{\beta}_1,\boldsymbol{\beta}_2,\cdots,\boldsymbol{\beta}_s$ 的线性相关性.

16. 确定常数 a，使向量组 $\boldsymbol{\alpha}_1=(1,1,a)^{\mathrm{T}},\boldsymbol{\alpha}_2=(1,a,1)^{\mathrm{T}},\boldsymbol{\alpha}_3=(a,1,1)^{\mathrm{T}}$ 可由向量组 $\boldsymbol{\beta}_1=(1,1,a)^{\mathrm{T}}$，$\boldsymbol{\beta}_2=(-2,a,4)^{\mathrm{T}},\boldsymbol{\beta}_3=(-2,a,a)^{\mathrm{T}}$ 线性表示，但向量组 $\boldsymbol{\beta}_1,\boldsymbol{\beta}_2,\boldsymbol{\beta}_3$ 不能由向量组 $\boldsymbol{\alpha}_1,\boldsymbol{\alpha}_2,\boldsymbol{\alpha}_3$ 线性表示.

17. 设向量组 $\boldsymbol{\alpha}_1=(1,0,1)^{\mathrm{T}},\boldsymbol{\alpha}_2=(0,1,1)^{\mathrm{T}},\boldsymbol{\alpha}_3=(1,3,5)^{\mathrm{T}}$ 不能由向量组 $\boldsymbol{\beta}_1=(1,1,1)^{\mathrm{T}}$，$\boldsymbol{\beta}_2=(1,2,3)^{\mathrm{T}},\boldsymbol{\beta}_3=(3,4,a)^{\mathrm{T}}$ 线性表示.

(1) 求 a 的值；

(2) 将 $\boldsymbol{\beta}_1,\boldsymbol{\beta}_2,\boldsymbol{\beta}_3$ 用 $\boldsymbol{\alpha}_1,\boldsymbol{\alpha}_2,\boldsymbol{\alpha}_3$ 线性表示.

18. 已知 $\boldsymbol{\alpha}_1=(1,0,2,3)^{\mathrm{T}},\boldsymbol{\alpha}_2=(1,1,3,5)^{\mathrm{T}},\boldsymbol{\alpha}_3=(1,-1,a+2,1)^{\mathrm{T}},\boldsymbol{\alpha}_4=(1,2,4,a+8)^{\mathrm{T}}$ 及 $\boldsymbol{\beta}=(1,1,b+3,5)^{\mathrm{T}}$.

(1) a,b 为何值时，$\boldsymbol{\beta}$ 不能表示成 $\boldsymbol{\alpha}_1,\boldsymbol{\alpha}_2,\boldsymbol{\alpha}_3,\boldsymbol{\alpha}_4$ 的线性组合？

(2) a,b 为何值时，$\boldsymbol{\beta}$ 有 $\boldsymbol{\alpha}_1,\boldsymbol{\alpha}_2,\boldsymbol{\alpha}_3,\boldsymbol{\alpha}_4$ 的唯一线性表示式？并写出该表示式.

19. 已知向量组 $\boldsymbol{\beta}_1=\begin{pmatrix}0\\1\\-1\end{pmatrix},\boldsymbol{\beta}_2=\begin{pmatrix}a\\2\\1\end{pmatrix},\boldsymbol{\beta}_3=\begin{pmatrix}b\\1\\0\end{pmatrix}$ 与向量组 $\boldsymbol{\alpha}_1=\begin{pmatrix}1\\2\\-3\end{pmatrix},\boldsymbol{\alpha}_2=\begin{pmatrix}3\\0\\1\end{pmatrix},\boldsymbol{\alpha}_3=\begin{pmatrix}9\\6\\-7\end{pmatrix}$ 具有相同的秩，且 $\boldsymbol{\beta}_3$ 可由 $\boldsymbol{\alpha}_1,\boldsymbol{\alpha}_2,\boldsymbol{\alpha}_3$ 线性表示，求 a,b 的值.

20. 设有向量组(I)：$\boldsymbol{\alpha}_1=(1,0,2)^{\mathrm{T}},\boldsymbol{\alpha}_2=(1,1,3)^{\mathrm{T}},\boldsymbol{\alpha}_3=(1,-1,a+2)^{\mathrm{T}}$ 和向量组(II)：$\boldsymbol{\beta}_1=(1,2,a+3)^{\mathrm{T}},\boldsymbol{\beta}_2=(2,1,a+6)^{\mathrm{T}},\boldsymbol{\beta}_3=(2,1,a+4)^{\mathrm{T}}$，问：当 a 为何值时，向量组(I)与(II)等价？当 a 为何值时，向量组(I)与(II)不等价？

21. 设向量组 $\boldsymbol{\alpha}_1,\boldsymbol{\alpha}_2,\cdots,\boldsymbol{\alpha}_r$ 线性无关，向量组 $\boldsymbol{\beta}_1,\boldsymbol{\beta}_2,\cdots,\boldsymbol{\beta}_r$ 由向量组 $\boldsymbol{\alpha}_1,\boldsymbol{\alpha}_2,\cdots,\boldsymbol{\alpha}_r$ 按施密特正交化方法正交化得到，证明：

(1) 向量组 $\boldsymbol{\beta}_1,\boldsymbol{\beta}_2,\cdots,\boldsymbol{\beta}_k$ 与向量组 $\boldsymbol{\alpha}_1,\boldsymbol{\alpha}_2,\cdots,\boldsymbol{\alpha}_k$ 等价 $(1\leqslant k\leqslant r)$；

(2) 向量组 $\boldsymbol{\beta}_1,\boldsymbol{\beta}_2,\cdots,\boldsymbol{\beta}_r$ 为正交向量组.

第5章　线性方程组

线性代数要解决一般n元线性方程组的求解问题，当把一个n元线性方程组用一个增广矩阵$(\boldsymbol{A},\boldsymbol{b})$表示时，通过对$(\boldsymbol{A},\boldsymbol{b})$的秩的分析，得到方程组的可解性，进一步可知方程组解的结构，一个齐次线性方程组的通解是一个线性子空间，一个非齐次线性方程组的通解是一个解向量和一个线性子空间之和，一般n元线性方程组的求解问题在本章里得到完美解决．线性方程组有着广泛的应用．

5.1　线性方程组的可解性

对于含m个方程，n个未知量的线性方程组

$$\begin{cases} a_{11}x_1+a_{12}x_2+\cdots+a_{1n}x_n=b_1, \\ a_{21}x_1+a_{22}x_2+\cdots+a_{2n}x_n=b_2, \\ \qquad\cdots\cdots \\ a_{m1}x_1+a_{m2}x_2+\cdots+a_{mn}x_n=b_m, \end{cases} \tag{5.1}$$

若记$\boldsymbol{A}=(a_{ij}),\boldsymbol{x}=(x_1,x_2,\cdots,x_n)^{\mathrm{T}},\boldsymbol{b}=(b_1,b_2,\cdots,b_m)^{\mathrm{T}}$，则线性方程组(5.1)可以写成$\boldsymbol{Ax}=\boldsymbol{b}$．

矩阵$\boldsymbol{B}=(\boldsymbol{A},\boldsymbol{b})$称为线性方程组$\boldsymbol{Ax}=\boldsymbol{b}$的增广矩阵．

若$\boldsymbol{b}=\boldsymbol{0}$，则称方程组

$$\boldsymbol{Ax}=\boldsymbol{0} \tag{5.2}$$

为齐次线性方程组；

若$\boldsymbol{b}\neq\boldsymbol{0}$，则称$\boldsymbol{Ax}=\boldsymbol{b}$为非齐次线性方程组．

记$\boldsymbol{A}=(\boldsymbol{a}_1,\boldsymbol{a}_2,\cdots,\boldsymbol{a}_n)$，则方程组$\boldsymbol{Ax}=\boldsymbol{b}$可写成

$$x_1\boldsymbol{a}_1+x_2\boldsymbol{a}_2+\cdots+x_n\boldsymbol{a}_n=\boldsymbol{b}.$$

由此可见，方程组$\boldsymbol{Ax}=\boldsymbol{b}$有(唯一)解等价于向量$\boldsymbol{b}$可由向量组$\boldsymbol{a}_1,\boldsymbol{a}_2,\cdots,\boldsymbol{a}_n$(唯一地)线性表示，从而可以利用向量组的相关性理论得到如下结果．

定理 5.1　n元线性方程组$\boldsymbol{Ax}=\boldsymbol{b}$

(1) 有解$\Leftrightarrow R(\boldsymbol{A})=R(\boldsymbol{A},\boldsymbol{b})$；

(2) 有唯一解$\Leftrightarrow R(\boldsymbol{A})=R(\boldsymbol{A},\boldsymbol{b})=n$；

(3) 有无穷多个解$\Leftrightarrow R(\boldsymbol{A})=R(\boldsymbol{A},\boldsymbol{b})<n$；

(4) 无解$\Leftrightarrow R(\boldsymbol{A})<R(\boldsymbol{A},\boldsymbol{b})$．

证　(1) 方程组$\boldsymbol{Ax}=\boldsymbol{b}$有解$\Leftrightarrow$向量$\boldsymbol{b}$可由向量组$A:\boldsymbol{a}_1,\boldsymbol{a}_2,\cdots,\boldsymbol{a}_n$线性表示$\Leftrightarrow R(\boldsymbol{A})=R(\boldsymbol{A},\boldsymbol{b})$，最后一个等价性由定理4.9得到．

(2) 必要性．设方程组有唯一解$\boldsymbol{x}=(x_1,x_2,\cdots,x_n)^{\mathrm{T}}$，则$\boldsymbol{b}=x_1\boldsymbol{a}_1+x_2\boldsymbol{a}_2+\cdots+x_n\boldsymbol{a}_n$．若

向量组$\boldsymbol{a}_1,\boldsymbol{a}_2,\cdots,\boldsymbol{a}_n$线性相关，则存在不全为零的常数$k_1,k_2,\cdots,k_n$，使

$$k_1\boldsymbol{a}_1+k_2\boldsymbol{a}_2+\cdots+k_n\boldsymbol{a}_n=\boldsymbol{0},$$

从而$\boldsymbol{b}=(x_1+k_1)\boldsymbol{a}_1+(x_2+k_2)\boldsymbol{a}_2+\cdots+(x_n+k_n)\boldsymbol{a}_n$，这与方程组有唯一解矛盾．因此，向量组$\boldsymbol{a}_1,\boldsymbol{a}_2,\cdots,\boldsymbol{a}_n$线性无关，故$R(\boldsymbol{A})=R(\boldsymbol{A},\boldsymbol{b})=n$．

充分性．设$R(\boldsymbol{A})=R(\boldsymbol{A},\boldsymbol{b})=n$，则向量组$\boldsymbol{a}_1,\boldsymbol{a}_2,\cdots,\boldsymbol{a}_n$线性无关，而向量组$\boldsymbol{a}_1,\boldsymbol{a}_2,\cdots,\boldsymbol{a}_n,\boldsymbol{b}$线性相关，由定理 4.4 知向量$\boldsymbol{b}$可由向量组$\boldsymbol{a}_1,\boldsymbol{a}_2,\cdots,\boldsymbol{a}_n$唯一地线性表示，故方程组有唯一解．

(3) 若方程组有两个不同的解$\boldsymbol{x},\boldsymbol{y}$，则对任意的常数$\lambda$，容易看出$\lambda(\boldsymbol{x}-\boldsymbol{y})+\boldsymbol{x}$都是方程组的解，所以方程组的解如不唯一，就有无穷多个．由(1)、(2)，知(3)成立．

(4) 因为$R(\boldsymbol{A})\leqslant R(\boldsymbol{A},\boldsymbol{b})$，所以(4)是(1)的逆否命题．

例 5.1　设有线性方程组

$$\begin{cases} x_1+x_2+x_3+x_4=0,\\ x_2+2x_3+2x_4=1,\\ -x_2+(a-3)x_3-2x_4=b,\\ 3x_1+2x_2+x_3+ax_4=-1,\end{cases}$$

问a,b取何值时，此方程组(1)有唯一解；(2)无解；(3)有无限多个解？并在有无穷多个解时求其通解．

解　对增广矩阵$\boldsymbol{B}=(\boldsymbol{A},\boldsymbol{b})$施行初等行变换，将其变为行阶梯形矩阵，有

$$\boldsymbol{B}=\begin{pmatrix}1&1&1&1&0\\0&1&2&2&1\\0&-1&a-3&-2&b\\3&2&1&a&-1\end{pmatrix}\overset{r}{\sim}\begin{pmatrix}1&0&-1&-1&-1\\0&1&2&2&1\\0&0&a-1&0&b+1\\0&0&0&a-1&0\end{pmatrix}.$$

(1) 当$a\neq1$时，$R(\boldsymbol{A})=R(\boldsymbol{B})=4$，方程组有唯一解；

(2) 当$a=1$，$b\neq-1$时，$R(\boldsymbol{A})=2,R(\boldsymbol{B})=3$，方程组无解；

(3) 当$a=1$，$b=-1$时，$R(\boldsymbol{A})=R(\boldsymbol{B})=2$，原方程组有无穷多个解．由于

$$\boldsymbol{B}\overset{r}{\sim}\begin{pmatrix}1&0&-1&-1&-1\\0&1&2&2&1\\0&0&0&0&0\\0&0&0&0&0\end{pmatrix},$$

有同解方程组

$$\begin{cases}x_1-x_3-x_4=-1,\\ x_2+2x_3+2x_4=1,\end{cases}$$

则

$$\begin{cases}x_1=x_3+x_4-1,\\ x_2=-2x_3-2x_4+1.\end{cases}$$

令$x_3=c_1$，$x_4=c_2$（c_1，c_2为任意常数），由此可得通解为

$$\begin{pmatrix} x_1 \\ x_2 \\ x_3 \\ x_4 \end{pmatrix} = c_1 \begin{pmatrix} 1 \\ -2 \\ 1 \\ 0 \end{pmatrix} + c_2 \begin{pmatrix} 1 \\ -2 \\ 0 \\ 1 \end{pmatrix} + \begin{pmatrix} -1 \\ 1 \\ 0 \\ 0 \end{pmatrix}.$$

5.2 线性方程组解的结构

5.2.1 齐次线性方程组解的结构

在此用向量空间的理论来讨论齐次线性方程组解的结构. 以下讨论齐次线性方程组 $\boldsymbol{Ax}=\boldsymbol{0}$ 的解的性质.

性质 5.1 若 $\boldsymbol{x}=\boldsymbol{\xi}_1, \boldsymbol{x}=\boldsymbol{\xi}_2$ 为方程组 $\boldsymbol{Ax}=\boldsymbol{0}$ 的解, 则 $\boldsymbol{x}=\boldsymbol{\xi}_1+\boldsymbol{\xi}_2$ 也是 $\boldsymbol{Ax}=\boldsymbol{0}$ 的解.

证 $\boldsymbol{A}(\boldsymbol{\xi}_1+\boldsymbol{\xi}_2)=\boldsymbol{A\xi}_1+\boldsymbol{A\xi}_2=\boldsymbol{0}+\boldsymbol{0}=\boldsymbol{0}$.

性质 5.2 若 $\boldsymbol{x}=\boldsymbol{\xi}$ 为方程 $\boldsymbol{Ax}=\boldsymbol{0}$ 的解, k 为实数, 则 $\boldsymbol{x}=k\boldsymbol{\xi}$ 也是 $\boldsymbol{Ax}=\boldsymbol{0}$ 的解.

证 $\boldsymbol{A}(k\boldsymbol{\xi})=k\boldsymbol{A\xi}=k\boldsymbol{0}=\boldsymbol{0}$.

由上述性质 5.1、性质 5.2 可知, 由齐次线性方程组 $\boldsymbol{Ax}=\boldsymbol{0}$ 的所有解所组成的集合是一个向量空间, 称为该齐次线性方程组的解空间, 记作 S.

如果能求得解空间 S 的一个基 $\boldsymbol{\xi}_1, \boldsymbol{\xi}_2, \cdots, \boldsymbol{\xi}_t$, 那么方程组 $\boldsymbol{Ax}=\boldsymbol{0}$ 的通解为

$$\boldsymbol{x}=k_1\boldsymbol{\xi}_1+k_2\boldsymbol{\xi}_2+\cdots+k_t\boldsymbol{\xi}_t \quad (k_1,k_2,\cdots,k_t \in \mathbf{R}).$$

齐次线性方程组的解空间的一个基称为该齐次线性方程组的一个基础解系.

由上面的讨论可知, 要求齐次线性方程组的通解, 只需求出它的基础解系. 一般用初等变换的方法求线性方程组的基础解系.

设方程组 $\boldsymbol{Ax}=\boldsymbol{0}$ 的系数矩阵 $\boldsymbol{A}$ 的秩为 r, 不妨设 $\boldsymbol{A}$ 的前 r 个列向量线性无关, 于是 $\boldsymbol{A}$ 的行最简形矩阵为

$$\boldsymbol{B}=\begin{pmatrix} 1 & \cdots & 0 & b_{11} & \cdots & b_{1,n-r} \\ \vdots & & \vdots & \vdots & & \vdots \\ 0 & \cdots & 1 & b_{r1} & \cdots & b_{r,n-r} \\ 0 & \cdots & 0 & 0 & \cdots & 0 \\ \vdots & & \vdots & \vdots & & \vdots \\ 0 & \cdots & 0 & 0 & \cdots & 0 \end{pmatrix},$$

由此得与原方程组同解的方程组

$$\begin{cases} x_1=-b_{11}x_{r+1}-\cdots-b_{1,n-r}x_n, \\ \qquad\qquad \cdots\cdots \\ x_r=-b_{r1}x_{r+1}-\cdots-b_{r,n-r}x_n, \\ x_{r+1}= \quad x_{r+1}, \\ \qquad\qquad \cdots\cdots \\ x_n= \qquad\qquad\qquad x_n, \end{cases}$$

它可以表示成向量形式

$$\begin{pmatrix} x_1 \\ \vdots \\ x_r \\ x_{r+1} \\ x_{r+2} \\ \vdots \\ x_n \end{pmatrix} = x_{r+1}\begin{pmatrix} -b_{11} \\ \vdots \\ -b_{r1} \\ 1 \\ 0 \\ \vdots \\ 0 \end{pmatrix} + x_{r+2}\begin{pmatrix} -b_{12} \\ \vdots \\ -b_{r2} \\ 0 \\ 1 \\ \vdots \\ 0 \end{pmatrix} + \cdots + x_n\begin{pmatrix} -b_{1,n-r} \\ \vdots \\ -b_{r,n-r} \\ 0 \\ 0 \\ \vdots \\ 1 \end{pmatrix}, \tag{5.3}$$

把 $x_{r+1}, x_{r+2}, \cdots, x_n$ 作为自由未知量，并令它们依次等于 $c_1, c_2, \cdots, c_{n-r}$ ，可得方程组 $\boldsymbol{Ax}=\boldsymbol{0}$ 的通解为

$$\begin{pmatrix} x_1 \\ \vdots \\ x_r \\ x_{r+1} \\ x_{r+2} \\ \vdots \\ x_n \end{pmatrix} = c_1\begin{pmatrix} -b_{11} \\ \vdots \\ -b_{r1} \\ 1 \\ 0 \\ \vdots \\ 0 \end{pmatrix} + c_2\begin{pmatrix} -b_{12} \\ \vdots \\ -b_{r2} \\ 0 \\ 1 \\ \vdots \\ 0 \end{pmatrix} + \cdots + c_{n-r}\begin{pmatrix} -b_{1,n-r} \\ \vdots \\ -b_{r,n-r} \\ 0 \\ 0 \\ \vdots \\ 1 \end{pmatrix} \quad (c_1, c_2, \cdots, c_{n-r} \in \mathbf{R}，\text{为常数}),$$

把上式记作

$$\boldsymbol{x} = c_1\boldsymbol{\xi}_1 + c_2\boldsymbol{\xi}_2 + \cdots + c_{n-r}\boldsymbol{\xi}_{n-r} \quad (c_1, c_2, \cdots, c_{n-r} \in \mathbf{R}，\text{为常数}),$$

可知解空间 S 中的任一向量 $\boldsymbol{x}$ 都可由 $\boldsymbol{\xi}_1, \boldsymbol{\xi}_2, \cdots, \boldsymbol{\xi}_{n-r}$ 线性表示，又因为矩阵 $(\boldsymbol{\xi}_1, \boldsymbol{\xi}_2, \cdots, \boldsymbol{\xi}_{n-r})$ 中有 $n-r$ 阶子式 $|\boldsymbol{E}_{n-r}| \neq 0$ ，故 $R(\boldsymbol{\xi}_1, \boldsymbol{\xi}_2, \cdots, \boldsymbol{\xi}_{n-r}) = n-r$ ，所以 $\boldsymbol{\xi}_1, \boldsymbol{\xi}_2, \cdots, \boldsymbol{\xi}_{n-r}$ 线性无关．根据极大无关组的等价定义，知 $\boldsymbol{\xi}_1, \boldsymbol{\xi}_2, \cdots, \boldsymbol{\xi}_{n-r}$ 是解空间 S 的一个极大无关组，即 $\boldsymbol{\xi}_1, \boldsymbol{\xi}_2, \cdots, \boldsymbol{\xi}_{n-r}$ 是解空间 S 的一个基，所以 $\boldsymbol{\xi}_1, \boldsymbol{\xi}_2, \cdots, \boldsymbol{\xi}_{n-r}$ 是齐次线性方程组 $\boldsymbol{Ax}=\boldsymbol{0}$ 的一个基础解系．

齐次线性方程组 $\boldsymbol{Ax}=\boldsymbol{0}$ 的解空间的维数为 $n-r$ ．

在上面的讨论中，先求出齐次线性方程组的通解，再由通解得到基础解系．其实，也可先求基础解系，再写出通解．这只需先得到同解方程组:

$$\begin{cases} x_1 = -b_{11}x_{r+1} - \cdots - b_{1,n-r}x_n, \\ \qquad\qquad \cdots\cdots \\ x_r = -b_{r1}x_{r+1} - \cdots - b_{r,n-r}x_n, \\ x_{r+1} = \quad x_{r+1}, \\ \qquad\qquad \cdots\cdots \\ x_n = \qquad\qquad\qquad x_n, \end{cases}$$

然后，分别取 $\begin{pmatrix} x_{r+1} \\ x_{r+2} \\ \vdots \\ x_n \end{pmatrix}$ 为 $\begin{pmatrix} 1 \\ 0 \\ \vdots \\ 0 \end{pmatrix}, \begin{pmatrix} 0 \\ 1 \\ \vdots \\ 0 \end{pmatrix}, \cdots, \begin{pmatrix} 0 \\ 0 \\ \vdots \\ 1 \end{pmatrix}$，并依次可得 $\begin{pmatrix} x_1 \\ \vdots \\ x_r \end{pmatrix}$ 为 $\begin{pmatrix} -b_{11} \\ \vdots \\ -b_{r1} \end{pmatrix}, \begin{pmatrix} -b_{12} \\ \vdots \\ -b_{r2} \end{pmatrix}, \cdots, \begin{pmatrix} -b_{1,n-r} \\ \vdots \\ -b_{r,n-r} \end{pmatrix}$,

合起来便得基础解系

$$\boldsymbol{\xi}_1=\begin{pmatrix}-b_{11}\\ \vdots\\ -b_{r1}\\ 1\\ 0\\ \vdots\\ 0\end{pmatrix},\quad \boldsymbol{\xi}_2=\begin{pmatrix}-b_{12}\\ \vdots\\ -b_{r2}\\ 0\\ 1\\ \vdots\\ 0\end{pmatrix},\quad \cdots,\quad \boldsymbol{\xi}_{n-r}=\begin{pmatrix}-b_{1,n-r}\\ \vdots\\ -b_{r,n-r}\\ 0\\ 0\\ \vdots\\ 1\end{pmatrix},$$

方程的通解为

$$\boldsymbol{x}=c_1\boldsymbol{\xi}_1+c_2\boldsymbol{\xi}_2+\cdots+c_{n-r}\boldsymbol{\xi}_{n-r}\quad (c_1,c_2,\cdots,c_{n-r}\in\mathbf{R}\text{，为常数}).$$

由以上的讨论，可得以下定理.

定理 5.2　设 $m\times n$ 矩阵 $\boldsymbol{A}$ 的秩 $R(\boldsymbol{A})=r$，则 n 元齐次线性方程组 $\boldsymbol{Ax}=\boldsymbol{0}$ 的解空间是一个线性空间，且其维数为 $n-r$.

当 $R(\boldsymbol{A})=n$ 时，方程组 $\boldsymbol{Ax}=\boldsymbol{0}$ 只有零解，没有基础解系；当 $R(\boldsymbol{A})=r<n$ 时，由定理 5.2 知方程组 $\boldsymbol{Ax}=\boldsymbol{0}$ 的基础解系含 $n-r$ 个向量. 因此，由极大无关组的性质可知，方程组 $\boldsymbol{Ax}=\boldsymbol{0}$ 的任何 $n-r$ 个线性无关的解都可构成它的基础解系. 并由此可知齐次线性方程组 $\boldsymbol{Ax}=\boldsymbol{0}$ 的基础解系并不是唯一的，它的通解的形式也不是唯一的，但它的任意两个基础解系都是等价的.

例 5.2　求齐次线性方程组

$$\begin{cases}x_1+2x_2+3x_3+x_4-3x_5=0,\\ 2x_1+x_2+2x_4-6x_5=0,\\ 3x_1+4x_2+5x_3+6x_4-3x_5=0,\\ x_1+x_2+x_3+3x_4+x_5=0\end{cases}$$

的基础解系、通解及解空间.

解　对方程组的系数矩阵施行初等行变换，将其化为行最简形矩阵

$$\boldsymbol{A}=\begin{pmatrix}1&2&3&1&-3\\ 2&1&0&2&-6\\ 3&4&5&6&-3\\ 1&1&1&3&1\end{pmatrix}\overset{\substack{r_2-2r_1\\ r_3-3r_1\\ r_4-r_1}}{\sim}\begin{pmatrix}1&2&3&1&-3\\ 0&-3&-6&0&0\\ 0&-2&-4&3&6\\ 0&-1&-2&2&4\end{pmatrix}\overset{\substack{r_2\div(-3)\\ r_3+2r_2\\ r_4+r_2}}{\sim}\begin{pmatrix}1&2&3&1&-3\\ 0&1&2&0&0\\ 0&0&0&3&6\\ 0&0&0&2&4\end{pmatrix}$$

$$\overset{\substack{r_3\div 3\\ r_4-2r_3\\ r_1-2r_2-r_3}}{\sim}\begin{pmatrix}1&0&-1&0&-5\\ 0&1&2&0&0\\ 0&0&0&1&2\\ 0&0&0&0&0\end{pmatrix},$$

得到与原方程组同解的方程组

$$\begin{cases} x_1 = x_3 + 5x_5, \\ x_2 = -2x_3, \\ x_3 = x_3, \\ x_4 = -2x_5, \\ x_5 = x_5, \end{cases}$$

由此得所求的基础解系为

$$\boldsymbol{\xi}_1 = \begin{pmatrix} 1 \\ -2 \\ 1 \\ 0 \\ 0 \end{pmatrix}, \qquad \boldsymbol{\xi}_2 = \begin{pmatrix} 5 \\ 0 \\ 0 \\ -2 \\ 1 \end{pmatrix},$$

通解为

$$\boldsymbol{x} = k_1\boldsymbol{\xi}_1 + k_2\boldsymbol{\xi}_2 \quad (k_1, k_2 \in \mathbf{R}\text{，为常数}),$$

解空间为

$$S = \{\boldsymbol{x} \mid \boldsymbol{x} = k_1\boldsymbol{\xi}_1 + k_2\boldsymbol{\xi}_2, k_1, k_2 \in \mathbf{R}\}.$$

例 5.3　设 $\boldsymbol{A}$ 是 n 阶方阵，且 $R(\boldsymbol{A}) = R(\boldsymbol{A}^2)$，则齐次线性方程组 $\boldsymbol{Ax} = \boldsymbol{0}$ 与 $\boldsymbol{A}^2\boldsymbol{x} = \boldsymbol{0}$ 同解.

证　容易看出，$\boldsymbol{Ax} = \boldsymbol{0}$ 的解一定是 $\boldsymbol{A}^2\boldsymbol{x} = \boldsymbol{0}$ 的解，而 $R(\boldsymbol{A}) = R(\boldsymbol{A}^2)$，故 $\boldsymbol{Ax} = \boldsymbol{0}$ 的基础解系也是 $\boldsymbol{A}^2\boldsymbol{x} = \boldsymbol{0}$ 的基础解系，所以 $\boldsymbol{Ax} = \boldsymbol{0}$ 与 $\boldsymbol{A}^2\boldsymbol{x} = \boldsymbol{0}$ 同解.

5.2.2　非齐次线性方程组解的结构

在非齐次线性方程组

$$\boldsymbol{Ax} = \boldsymbol{b}$$

中取 $\boldsymbol{b} = \boldsymbol{0}$，所得到的齐次线性方程组

$$\boldsymbol{Ax} = \boldsymbol{0}$$

称为 $\boldsymbol{Ax} = \boldsymbol{b}$ 的导出组.

对于非齐次线性方程组 $\boldsymbol{Ax} = \boldsymbol{b}$，有如下性质.

性质 5.3　设 $\boldsymbol{x} = \boldsymbol{\eta}_1$ 及 $\boldsymbol{x} = \boldsymbol{\eta}_2$ 都是方程组 $\boldsymbol{Ax} = \boldsymbol{b}$ 的解，则 $\boldsymbol{x} = \boldsymbol{\eta}_1 - \boldsymbol{\eta}_2$ 为导出组 $\boldsymbol{Ax} = \boldsymbol{0}$ 的解.

证　因为

$$\boldsymbol{A}(\boldsymbol{\eta}_1 - \boldsymbol{\eta}_2) = \boldsymbol{A\eta}_1 - \boldsymbol{A\eta}_2 = \boldsymbol{b} - \boldsymbol{b} = \boldsymbol{0},$$

所以性质 5.3 成立.

性质 5.4　设 $\boldsymbol{x} = \boldsymbol{\eta}$ 是方程组 $\boldsymbol{Ax} = \boldsymbol{b}$ 的解，$\boldsymbol{x} = \boldsymbol{\xi}$ 是导出组 $\boldsymbol{Ax} = \boldsymbol{0}$ 的解，则 $\boldsymbol{x} = \boldsymbol{\xi} + \boldsymbol{\eta}$ 为方程组 $\boldsymbol{Ax} = \boldsymbol{b}$ 的解.

证　因为

$$A(\boldsymbol{\xi}+\boldsymbol{\eta})=A\boldsymbol{\xi}+A\boldsymbol{\eta}=\mathbf{0}+\boldsymbol{b}=\boldsymbol{b},$$

所以性质 5.4 成立.

由性质 5.3 可知，若$\boldsymbol{\eta}^*$是$\boldsymbol{Ax}=\boldsymbol{b}$的某个解，$\boldsymbol{x}$为$\boldsymbol{Ax}=\boldsymbol{b}$的任一解，则$\boldsymbol{\xi}=\boldsymbol{x}-\boldsymbol{\eta}^*$是其导出组$\boldsymbol{Ax}=\mathbf{0}$的解，因此方程组$\boldsymbol{Ax}=\boldsymbol{b}$任一解$\boldsymbol{x}$总可表示为$\boldsymbol{x}=\boldsymbol{\xi}+\boldsymbol{\eta}^*$. 从而，若方程组$\boldsymbol{Ax}=\mathbf{0}$的通解为

$$\boldsymbol{x}=c_1\boldsymbol{\xi}_1+c_2\boldsymbol{\xi}_2+\cdots+c_{n-r}\boldsymbol{\xi}_{n-r} \quad (c_1,c_2,\cdots,c_{n-r}\in\mathbf{R}，为常数),$$

则方程组$\boldsymbol{Ax}=\boldsymbol{b}$的任一解总可表示为

$$\boldsymbol{x}=c_1\boldsymbol{\xi}_1+c_2\boldsymbol{\xi}_2+\cdots+c_{n-r}\boldsymbol{\xi}_{n-r}+\boldsymbol{\eta}^*.$$

由性质 5.4 可知，对任何实数$c_1,c_2,\cdots,c_{n-r}$，上式总是方程组$\boldsymbol{Ax}=\boldsymbol{b}$的解，于是方程组$\boldsymbol{Ax}=\boldsymbol{b}$的通解为

$$\boldsymbol{x}=c_1\boldsymbol{\xi}_1+c_2\boldsymbol{\xi}_2+\cdots+c_{n-r}\boldsymbol{\xi}_{n-r}+\boldsymbol{\eta}^* \quad (c_1,c_2,\cdots,c_{n-r}\in\mathbf{R}，为常数),$$

其中，$\boldsymbol{\xi}_1,\boldsymbol{\xi}_2,\cdots,\boldsymbol{\xi}_{n-r}$是方程组$\boldsymbol{Ax}=\mathbf{0}$的基础解系.

由此可知，只要将方程组$\boldsymbol{Ax}=\boldsymbol{b}$的增广矩阵$\boldsymbol{B}=(\boldsymbol{A},\boldsymbol{b})$化为行最简形矩阵就可以得到$\boldsymbol{Ax}=\boldsymbol{b}$的通解.

例 5.4 求解下列方程组.

(1) $\begin{cases} x_1+x_2+x_3+x_4+x_5=1,\\ 3x_1+2x_2+x_3+x_4-3x_5=0,\\ x_2+2x_3+2x_4+6x_5=3,\\ 5x_1+4x_2+3x_3+3x_4-x_5=2;\end{cases}$ (2) $\begin{cases} x_1+x_2+2x_3+3x_4=1,\\ x_1+3x_2+6x_3+x_4=3,\\ 3x_1-x_2-2x_3+15x_4=3,\\ x_1-5x_2-10x_3+12x_4=3.\end{cases}$

解 (1) 对增广矩阵$\boldsymbol{B}$施行初等行变换：

$$\boldsymbol{B}=\begin{pmatrix}1&1&1&1&1&1\\3&2&1&1&-3&0\\0&1&2&2&6&3\\5&4&3&3&-1&2\end{pmatrix}\overset{r_2-3r_1}{\underset{r_4-5r_1}{\sim}}\begin{pmatrix}1&1&1&1&1&1\\0&-1&-2&-2&-6&-3\\0&1&2&2&6&3\\0&-1&-2&-2&-6&-3\end{pmatrix}$$

$$\overset{r_3+r_2}{\underset{r_4-r_2}{\sim}}\begin{pmatrix}1&1&1&1&1&1\\0&-1&-2&-2&-6&-3\\0&0&0&0&0&0\\0&0&0&0&0&0\end{pmatrix}\overset{r_1+r_2}{\underset{-r_2}{\sim}}\begin{pmatrix}1&0&-1&-1&-5&-2\\0&1&2&2&6&3\\0&0&0&0&0&0\\0&0&0&0&0&0\end{pmatrix},$$

可见$R(\boldsymbol{A})=R(\boldsymbol{B})=2$，故方程组有解，并有

$$\begin{cases}x_1=x_3+x_4+5x_5-2,\\x_2=-2x_3-2x_4-6x_5+3,\\x_3=x_3,\\x_4=x_4,\\x_5=x_5,\end{cases}$$

取 $x_3=x_4=x_5=0$，即得方程组的一个特解 $\boldsymbol{\eta}^*=\begin{pmatrix}-2\\3\\0\\0\\0\end{pmatrix}$.

取 $\begin{pmatrix}x_3\\x_4\\x_5\end{pmatrix}$ 为 $\begin{pmatrix}1\\0\\0\end{pmatrix},\begin{pmatrix}0\\1\\0\end{pmatrix}$ 及 $\begin{pmatrix}0\\0\\1\end{pmatrix}$，即得对应齐次线性方程组的基础解系为

$$\boldsymbol{\xi}_1=\begin{pmatrix}1\\-2\\1\\0\\0\end{pmatrix},\quad \boldsymbol{\xi}_2=\begin{pmatrix}1\\-2\\0\\1\\0\end{pmatrix},\quad \boldsymbol{\xi}_3=\begin{pmatrix}5\\-6\\0\\0\\1\end{pmatrix},$$

故原方程的通解为

$$\boldsymbol{x}=k_1\boldsymbol{\xi}_1+k_2\boldsymbol{\xi}_2+k_3\boldsymbol{\xi}_3+\boldsymbol{\eta}^* \quad (k_1,k_2,k_3\in\mathbf{R}，为常数).$$

(2) 因为

$$\boldsymbol{B}=\begin{pmatrix}1&1&2&3&1\\1&3&6&1&3\\3&-1&-2&15&3\\1&-5&-10&12&3\end{pmatrix}\overset{\substack{r_2-r_1\\r_3-3r_1\\r_4-r_1}}{\sim}\begin{pmatrix}1&1&2&3&1\\0&2&4&-2&2\\0&-4&-8&6&0\\0&-6&-12&9&2\end{pmatrix}$$

$$\overset{\substack{r_3+2r_2\\r_4+3r_2}}{\sim}\begin{pmatrix}1&1&2&3&1\\0&2&4&-2&2\\0&0&0&2&4\\0&0&0&3&8\end{pmatrix}\overset{\substack{\frac{1}{2}r_3\\r_4-3r_3}}{\sim}\begin{pmatrix}1&1&2&3&1\\0&2&4&-2&2\\0&0&0&1&2\\0&0&0&0&2\end{pmatrix},$$

所以 $R(\boldsymbol{A})=3, R(\boldsymbol{B})=R(\boldsymbol{A},\boldsymbol{b})=4$，故原方程组无解.

5.3　解线性方程组的 MATLAB 实验

线性方程组 $\boldsymbol{Ax}=\boldsymbol{b}$ 的解，可以由其增广矩阵 $\boldsymbol{B}=(\boldsymbol{A},\boldsymbol{b})$ 确定.

1. 适定方程求解

n 元线性方程组 $\boldsymbol{Ax}=\boldsymbol{b}$ 有唯一解的充分必要条件是 $R(\boldsymbol{A})=R(\boldsymbol{B})=n$.

如 $\boldsymbol{A}$ 是 n 阶方阵，则 $\boldsymbol{x}=\boldsymbol{A}^{-1}\boldsymbol{b}$，键入

```
x=inv(A)*b
```

便可得到解向量 $\boldsymbol{x}$；还可以用矩阵的除法求解，键入

```
x=A\b
```

这种方法的解的精度与运算时间都优于用逆阵方法求解.

如 $\boldsymbol{A}$ 不是 n 阶方阵，则用 $\boldsymbol{A}$ 的广义逆矩阵求解，$\boldsymbol{A}$ 的广义逆矩阵用函数 pinv(A) 得到，键入

```
x=pinv(A)*b
```

便可得到解向量 $\boldsymbol{x}$. 也可以用矩阵的除法求解，键入

```
x=A\b
```

还可以将 $\boldsymbol{B}$ 化为阶梯形矩阵

```
T=rref(B)
```

$\boldsymbol{T}$ 的最后一列前 n 行元便是解，键入

```
T=rref(B);x=T(1:n, n)
```

例如，赋值一个方程组的增广矩阵 $\boldsymbol{B}$:

```
>>B=[1    2    3    4    1
     0    2    3    5    1
     0    0    3    5    1
     0    0    0  -10  -20
     1    4    9    4  -17]
>>A=B(1:5, 1:4);
>>b=B(:, 5);  %将系数矩阵与常数向量分离出来
>>x1=pinv(A)*b
>>x2=A\b
>>T=rref(B)
>>X3=T(1:4, 5)
```

三种方法都可求得方程组的解:

```
x1 =
      2.0000
      0.0000
     -3.0000
      2.0000
x2 =
      2.0000
      0.0000
     -3.0000
      2.0000
x3 =
      2
      0
     -3
      2
```

2. 超定方程求解

线性方程组 $\boldsymbol{Ax}=\boldsymbol{b}$，当 $R(\boldsymbol{A},\boldsymbol{b})>R(\boldsymbol{A})$ 时方程无解，令 $\boldsymbol{e}=\boldsymbol{Ax}-\boldsymbol{b}$，即不存在 $\boldsymbol{x}$ 使得 $\boldsymbol{e}=\boldsymbol{0}$．在实际工程应用中，常常要求 $\boldsymbol{x}$，使得误差向量 $\boldsymbol{e}$ 的模达到最小，$\boldsymbol{x}$ 被称为最小二乘解．用语句 X=pinv(A)*b 或 X=a\b 求方程组 $\boldsymbol{Ax}=\boldsymbol{b}$ 的最小二乘解，两种方法的结果可能不同，但误差向量 $\boldsymbol{e}$ 的模相等．

例 5.5　求超定方程 $\boldsymbol{Ax}=\boldsymbol{b}$ 的最小二乘解，其中 $\boldsymbol{A}=\begin{pmatrix}1&2&3&4\\1&4&9&4\\1&2&3&4\end{pmatrix}$，$\boldsymbol{b}=\begin{pmatrix}1\\2\\3\end{pmatrix}$．

解
```
>> A=[1 2 3 4;1 4 9 4;1 2 3 4];
>>b=[1 2 3]';
>>x1=pinv(A)*b
>>x2=A\b
>>e1=A*x1-b
>>m1=norm(e1)
>>e2=A*x2-b
>>m2=norm(e2)
x1 =
      0.1117
      0.1006
     -0.0335
      0.4469
x2 =
      0
      0
      0.0000
      0.5000
e1 =
      1.0000
     -0.0000
     -1.0000
m1 =
      1.4142
e2 =
      1.0000
      0.0000
     -1.0000
m2 =
      1.4142
```

3. 欠定方程求解

欠定方程有无穷解，n 元线性方程组 $\boldsymbol{Ax}=\boldsymbol{b}$ 有无穷解的充分必要条件是

$$R(\boldsymbol{B})=R(\boldsymbol{A})<n,$$

方程组 $\boldsymbol{Ax}=\boldsymbol{b}$ 的通解由相应的齐次线性方程的通解加上非齐次线性方程的特解组成.

在 MATLAB 中用函数 `null(A)` 可得到齐次线性方程的基础解系，用 `y=pinv(A)*b` 可求出非齐次线性方程的特解.

例 5.6　求齐次线性方程组 $\begin{cases} x_1+x_2-x_3-x_4=0, \\ 2x_1-5x_2+3x_3+2x_4=0, \\ 7x_1-7x_2+3x_3+x_4=0 \end{cases}$ 的基础解系.

解

```
>>A=[1 1 -1 -1;2 -5 3 2;7 -7 3 1];
>>c=null(A, 'r')   % 'r'表示结果以有理数的方式进行输出
c =
   0.2857    0.4286
   0.7143    0.5714
   1.0000    0
   0         1.0000
```

说明：c 的两个列向量就是基础解系.

例 5.7　求非齐次线性方程组 $\begin{cases} x_1-x_2-x_3+x_4=0, \\ x_1-x_2+x_3-3x_4=1, \\ x_1-x_2-2x_3+3x_4=-\dfrac{1}{2} \end{cases}$ 的通解.

解

```
>>A=[1 -1 -1 1;1 -1 1 -3;1 -1 -2 3];
>>b=[0 0 -0.5]'
>>c=null(A, 'r')
>>x=pinv(A)*b
>>c =
     1     1
     1     0
     0     2
     0     1
x =
    0.1364
   -0.1364
    0.0455
   -0.2273
```

由以上显示结果，可得方程组的通解为

$$
\boldsymbol{x}=k_1\begin{pmatrix}1\\1\\0\\0\end{pmatrix}+k_2\begin{pmatrix}1\\0\\2\\1\end{pmatrix}+\begin{pmatrix}0.1364\\-0.1364\\0.0455\\-0.2273\end{pmatrix}\quad(k_1,k_2\in\mathbf{R}).
$$

习　题　5

(A)

一、填空题.

1. 设方程$\begin{pmatrix}a&1&1\\1&a&1\\1&1&a\end{pmatrix}\begin{pmatrix}x_1\\x_2\\x_3\end{pmatrix}=\begin{pmatrix}1\\1\\-2\end{pmatrix}$有无穷多个解，则$a=$____________.

2. 已知方程组$\begin{pmatrix}1&2&1\\2&3&a+2\\1&a&-2\end{pmatrix}\begin{pmatrix}x_1\\x_2\\x_3\end{pmatrix}=\begin{pmatrix}1\\3\\0\end{pmatrix}$无解，则$a=$____________.

3. 若线性方程组$\begin{cases}x_1+x_2=-a_1,\\x_2+x_3=a_2,\\x_3+x_4=-a_3,\\x_1+x_4=a_4\end{cases}$有解，则常数$a_1,a_2,a_3,a_4$应满足条件____________.

4. 齐次线性方程组$\begin{cases}\lambda x_1+x_2+x_3=0,\\x_1+\lambda x_2+x_3=0,\\x_1+x_2+x_3=0\end{cases}$只有零解，则$\lambda$应满足的条件是____________.

5. 设$\boldsymbol{A}=\begin{pmatrix}1&2&-2\\4&t&3\\3&-1&1\end{pmatrix}$，$\boldsymbol{B}$为三阶非零矩阵，且$\boldsymbol{AB}=\boldsymbol{O}$，则$t=$____________.

6. 设$\boldsymbol{A}$是n阶方阵，对任何n维列向量$\boldsymbol{b}$，方程组$\boldsymbol{Ax}=\boldsymbol{b}$都有解的充分必要条件是____________.

7. 设$\boldsymbol{A}=(a_{ij})_{3\times3}$是实正交矩阵，且$a_{11}=1,\boldsymbol{b}=(1,0,0)^{\mathrm{T}}$，则线性方程组$\boldsymbol{Ax}=\boldsymbol{b}$的解是____________.

8. 设n阶矩阵$\boldsymbol{A}$的各行元素之和均为零，且$\boldsymbol{A}$的秩为$n-1$，则线性方程组$\boldsymbol{Ax}=\boldsymbol{0}$的通解为____________.

9. 设$\boldsymbol{\eta}_1,\boldsymbol{\eta}_2,\cdots,\boldsymbol{\eta}_s$是线性方程组$\boldsymbol{Ax}=\boldsymbol{b}\,(\boldsymbol{b}\neq\boldsymbol{0})$的解，若$k_1\boldsymbol{\eta}_1+k_2\boldsymbol{\eta}_2+\cdots+k_s\boldsymbol{\eta}_s$也是$\boldsymbol{Ax}=\boldsymbol{b}$的解，则$k_1,k_2,\cdots,k_s$应满足条件____________.

10. 设$\boldsymbol{x}$为三维单位向量，$\boldsymbol{E}$为三阶单位矩阵，则矩阵$\boldsymbol{E}-\boldsymbol{xx}^{\mathrm{T}}$的秩为____________.

二、选择题.

1. 设n元齐次线性方程组$\boldsymbol{Ax}=\boldsymbol{0}$的系数矩阵$\boldsymbol{A}$的秩为$r$，则$\boldsymbol{Ax}=\boldsymbol{0}$有非零解的充分必要条件是(　　).

A. $r=n$　　　　B. $r<n$　　　　C. $r\geqslant n$　　　　D. $r>n$

2. 非齐次线性方程组$\boldsymbol{Ax}=\boldsymbol{b}$中未知量个数为$n$，方程个数为$m$，$R(\boldsymbol{A})=r$，则(　　)

A. $r=m$时，方程组$\boldsymbol{Ax}=\boldsymbol{b}$有解　　　　B. $r=n$时，方程组$\boldsymbol{Ax}=\boldsymbol{b}$有唯一解

C. $m=n$时，方程组$\boldsymbol{Ax}=\boldsymbol{b}$有唯一解　　　　D. $r<n$时，方程组$\boldsymbol{Ax}=\boldsymbol{b}$有无穷多解

3. 设$\boldsymbol{A}$为$m\times n$矩阵，齐次线性方程组$\boldsymbol{Ax}=\boldsymbol{0}$仅有零解的充分必要条件是(　　).

A. $\boldsymbol{A}$的列向量线性无关　　　　B. $\boldsymbol{A}$的列向量线性相关

C. $\boldsymbol{A}$的行向量线性无关　　　　D. $\boldsymbol{A}$的行向量线性相关

4. 设$\boldsymbol{A}$是$m\times n$矩阵，$\boldsymbol{B}$是$n\times m$矩阵，则线性方程组$(\boldsymbol{AB})\boldsymbol{x}=\boldsymbol{0}$(　　).

A. 当$n>m$时仅有零解　　　　B. 当$n>m$时必有非零解

C. 当$m>n$时仅有零解　　　　D. 当$m>n$时必有非零解

5. 设$\boldsymbol{A}$是$m\times n$矩阵，$\boldsymbol{Ax}=\boldsymbol{0}$是非齐次线性方程组$\boldsymbol{Ax}=\boldsymbol{b}$所对应的齐次线性方程组，则下列结论正确的是(　　).

A. 若$\boldsymbol{Ax}=\boldsymbol{0}$仅有零解，则$\boldsymbol{Ax}=\boldsymbol{b}$有唯一解

B. 若$\boldsymbol{Ax}=\boldsymbol{0}$有非零解，则$\boldsymbol{Ax}=\boldsymbol{b}$有无穷多解

C. 若$\boldsymbol{Ax}=\boldsymbol{b}$有无穷多个解，则$\boldsymbol{Ax}=\boldsymbol{0}$仅有零解

D. 若$\boldsymbol{Ax}=\boldsymbol{b}$有无穷多个解，则$\boldsymbol{Ax}=\boldsymbol{0}$有非零解

6. 设$\boldsymbol{A}$是n阶矩阵，$\boldsymbol{\alpha}$是n维列向量，若$R\begin{pmatrix}\boldsymbol{A} & \boldsymbol{\alpha}\\ \boldsymbol{\alpha}^{\mathrm{T}} & 0\end{pmatrix}=R(\boldsymbol{A})$，则线性方程组(　　).

A. $\boldsymbol{Ax}=\boldsymbol{\alpha}$必有无穷多解　　　　B. $\boldsymbol{Ax}=\boldsymbol{\alpha}$必有唯一解

C. $\begin{pmatrix}\boldsymbol{A} & \boldsymbol{\alpha}\\ \boldsymbol{\alpha}^{\mathrm{T}} & 0\end{pmatrix}\begin{pmatrix}\boldsymbol{x}\\ \boldsymbol{y}\end{pmatrix}=\boldsymbol{0}$仅有零解　　　　D. $\begin{pmatrix}\boldsymbol{A} & \boldsymbol{\alpha}\\ \boldsymbol{\alpha}^{\mathrm{T}} & 0\end{pmatrix}\begin{pmatrix}\boldsymbol{x}\\ \boldsymbol{y}\end{pmatrix}=\boldsymbol{0}$必有非零解

7. 设有 3 张不同平面的方程$a_{i1}x+a_{i2}y+a_{i3}z=b\ (i=1,2,3)$，它们所组成的线性方程组的系数矩阵与增广矩阵的秩为 2，则这 3 张平面可能的位置关系为(　　).

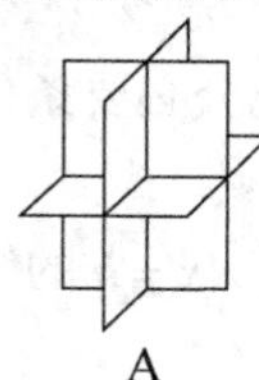
A

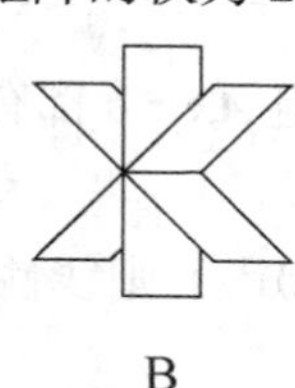
B

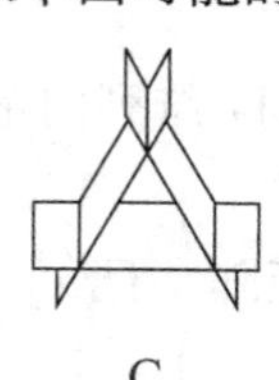
C

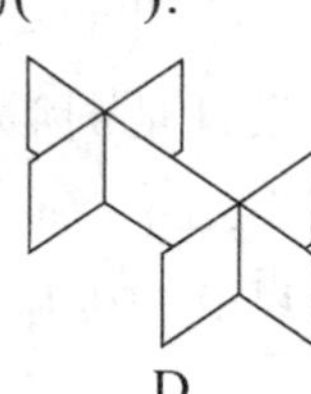
D

8. 设有齐次线性方程组$\boldsymbol{Ax}=\boldsymbol{0}$和$\boldsymbol{Bx}=\boldsymbol{0}$，其中$\boldsymbol{A},\boldsymbol{B}$均为$m\times n$矩阵，现有 4 个命题：

① 若$\boldsymbol{Ax}=\boldsymbol{0}$的解均是$\boldsymbol{Bx}=\boldsymbol{0}$的解，则$R(\boldsymbol{A})\geqslant R(\boldsymbol{B})$；

② 若$R(\boldsymbol{A})\geqslant R(\boldsymbol{B})$，则$\boldsymbol{Ax}=\boldsymbol{0}$的解均是$\boldsymbol{Bx}=\boldsymbol{0}$的解；

③ 若$\boldsymbol{Ax}=\boldsymbol{0}$与$\boldsymbol{Bx}=\boldsymbol{0}$同解，则$R(\boldsymbol{A})=R(\boldsymbol{B})$；

④ 若$R(\boldsymbol{A})=R(\boldsymbol{B})$，则$\boldsymbol{Ax}=\boldsymbol{0}$与$\boldsymbol{Bx}=\boldsymbol{0}$同解.

以上命题中正确的是(　　).

A. ①②　　B. ①③　　C. ②④　　D. ③④

9. 齐次线性方程组$\begin{cases}\lambda x_1+x_2+\lambda^2 x_3=0,\\ x_1+\lambda x_2+x_3=0,\\ x_1+x_2+\lambda x_3=0\end{cases}$的系数矩阵记为$\boldsymbol{A}$，若存在三阶矩阵$\boldsymbol{B}\neq\boldsymbol{O}$，使得$\boldsymbol{AB}=\boldsymbol{O}$，则(　　).

A. $\lambda=-2$且$|\boldsymbol{B}|=0$　　B. $\lambda=-2$且$|\boldsymbol{B}|\neq 0$

C. $\lambda=1$且$|\boldsymbol{B}|=0$　　D. $\lambda=1$且$|\boldsymbol{B}|\neq 0$

10. 设$\boldsymbol{A}$为n阶实矩阵，$\boldsymbol{A}^{\mathrm{T}}$为$\boldsymbol{A}$的转置矩阵，则对于线性方程组(I) $\boldsymbol{Ax}=\boldsymbol{0}$，(II) $\boldsymbol{A}^{\mathrm{T}}\boldsymbol{Ax}=\boldsymbol{0}$，必有(　　).

A. (II)的解是方程组(I)的解，(I)的解也是(II)的解

B. (II)的解是方程组(I)的解，但(I)的解不是(II)的解

C. (I)的解不是方程组(II)的解，(II)的解也不是(I)的解

D. (I)的解是方程组(II)的解，但(II)的解不是(I)的解

11. 设n阶矩阵$\boldsymbol{A}$的伴随矩阵$\boldsymbol{A}^*\neq\boldsymbol{O}$，若$\boldsymbol{\xi}_1,\boldsymbol{\xi}_2,\boldsymbol{\xi}_3,\boldsymbol{\xi}_4$是非齐次线性方程组$\boldsymbol{Ax}=\boldsymbol{b}$的互不相等的解，则对应的齐次线性方程组$\boldsymbol{Ax}=\boldsymbol{0}$的基础解系(　　).

A. 不存在　　B. 仅含一个非零解向量

C. 含有两个线性无关的解向量　　D. 含有三个线性无关的解向量

12. 设$\boldsymbol{A}$为4×3矩阵，$\boldsymbol{\eta}_1,\boldsymbol{\eta}_2,\boldsymbol{\eta}_3$是非齐次线性方程组$\boldsymbol{Ax}=\boldsymbol{\beta}$的 3 个线性无关的解，$k_1,k_2$为任意常数，则$\boldsymbol{Ax}=\boldsymbol{\beta}$的通解为(　　).

A. $\dfrac{\boldsymbol{\eta}_2+\boldsymbol{\eta}_3}{2}+k_1(\boldsymbol{\eta}_2-\boldsymbol{\eta}_1)$　　B. $\dfrac{\boldsymbol{\eta}_2-\boldsymbol{\eta}_3}{2}+k_1(\boldsymbol{\eta}_2-\boldsymbol{\eta}_1)$

C. $\dfrac{\boldsymbol{\eta}_2+\boldsymbol{\eta}_3}{2}+k_1(\boldsymbol{\eta}_2-\boldsymbol{\eta}_1)+k_2(\boldsymbol{\eta}_3-\boldsymbol{\eta}_1)$　　D. $\dfrac{\boldsymbol{\eta}_2-\boldsymbol{\eta}_3}{2}+k_1(\boldsymbol{\eta}_2-\boldsymbol{\eta}_1)+k_2(\boldsymbol{\eta}_3-\boldsymbol{\eta}_1)$

13. 已知$\boldsymbol{\beta}_1,\boldsymbol{\beta}_2$是非齐次线性方程组$\boldsymbol{Ax}=\boldsymbol{b}$的两个不同的解，$\boldsymbol{\alpha}_1,\boldsymbol{\alpha}_2$是对应齐次线性方程组$\boldsymbol{Ax}=\boldsymbol{0}$的基础解系，$k_1,k_2$为任意常数，则方程组$\boldsymbol{Ax}=\boldsymbol{b}$的通解(一般解)必是(　　).

A. $k_1\boldsymbol{\alpha}_1+k_2(\boldsymbol{\alpha}_1+\boldsymbol{\alpha}_2)+\dfrac{\boldsymbol{\beta}_1-\boldsymbol{\beta}_2}{2}$　　B. $k_1\boldsymbol{\alpha}_1+k_2(\boldsymbol{\alpha}_1-\boldsymbol{\alpha}_2)+\dfrac{\boldsymbol{\beta}_1+\boldsymbol{\beta}_2}{2}$

C. $k_1\boldsymbol{\alpha}_1+k_2(\boldsymbol{\beta}_1+\boldsymbol{\beta}_2)+\dfrac{\boldsymbol{\beta}_1-\boldsymbol{\beta}_2}{2}$　　D. $k_1\boldsymbol{\alpha}_1+k_2(\boldsymbol{\beta}_1-\boldsymbol{\beta}_2)+\dfrac{\boldsymbol{\beta}_1+\boldsymbol{\beta}_2}{2}$

14. 设$\boldsymbol{\alpha}_1,\boldsymbol{\alpha}_2,\boldsymbol{\alpha}_3$是四元非齐次线性方程组$\boldsymbol{Ax}=\boldsymbol{b}$的 3 个解向量，且$R(\boldsymbol{A})=3,\boldsymbol{\alpha}_1=(1,2,3,4)^{\mathrm{T}},\boldsymbol{\alpha}_2+\boldsymbol{\alpha}_3=(0,1,2,3)^{\mathrm{T}}$，$c$表示任意常数，则线性方程组$\boldsymbol{Ax}=\boldsymbol{b}$的通解$\boldsymbol{x}=$(　　).

A. $\begin{pmatrix}1\\2\\3\\4\end{pmatrix}+c\begin{pmatrix}1\\1\\1\\1\end{pmatrix}$　　B. $\begin{pmatrix}1\\2\\3\\4\end{pmatrix}+c\begin{pmatrix}0\\1\\2\\3\end{pmatrix}$　　C. $\begin{pmatrix}1\\2\\3\\4\end{pmatrix}+c\begin{pmatrix}2\\3\\4\\5\end{pmatrix}$　　D. $\begin{pmatrix}1\\2\\3\\4\end{pmatrix}+c\begin{pmatrix}3\\4\\5\\6\end{pmatrix}$

15. 设$\boldsymbol{A}=(\boldsymbol{\alpha}_1,\boldsymbol{\alpha}_2,\boldsymbol{\alpha}_3,\boldsymbol{\alpha}_4)$是四阶矩阵，$\boldsymbol{A}^*$为$\boldsymbol{A}$的伴随矩阵，若$(1,0,1,0)^{\mathrm{T}}$是方程组$\boldsymbol{Ax}=\boldsymbol{0}$的一个基础解系，则$\boldsymbol{A}^*\boldsymbol{x}=\boldsymbol{0}$的基础解系可为(　　).

A. $\boldsymbol{\alpha}_1,\boldsymbol{\alpha}_3$　　B. $\boldsymbol{\alpha}_1,\boldsymbol{\alpha}_2$　　C. $\boldsymbol{\alpha}_1,\boldsymbol{\alpha}_2,\boldsymbol{\alpha}_3$　　D. $\boldsymbol{\alpha}_2,\boldsymbol{\alpha}_3,\boldsymbol{\alpha}_4$

16. 要使 $\boldsymbol{\xi}_1=(1,0,2)^{\mathrm{T}},\boldsymbol{\xi}_2=(0,1,-1)^{\mathrm{T}}$ 都是线性方程组 $\boldsymbol{Ax}=\mathbf{0}$ 的解，只要系数矩阵 $\boldsymbol{A}$ 为(　　).

A. $(-2,1,1)$　　B. $\begin{pmatrix}2&0&-1\\0&1&1\end{pmatrix}$　　C. $\begin{pmatrix}-1&0&2\\0&1&-1\end{pmatrix}$　　D. $\begin{pmatrix}0&1&-1\\4&-2&-2\\0&1&1\end{pmatrix}$

三、计算题与证明题.

1. 写出下列方程组的矩阵形式.

(1) $x_1-2x_2+5x_3=-1$；　(2) $\begin{cases}2x_1\quad\ -x_3=2,\\ \quad x_2+x_3=1;\end{cases}$　(3) $\begin{cases}5x+y+4z=0,\\ \quad 2y+\ z=0,\\ x\quad\ -\ z=0.\end{cases}$

2. 讨论以下述阶梯形矩阵为增广矩阵的线性方程组是否有解；如有解区分是唯一解还是无穷多解.

(1) $\begin{pmatrix}-1&2&-3&0\\0&0&2&-3\\0&0&0&0\end{pmatrix}$；　(2) $\begin{pmatrix}1&-3&2&-1\\0&2&0&3\\0&0&1&4\end{pmatrix}$；

(3) $\begin{pmatrix}1&-2&0&4\\0&0&2&-3\\0&0&0&4\\0&0&0&0\end{pmatrix}$；　(4) $\begin{pmatrix}1&-2&0&-1\\0&2&3&1\\0&0&1&0\\0&0&0&0\end{pmatrix}$.

3. 设一齐次线性方程组的系数矩阵为 $\begin{pmatrix}1&2&-1\\-2&-5&3\\-1&4&a\end{pmatrix}$，

(1) 此方程有可能无解吗？说明你的理由；

(2) a 取何值时方程组有无穷多解？

4. 设 $\boldsymbol{B}$ 是秩为 2 的 5×4 矩阵，

$$\boldsymbol{\alpha}_1=(1,1,2,3)^{\mathrm{T}},\qquad \boldsymbol{\alpha}_2=(-1,1,4,-1)^{\mathrm{T}},\qquad \boldsymbol{\alpha}_3=(5,-1,-8,9)^{\mathrm{T}}$$

是齐次线性方程组 $\boldsymbol{Bx}=\mathbf{0}$ 的解向量，求 $\boldsymbol{Bx}=\mathbf{0}$ 的解空间的一个标准正交基.

5. 确定下列线性方程组中 λ 的值，使方程组满足所要求的解的个数.

(1) 无解：$\begin{cases}x+2y+\lambda z=6,\\3x+6y+8z=4;\end{cases}$　(2) 有唯一解：$\begin{cases}\lambda x+\ y=\ 14,\\2x-3y=-12;\end{cases}$

(3) 有非零解：$\begin{cases}(\lambda-2)x+\qquad y=0,\\ \qquad -x+(\lambda-2)y=0;\end{cases}$　(4) 有无穷多解：$\begin{cases}x+\ y+\lambda z=4,\\x+2y+\ z=5,\\x-2y+\ z=1;\end{cases}$

(5) 有非零解：$\begin{cases}(5-\lambda)x+2y+2z=0,\\ 2x+(6-\lambda)y=0,\\ 2x+(4-\lambda)z=0.\end{cases}$

6. 已知三阶矩阵 $\boldsymbol{B}\neq\boldsymbol{O}$ ，且 $\boldsymbol{B}$ 的每一个列向量都是以下方程组的解：

$$\begin{cases}x_1+2x_2-2x_3=0,\\ 2x_1-x_2+\lambda x_3=0,\\ 3x_1+x_2-x_3=0.\end{cases}$$

(1) 求 λ 的值；

(2) 证明 $|\boldsymbol{B}|=0$.

7. 解下列线性方程组.

(1) $\begin{cases}2x_1+3x_2=0,\\ 4x_1+3x_2-x_3=0,\\ 8x_1+3x_2+3x_3=0;\end{cases}$　(2) $\begin{cases}x_1-2x_2+5x_3=2,\\ 3x_1+2x_2-x_3=-2;\end{cases}$

(3) $\begin{cases}x_1+2x_2-7x_3=-4,\\ 2x_1+x_2+x_3=13,\\ 3x_1+9x_2-36x_3=-33;\end{cases}$　(4) $\begin{cases}x_1+3x_4=4,\\ 2x_2-x_3-x_4=0,\\ 3x_2-2x_4=1,\\ 2x_1-x_2+4x_3=5.\end{cases}$

8. 问 λ 为何值时，下列线性方程组有解？并求出解的一般形式.

(1) $\begin{cases}x_1+x_3=\lambda,\\ 4x_1+x_2+2x_3=\lambda+2,\\ 6x_1+x_2+4x_3=2\lambda+3;\end{cases}$　(2) $\begin{cases}-2x_1+x_2+x_3=-2,\\ x_1-2x_2+x_3=\lambda,\\ x_1+x_2-2x_3=\lambda^2.\end{cases}$

9. λ 取何值时，线性方程组 $\begin{cases}2x_1+\lambda x_2-x_3=1,\\ \lambda x_1-x_2+x_3=2,\\ 4x_1+5x_2-5x_3=-1\end{cases}$ 无解，有唯一解或有无穷多解？并在有无穷多解时写出方程组的通解.

10. λ 为何值时，线性方程组 $\begin{cases}x_1+x_2+\lambda x_3=4,\\ -x_1+\lambda x_2+x_3=\lambda^2,\\ x_1-x_2+2x_3=-4\end{cases}$ 有唯一解，无解，有无穷多解？在有无穷多解的情况下，求出其全部解.

11. 对于线性方程组 $\begin{cases}\lambda x_1+x_2+x_3=\lambda-3,\\ x_1+\lambda x_2+x_3=-2,\\ x_1+x_2+\lambda x_3=-2,\end{cases}$ 讨论 λ 取何值时，方程组无解、有唯一解和有无穷多解．在方程组有无穷多解时，试用其导出组的基础解系表示全部解.

12. λ 取何值时，非齐次线性方程组 $\begin{cases}\lambda x_1+x_2+x_3=1,\\ x_1+\lambda x_2+x_3=\lambda,\\ x_1+x_2+\lambda x_3=\lambda^2\end{cases}$ (1) 有唯一解；(2) 无解；(3) 有

无穷多个解？

13. 设 $\begin{cases}(2-\lambda)x_1+2x_2-2x_3=1,\\ 2x_1+(5-\lambda)x_2-4x_3=2,\\ -2x_1-4x_2+(5-\lambda)x_3=-\lambda-1,\end{cases}$ 问 λ 为何值时，此方程组有唯一解、无解或有无穷多解？并在有无穷多解时求解.

14. 设有三维列向量 $\boldsymbol{\alpha}_1=(1+\lambda,1,1)^{\mathrm{T}},\boldsymbol{\alpha}_2=(1,1+\lambda,1)^{\mathrm{T}},\boldsymbol{\alpha}_3=(1,1,1+\lambda)^{\mathrm{T}},\boldsymbol{\beta}=(0,\lambda,\lambda^2)^{\mathrm{T}}$，问 λ 取何值时，

(1) $\boldsymbol{\beta}$ 可由 $\boldsymbol{\alpha}_1,\boldsymbol{\alpha}_2,\boldsymbol{\alpha}_3$ 线性表示，且表达式唯一？

(2) $\boldsymbol{\beta}$ 可由 $\boldsymbol{\alpha}_1,\boldsymbol{\alpha}_2,\boldsymbol{\alpha}_3$ 线性表示，且表达式不唯一？

(3) $\boldsymbol{\beta}$ 不能由 $\boldsymbol{\alpha}_1,\boldsymbol{\alpha}_2,\boldsymbol{\alpha}_3$ 线性表示？

15. 设 $\boldsymbol{A}=\begin{pmatrix}1&a&0&0\\0&1&a&0\\0&0&1&a\\a&0&0&1\end{pmatrix},\boldsymbol{b}=\begin{pmatrix}1\\-1\\0\\0\end{pmatrix}$,

(1) 求 $|\boldsymbol{A}|$；

(2) 已知线性方程组 $\boldsymbol{Ax}=\boldsymbol{b}$ 有无穷多解，求 a，并求 $\boldsymbol{Ax}=\boldsymbol{b}$ 的通解.

16. 设 $\boldsymbol{A}=\begin{pmatrix}\lambda&1&1\\0&\lambda-1&0\\1&1&\lambda\end{pmatrix},\boldsymbol{b}=\begin{pmatrix}a\\1\\1\end{pmatrix}$，已知线性方程组 $\boldsymbol{Ax}=\boldsymbol{b}$ 存在两个不同的解，

(1) 求 λ,a；

(2) 求方程组 $\boldsymbol{Ax}=\boldsymbol{b}$ 的通解.

17. 已知线性方程组 $\begin{cases}x_1+x_2+x_3+x_4+x_5=a,\\3x_1+2x_2+x_3+x_4-3x_5=0,\\x_2+2x_3+2x_4+6x_5=b,\\5x_1+4x_2+3x_3+3x_4-x_5=2,\end{cases}$

(1) a,b 为何值时方程组有解？

(2) 方程组有解时，求出方程组的导出组的一个基础解系；

(3) 方程组有解时，求出方程组的全部解.

18. 当 a_1,a_2,b_1,b_2 满足什么条件时，方程组 $\begin{cases}x_1+x_2=a_1,\\x_3+x_4=a_2,\\x_1+x_3=b_1,\\x_2+x_4=b_2\end{cases}$ 有解，当方程组有解时，求出其通解.

19. 证明：如果对所有的实数 x 均有 $ax^2+bx+c=0$，那么 $a=b=c=0$.

20. 设 $\boldsymbol{A}$ 为 $m\times n$ 矩阵，证明：

(1) 方程 $\boldsymbol{AX}=\boldsymbol{E}_m$ 有解的充分必要条件是 $R(\boldsymbol{A})=m$；

(2) 方程 $\boldsymbol{YA}=\boldsymbol{E}_n$ 有解的充分必要条件是 $R(\boldsymbol{A})=n$.

21. 设 $\boldsymbol{A}$ 为 $m\times n$ 矩阵，证明：若 $\boldsymbol{AX}=\boldsymbol{AY}$，且 $R(\boldsymbol{A})=n$，则 $\boldsymbol{X}=\boldsymbol{Y}$.

22. 证明：矩阵 $\boldsymbol{A}_{m\times n}$ 与 $\boldsymbol{B}_{l\times n}$ 的行向量组等价的充分必要条件是齐次线性方程组 $\boldsymbol{Ax}=\boldsymbol{0}$ 与 $\boldsymbol{Bx}=\boldsymbol{0}$ 同解.

23. 证明：$R(\boldsymbol{A}^{\mathrm{T}}\boldsymbol{A})=R(\boldsymbol{A})$.

24. 求解下列齐次线性方程组.

(1) $\begin{cases} x-y+z=0, \\ 2x+y=0, \\ x+y-2z=0; \end{cases}$　(2) $\begin{cases} x+2y+z+w=0, \\ x-2y+2w=0, \\ 2y-z+w=0; \end{cases}$

(3) $\begin{cases} x_1+x_2+2x_3-x_4=0, \\ 2x_1+x_2+x_3-x_4=0, \\ 2x_1+2x_2+x_3+2x_4=0; \end{cases}$　(4) $\begin{cases} x_1+2x_2+x_3-x_4=0, \\ 3x_1+6x_2-x_3-3x_4=0, \\ 5x_1+10x_2+x_3-5x_4=0; \end{cases}$

(5) $\begin{cases} 2x_1+3x_2-x_3+5x_4=0, \\ 3x_1+x_2+2x_3-7x_4=0, \\ 4x_1+x_2-3x_3+6x_4=0, \\ x_1-2x_2+4x_3-7x_4=0; \end{cases}$　(6) $\begin{cases} 3x_1+4x_2-5x_3+7x_4=0, \\ 2x_1-3x_2+3x_3-2x_4=0, \\ 4x_1+11x_2-13x_3+16x_4=0, \\ 7x_1-2x_2+x_3+3x_4=0. \end{cases}$

25. 求下列齐次线性方程组的基础解系，并写出其通解.

(1) $\begin{cases} x_1+x_2+2x_3-x_4=0, \\ 2x_1+x_2+x_3-x_4=0, \\ 2x_1+2x_2+x_3+2x_4=0; \end{cases}$　(2) $\begin{cases} x_1+2x_2+x_3-x_4=0, \\ 3x_1+6x_2-x_3-3x_4=0, \\ 5x_1+10x_2+x_3-5x_4=0; \end{cases}$

(3) $\begin{cases} x_1+x_2+x_5=0, \\ x_1+x_2-x_3=0, \\ x_3+x_4+x_5=0. \end{cases}$

26. 求解下列非齐次线性方程组.

(1) $\begin{cases} x_1+2x_2+x_3=2, \\ 3x_1+2x_2+2x_3=10, \\ 4x_1+4x_2+3x_3=0; \end{cases}$　(2) $\begin{cases} 3x_1+4x_2+x_3+2x_4=3, \\ 6x_1+8x_2+2x_3+5x_4=7, \\ 9x_1+12x_2+3x_3+10x_4=13; \end{cases}$

(3) $\begin{cases} -3x+5y=-22, \\ 3x+4y=4, \\ x-8y=32; \end{cases}$　(4) $\begin{cases} 4x+12y-7z-20w=22, \\ 3x+9y-5z-28w=22; \end{cases}$

(5) $\begin{cases} 2x+y-z+w=1, \\ 2x+y-z-w=1, \\ 4x+2y-2z+w=2; \end{cases}$　(6) $\begin{cases} 4x_1+2x_2-x_3=2, \\ 3x_1-1x_2+2x_3=10, \\ 11x_1+3x_2=8; \end{cases}$

(7) $\begin{cases} 2x+3y+z=4, \\ x-2y+4z=-5, \\ 3x+8y-2z=13, \\ 4x-y+9z=-6; \end{cases}$　(8) $\begin{cases} 2x+y-z+w=1, \\ 3x-2y+z-3w=4, \\ x+4y-3z+5w=-2. \end{cases}$

27. 设 $\boldsymbol{\alpha}=\begin{pmatrix}1\\2\\1\end{pmatrix},\boldsymbol{\beta}=\begin{pmatrix}1\\\frac{1}{2}\\0\end{pmatrix},\boldsymbol{\gamma}=\begin{pmatrix}0\\0\\8\end{pmatrix},\boldsymbol{A}=\boldsymbol{\alpha}\boldsymbol{\beta}^{\mathrm{T}},\boldsymbol{b}=\boldsymbol{\beta}^{\mathrm{T}}\boldsymbol{\alpha}$，其中 $\boldsymbol{\beta}^{\mathrm{T}}$ 是 $\boldsymbol{\beta}$ 的转置矩阵，求解方程 $2\boldsymbol{b}^2\boldsymbol{A}^2\boldsymbol{x}=\boldsymbol{A}^4\boldsymbol{x}+\boldsymbol{b}^4\boldsymbol{x}+\boldsymbol{\gamma}$.

28. 求出下列电路网络中电流 I_1,I_2,I_3 的值.

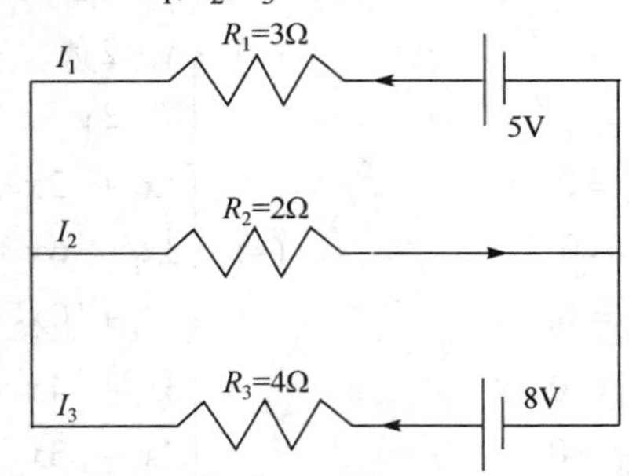

29. 一城市局部交通流如图所示(单位：辆/h).

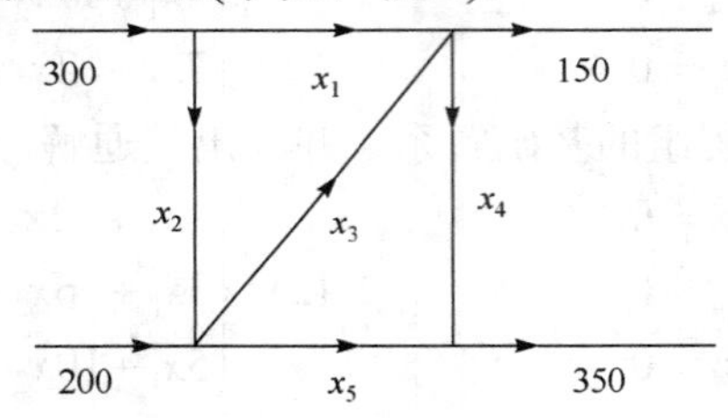

(1) 建立数学模型；

(2) 要控制 x_2 至多 200 辆/h，并且 x_3 至多 50 辆/h 是可行的吗？

30. 设 $\boldsymbol{\alpha}_1,\boldsymbol{\alpha}_2,\boldsymbol{\alpha}_3$ 是齐次线性方程组 $\boldsymbol{Ax}=\boldsymbol{0}$ 的一个基础解系，证明：$\boldsymbol{\alpha}_1+\boldsymbol{\alpha}_2,\boldsymbol{\alpha}_2+\boldsymbol{\alpha}_3,\boldsymbol{\alpha}_3+\boldsymbol{\alpha}_1$ 也是该方程组的一个基础解系.

31. 设向量组 $\boldsymbol{\alpha}_1,\boldsymbol{\alpha}_2,\cdots,\boldsymbol{\alpha}_s$ 是齐次线性方程组 $\boldsymbol{Ax}=\boldsymbol{0}$ 的一个基础解系，向量 $\boldsymbol{\beta}$ 不是方程组 $\boldsymbol{Ax}=\boldsymbol{0}$ 的解，证明：向量组 $\boldsymbol{\beta},\boldsymbol{\beta}+\boldsymbol{\alpha}_1,\boldsymbol{\beta}+\boldsymbol{\alpha}_2,\cdots,\boldsymbol{\beta}+\boldsymbol{\alpha}_s$ 线性无关.

32. 设 n 维列向量组 $\boldsymbol{\xi}_1,\boldsymbol{\xi}_2,\cdots,\boldsymbol{\xi}_r$ 线性无关($r<n$)，则 $\boldsymbol{\xi}_1,\boldsymbol{\xi}_2,\cdots,\boldsymbol{\xi}_r$ 必可作为某个线性方程组 $\boldsymbol{Ax}=\boldsymbol{0}$ 的基础解系，其中 $\boldsymbol{A}$ 是 $m\times n$ 矩阵，且 $R(\boldsymbol{A})=n-r$.

33. 写出一个以 $\boldsymbol{x}=c_1\begin{pmatrix}2\\-3\\1\\0\end{pmatrix}+c_2\begin{pmatrix}-2\\4\\0\\1\end{pmatrix}(c_1,c_2\in\mathbf{R})$ 为通解的齐次线性方程组.

(B)

1. 已知线性方程组 $\begin{cases}x_1+\ \ x_2+\ \ x_3=0,\\ax_1+\ bx_2+\ cx_3=0,\\a^2x_1+b^2x_2+c^2x_3=0,\end{cases}$

(1) a,b,c 满足何种关系时，方程组仅有零解？

(2) a,b,c 满足何种关系时，方程组有无穷多解？并用基础解系表示全部解.

2. 已知非齐次线性方程组 $\begin{cases} x_1+x_2+x_3+x_4=-1, \\ 4x_1+3x_2+5x_3-x_4=-1, \\ ax_1+x_2+3x_3-bx_4=1 \end{cases}$ 有 3 个线性无关的解，

(1) 证明方程组系数矩阵 $\boldsymbol{A}$ 的秩 $R(\boldsymbol{A})=2$；

(2) 求 a,b 的值及方程组的通解.

3. 问 a,b 为何值时，线性方程组

$$\begin{cases} x_1+x_2+x_3+x_4=0, \\ x_2+2x_3+2x_4=1, \\ -x_2+(a-3)x_3-2x_4=b, \\ 3x_1+2x_2+x_3+ax_4=-1 \end{cases}$$

有唯一解、无解、有无穷多解？并求出有无穷多解时的通解.

4. 已知线性方程组 $\begin{cases} x_1+x_2-2x_3+3x_4=0, \\ 2x_1+x_2-6x_3+4x_4=-1, \\ 3x_1+2x_2+px_3+7x_4=-1, \\ x_1-x_2-6x_3-x_4=t, \end{cases}$ 讨论参数 p,t 取何值时，方程组有解、无解；当有解时，用其导出组的基础解系表示通解.

5. 设

$\boldsymbol{\alpha}_1=(1,2,0)^{\mathrm{T}}$，　$\boldsymbol{\alpha}_2=(1,a+2,-3a)^{\mathrm{T}}$，　$\boldsymbol{\alpha}_3=(-1,-b-2,a+2b)^{\mathrm{T}}$，　$\boldsymbol{\beta}=(1,3,-3)^{\mathrm{T}}$，

讨论当 a,b 为何值时，

(1) $\boldsymbol{\beta}$ 不能由 $\boldsymbol{\alpha}_1,\boldsymbol{\alpha}_2,\boldsymbol{\alpha}_3$ 线性表示；

(2) $\boldsymbol{\beta}$ 可由 $\boldsymbol{\alpha}_1,\boldsymbol{\alpha}_2,\boldsymbol{\alpha}_3$ 唯一地线性表示，并求出表示式；

(3) $\boldsymbol{\beta}$ 可由 $\boldsymbol{\alpha}_1,\boldsymbol{\alpha}_2,\boldsymbol{\alpha}_3$ 线性表示，但表示式不唯一，并求出表示式.

6. 设向量组 $\boldsymbol{\alpha}_1=\begin{pmatrix} a \\ 2 \\ 10 \end{pmatrix},\boldsymbol{\alpha}_2=\begin{pmatrix} -2 \\ 1 \\ 5 \end{pmatrix},\boldsymbol{\alpha}_3=\begin{pmatrix} -1 \\ 1 \\ 4 \end{pmatrix},\boldsymbol{\beta}=\begin{pmatrix} 1 \\ b \\ c \end{pmatrix}$，问：当 a,b,c 满足什么条件时，

(1) $\boldsymbol{\beta}$ 可由 $\boldsymbol{\alpha}_1,\boldsymbol{\alpha}_2,\boldsymbol{\alpha}_3$ 线性表示，且表示唯一？

(2) $\boldsymbol{\beta}$ 不能由 $\boldsymbol{\alpha}_1,\boldsymbol{\alpha}_2,\boldsymbol{\alpha}_3$ 线性表示？

(3) $\boldsymbol{\beta}$ 可由 $\boldsymbol{\alpha}_1,\boldsymbol{\alpha}_2,\boldsymbol{\alpha}_3$ 线性表示，但表示不唯一，并求出一般表达式.

7. 已知 $\boldsymbol{\alpha}_1=(1,4,0,2)^{\mathrm{T}},\boldsymbol{\alpha}_2=(2,7,1,3)^{\mathrm{T}},\boldsymbol{\alpha}_3=(0,1,-1,a)^{\mathrm{T}},\boldsymbol{\beta}=(3,10,b,4)^{\mathrm{T}}$，问：

(1) a,b 取何值时，$\boldsymbol{\beta}$ 不能由 $\boldsymbol{\alpha}_1,\boldsymbol{\alpha}_2,\boldsymbol{\alpha}_3$ 线性表示？

(2) a,b 取何值时，$\boldsymbol{\beta}$ 可由 $\boldsymbol{\alpha}_1,\boldsymbol{\alpha}_2,\boldsymbol{\alpha}_3$ 线性表示？并写出此表示式.

8. 已知 $\boldsymbol{\alpha}_1=(1,0,2,3)^{\mathrm{T}},\boldsymbol{\alpha}_2=(1,1,3,5)^{\mathrm{T}},\boldsymbol{\alpha}_3=(1,-1,a+2,1)^{\mathrm{T}},\boldsymbol{\alpha}_4=(1,2,4,a+8)^{\mathrm{T}}$ 及 $\boldsymbol{\beta}=(1,1,b+3,5)^{\mathrm{T}}$，问：

(1) a,b 为何值时，$\boldsymbol{\beta}$ 不能表示成 $\boldsymbol{\alpha}_1,\boldsymbol{\alpha}_2,\boldsymbol{\alpha}_3,\boldsymbol{\alpha}_4$ 的线性组合？

(2) a,b 为何值时，$\boldsymbol{\beta}$ 有 $\boldsymbol{\alpha}_1,\boldsymbol{\alpha}_2,\boldsymbol{\alpha}_3,\boldsymbol{\alpha}_4$ 的唯一线性表示式？并写出该表示式.

9. 设有齐次线性方程组

$$\begin{cases}(1+a)x_1+x_2+x_3+\cdots+x_n=0,\\ 2x_1+(2+a)x_2+2x_3+\cdots+2x_n=0,\\ 3x_1+3x_2+(3+a)x_3+\cdots+3x_n=0,\\ \qquad\cdots\cdots\\ nx_1+nx_2+nx_3+\cdots+(n+a)x_n=0,\end{cases}$$

问 a 取何值时，该方程组有非零解，并求出其通解.

10. 已知齐次线性方程组

$$\begin{cases}(a_1+b)x_1+a_2x_2+a_3x_3+\cdots+a_nx_n=0,\\ a_1x_1+(a_2+b)x_2+a_3x_3+\cdots+a_nx_n=0,\\ a_1x_1+a_2x_2+(a_3+b)x_3+\cdots+a_nx_n=0,\\ \qquad\cdots\cdots\\ a_1x_1+a_2x_2+a_3x_3+\cdots+(a_n+b)x_n=0,\end{cases}$$

其中，$\sum_{i=1}^{n}a_i\neq 0$. 试讨论 $a_1,a_2,\cdots,a_n$ 和 b 满足何种关系时，

(1) 方程组仅有零解；

(2) 方程组有非零解，在有非零解时，求此方程组的一个基础解系.

11. 设齐次线性方程组

$$\begin{cases}ax_1+bx_2+bx_3+\cdots+bx_n=0,\\ bx_1+ax_2+bx_3+\cdots+bx_n=0,\\ \qquad\cdots\cdots\\ bx_1+bx_2+bx_3+\cdots+ax_n=0,\end{cases}$$

其中，$a\neq 0,b\neq 0,n\geqslant 2$，试讨论 a,b 为何值时，方程组仅有零解，有无穷多解？在有无穷多解时，求出全部解，并用基础解系表示全部解.

12. 设 n 元线性方程组 $\boldsymbol{Ax}=\boldsymbol{b}$，其中

$$\boldsymbol{A}=\begin{pmatrix}2a & 1 & & & & \\ a^2 & 2a & 1 & & & \\ & a^2 & 2a & 1 & & \\ & & \ddots & \ddots & \ddots & \\ & & & a^2 & 2a & 1\\ & & & & a^2 & 2a\end{pmatrix},\quad \boldsymbol{x}=\begin{pmatrix}x_1\\ x_2\\ \vdots\\ x_n\end{pmatrix},\quad \boldsymbol{b}=\begin{pmatrix}b_1\\ b_2\\ \vdots\\ b_n\end{pmatrix}.$$

(1) 证明行列式 $|\boldsymbol{A}|=(n+1)a^n$；

(2) 当 a 为何值时，该方程组有唯一解，并求 x_1；

(3) 当 a 为何值时，该方程组有无穷多解，并求其通解.

13. 已知平面上 3 条不同直线的方程分别为

$$l_1: ax+2by+3c=0, \qquad l_2: bx+2cy+3a=0, \qquad l_3: cx+2ay+3b=0,$$

证明：这 3 条直线交于一点的充分必要条件为 $a+b+c=0$.

14. 设线性方程组 $\begin{cases} x_1+a_1x_2+a_1^2x_3=a_1^3, \\ x_1+a_2x_2+a_2^2x_3=a_2^3, \\ x_1+a_3x_2+a_3^2x_3=a_3^3, \\ x_1+a_4x_2+a_4^2x_3=a_4^3, \end{cases}$

(1) 证明：若 a_1,a_2,a_3,a_4 两两不相等，则此线性方程组无解；

(2) 设 $a_1=a_2=k, a_3=a_4=-k\ (k\neq 0)$，且已知 $\boldsymbol{\beta}_1,\boldsymbol{\beta}_2$ 是该方程组的两个解，其中 $\boldsymbol{\beta}_1=(-1,1,1)^{\mathrm{T}}, \boldsymbol{\beta}_2=(1,1,-1)^{\mathrm{T}}$，写出此方程组的通解.

15. 设 $\boldsymbol{A}=\begin{pmatrix} 1 & -1 & -1 \\ -1 & 1 & 1 \\ 0 & -4 & -2 \end{pmatrix}, \boldsymbol{\xi}_1=\begin{pmatrix} 1 \\ -1 \\ 2 \end{pmatrix}$，(1)求满足 $\boldsymbol{A\xi}_2=\boldsymbol{\xi}_1$ 的 $\boldsymbol{\xi}_2$，$\boldsymbol{A}^2\boldsymbol{\xi}_3=\boldsymbol{\xi}_1$ 的所有向量 $\boldsymbol{\xi}_3$；(2)对(1)中的任意向量 $\boldsymbol{\xi}_2,\boldsymbol{\xi}_3$，证明 $\boldsymbol{\xi}_1,\boldsymbol{\xi}_2,\boldsymbol{\xi}_3$ 线性无关.

16. 已知三阶矩阵 $\boldsymbol{A}$ 的第一行是 (a,b,c)，a,b,c 不全为零，矩阵 $\boldsymbol{B}=\begin{pmatrix} 1 & 2 & 3 \\ 2 & 4 & 6 \\ 3 & 6 & \lambda \end{pmatrix}$（$\lambda$ 为常数)，且 $\boldsymbol{AB}=\boldsymbol{O}$，求线性方程组 $\boldsymbol{Ax}=\boldsymbol{0}$ 的通解.

17. 设线性方程组

$$\begin{cases} x_1+\lambda x_2+\mu x_3+x_4=0, \\ 2x_1+x_2+x_3+2x_4=0, \\ 3x_1+(2+\lambda)x_2+(4+\mu)x_3+4x_4=1, \end{cases}$$

已知 $(1,-1,1,-1)^{\mathrm{T}}$ 是该方程组的一个解，求：

(1) 方程组的全部解，并用对应的齐次线性方程组的基础解系表示全部解；

(2) 该方程组满足 $x_2=x_3$ 的全部解.

18. 设线性方程组 $\begin{cases} x_1+x_2+x_3=0, \\ x_1+2x_2+ax_3=0, \\ x_1+4x_2+a^2x_3=0 \end{cases}$ 与方程 $x_1+2x_2+x_3=a-1$ 有公共解，求 a 的值及所有公共解.

19. 已知齐次线性方程组

$$\begin{cases} x_1+2x_2+3x_3=0, \\ 2x_1+3x_2+5x_3=0, \\ x_1+x_2+ax_3=0 \end{cases}$$

和

$$\begin{cases} x_1 + bx_2 + cx_3 = 0, \\ 2x_1 + b^2x_2 + (c+1)x_3 = 0 \end{cases}$$

同解，求 a,b,c 的值.

20. 已知非齐次线性方程组

$$\text{(I)} \begin{cases} x_1 + x_2 - 2x_4 = -6, \\ 4x_1 - x_2 - x_3 - x_4 = 1, \\ 3x_1 - x_2 - x_3 = 3, \end{cases} \qquad \text{(II)} \begin{cases} x_1 + mx_2 - x_3 - x_4 = -5, \\ nx_2 - x_3 - 2x_4 = -11, \\ x_3 - 2x_4 = -t+1, \end{cases}$$

(1) 求解方程组(I)，用其导出组的基础解系表示通解；

(2) 当方程组(II)中的参数 m,n,t 为何值时，方程组(I)与(II)同解？

21. 已知四阶方阵 $\boldsymbol{A} = (\boldsymbol{\alpha}_1,\boldsymbol{\alpha}_2,\boldsymbol{\alpha}_3,\boldsymbol{\alpha}_4)$，$\boldsymbol{\alpha}_1,\boldsymbol{\alpha}_2,\boldsymbol{\alpha}_3,\boldsymbol{\alpha}_4$ 均为四维列向量，其中 $\boldsymbol{\alpha}_2,\boldsymbol{\alpha}_3,\boldsymbol{\alpha}_4$ 线性无关，$\boldsymbol{\alpha}_1 = 2\boldsymbol{\alpha}_2 - \boldsymbol{\alpha}_3$，如果 $\boldsymbol{\beta} = \boldsymbol{\alpha}_1 + \boldsymbol{\alpha}_2 + \boldsymbol{\alpha}_3 + \boldsymbol{\alpha}_4$，求线性方程组 $\boldsymbol{Ax} = \boldsymbol{\beta}$ 的通解.

22. 已知 $\boldsymbol{\alpha}_1,\boldsymbol{\alpha}_2,\boldsymbol{\alpha}_3,\boldsymbol{\alpha}_4$ 是线性方程组 $\boldsymbol{Ax} = \mathbf{0}$ 的一个基础解系，若

$$\boldsymbol{\beta}_1 = \boldsymbol{\alpha}_1 + t\boldsymbol{\alpha}_2, \quad \boldsymbol{\beta}_2 = \boldsymbol{\alpha}_2 + t\boldsymbol{\alpha}_3, \quad \boldsymbol{\beta}_3 = \boldsymbol{\alpha}_3 + t\boldsymbol{\alpha}_4, \quad \boldsymbol{\beta}_4 = \boldsymbol{\alpha}_4 + t\boldsymbol{\alpha}_1,$$

讨论实数 t 满足什么关系时，$\boldsymbol{\beta}_1,\boldsymbol{\beta}_2,\boldsymbol{\beta}_3,\boldsymbol{\beta}_4$ 也是 $\boldsymbol{Ax} = \mathbf{0}$ 的一个基础解系.

23. 设 $\boldsymbol{\alpha}_1,\boldsymbol{\alpha}_2,\cdots,\boldsymbol{\alpha}_s$ 是线性方程组 $\boldsymbol{Ax} = \mathbf{0}$ 的一个基础解系，

$$\boldsymbol{\beta}_1 = t_1\boldsymbol{\alpha}_1 + t_2\boldsymbol{\alpha}_2, \quad \boldsymbol{\beta}_2 = t_1\boldsymbol{\alpha}_2 + t_2\boldsymbol{\alpha}_3, \quad \cdots, \quad \boldsymbol{\beta}_s = t_1\boldsymbol{\alpha}_s + t_2\boldsymbol{\alpha}_1,$$

其中 t_1,t_2 为实常数，试问 t_1,t_2 满足什么关系时，$\boldsymbol{\beta}_1,\boldsymbol{\beta}_2,\cdots,\boldsymbol{\beta}_s$ 也是 $\boldsymbol{Ax} = \mathbf{0}$ 的一个基础解系？

24. 设四元线性方程组(I)为 $\begin{cases} x_1 + x_2 = 0, \\ x_2 - x_4 = 0, \end{cases}$ 又已知某齐次线性方程组(II)的通解为 $k_1(0,1,1,0)^{\mathrm{T}} + k_2(-1,2,2,1)^{\mathrm{T}}\ (k_1,k_2 \in \mathbf{R})$，

(1) 求线性方程组(I)的基础解系；

(2) 问线性方程组(I)和(II)是否有非零公共解？若有，求出所有的非零公共解；若没有，说明理由.

25. 设四元齐次线性方程组(I)为 $\begin{cases} 2x_1 + 3x_2 - x_3 = 0, \\ x_1 + 2x_2 + x_3 - x_4 = 0, \end{cases}$ 且已知另一四元齐次线性方程组(II)的一个基础解系为 $\boldsymbol{\alpha}_1 = (2,-1,2+a,1)^{\mathrm{T}}, \boldsymbol{\alpha}_2 = (-1,2,4,a+8)^{\mathrm{T}}$，

(1) 求方程组(I)的一个基础解系；

(2) 当 a 为何值时，方程组(I)与(II)有非零公共解？

26. 已知线性方程组(I) $\begin{cases} a_{11}x_1 + a_{12}x_2 + \cdots + a_{1,2n}x_{2n} = 0, \\ a_{21}x_1 + a_{22}x_2 + \cdots + a_{2,2n}x_{2n} = 0, \\ \cdots\cdots \\ a_{n1}x_1 + a_{n2}x_2 + \cdots + a_{n,2n}x_{2n} = 0 \end{cases}$ 的一个基础解系为

$$(b_{11},b_{12},\cdots,b_{1,2n})^{\mathrm{T}}, \quad (b_{21},b_{22},\cdots,b_{2,2n})^{\mathrm{T}}, \quad \cdots, \quad (b_{n1},b_{n2},\cdots,b_{n,2n})^{\mathrm{T}},$$

试写出线性方程组(II)$\begin{cases} b_{11}y_1 + b_{12}y_2 + \cdots + b_{1,2n}y_{2n} = 0, \\ b_{21}y_1 + b_{22}y_2 + \cdots + b_{2,2n}y_{2n} = 0, \\ \cdots\cdots \\ b_{n1}y_1 + b_{n2}y_2 + \cdots + b_{n,2n}y_{2n} = 0 \end{cases}$的通解，并说明理由.

第 6 章　特征值与特征向量及二次型

特征值与特征向量的概念刻画了方阵的一些本质特征，在几何学、力学、常微分方程动力系统、密码学、管理工程及经济应用等方面都有着广泛的应用．例如，振动问题和稳定性问题、最大值最小值问题，常常可以归结为求一个方阵的特征值和特征向量的问题．数学中诸如方阵的对角化及解微分方程组的问题，也都要用到特征值的理论．二次型是 n 元二次齐次函数，主要问题是化简分类，用特征值与特征向量的理论，使问题得到解决．

6.1　矩阵的特征值与特征向量

定义 6.1　设 $\boldsymbol{A}$ 是 n 阶方阵，如果存在数 λ 和 n 维非零向量 $\boldsymbol{x}$ 使关系式

$$\boldsymbol{A}\boldsymbol{x}=\lambda\boldsymbol{x} \tag{6.1}$$

成立，那么，这样的数 λ 称为方阵 $\boldsymbol{A}$ 的特征值，非零向量 $\boldsymbol{x}$ 称为方阵 $\boldsymbol{A}$ 的对应于特征值 λ 的特征向量(λ 可以是复数，$\boldsymbol{A}$ 的元素和 $\boldsymbol{x}$ 的分量也可以是复数)．

可以将关系式 $\boldsymbol{A}\boldsymbol{x}=\lambda\boldsymbol{x}$ 写成

$$(\boldsymbol{A}-\lambda\boldsymbol{E})\boldsymbol{x}=\boldsymbol{0}\ ,$$

这是 n 个未知数 n 个方程的齐次线性方程组，它有非零解的充分必要条件是系数行列式 $|\boldsymbol{A}-\lambda\boldsymbol{E}|=0$，即

$$\begin{vmatrix} a_{11}-\lambda & a_{12} & \cdots & a_{1n} \\ a_{21} & a_{22}-\lambda & \cdots & a_{2n} \\ \vdots & \vdots & & \vdots \\ a_{n1} & a_{n2} & \cdots & a_{nn}-\lambda \end{vmatrix}=0. \tag{6.2}$$

方程(6.2)是以 λ 为未知数的一元 n 次方程，称为方阵 $\boldsymbol{A}$ 的特征方程．其左端 $|\boldsymbol{A}-\lambda\boldsymbol{E}|$ 是 λ 的 n 次多项式，记作 $f(\lambda)$，称为方阵 $\boldsymbol{A}$ 的特征多项式．显然，$\boldsymbol{A}$ 的特征值就是特征方程的解．特征方程在复数范围内恒有解，其个数为方程的次数(重根按重数计算)，因此，n 阶方阵 $\boldsymbol{A}$ 在复数范围内有 n 个特征值．

定理 6.1　设 n 阶方阵 $\boldsymbol{A}=(a_{ij})$ 的特征值为 $\lambda_1,\lambda_2,\cdots,\lambda_n$，则有

(1) $\lambda_1+\lambda_2+\cdots+\lambda_n=a_{11}+a_{22}+\cdots+a_{nn}$；

(2) $\lambda_1\lambda_2\cdots\lambda_n=|\boldsymbol{A}|$．

证　由多项式的因式分解定理有

$$\begin{aligned}|\boldsymbol{A}-\lambda\boldsymbol{E}|&=(\lambda_1-\lambda)(\lambda_2-\lambda)\cdots(\lambda_n-\lambda)\\&=(-1)^n\lambda^n+(-1)^{n-1}(\lambda_1+\lambda_2+\cdots+\lambda_n)\lambda^{n-1}+\cdots+\lambda_1\lambda_2\cdots\lambda_n,\end{aligned}$$

而

$$|\boldsymbol{A}-\lambda\boldsymbol{E}|=\begin{vmatrix} a_{11}-\lambda & a_{12} & \cdots & a_{1n} \\ a_{21} & a_{22}-\lambda & \cdots & a_{2n} \\ \vdots & \vdots & & \vdots \\ a_{n1} & a_{n2} & \cdots & a_{nn}-\lambda \end{vmatrix}=(-1)^n\lambda^n+(-1)^{n-1}(a_{11}+a_{22}+\cdots+a_{nn})\lambda^{n-1}+\cdots+|\boldsymbol{A}|,$$

比较 λ^{n-1},λ^0 的系数得

$$\lambda_1+\lambda_2+\cdots+\lambda_n=a_{11}+a_{22}+\cdots+a_{nn}, \qquad \lambda_1\lambda_2\cdots\lambda_n=|\boldsymbol{A}|,$$

定理得证.

$a_{11}+a_{22}+\cdots+a_{nn}$ 称为方阵 $\boldsymbol{A}$ 的迹，记作 $\mathrm{tr}(\boldsymbol{A})$.

由定理 6.1 可知，方阵 $\boldsymbol{A}$ 可逆的充分必要条件是，$\boldsymbol{A}$ 的所有特征值不为零.

显然，方阵 $\boldsymbol{A}$ 与 $\boldsymbol{A}^{\mathrm{T}}$ 有相同的特征多项式，从而 $\boldsymbol{A}$ 与 $\boldsymbol{A}^{\mathrm{T}}$ 有相同的特征值.

设 $\lambda=\lambda_i$ 为方阵 $\boldsymbol{A}$ 的一个特征值，则由方程

$$(\boldsymbol{A}-\lambda_i\boldsymbol{E})\boldsymbol{x}=\boldsymbol{0}$$

可求得非零解 $\boldsymbol{x}=\boldsymbol{p}_i$，那么 $\boldsymbol{p}_i$ 便是 $\boldsymbol{A}$ 的对应于特征值 λ_i 的特征向量. 若 λ_i 为实数，则 $\boldsymbol{p}_i$ 可取实向量；若 λ_i 为复数，则 $\boldsymbol{p}_i$ 为复向量.

例 6.1　求方阵 $\boldsymbol{A}=\begin{pmatrix} 1 & 2 & 3 \\ 2 & 1 & 3 \\ 3 & 3 & 6 \end{pmatrix}$ 的特征值和特征向量.

解　矩阵 $\boldsymbol{A}$ 的特征多项式为

$$|\boldsymbol{A}-\lambda\boldsymbol{E}|=\begin{vmatrix} 1-\lambda & 2 & 3 \\ 2 & 1-\lambda & 3 \\ 3 & 3 & 6-\lambda \end{vmatrix}=-\lambda(\lambda+1)(\lambda-9),$$

所以 $\boldsymbol{A}$ 的特征值为 $\lambda_1=-1,\lambda_2=9,\lambda_3=0$.

当 $\lambda_1=-1$ 时，解方程 $(\boldsymbol{A}+\boldsymbol{E})\boldsymbol{x}=\boldsymbol{0}$，由

$$\boldsymbol{A}+\boldsymbol{E}=\begin{pmatrix} 2 & 2 & 3 \\ 2 & 2 & 3 \\ 3 & 3 & 7 \end{pmatrix}\overset{r}{\sim}\begin{pmatrix} 1 & 1 & 0 \\ 0 & 0 & 1 \\ 0 & 0 & 0 \end{pmatrix},$$

得基础解系

$$\boldsymbol{p}_1=\begin{pmatrix} 1 \\ -1 \\ 0 \end{pmatrix},$$

所以 $k_1\boldsymbol{p}_1\ (k_1\neq 0)$ 是对应于 $\lambda_1=-1$ 的全部特征向量.

当 $\lambda_2=9$ 时，解方程 $(\boldsymbol{A}-9\boldsymbol{E})\boldsymbol{x}=\boldsymbol{0}$，由

$$\boldsymbol{A}-9\boldsymbol{E}=\begin{pmatrix} -8 & 2 & 3 \\ 2 & -8 & 3 \\ 3 & 3 & -3 \end{pmatrix}\overset{r}{\sim}\begin{pmatrix} 1 & 0 & -\frac{1}{2} \\ 0 & 1 & 1 \\ 0 & 0 & 0 \end{pmatrix},$$

得基础解系

$$p_2=\begin{pmatrix}1\\1\\2\end{pmatrix},$$

所以 $k_2 p_2\ (k_2\neq 0)$ 是对应于 $\lambda_2=9$ 的全部特征向量.

当 $\lambda_3=0$ 时，解方程 $Ax=0$，由

$$A=\begin{pmatrix}1&2&3\\2&1&3\\3&3&6\end{pmatrix}\overset{r}{\sim}\begin{pmatrix}1&0&1\\0&1&1\\0&0&0\end{pmatrix},$$

得基础解系

$$p_3=\begin{pmatrix}1\\1\\-1\end{pmatrix},$$

所以 $k_3 p_3\ (k_3\neq 0)$ 是对应于 $\lambda_3=0$ 的全部特征向量.

例 6.2 求 $A=\begin{pmatrix}2&0&0\\36&26&18\\-54&-36&-25\end{pmatrix}$ 的特征值与特征向量.

解 $|A-\lambda E|=\begin{vmatrix}2-\lambda&0&0\\36&26-\lambda&18\\-54&-36&-25-\lambda\end{vmatrix}=(-1-\lambda)(2-\lambda)^2$,

所以 A 的特征值为 $\lambda_1=-1, \lambda_2=\lambda_3=2$.

当 $\lambda_1=-1$ 时，解方程 $(A+E)x=0$，由

$$A+E=\begin{pmatrix}3&0&0\\36&27&18\\-54&-36&-24\end{pmatrix}\overset{r}{\sim}\begin{pmatrix}1&0&0\\0&1&\frac{2}{3}\\0&0&0\end{pmatrix},$$

得基础解系

$$p_1=\begin{pmatrix}0\\2\\-3\end{pmatrix},$$

所以 A 的对应于特征值 $\lambda_1=-1$ 的全部特征向量为 $k_1 p_1\ (k_1\neq 0)$.

当 $\lambda_2=\lambda_3=2$ 时，解方程 $(A-2E)x=0$，由

$$A-2E=\begin{pmatrix}0&0&0\\36&24&18\\-54&-36&-27\end{pmatrix}\overset{r}{\sim}\begin{pmatrix}1&\frac{2}{3}&\frac{1}{2}\\0&0&0\\0&0&0\end{pmatrix},$$

得基础解系

$$p_2=\begin{pmatrix}-2\\3\\0\end{pmatrix},\qquad p_3=\begin{pmatrix}-1\\0\\2\end{pmatrix},$$

所以 $\boldsymbol{A}$ 的对应于特征值 $\lambda_2=\lambda_3=2$ 的全部特征向量为 $k_2\boldsymbol{p}_2+k_3\boldsymbol{p}_3$ (k_2,k_3 不全为零).

例 6.3　求 $\boldsymbol{A}=\begin{pmatrix}4&-3&-3\\-2&3&1\\2&1&3\end{pmatrix}$ 的特征值与特征向量.

解　$|\boldsymbol{A}-\lambda\boldsymbol{E}|=\begin{vmatrix}4-\lambda&-3&-3\\-2&3-\lambda&1\\2&1&3-\lambda\end{vmatrix}=(4-\lambda)^2(2-\lambda)$，

所以 $\boldsymbol{A}$ 的特征值为 $\lambda_1=2,\lambda_2=\lambda_3=4$.

当 $\lambda_1=2$ 时，解方程 $(\boldsymbol{A}-2\boldsymbol{E})\boldsymbol{x}=\boldsymbol{0}$，由

$$\boldsymbol{A}-2\boldsymbol{E}=\begin{pmatrix}2&-3&-3\\-2&1&1\\2&1&1\end{pmatrix}\overset{r}{\sim}\begin{pmatrix}1&0&0\\0&1&1\\0&0&0\end{pmatrix},$$

得基础解系

$$p_1=\begin{pmatrix}0\\-1\\1\end{pmatrix},$$

所以 $\boldsymbol{A}$ 的对应于特征值 $\lambda_1=2$ 的全部特征向量为 $k_1\boldsymbol{p}_1$ ($k_1\neq 0$).

当 $\lambda_2=\lambda_3=4$ 时，解方程 $(\boldsymbol{A}-4\boldsymbol{E})\boldsymbol{x}=\boldsymbol{0}$，由

$$\boldsymbol{A}-4\boldsymbol{E}=\begin{pmatrix}0&-3&-3\\-2&-1&1\\2&1&-1\end{pmatrix}\overset{r}{\sim}\begin{pmatrix}1&0&-1\\0&1&1\\0&0&0\end{pmatrix},$$

得基础解系

$$p_2=\begin{pmatrix}1\\-1\\1\end{pmatrix},$$

所以 $\boldsymbol{A}$ 的对应于特征值 $\lambda_2=\lambda_3=4$ 的全部特征向量为 $k_2\boldsymbol{p}_2$ ($k_2\neq 0$).

从例 6.1～例 6.3 中可以看出，当特征值是单根时，可求得一个线性无关的特征向量；当特征值是重根时，例 6.2 中的二重根特征值 2 对应两个线性无关的特征向量，而例 6.3 中二重根特征值 4 所对应的特征向量都是线性相关的，只能求得一个线性无关的特征向量.

例 6.4　设 λ 是方阵 $\boldsymbol{A}$ 的特征值，证明：

(1) λ^k 是 $\boldsymbol{A}^k$ 的特征值，其中 k 为自然数；

(2) 当 $\boldsymbol{A}$ 可逆时，$\dfrac{1}{\lambda}$ 是 $\boldsymbol{A}^{-1}$ 的特征值.

证 因为 λ 是 $\boldsymbol{A}$ 的特征值，所以有 $\boldsymbol{p}\neq\boldsymbol{0}$，使 $\boldsymbol{A}\boldsymbol{p}=\lambda\boldsymbol{p}$.

(1) $\boldsymbol{A}^k\boldsymbol{p}=\boldsymbol{A}^{k-1}(\boldsymbol{A}\boldsymbol{p})=\boldsymbol{A}^{k-1}(\lambda\boldsymbol{p})=\lambda\boldsymbol{A}^{k-1}\boldsymbol{p}=\lambda\boldsymbol{A}^{k-2}(\boldsymbol{A}\boldsymbol{p})=\lambda\boldsymbol{A}^{k-2}(\lambda\boldsymbol{p})=\lambda^2\boldsymbol{A}^{k-2}\boldsymbol{p}$

$=\cdots=\lambda^{k-1}\boldsymbol{A}\boldsymbol{p}=\lambda^k\boldsymbol{p}$,

即 λ^k 是 $\boldsymbol{A}^k$ 的特征值.

(2) 当 $\boldsymbol{A}$ 可逆时，由 $\boldsymbol{A}\boldsymbol{p}=\lambda\boldsymbol{p}$，有 $\boldsymbol{p}=\lambda\boldsymbol{A}^{-1}\boldsymbol{p}$，因为 $\boldsymbol{p}\neq\boldsymbol{0}$，所以 $\lambda\neq 0$，故 $\boldsymbol{A}^{-1}\boldsymbol{p}=\dfrac{1}{\lambda}\boldsymbol{p}$，即 $\dfrac{1}{\lambda}$ 是 $\boldsymbol{A}^{-1}$ 的特征值.

设 $\varphi(x)=a_0+a_1x+\cdots+a_mx^m$ $(a_m\neq 0)$，$\boldsymbol{A}$ 为 n 阶方阵，记

$$\varphi(\boldsymbol{A})=a_0\boldsymbol{E}+a_1\boldsymbol{A}+\cdots+a_m\boldsymbol{A}^m,$$

称 $\varphi(\boldsymbol{A})$ 为 $\boldsymbol{A}$ 的 m 次多项式.

按例 6.4 的方法类推，不难证明：

(1) 若 λ 是 $\boldsymbol{A}$ 的特征值，则 $\varphi(\lambda)$ 是 $\varphi(\boldsymbol{A})$ 的特征值；

(2) 当 $\boldsymbol{A}$ 可逆时，$\varphi(\lambda^{-1})=a_0+a_1\lambda^{-1}+a_2\lambda^{-2}+\cdots+a_m\lambda^{-m}$ 是

$$\varphi(\boldsymbol{A}^{-1})=a_0\boldsymbol{E}+a_1\boldsymbol{A}^{-1}+a_2\boldsymbol{A}^{-2}+\cdots+a_m\boldsymbol{A}^{-m}$$

的特征值.

例 6.5 设三阶矩阵 $\boldsymbol{A}$ 的特征值为 1，2，-3，求 $\left|\boldsymbol{A}^*+3\boldsymbol{A}+2\boldsymbol{E}\right|$.

解 由 $\boldsymbol{A}$ 的特征值全不为 0，知 $\boldsymbol{A}$ 可逆，故 $\boldsymbol{A}^*=|\boldsymbol{A}|\boldsymbol{A}^{-1}$，而 $|\boldsymbol{A}|=-6$，所以

$$\boldsymbol{A}^*+3\boldsymbol{A}+2\boldsymbol{E}=-6\boldsymbol{A}^{-1}+3\boldsymbol{A}+2\boldsymbol{E}.$$

把上式记为 $\varphi(\boldsymbol{A})$，有 $\varphi(\lambda)=-\dfrac{6}{\lambda}+3\lambda+2$，则 $\varphi(\boldsymbol{A})$ 的特征值为 $\varphi(1)=-1$，$\varphi(2)=5$，$\varphi(-3)=-5$，所以

$$\left|\boldsymbol{A}^*+3\boldsymbol{A}+2\boldsymbol{E}\right|=(-1)\times5\times(-5)=25.$$

定理 6.2 设 $\lambda_1,\lambda_2,\cdots,\lambda_m$ 是方阵 $\boldsymbol{A}$ 的 m 个不同的特征值，$\boldsymbol{p}_1,\boldsymbol{p}_2,\cdots,\boldsymbol{p}_m$ 依次是与之对应的特征向量，则 $\boldsymbol{p}_1,\boldsymbol{p}_2,\cdots,\boldsymbol{p}_m$ 线性无关.

证 设有数 $x_1,x_2,\cdots,x_m$ 使 $x_1\boldsymbol{p}_1+x_2\boldsymbol{p}_2+\cdots+x_m\boldsymbol{p}_m=\boldsymbol{0}$，则 $\boldsymbol{A}(x_1\boldsymbol{p}_1+x_2\boldsymbol{p}_2+\cdots+x_m\boldsymbol{p}_m)=\boldsymbol{0}$，即 $\lambda_1x_1\boldsymbol{p}_1+\lambda_2x_2\boldsymbol{p}_2+\cdots+\lambda_mx_m\boldsymbol{p}_m=\boldsymbol{0}$，以此类推，有

$$\lambda_1^kx_1\boldsymbol{p}_1+\lambda_2^kx_2\boldsymbol{p}_2+\cdots+\lambda_m^kx_m\boldsymbol{p}_m=\boldsymbol{0}\quad(k=2,3,\cdots,m-1).$$

把上述各式合写成矩阵形式，得

$$(x_1\boldsymbol{p}_1,x_2\boldsymbol{p}_2,\cdots,x_m\boldsymbol{p}_m)\begin{pmatrix}1&\lambda_1&\cdots&\lambda_1^{m-1}\\1&\lambda_2&\cdots&\lambda_2^{m-1}\\\vdots&\vdots&&\vdots\\1&\lambda_m&\cdots&\lambda_m^{m-1}\end{pmatrix}=(\boldsymbol{0},\boldsymbol{0},\cdots,\boldsymbol{0}).$$

因为上式等号左端第二个矩阵的行列式为范德蒙德行列式，所以当 λ_i 各不相等时，该行列式不等于 0，从而该矩阵可逆，于是有 $(x_1\boldsymbol{p}_1, x_2\boldsymbol{p}_2, \cdots, x_m\boldsymbol{p}_m) = (\boldsymbol{0}, \boldsymbol{0}, \cdots, \boldsymbol{0})$，即对每一个 $j\,(j=1,2,\cdots,m)$ 有 $x_j\boldsymbol{p}_j = \boldsymbol{0}$，但 $\boldsymbol{p}_j \neq \boldsymbol{0}$，故 $x_j = 0\,(j=1,2,\cdots,m)$.

因此，$\boldsymbol{p}_1, \boldsymbol{p}_2, \cdots, \boldsymbol{p}_m$ 线性无关.

6.2　相似矩阵与矩阵的对角化

设 $\boldsymbol{A}$ 是 n 阶方阵，$\varphi(x) = a_0 + a_1x + \cdots + a_mx^m\,(a_m \neq 0)$，经常需要计算 $\boldsymbol{A}$ 的多项式

$$\varphi(\boldsymbol{A}) = a_0\boldsymbol{E} + a_1\boldsymbol{A} + \cdots + a_m\boldsymbol{A}^m,$$

若直接计算，计算量非常大. 但是，若存在可逆矩阵 $\boldsymbol{P}$，使

$$\boldsymbol{P}^{-1}\boldsymbol{A}\boldsymbol{P} = \boldsymbol{\Lambda} = \operatorname{diag}(\lambda_1, \lambda_2, \cdots, \lambda_n),$$

则

$$\boldsymbol{A} = \boldsymbol{P}\boldsymbol{\Lambda}\boldsymbol{P}^{-1}, \qquad \boldsymbol{A}^k = (\boldsymbol{P}\boldsymbol{\Lambda}\boldsymbol{P}^{-1})(\boldsymbol{P}\boldsymbol{\Lambda}\boldsymbol{P}^{-1})\cdots(\boldsymbol{P}\boldsymbol{\Lambda}\boldsymbol{P}^{-1}) = \boldsymbol{P}\boldsymbol{\Lambda}^k\boldsymbol{P}^{-1} = \boldsymbol{P}\begin{pmatrix} \lambda_1^k & & & \\ & \lambda_2^k & & \\ & & \ddots & \\ & & & \lambda_n^k \end{pmatrix}\boldsymbol{P}^{-1},$$

所以 $\boldsymbol{A}$ 的多项式 $\varphi(\boldsymbol{A}) = \boldsymbol{P}\begin{pmatrix} \varphi(\lambda_1) & & & \\ & \varphi(\lambda_2) & & \\ & & \ddots & \\ & & & \varphi(\lambda_n) \end{pmatrix}\boldsymbol{P}^{-1}$.

下面要讨论的主要问题是，对 n 阶方阵 $\boldsymbol{A}$，寻找可逆矩阵 $\boldsymbol{P}$，使 $\boldsymbol{P}^{-1}\boldsymbol{A}\boldsymbol{P} = \boldsymbol{\Lambda}$ 为对角阵(这种过程称为把方阵 $\boldsymbol{A}$ 对角化).

定义 6.2　设 $\boldsymbol{A}, \boldsymbol{B}$ 都是 n 阶矩阵，若存在可逆矩阵 $\boldsymbol{P}$，使得 $\boldsymbol{P}^{-1}\boldsymbol{A}\boldsymbol{P} = \boldsymbol{B}$，则称 $\boldsymbol{B}$ 是 $\boldsymbol{A}$ 的相似矩阵，或称 $\boldsymbol{A}$ 与 $\boldsymbol{B}$ 相似. 对 $\boldsymbol{A}$ 进行运算 $\boldsymbol{P}^{-1}\boldsymbol{A}\boldsymbol{P}$ 称为对 $\boldsymbol{A}$ 进行相似变换，$\boldsymbol{P}$ 称为把 $\boldsymbol{A}$ 变成 $\boldsymbol{B}$ 的相似变换矩阵.

“相似”是矩阵之间的一种关系，它具有以下性质.

(1) 反身性：$\boldsymbol{A}$ 与 $\boldsymbol{A}$ 相似.

(2) 对称性：若 $\boldsymbol{A}$ 与 $\boldsymbol{B}$ 相似，则 $\boldsymbol{B}$ 与 $\boldsymbol{A}$ 相似.

(3) 传递性：若 $\boldsymbol{A}$ 与 $\boldsymbol{B}$ 相似，$\boldsymbol{B}$ 与 $\boldsymbol{C}$ 相似，则 $\boldsymbol{A}$ 与 $\boldsymbol{C}$ 相似.

(4) 相似矩阵的秩和行列式都相等.

证　设 $\boldsymbol{A}$ 与 $\boldsymbol{B}$ 相似，则存在可逆矩阵 $\boldsymbol{P}$，使 $\boldsymbol{B} = \boldsymbol{P}^{-1}\boldsymbol{A}\boldsymbol{P}$，因此 $R(\boldsymbol{A}) = R(\boldsymbol{B})$，且

$$|\boldsymbol{B}| = |\boldsymbol{P}^{-1}\boldsymbol{A}\boldsymbol{P}| = |\boldsymbol{P}^{-1}|\cdot|\boldsymbol{A}|\cdot|\boldsymbol{P}| = |\boldsymbol{A}|.$$

(5) 相似矩阵有相同的可逆性，且可逆时其逆也相似.

证　设 $\boldsymbol{A}$ 与 $\boldsymbol{B}$ 相似，由性质(4)，知 $|\boldsymbol{B}| = |\boldsymbol{A}|$，所以它们的可逆性是相同的.

若 $\boldsymbol{A}$ 可逆，则 $\boldsymbol{B}$ 也可逆，且 $\boldsymbol{B}^{-1}=(\boldsymbol{P}^{-1}\boldsymbol{A}\boldsymbol{P})^{-1}=\boldsymbol{P}^{-1}\boldsymbol{A}^{-1}\boldsymbol{P}$，即 $\boldsymbol{A}^{-1}$ 与 $\boldsymbol{B}^{-1}$ 相似.

(6) 相似矩阵的同次幂仍相似.

定理 6.3 若 n 阶矩阵 $\boldsymbol{A}$ 与 $\boldsymbol{B}$ 相似，则 $\boldsymbol{A}$ 与 $\boldsymbol{B}$ 具有相同的特征多项式，从而 $\boldsymbol{A}$ 与 $\boldsymbol{B}$ 有相同的特征值.

证 因为 $\boldsymbol{A}$ 与 $\boldsymbol{B}$ 相似，所以存在可逆阵 $\boldsymbol{P}$，使 $\boldsymbol{P}^{-1}\boldsymbol{A}\boldsymbol{P}=\boldsymbol{B}$，于是

$$|\boldsymbol{B}-\lambda\boldsymbol{E}|=|\boldsymbol{P}^{-1}\boldsymbol{A}\boldsymbol{P}-\boldsymbol{P}^{-1}(\lambda\boldsymbol{E})\boldsymbol{P}|=|\boldsymbol{P}^{-1}(\boldsymbol{A}-\lambda\boldsymbol{E})\boldsymbol{P}|=|\boldsymbol{P}^{-1}|\cdot|\boldsymbol{A}-\lambda\boldsymbol{E}|\cdot|\boldsymbol{P}|=|\boldsymbol{A}-\lambda\boldsymbol{E}|,$$

即 $\boldsymbol{A}$ 与 $\boldsymbol{B}$ 有相同的特征多项式.

推论 6.1 若 n 阶矩阵 $\boldsymbol{A}$ 与对角阵 $\boldsymbol{\Lambda}=\mathrm{diag}(\lambda_1,\lambda_2,\cdots,\lambda_n)$ 相似，则 $\lambda_1,\lambda_2,\cdots,\lambda_n$ 是 $\boldsymbol{A}$ 的 n 个特征值.

证 因为 $\lambda_1,\lambda_2,\cdots,\lambda_n$ 是 $\boldsymbol{\Lambda}$ 的 n 个特征值，由定理 6.3 知，$\lambda_1,\lambda_2,\cdots,\lambda_n$ 也是 $\boldsymbol{A}$ 的 n 个特征值.

定理 6.4 n 阶矩阵 $\boldsymbol{A}$ 与对角阵相似(即 $\boldsymbol{A}$ 可对角化)的充分必要条件是，$\boldsymbol{A}$ 有 n 个线性无关的特征向量.

证 必要性．设 $\boldsymbol{A}$ 可对角化，即存在可逆矩阵 $\boldsymbol{P}=(\boldsymbol{p}_1,\boldsymbol{p}_2,\cdots,\boldsymbol{p}_n)$，使 $\boldsymbol{P}^{-1}\boldsymbol{A}\boldsymbol{P}=\boldsymbol{\Lambda}$ 为对角阵，故 $\boldsymbol{A}\boldsymbol{P}=\boldsymbol{P}\boldsymbol{\Lambda}$，即

$$\boldsymbol{A}(\boldsymbol{p}_1,\boldsymbol{p}_2,\cdots,\boldsymbol{p}_n)=(\boldsymbol{p}_1,\boldsymbol{p}_2,\cdots,\boldsymbol{p}_n)\begin{pmatrix}\lambda_1&&&\\&\lambda_2&&\\&&\ddots&\\&&&\lambda_n\end{pmatrix}=(\lambda_1\boldsymbol{p}_1,\lambda_2\boldsymbol{p}_2,\cdots,\lambda_n\boldsymbol{p}_n),$$

于是有 $\boldsymbol{A}\boldsymbol{p}_i=\lambda_i\boldsymbol{p}_i\ (i=1,2,\cdots,n)$．可见 λ_i 是 $\boldsymbol{A}$ 的特征值，$\boldsymbol{P}$ 的列向量 $\boldsymbol{p}_i$ 就是 $\boldsymbol{A}$ 的对应于特征值 λ_i 的特征向量，显然，$\boldsymbol{p}_1,\boldsymbol{p}_2,\cdots,\boldsymbol{p}_n$ 线性无关.

充分性．设 $\boldsymbol{p}_1,\boldsymbol{p}_2,\cdots,\boldsymbol{p}_n$ 是 $\boldsymbol{A}$ 的依次对应于特征值 $\lambda_1,\lambda_2,\cdots,\lambda_n$ 的 n 个线性无关的特征向量，即 $\boldsymbol{A}\boldsymbol{p}_i=\lambda_i\boldsymbol{p}_i\ (i=1,2,\cdots,n)$，记 $\boldsymbol{P}=(\boldsymbol{p}_1,\boldsymbol{p}_2,\cdots,\boldsymbol{p}_n)$，则有 $\boldsymbol{A}\boldsymbol{P}=\boldsymbol{P}\boldsymbol{\Lambda}$．显然，$\boldsymbol{P}$ 可逆，从而 $\boldsymbol{P}^{-1}\boldsymbol{A}\boldsymbol{P}=\boldsymbol{\Lambda}$，即 $\boldsymbol{A}$ 可对角化.

推论 6.2 若 n 阶矩阵 $\boldsymbol{A}$ 的 n 个特征值互不相等，则 $\boldsymbol{A}$ 与对角阵相似.

例 6.6 设 $\boldsymbol{A}=\begin{pmatrix}2&0&0\\1&2&-1\\1&0&1\end{pmatrix}$，求 $\boldsymbol{A}^n$.

解 $|\boldsymbol{A}-\lambda\boldsymbol{E}|=\begin{vmatrix}2-\lambda&0&0\\1&2-\lambda&-1\\1&0&1-\lambda\end{vmatrix}=(1-\lambda)(2-\lambda)^2$，

所以 $\boldsymbol{A}$ 的特征值为 $\lambda_1=1,\lambda_2=\lambda_3=2$.

当 $\lambda_1=1$ 时，解方程 $(\boldsymbol{A}-\boldsymbol{E})\boldsymbol{x}=\boldsymbol{0}$，得基础解系 $\boldsymbol{p}_1=(0,1,1)^{\mathrm{T}}$.

当 $\lambda_2=\lambda_3=2$ 时，解方程 $(\boldsymbol{A}-2\boldsymbol{E})\boldsymbol{x}=\boldsymbol{0}$，得基础解系 $\boldsymbol{p}_2=(0,1,0)^{\mathrm{T}}$，$\boldsymbol{p}_3=(1,0,1)^{\mathrm{T}}$.

令 $\boldsymbol{P}=(\boldsymbol{p}_1,\boldsymbol{p}_2,\boldsymbol{p}_3)=\begin{pmatrix}0&0&1\\1&1&0\\1&0&1\end{pmatrix}$，则 $\boldsymbol{P}^{-1}=\begin{pmatrix}-1&0&1\\1&1&-1\\1&0&0\end{pmatrix}$，从而存在可逆阵 $\boldsymbol{P}$，使得 $\boldsymbol{P}^{-1}\boldsymbol{A}\boldsymbol{P}=\begin{pmatrix}1&0&0\\0&2&0\\0&0&2\end{pmatrix}=\boldsymbol{\Lambda}$，所以

$$\boldsymbol{P}^{-1}\boldsymbol{A}^n\boldsymbol{P}=\boldsymbol{\Lambda}^n=\begin{pmatrix}1&0&0\\0&2^n&0\\0&0&2^n\end{pmatrix},$$

则

$$\boldsymbol{A}^n=\boldsymbol{P}\boldsymbol{\Lambda}^n\boldsymbol{P}^{-1}=\begin{pmatrix}0&0&1\\1&1&0\\1&0&1\end{pmatrix}\begin{pmatrix}1&0&0\\0&2^n&0\\0&0&2^n\end{pmatrix}\begin{pmatrix}-1&0&1\\1&1&-1\\1&0&0\end{pmatrix}=\begin{pmatrix}2^n&0&0\\2^n-1&2^n&1-2^n\\2^n-1&0&1\end{pmatrix}.$$

例 6.7　设 $\boldsymbol{A}=\begin{pmatrix}-1&1&0\\-2&2&0\\4&x&1\end{pmatrix}$，问 x 取何值时，$\boldsymbol{A}$ 可对角化?

解　$|\boldsymbol{A}-\lambda\boldsymbol{E}|=\begin{vmatrix}-1-\lambda&1&0\\-2&2-\lambda&0\\4&x&1-\lambda\end{vmatrix}=-\lambda(1-\lambda)^2$，
所以 $\boldsymbol{A}$ 的特征值为 $\lambda_1=0,\lambda_2=\lambda_3=1$.

当 $\lambda_1=0$ 时，可求得线性无关的特征向量恰有 1 个，故

$\boldsymbol{A}$ 可对角化 $\Leftrightarrow$ 当 $\lambda_2=\lambda_3=1$ 时，恰有 2 个线性无关的特征向量

$\Leftrightarrow(\boldsymbol{A}-\boldsymbol{E})\boldsymbol{x}=\boldsymbol{0}$ 恰有 2 个线性无关的解 $\Leftrightarrow R(\boldsymbol{A}-\boldsymbol{E})=1$.

由

$$\boldsymbol{A}-\boldsymbol{E}=\begin{pmatrix}-2&1&0\\-2&1&0\\4&x&0\end{pmatrix}\overset{r}{\sim}\begin{pmatrix}2&-1&0\\0&x+2&0\\0&0&0\end{pmatrix},$$

得

$$R(\boldsymbol{A}-\boldsymbol{E})=1\Leftrightarrow x=-2.$$

因此，当 $x=-2$ 时，$\boldsymbol{A}$ 可对角化.

例 6.8　设 $\boldsymbol{A}$ 是 n 阶矩阵，$\boldsymbol{\xi}$ 是 $\boldsymbol{A}$ 的对应于特征值 λ 的特征向量，$\boldsymbol{P}$ 是 n 阶可逆矩阵，$\boldsymbol{B}=\boldsymbol{P}^{-1}\boldsymbol{A}\boldsymbol{P}$，证明：$\boldsymbol{P}^{-1}\boldsymbol{\xi}$ 是 $\boldsymbol{B}$ 的对应于特征值 λ 的特征向量.

证　因为 $\boldsymbol{B}=\boldsymbol{P}^{-1}\boldsymbol{A}\boldsymbol{P}$，所以 $\boldsymbol{A}=\boldsymbol{P}\boldsymbol{B}\boldsymbol{P}^{-1}$，而 $\boldsymbol{A}\boldsymbol{\xi}=\lambda\boldsymbol{\xi}$，故 $\boldsymbol{P}\boldsymbol{B}\boldsymbol{P}^{-1}\boldsymbol{\xi}=\lambda\boldsymbol{\xi}$，于是 $\boldsymbol{B}(\boldsymbol{P}^{-1}\boldsymbol{\xi})=$

$\lambda(\boldsymbol{P}^{-1}\xi)$，即$\boldsymbol{P}^{-1}\xi$是$\boldsymbol{B}$的对应于特征值$\lambda$的特征向量.

6.3　实对称矩阵的对角化

判别一个n阶方阵能够对角化需满足什么条件的方法比较复杂，可见同济大学数学系(2013). 但是，如果n阶方阵是实对称矩阵，则一定是可以对角化的，下面将推导这一结论.

定理 6.5　实对称矩阵的特征值为实数.

证　设复数λ为实对称矩阵$\boldsymbol{A}$的特征值，复向量$\boldsymbol{x}$为对应的特征向量，即$\boldsymbol{A}\boldsymbol{x}=\lambda\boldsymbol{x}, \boldsymbol{x}\neq\boldsymbol{0}$，则$\bar{\boldsymbol{x}}^{\mathrm{T}}\boldsymbol{A}\boldsymbol{x}=\bar{\boldsymbol{x}}^{\mathrm{T}}(\boldsymbol{A}\boldsymbol{x})=\bar{\boldsymbol{x}}^{\mathrm{T}}(\lambda\boldsymbol{x})=\lambda\bar{\boldsymbol{x}}^{\mathrm{T}}\boldsymbol{x}$，以及$\bar{\boldsymbol{x}}^{\mathrm{T}}\boldsymbol{A}\boldsymbol{x}=(\bar{\boldsymbol{x}}^{\mathrm{T}}\boldsymbol{A}^{\mathrm{T}})\boldsymbol{x}=(\overline{\boldsymbol{A}\boldsymbol{x}})^{\mathrm{T}}\boldsymbol{x}=(\bar{\lambda}\bar{\boldsymbol{x}})^{\mathrm{T}}\boldsymbol{x}=\bar{\lambda}\bar{\boldsymbol{x}}^{\mathrm{T}}\boldsymbol{x}$，故$(\lambda-\bar{\lambda})\bar{\boldsymbol{x}}^{\mathrm{T}}\boldsymbol{x}=0$，因为$\boldsymbol{x}\neq\boldsymbol{0}$，所以$\bar{\boldsymbol{x}}^{\mathrm{T}}\boldsymbol{x}=\sum_{i=1}^{n}\bar{x}_i x_i=\sum_{i=1}^{n}|x_i|^2>0$，于是$\lambda-\bar{\lambda}=0$，即$\lambda=\bar{\lambda}$，$\lambda$是实数.

定理 6.6　设λ_1,λ_2是实对称矩阵$\boldsymbol{A}$的两个不同的特征值，$\boldsymbol{p}_1,\boldsymbol{p}_2$是对应的特征向量，则$\boldsymbol{p}_1$与$\boldsymbol{p}_2$正交.

证　因为$\boldsymbol{A}\boldsymbol{p}_1=\lambda_1\boldsymbol{p}_1, \boldsymbol{A}\boldsymbol{p}_2=\lambda_2\boldsymbol{p}_2, \lambda_1\neq\lambda_2$，所以$\lambda_1\boldsymbol{p}_1^{\mathrm{T}}\boldsymbol{p}_2=(\lambda_1\boldsymbol{p}_1)^{\mathrm{T}}\boldsymbol{p}_2=(\boldsymbol{A}\boldsymbol{p}_1)^{\mathrm{T}}\boldsymbol{p}_2=\boldsymbol{p}_1^{\mathrm{T}}\boldsymbol{A}^{\mathrm{T}}\boldsymbol{p}_2=\boldsymbol{p}_1^{\mathrm{T}}(\boldsymbol{A}\boldsymbol{p}_2)=\boldsymbol{p}_1^{\mathrm{T}}(\lambda_2\boldsymbol{p}_2)=\lambda_2\boldsymbol{p}_1^{\mathrm{T}}\boldsymbol{p}_2$，即$(\lambda_1-\lambda_2)\boldsymbol{p}_1^{\mathrm{T}}\boldsymbol{p}_2=0$. 由于$\lambda_1\neq\lambda_2$，故$\boldsymbol{p}_1^{\mathrm{T}}\boldsymbol{p}_2=0$，因此$\boldsymbol{p}_1$与$\boldsymbol{p}_2$正交.

下面不加证明地给出如下定理.

定理 6.7　设$\boldsymbol{A}$为n阶实对称矩阵，λ是$\boldsymbol{A}$的特征方程的k重根，则$R(\boldsymbol{A}-\lambda\boldsymbol{E})=n-k$，从而对应$\lambda$恰有$k$个线性无关的特征向量.

根据上述定理，可得把实对称矩阵$\boldsymbol{A}$对角化的步骤：

(1) 求出$\boldsymbol{A}$的全部互不相等的特征值$\lambda_1,\lambda_2,\cdots,\lambda_s$，它们的重数依次为$k_1,k_2,\cdots,k_s$ $(k_1+k_2+\cdots+k_s=n)$.

(2) 对每个k_i重特征值λ_i，求$(\boldsymbol{A}-\lambda_i\boldsymbol{E})\boldsymbol{x}=\boldsymbol{0}$的基础解系，得$k_i$个线性无关的特征向量，对其正交化、单位化，得$k_i$个两两正交的单位特征向量. 因为$k_1+k_2+\cdots+k_s=n$，所以总共可得$n$个两两正交的单位特征向量.

(3) 由这n个两两正交的单位特征向量构成正交矩阵$\boldsymbol{P}$，便有$\boldsymbol{P}^{-1}\boldsymbol{A}\boldsymbol{P}=\boldsymbol{P}^{\mathrm{T}}\boldsymbol{A}\boldsymbol{P}=\boldsymbol{\Lambda}$. 注意$\boldsymbol{\Lambda}$中对角元素的排列次序应与$\boldsymbol{P}$中列向量的排列次序相对应.

总结以上步骤，可以得到如下定理.

定理 6.8　设$\boldsymbol{A}$为n阶实对称矩阵，则存在正交矩阵$\boldsymbol{P}$，使$\boldsymbol{P}^{-1}\boldsymbol{A}\boldsymbol{P}=\boldsymbol{P}^{\mathrm{T}}\boldsymbol{A}\boldsymbol{P}=\boldsymbol{\Lambda}$，其中$\boldsymbol{\Lambda}$是以$\boldsymbol{A}$的$n$个特征值为对角元素的对角阵.

例 6.9　设$\boldsymbol{A}=\begin{pmatrix}2&-2&0\\-2&1&-2\\0&-2&0\end{pmatrix}$，求一个正交阵$\boldsymbol{P}$，使$\boldsymbol{P}^{-1}\boldsymbol{A}\boldsymbol{P}=\boldsymbol{P}^{\mathrm{T}}\boldsymbol{A}\boldsymbol{P}=\boldsymbol{\Lambda}$为对角阵.

解　由

$$|A-\lambda E|=\begin{vmatrix}2-\lambda & -2 & 0\\ -2 & 1-\lambda & -2\\ 0 & -2 & -\lambda\end{vmatrix}=-(\lambda+2)(\lambda-1)(\lambda-4),$$

得 A 的特征值为 $\lambda_1=-2,\lambda_2=1,\lambda_3=4$.

当 $\lambda_1=-2$ 时，由 $(A+2E)x=0$ ，得 $\xi_1=(1,2,2)^{\mathrm{T}}$ ，将 ξ_1 单位化，得 $p_1=\dfrac{1}{3}(1,2,2)^{\mathrm{T}}$.

当 $\lambda_2=1$ 时，由 $(A-E)x=0$ ，得 $\xi_2=(2,1,-2)^{\mathrm{T}}$ ，将 ξ_2 单位化，得 $p_2=\dfrac{1}{3}(2,1,-2)^{\mathrm{T}}$.

当 $\lambda_3=4$ 时，由 $(A-4E)x=0$ ，得 $\xi_3=(2,-2,1)^{\mathrm{T}}$ ，将 ξ_3 单位化，得 $p_3=\dfrac{1}{3}(2,-2,1)^{\mathrm{T}}$.

由 p_1,p_2,p_3 构成正交矩阵

$$P=(p_1,p_2,p_3)=\frac{1}{3}\begin{pmatrix}1 & 2 & 2\\ 2 & 1 & -2\\ 2 & -2 & 1\end{pmatrix},$$

则有

$$P^{-1}AP=P^{\mathrm{T}}AP=\Lambda=\begin{pmatrix}-2 & 0 & 0\\ 0 & 1 & 0\\ 0 & 0 & 4\end{pmatrix}.$$

例 6.10　设 $A=\begin{pmatrix}2 & 2 & -2\\ 2 & 5 & -4\\ -2 & -4 & 5\end{pmatrix}$ ，求一个正交阵 P ，使 $P^{-1}AP=P^{\mathrm{T}}AP=\Lambda$ 为对角阵.

解　由

$$|A-\lambda E|=\begin{vmatrix}2-\lambda & 2 & -2\\ 2 & 5-\lambda & -4\\ -2 & -4 & 5-\lambda\end{vmatrix}=(\lambda-1)^2(\lambda-10),$$

得 A 的特征值为 $\lambda_1=10,\lambda_2=\lambda_3=1$.

当 $\lambda_1=10$ 时，由 $(A-10E)x=0$ ，得 $\xi_1=(1,2,-2)^{\mathrm{T}}$ ，将 ξ_1 单位化，得 $p_1=\dfrac{1}{3}(1,2,-2)^{\mathrm{T}}$.

当 $\lambda_2=\lambda_3=1$ 时，由 $(A-E)x=0$ ，得 $\xi_2=(-2,1,0)^{\mathrm{T}}$ ， $\xi_3=(2,0,1)^{\mathrm{T}}$. 将 ξ_2,ξ_3 正交化，取

$$\eta_2=\xi_2=\begin{pmatrix}-2\\ 1\\ 0\end{pmatrix},$$

$$\eta_3=\xi_3-\frac{[\eta_2,\ \xi_3]}{[\eta_2,\ \eta_2]}\eta_2=\begin{pmatrix}2\\ 0\\ 1\end{pmatrix}-\left(-\frac{4}{5}\right)\begin{pmatrix}-2\\ 1\\ 0\end{pmatrix}=\begin{pmatrix}\frac{2}{5}\\ \frac{4}{5}\\ 1\end{pmatrix},$$

再将 $\boldsymbol{\eta}_2,\boldsymbol{\eta}_3$ 单位化，得 $\boldsymbol{p}_2=\frac{1}{\sqrt{5}}\begin{pmatrix}-2\\1\\0\end{pmatrix},\boldsymbol{p}_3=\frac{1}{3\sqrt{5}}\begin{pmatrix}2\\4\\5\end{pmatrix}$.

由 $\boldsymbol{p}_1,\boldsymbol{p}_2,\boldsymbol{p}_3$ 构成正交矩阵

$$\boldsymbol{P}=(\boldsymbol{p}_1,\boldsymbol{p}_2,\boldsymbol{p}_3)=\begin{pmatrix}\frac{1}{3}&-\frac{2\sqrt{5}}{5}&\frac{2\sqrt{5}}{15}\\ \frac{2}{3}&\frac{\sqrt{5}}{5}&\frac{4\sqrt{5}}{15}\\ -\frac{2}{3}&0&\frac{\sqrt{5}}{3}\end{pmatrix},$$

则有

$$\boldsymbol{P}^{-1}\boldsymbol{A}\boldsymbol{P}=\boldsymbol{P}^{\mathrm{T}}\boldsymbol{A}\boldsymbol{P}=\boldsymbol{\Lambda}=\begin{pmatrix}10&0&0\\0&1&0\\0&0&1\end{pmatrix}.$$

6.4　二　次　型

对于平面上的二次曲线

$$ax^2+bxy+cy^2=1,$$

可以选择适当的坐标旋转变换

$$\begin{cases}x=x'\cos\theta-y'\sin\theta,\\ y=x'\sin\theta+y'\cos\theta,\end{cases}$$

消去交叉项，把方程化为标准形

$$mx'^2+ny'^2=1.$$

由于坐标旋转变换不改变图形的形状，从变换后的方程很容易判别曲线的类型.

上述化标准形的过程就是通过变量的线性变换将一个二次齐次多项式化简成只含有平方项的形式. 对于有 n 个变量的二次齐次多项式，也有一个分类与化简的问题，下面将利用矩阵的特征值理论解决这个问题.

定义 6.3　含有 n 个变量 $x_1,x_2,\cdots,x_n$ 的 n 元二次齐次多项式

$$\begin{aligned}f(x_1,x_2,\cdots,x_n)=&\,b_{11}x_1^2+b_{12}x_1x_2+\cdots+b_{1n}x_1x_n\\&+b_{22}x_2^2+b_{23}x_2x_3+\cdots+b_{2n}x_2x_n+\cdots+b_{n-1,n-1}x_{n-1}^2+b_{n-1,n}x_{n-1}x_n+b_{nn}x_n^2\end{aligned}\tag{6.3}$$

称为 $x_1,x_2,\cdots,x_n$ 的二次型，简称二次型.

其中，b_{ij} 称为乘积项 $x_i x_j$ 的系数，当式(6.3)的全部系数均为实数时，称其为实二次型．当式(6.3)的系数允许有复数时，称其为复二次型．

若记 $a_{ii}=b_{ii}, a_{ij}=a_{ji}=\frac{1}{2}b_{ij}\ (i<j)$，则有 $a_{ij}=a_{ji}\ (1\leqslant i\leqslant j\leqslant n)$，且

$$\begin{aligned} f(x_1,x_2,\cdots,x_n) &= a_{11}x_1^2+a_{12}x_1x_2+\cdots+a_{1n}x_1x_n \\ &\quad +a_{21}x_2x_1+a_{22}x_2^2+\cdots+a_{2n}x_2x_n \\ &\quad +\cdots+a_{n1}x_nx_1+a_{n2}x_nx_2+\cdots+a_{nn}x_n^2 \end{aligned} \tag{6.4}$$

$$=\sum_{i=1}^{n}\sum_{j=1}^{n}a_{ij}x_ix_j=\sum_{i=1}^{n}x_i\sum_{j=1}^{n}a_{ij}x_j=(x_1,x_2,\cdots,x_n)\begin{pmatrix}\sum\limits_{j=1}^{n}a_{1j}x_j\\ \sum\limits_{j=1}^{n}a_{2j}x_j\\ \vdots\\ \sum\limits_{j=1}^{n}a_{nj}x_j\end{pmatrix}$$

$$=(x_1,x_2,\cdots,x_n)\begin{pmatrix}a_{11}&a_{12}&\cdots&a_{1n}\\ a_{21}&a_{22}&\cdots&a_{2n}\\ \vdots&\vdots&&\vdots\\ a_{n1}&a_{n2}&\cdots&a_{nn}\end{pmatrix}\begin{pmatrix}x_1\\ x_2\\ \vdots\\ x_n\end{pmatrix}. \tag{6.5}$$

若记 $\boldsymbol{A}=\begin{pmatrix}a_{11}&\cdots&a_{1n}\\ \vdots&&\vdots\\ a_{n1}&\cdots&a_{nn}\end{pmatrix},\boldsymbol{x}=\begin{pmatrix}x_1\\ \vdots\\ x_n\end{pmatrix}$，则式(6.5)可记为

$$f(\boldsymbol{x})=\boldsymbol{x}^{\mathrm{T}}\boldsymbol{A}\boldsymbol{x} \tag{6.6}$$

式(6.5)和式(6.6)称为二次型的矩阵表示．在 $a_{ij}=a_{ji}$ 的规定下，显然 $\boldsymbol{A}$ 为实对称矩阵，且 $\boldsymbol{A}$ 与二次型是一一对应的．因此，实对称矩阵 $\boldsymbol{A}$ 又称为二次型(6.3)的矩阵，$\boldsymbol{A}$ 的秩叫作二次型的秩．

例 6.11　求二次型 $f(x_1,x_2,x_3)=3x_1^2+2x_2^2+x_3^2-5x_1x_2+6x_1x_3-8x_2x_3$ 的矩阵．

解　二次型有三个变量，所以对应三阶对称矩阵，a_{ii} 为 x_i^2 的系数，$a_{ij}=a_{ji}\ (i\neq j)$ 为 x_ix_j 的系数的一半．由此，可得

$$\boldsymbol{A}=\begin{pmatrix}3&-\frac{5}{2}&3\\ -\frac{5}{2}&2&-4\\ 3&-4&1\end{pmatrix},$$

$$f(x_1,x_2,x_3)=(x_1,x_2,x_3)\begin{pmatrix} 3 & -\frac{5}{2} & 3 \\ -\frac{5}{2} & 2 & -4 \\ 3 & -4 & 1 \end{pmatrix}\begin{pmatrix} x_1 \\ x_2 \\ x_3 \end{pmatrix}=\boldsymbol{x}^{\mathrm{T}}\boldsymbol{A}\boldsymbol{x},$$

其中，$\boldsymbol{x}=\begin{pmatrix} x_1 \\ x_2 \\ x_3 \end{pmatrix}$.

对于二次型，讨论的主要问题是，寻求可逆线性变换(也称满秩线性变换)

$$\begin{cases} x_1=c_{11}y_1+c_{12}y_2+\cdots+c_{1n}y_n, \\ x_2=c_{21}y_1+c_{22}y_2+\cdots+c_{2n}y_n, \\ \quad\cdots\cdots \\ x_n=c_{n1}y_1+c_{n2}y_2+\cdots+c_{nn}y_n, \end{cases}$$

即 $\boldsymbol{x}=\boldsymbol{C}\boldsymbol{y}$，其中

$$\boldsymbol{C}=\begin{pmatrix} c_{11} & c_{12} & \cdots & c_{1n} \\ c_{21} & c_{22} & \cdots & c_{2n} \\ \vdots & \vdots & & \vdots \\ c_{n1} & c_{n2} & \cdots & c_{nn} \end{pmatrix}, \quad \boldsymbol{x}=\begin{pmatrix} x_1 \\ x_2 \\ \vdots \\ x_n \end{pmatrix}, \quad \boldsymbol{y}=\begin{pmatrix} y_1 \\ y_2 \\ \vdots \\ y_n \end{pmatrix},$$

使二次型化为只含平方项的二次型

$$f=k_1y_1^2+k_2y_2^2+\cdots+k_ny_n^2,$$

这种只含平方项的二次型，称为二次型的标准形(或法式).

如果标准形的系数 $k_1,k_2,\cdots,k_n$ 只在 1，−1，0 三个数中取值，也就是

$$f=y_1^2+y_2^2+\cdots+y_p^2-y_{p+1}^2-\cdots-y_r^2,$$

这种标准形称为二次型的规范形.

可逆的线性变换 $\boldsymbol{x}=\boldsymbol{C}\boldsymbol{y}$，在几何学上称为仿射变换，对平面图形来说，相当于实行了旋转、压缩、反射三种变换，图形的类型不会改变，但大小、方向会改变. 例如，大圆会变成小圆或变成椭圆，但三角形变换后还是三角形.

二次型 $f=\boldsymbol{x}^{\mathrm{T}}\boldsymbol{A}\boldsymbol{x}$ 在可逆线性变换 $\boldsymbol{x}=\boldsymbol{C}\boldsymbol{y}$ 下，有

$$f=\boldsymbol{x}^{\mathrm{T}}\boldsymbol{A}\boldsymbol{x}=(\boldsymbol{C}\boldsymbol{y})^{\mathrm{T}}\boldsymbol{A}(\boldsymbol{C}\boldsymbol{y})=\boldsymbol{y}^{\mathrm{T}}(\boldsymbol{C}^{\mathrm{T}}\boldsymbol{A}\boldsymbol{C})\boldsymbol{y}.$$

定义 6.4 设 $\boldsymbol{A}$ 和 $\boldsymbol{B}$ 是 n 阶方阵，若存在可逆矩阵 $\boldsymbol{C}$，使 $\boldsymbol{B}=\boldsymbol{C}^{\mathrm{T}}\boldsymbol{A}\boldsymbol{C}$，则称矩阵 $\boldsymbol{A}$ 与 $\boldsymbol{B}$ 合同.

显然，若 $\boldsymbol{A}$ 为对称阵，则 $\boldsymbol{B}=\boldsymbol{C}^{\mathrm{T}}\boldsymbol{A}\boldsymbol{C}$ 也为对称阵，且 $R(\boldsymbol{B})=R(\boldsymbol{A})$，事实上，

$$\boldsymbol{B}^{\mathrm{T}}=(\boldsymbol{C}^{\mathrm{T}}\boldsymbol{A}\boldsymbol{C})^{\mathrm{T}}=\boldsymbol{C}^{\mathrm{T}}\boldsymbol{A}^{\mathrm{T}}\boldsymbol{C}=\boldsymbol{C}^{\mathrm{T}}\boldsymbol{A}\boldsymbol{C}=\boldsymbol{B},$$

即 $\boldsymbol{B}$ 为对称阵. 又因为 $\boldsymbol{B}=\boldsymbol{C}^{\mathrm{T}}\boldsymbol{A}\boldsymbol{C}$，而 $\boldsymbol{C}$ 可逆，从而 $\boldsymbol{C}^{\mathrm{T}}$ 也可逆，由矩阵秩的性质即知

$R(\boldsymbol{B}) = R(\boldsymbol{A})$.

由此可知，经可逆变换 $\boldsymbol{x} = \boldsymbol{C}\boldsymbol{y}$ 后，二次型 f 的矩阵由 $\boldsymbol{A}$ 变为与 $\boldsymbol{A}$ 合同的矩阵 $\boldsymbol{C}^{\mathrm{T}}\boldsymbol{A}\boldsymbol{C}$ ，且二次型的秩不变.

要使二次型 f 经可逆变换 $\boldsymbol{x} = \boldsymbol{C}\boldsymbol{y}$ 变成标准形，这就是要使

$$\boldsymbol{y}^{\mathrm{T}}(\boldsymbol{C}^{\mathrm{T}}\boldsymbol{A}\boldsymbol{C})\boldsymbol{y} = k_1 y_1^2 + k_2 y_2^2 + \cdots + k_n y_n^2$$

$$= (y_1, y_2, \cdots, y_n)\begin{pmatrix} k_1 & & & \\ & k_2 & & \\ & & \ddots & \\ & & & k_n \end{pmatrix}\begin{pmatrix} y_1 \\ y_2 \\ \vdots \\ y_n \end{pmatrix}$$

也就是要使 $\boldsymbol{C}^{\mathrm{T}}\boldsymbol{A}\boldsymbol{C}$ 成为对角阵. 因此，主要问题就是，对于对称阵 $\boldsymbol{A}$ ，寻求可逆矩阵 $\boldsymbol{C}$ ，使 $\boldsymbol{C}^{\mathrm{T}}\boldsymbol{A}\boldsymbol{C}$ 为对角阵.

由定理 6.8 知，任给实对称矩阵 $\boldsymbol{A}$ ，总有正交矩阵 $\boldsymbol{P}$ ，使 $\boldsymbol{P}^{-1}\boldsymbol{A}\boldsymbol{P} = \boldsymbol{P}^{\mathrm{T}}\boldsymbol{A}\boldsymbol{P} = \boldsymbol{\Lambda}$. 把此结论应用于二次型，即有如下定理.

定理 6.9　任给二次型 $f = \boldsymbol{x}^{\mathrm{T}}\boldsymbol{A}\boldsymbol{x}$ ，总有正交变换 $\boldsymbol{x} = \boldsymbol{P}\boldsymbol{y}$ ，使 f 化为标准形

$$f = \lambda_1 y_1^2 + \lambda_2 y_2^2 + \cdots + \lambda_n y_n^2 ,$$

其中， $\lambda_1, \lambda_2, \cdots, \lambda_n$ 是 f 的矩阵 $\boldsymbol{A}$ 的特征值.

在三维空间中，正交变换仅对图形实行了旋转和反射变换，它保持两点的距离不变，从而不改变图形的形状和大小.

推论 6.3　任给 n 元二次型 $f(\boldsymbol{x}) = \boldsymbol{x}^{\mathrm{T}}\boldsymbol{A}\boldsymbol{x}$ ，存在可逆变换 $\boldsymbol{x} = \boldsymbol{C}\boldsymbol{z}$ ，使得 $f(\boldsymbol{C}\boldsymbol{z})$ 为规范形.

证　由定理 6.9 知，存在 $\boldsymbol{x} = \boldsymbol{P}\boldsymbol{y}$ ，使得 $f(\boldsymbol{P}\boldsymbol{y}) = \boldsymbol{y}^{\mathrm{T}}\boldsymbol{\Lambda}\boldsymbol{y} = \lambda_1 y_1^2 + \lambda_2 y_2^2 + \cdots + \lambda_n y_n^2$. 设 f 的秩为 r ，则 λ_i 中恰有 r 个不为 0 ，不妨设 $\lambda_1, \lambda_2, \cdots, \lambda_r \neq 0, \lambda_{r+1} = \lambda_{r+2} = \cdots = \lambda_n = 0$ ，令

$$\boldsymbol{K} = \mathrm{diag}(k_1, k_2, \cdots, k_n) ,$$

其中

$$k_i = \begin{cases} \dfrac{1}{\sqrt{|\lambda_i|}}, & i \leqslant r, \\ 0, & i > r, \end{cases}$$

则 $\boldsymbol{K}$ 可逆，变换 $\boldsymbol{y} = \boldsymbol{K}\boldsymbol{z}$ 把 $f(\boldsymbol{P}\boldsymbol{y})$ 化为 $f(\boldsymbol{P}\boldsymbol{K}\boldsymbol{z}) = \boldsymbol{z}^{\mathrm{T}}\boldsymbol{K}^{\mathrm{T}}\boldsymbol{P}^{\mathrm{T}}\boldsymbol{A}\boldsymbol{P}\boldsymbol{K}\boldsymbol{z} = \boldsymbol{z}^{\mathrm{T}}\boldsymbol{K}^{\mathrm{T}}\boldsymbol{\Lambda}\boldsymbol{K}\boldsymbol{z}$.

而 $\boldsymbol{K}^{\mathrm{T}}\boldsymbol{\Lambda}\boldsymbol{K} = \mathrm{diag}\left(\dfrac{\lambda_1}{|\lambda_1|}, \cdots, \dfrac{\lambda_r}{|\lambda_r|}, 0, \cdots, 0\right)$ ，记 $\boldsymbol{C} = \boldsymbol{P}\boldsymbol{K}$ ，即知可逆变换 $\boldsymbol{x} = \boldsymbol{C}\boldsymbol{z}$ 把 f 化成规范形

$$f(\boldsymbol{C}\boldsymbol{z}) = \frac{\lambda_1}{|\lambda_1|} z_1^2 + \frac{\lambda_2}{|\lambda_2|} z_2^2 + \cdots + \frac{\lambda_r}{|\lambda_r|} z_r^2 .$$

例 6.12　设 $\boldsymbol{A}$ 是 n 阶实对称矩阵，求二次型 $f(\boldsymbol{x}) = \boldsymbol{x}^{\mathrm{T}}\boldsymbol{A}\boldsymbol{x}$ 在条件 $\|\boldsymbol{x}\| = 1$ 下的最值.

证 由定理 6.9 知，存在正交变换 $\boldsymbol{x}=\boldsymbol{P}\boldsymbol{y}$，使 $f(\boldsymbol{x})=f(\boldsymbol{P}\boldsymbol{y})=\lambda_1y_1^2+\lambda_2y_2^2+\cdots+\lambda_ny_n^2$，其中 $\lambda_1,\lambda_2,\cdots,\lambda_n$ 是 $\boldsymbol{A}$ 的全部 n 个特征值，故 $f(\boldsymbol{P}\boldsymbol{e}_k)=\lambda_k\ (k=1,2,\cdots,n)$．令

$$\lambda_i=\min\{\lambda_1,\ \lambda_2,\cdots,\lambda_n\},\quad \lambda_j=\max\{\lambda_1,\lambda_2,\cdots,\lambda_n\},$$

则

$$f(\boldsymbol{x})=f(\boldsymbol{P}\boldsymbol{y})=\lambda_1y_1^2+\lambda_2y_2^2+\cdots+\lambda_ny_n^2\leqslant\lambda_jy_1^2+\lambda_jy_2^2+\cdots+\lambda_jy_n^2=f(\boldsymbol{P}\boldsymbol{e}_j)\|\boldsymbol{y}\|^2,$$

$$f(\boldsymbol{x})=f(\boldsymbol{P}\boldsymbol{y})=\lambda_1y_1^2+\lambda_2y_2^2+\cdots+\lambda_ny_n^2\geqslant\lambda_iy_1^2+\lambda_iy_2^2+\cdots+\lambda_iy_n^2=f(\boldsymbol{P}\boldsymbol{e}_i)\|\boldsymbol{y}\|^2,$$

而 $\boldsymbol{x}=\boldsymbol{P}\boldsymbol{y}$ 是正交变换，故 $\|\boldsymbol{y}\|=\|\boldsymbol{x}\|=1$，所以

$$f_{\min}=\min\{\lambda_1,\lambda_2,\cdots,\lambda_n\},\qquad f_{\max}=\max\{\lambda_1,\lambda_2,\cdots,\lambda_n\}.$$

例 6.13 求一个正交变换 $\boldsymbol{x}=\boldsymbol{P}\boldsymbol{y}$，把二次型

$$f(x_1,x_2,x_3,x_4)=2x_1x_2+2x_1x_3+2x_1x_4+2x_2x_3+2x_2x_4+2x_3x_4$$

化为标准形.

解法一 二次型的矩阵为

$$\boldsymbol{A}=\begin{pmatrix}0&1&1&1\\1&0&1&1\\1&1&0&1\\1&1&1&0\end{pmatrix},$$

它的特征多项式为

$$|\boldsymbol{A}-\lambda\boldsymbol{E}|=\begin{vmatrix}-\lambda&1&1&1\\1&-\lambda&1&1\\1&1&-\lambda&1\\1&1&1&-\lambda\end{vmatrix}=(3-\lambda)(-1-\lambda)^3,$$

所以 $\boldsymbol{A}$ 的特征值为 $\lambda_1=3,\lambda_2=\lambda_3=\lambda_4=-1$.

当 $\lambda_1=3$ 时，由 $(\boldsymbol{A}-3\boldsymbol{E})\boldsymbol{x}=\boldsymbol{0}$，得 $\boldsymbol{\xi}_1=(1,1,1,1)^{\mathrm{T}}$，单位化，得 $\boldsymbol{p}_1=\dfrac{1}{2}(1,1,1,1)^{\mathrm{T}}$.

当 $\lambda_2=\lambda_3=\lambda_4=-1$ 时，由 $(\boldsymbol{A}+\boldsymbol{E})\boldsymbol{x}=\boldsymbol{0}$，得

$$\boldsymbol{\xi}_2=(-1,1,0,0)^{\mathrm{T}},\qquad \boldsymbol{\xi}_3=(-1,0,1,0)^{\mathrm{T}},\qquad \boldsymbol{\xi}_4=(-1,0,0,1)^{\mathrm{T}}.$$

将 $\boldsymbol{\xi}_2,\boldsymbol{\xi}_3,\boldsymbol{\xi}_4$ 正交化，取

$$\boldsymbol{\eta}_2=\boldsymbol{\xi}_2=\begin{pmatrix}-1\\1\\0\\0\end{pmatrix},$$

$$\boldsymbol{\eta}_3=\boldsymbol{\xi}_3-\frac{[\boldsymbol{\eta}_2,\ \boldsymbol{\xi}_3]}{[\boldsymbol{\eta}_2,\ \boldsymbol{\eta}_2]}\boldsymbol{\eta}_2=\begin{pmatrix}-1\\0\\1\\0\end{pmatrix}-\frac{1}{2}\begin{pmatrix}-1\\1\\0\\0\end{pmatrix}=\frac{1}{2}\begin{pmatrix}-1\\-1\\2\\0\end{pmatrix},$$

$$\eta_4=\xi_4-\frac{[\eta_2,\ \xi_4]}{[\eta_2,\ \eta_2]}\eta_2-\frac{[\eta_3,\ \xi_4]}{[\eta_3,\ \eta_3]}\eta_3=\begin{pmatrix}-1\\0\\0\\1\end{pmatrix}-\frac{1}{2}\begin{pmatrix}-1\\1\\0\\0\end{pmatrix}-\frac{1}{6}\begin{pmatrix}-1\\-1\\2\\0\end{pmatrix}=\frac{1}{3}\begin{pmatrix}-1\\-1\\-1\\3\end{pmatrix},$$

单位化，得

$$p_2=\frac{\eta_2}{\|\eta_2\|}=\frac{1}{\sqrt{2}}(-1,1,0,0)^{\mathrm{T}},\qquad p_3=\frac{2\eta_3}{\|2\eta_3\|}=\frac{1}{\sqrt{6}}(-1,-1,2,0)^{\mathrm{T}},\qquad p_4=\frac{3\eta_4}{\|3\eta_4\|}=\frac{1}{2\sqrt{3}}(-1,-1,-1,3)^{\mathrm{T}}.$$

取

$$P=(p_1,p_2,p_3,p_4)=\begin{pmatrix}\frac{1}{2}&-\frac{1}{\sqrt{2}}&-\frac{1}{\sqrt{6}}&-\frac{1}{2\sqrt{3}}\\\frac{1}{2}&\frac{1}{\sqrt{2}}&-\frac{1}{\sqrt{6}}&-\frac{1}{2\sqrt{3}}\\\frac{1}{2}&0&\frac{2}{\sqrt{6}}&-\frac{1}{2\sqrt{3}}\\\frac{1}{2}&0&0&\frac{3}{2\sqrt{3}}\end{pmatrix},$$

于是所求的正交变换为

$$x=\begin{pmatrix}\frac{1}{2}&-\frac{1}{\sqrt{2}}&-\frac{1}{\sqrt{6}}&-\frac{1}{2\sqrt{3}}\\\frac{1}{2}&\frac{1}{\sqrt{2}}&-\frac{1}{\sqrt{6}}&-\frac{1}{2\sqrt{3}}\\\frac{1}{2}&0&\frac{2}{\sqrt{6}}&-\frac{1}{2\sqrt{3}}\\\frac{1}{2}&0&0&\frac{3}{2\sqrt{3}}\end{pmatrix}y,$$

且有

$$f=3y_1^2-y_2^2-y_3^2-y_4^2.$$

解法二　二次型的矩阵为

$$A=\begin{pmatrix}0&1&1&1\\1&0&1&1\\1&1&0&1\\1&1&1&0\end{pmatrix},$$

它的特征多项式为

$$|A-\lambda E|=\begin{vmatrix}-\lambda&1&1&1\\1&-\lambda&1&1\\1&1&-\lambda&1\\1&1&1&-\lambda\end{vmatrix}=(3-\lambda)(-1-\lambda)^3,$$

所以 $\boldsymbol{A}$ 的特征值为 $\lambda_1=3, \lambda_2=\lambda_3=\lambda_4=-1$.

当 $\lambda_1=3$ 时，由 $(\boldsymbol{A}-3\boldsymbol{E})\boldsymbol{x}=\boldsymbol{0}$，得 $\boldsymbol{\xi}_1=(1,1,1,1)^{\mathrm{T}}$，单位化，得 $\boldsymbol{p}_1=\frac{1}{2}(1,1,1,1)^{\mathrm{T}}$.

当 $\lambda_2=\lambda_3=\lambda_4=-1$ 时，由 $(\boldsymbol{A}+\boldsymbol{E})\boldsymbol{x}=\boldsymbol{0}$ 与 $x_1+x_2+x_3+x_4=0$ 同解，可以看出三个两两正交的特征向量为

$$\boldsymbol{\xi}_2=(1,1,-1,-1)^{\mathrm{T}}, \qquad \boldsymbol{\xi}_3=(1,-1,1,-1)^{\mathrm{T}}, \qquad \boldsymbol{\xi}_4=(1,-1,-1,1)^{\mathrm{T}},$$

单位化，即得

$$\boldsymbol{p}_2=\frac{1}{2}(1,1,-1,-1)^{\mathrm{T}}, \qquad \boldsymbol{p}_3=\frac{1}{2}(1,-1,1,-1)^{\mathrm{T}}, \qquad \boldsymbol{p}_4=\frac{1}{2}(1,-1,-1,1)^{\mathrm{T}}.$$

取 $\boldsymbol{P}=(\boldsymbol{p}_1,\boldsymbol{p}_2,\boldsymbol{p}_3,\boldsymbol{p}_4)=\frac{1}{2}\begin{pmatrix}1 & 1 & 1 & 1\\ 1 & 1 & -1 & -1\\ 1 & -1 & 1 & -1\\ 1 & -1 & -1 & 1\end{pmatrix}$，于是所求的正交变换为

$$\boldsymbol{x}=\frac{1}{2}\begin{pmatrix}1 & 1 & 1 & 1\\ 1 & 1 & -1 & -1\\ 1 & -1 & 1 & -1\\ 1 & -1 & -1 & 1\end{pmatrix}\boldsymbol{y},$$

且有

$$f=3y_1^2-y_2^2-y_3^2-y_4^2.$$

在例 6.13 中，如果要把二次型 f 化为规范形，只需令

$$\begin{cases}y_1=\dfrac{1}{\sqrt{3}}z_1,\\ y_2=z_2,\\ y_3=z_3,\\ y_4=z_4,\end{cases}$$

即得 f 的规范形

$$f=z_1^2-z_2^2-z_3^2-z_4^2.$$

用正交变换化二次型成标准形，具有保持几何形状及大小不变的优点. 如果不限于用正交变换，还有多种方法可以把二次型化成标准形. 这里只介绍矩阵合同变换法与拉格朗日配方法.

1) 矩阵合同变换法

设可逆变换 $\boldsymbol{x}=\boldsymbol{C}\boldsymbol{y}$，将二次型 $f(\boldsymbol{x})=\boldsymbol{x}^{\mathrm{T}}\boldsymbol{A}\boldsymbol{x}$ 化成标准形

$$f=k_1y_1^2+k_2y_2^2+\cdots+k_ny_n^2,$$

由于可逆矩阵 $\boldsymbol{C}$ 可分解成若干个初等矩阵之积，故可设

$$C = P_1P_2\cdots P_s \quad (P_1,P_2,\cdots,P_s \text{是初等矩阵}),$$

从而 $C^{\mathrm T}AC = P_s^{\mathrm T}\cdots P_2^{\mathrm T}P_1^{\mathrm T}AP_1P_2\cdots P_s = \mathrm{diag}(k_1,k_2,\cdots,k_n)$，且有

$$P^{\mathrm T}AP = P_s^{\mathrm T}(\cdots(P_2^{\mathrm T}(P_1^{\mathrm T}AP_1)P_2)\cdots)P_s,$$

其中，$P_1^{\mathrm T}AP_1$ 表示对 A 做一次与 P_1 相应的初等列变换，再做一次同样的初等行变换，得到与 A 合同的矩阵 $P_1^{\mathrm T}AP_1$，此时称对 A 做了一次合同变换．然后对 $P_1^{\mathrm T}AP_1$ 用 P_2 做第二次合同变换得到 $P_2^{\mathrm T}(P_1^{\mathrm T}AP_1)P_2$．依次实施 s 次合同变换，最终得到与 A 合同的对角矩阵 $\mathrm{diag}(k_1,k_2,\cdots,k_n)$，从而得到二次型的标准形

$$f = k_1y_1^2 + k_2y_2^2 + \cdots + k_ny_n^2.$$

变换所用矩阵为 $C = P_1P_2\cdots P_s = EP_1P_2\cdots P_s$，即 C 是由对应的单位矩阵做 s 次与 A 同样的初等列变换得到的．这种方法就是化二次型成标准形的矩阵合同变换法．

例 6.14　求一个满秩变换 $x = Cy$，把二次型

$$f(x_1,x_2,x_3) = 4x_1^2 + 5x_2^2 - x_3^2 - 4x_1x_2 - 4x_1x_3 + 6x_2x_3$$

化为标准形．

解　将二次型的矩阵 $A = \begin{pmatrix} 4 & -2 & -2 \\ -2 & 5 & 3 \\ -2 & 3 & -1 \end{pmatrix}$ 做合同变换，有

$$\begin{pmatrix} A \\ E \end{pmatrix} = \begin{pmatrix} 4 & -2 & -2 \\ -2 & 5 & 3 \\ -2 & 3 & -1 \\ 1 & 0 & 0 \\ 0 & 1 & 0 \\ 0 & 0 & 1 \end{pmatrix} \overset{c_2+\frac{1}{2}c_1}{\sim} \begin{pmatrix} 4 & 0 & -2 \\ -2 & 4 & 3 \\ -2 & 2 & -1 \\ 1 & \frac{1}{2} & 0 \\ 0 & 1 & 0 \\ 0 & 0 & 1 \end{pmatrix} \overset{r_2+\frac{1}{2}r_1}{\sim} \begin{pmatrix} 4 & 0 & -2 \\ 0 & 4 & 2 \\ -2 & 2 & -1 \\ 1 & \frac{1}{2} & 0 \\ 0 & 1 & 0 \\ 0 & 0 & 1 \end{pmatrix} \overset{c_3+\frac{1}{2}c_1}{\sim} \begin{pmatrix} 4 & 0 & 0 \\ 0 & 4 & 2 \\ -2 & 2 & -2 \\ 1 & \frac{1}{2} & \frac{1}{2} \\ 0 & 1 & 0 \\ 0 & 0 & 1 \end{pmatrix}$$

$$\overset{r_3+\frac{1}{2}r_1}{\sim} \begin{pmatrix} 4 & 0 & 0 \\ 0 & 4 & 2 \\ 0 & 2 & -2 \\ 1 & \frac{1}{2} & \frac{1}{2} \\ 0 & 1 & 0 \\ 0 & 0 & 1 \end{pmatrix} \overset{c_3-\frac{1}{2}c_2}{\sim} \begin{pmatrix} 4 & 0 & 0 \\ 0 & 4 & 0 \\ 0 & 2 & -3 \\ 1 & \frac{1}{2} & \frac{1}{4} \\ 0 & 1 & -\frac{1}{2} \\ 0 & 0 & 1 \end{pmatrix} \overset{r_3-\frac{1}{2}r_2}{\sim} \begin{pmatrix} 4 & 0 & 0 \\ 0 & 4 & 0 \\ 0 & 0 & -3 \\ 1 & \frac{1}{2} & \frac{1}{4} \\ 0 & 1 & -\frac{1}{2} \\ 0 & 0 & 1 \end{pmatrix} = B,$$

所以

$$C = \begin{pmatrix} 1 & \frac{1}{2} & \frac{1}{4} \\ 0 & 1 & -\frac{1}{2} \\ 0 & 0 & 1 \end{pmatrix}, \qquad C^{\mathrm T}AC = \begin{pmatrix} 4 & & \\ & 4 & \\ & & -3 \end{pmatrix},$$

即经满秩线性变换 $\boldsymbol{x}=\boldsymbol{C}\boldsymbol{y}$，二次型化为标准形

$$f=4y_1^2+4y_2^2-3y_3^2.$$

如果对上面的矩阵 $\boldsymbol{B}$ 再做合同变换

$$\boldsymbol{B}\overset{c_3\times 2}{\sim}\begin{pmatrix}4&0&0\\0&4&0\\0&0&-6\\1&\frac{1}{2}&\frac{1}{2}\\0&1&-1\\0&0&2\end{pmatrix}\overset{r_3\times 2}{\sim}\begin{pmatrix}4&0&0\\0&4&0\\0&0&-12\\1&\frac{1}{2}&\frac{1}{2}\\0&1&-1\\0&0&2\end{pmatrix},$$

这时，$\boldsymbol{C}=\begin{pmatrix}1&\frac{1}{2}&\frac{1}{2}\\0&1&-1\\0&0&2\end{pmatrix}$，$\boldsymbol{C}^{\mathrm{T}}\boldsymbol{A}\boldsymbol{C}=\begin{pmatrix}4&&\\&4&\\&&-12\end{pmatrix}$，即经满秩线性变换 $\boldsymbol{x}=\boldsymbol{C}\boldsymbol{y}$，二次型又可化为标准形

$$f=4y_1^2+4y_2^2-12y_3^2.$$

由例 6.14 可知，二次型的标准形不是唯一的．但如果用正交变换，则除系数的排列次序不同以外，标准形是唯一的．

2) 拉格朗日配方法

下面举例说明用拉格朗日配方法将二次型化成标准形．

例 6.15　化二次型

$$f=x_1^2+3x_2^2+5x_3^2+2x_1x_2-4x_1x_3$$

成标准形，并求所用的变换矩阵．

解　由于 f 中含变量 x_1 的平方项，把含 x_1 的项归并起来，配方可得

$$\begin{aligned}f&=x_1^2+2x_1x_2-4x_1x_3+3x_2^2+5x_3^2\\&=(x_1+x_2-2x_3)^2-x_2^2-4x_3^2+4x_2x_3+3x_2^2+5x_3^2\\&=(x_1+x_2-2x_3)^2+2x_2^2+4x_2x_3+x_3^2,\end{aligned}$$

上式右端除第一项外已不再含 x_1．继续配方，可得

$$f=(x_1+x_2-2x_3)^2+2(x_2+x_3)^2-x_3^2.$$

令

$$\begin{cases}y_1=x_1+x_2-2x_3,\\y_2=\qquad\ x_2+x_3,\\y_3=\qquad\qquad\ x_3,\end{cases}$$

即

$$\begin{cases} x_1 = y_1 - y_2 + 3y_3, \\ x_2 = \quad\quad y_2 - \ y_3, \\ x_3 = \quad\quad\quad\quad y_3, \end{cases}$$

就把 f 化成标准形 $f = y_1^2 + 2y_2^2 - y_3^2$，所用变换矩阵为

$$\boldsymbol{C} = \begin{pmatrix} 1 & -1 & 3 \\ 0 & 1 & -1 \\ 0 & 0 & 1 \end{pmatrix} \quad (|\boldsymbol{C}| = 1 \neq 0).$$

例 6.16　化二次型

$$f = 2x_1x_2 - 2x_1x_3$$

成规范形，并求所用的变换矩阵.

解　因为 f 中不含平方项，所以不能直接配方. 而 f 含有 x_1x_2 乘积项，故令

$$x_1 = y_1 + y_2, \qquad x_2 = y_1 - y_2,$$

在此变换下，有 $x_1x_2 = y_1^2 - y_2^2$. 先做变换

$$\begin{cases} x_1 = y_1 + y_2, \\ x_2 = y_1 - y_2, \\ x_3 = y_3, \end{cases}$$

则 $f = 2y_1^2 - 2y_2^2 - 2y_1y_3 - 2y_2y_3$，再配方可得

$$\begin{aligned} f &= 2y_1^2 - 2y_1y_3 - 2y_2^2 - 2y_2y_3 \\ &= 2\left(y_1 - \frac{1}{2}y_3\right)^2 - 2y_2^2 - 2y_2y_3 - \frac{1}{2}y_3^2 \\ &= 2\left(y_1 - \frac{1}{2}y_3\right)^2 - 2\left(y_2 + \frac{1}{2}y_3\right)^2. \end{aligned}$$

令

$$\begin{cases} z_1 = \sqrt{2}y_1 \quad\quad\quad - \dfrac{1}{\sqrt{2}}y_3, \\ z_2 = \quad\quad \sqrt{2}y_2 + \dfrac{1}{\sqrt{2}}y_3, \\ z_3 = \quad\quad\quad\quad\quad\quad y_3, \end{cases}$$

即

$$\begin{cases} y_1 = \dfrac{1}{\sqrt{2}}z_1 \quad\quad\quad + \dfrac{1}{2}z_3, \\ y_2 = \quad\quad \dfrac{1}{\sqrt{2}}z_2 - \dfrac{1}{2}z_3, \\ y_3 = \quad\quad\quad\quad\quad\quad z_3, \end{cases}$$

就把 f 化成规范形 $f=z_1^2-z_2^2$，所用变换矩阵为

$$C=\begin{pmatrix}1&1&0\\1&-1&0\\0&0&1\end{pmatrix}\begin{pmatrix}\frac{1}{\sqrt{2}}&0&\frac{1}{2}\\0&\frac{1}{\sqrt{2}}&-\frac{1}{2}\\0&0&1\end{pmatrix}=\begin{pmatrix}\frac{1}{\sqrt{2}}&\frac{1}{\sqrt{2}}&0\\\frac{1}{\sqrt{2}}&-\frac{1}{\sqrt{2}}&1\\0&0&1\end{pmatrix}\quad(|C|=-1\neq 0).$$

一般地，任何二次型都可用上面的方法找到可逆变换，把二次型化成标准形或规范形.

例 6.17 化二次曲线

$$x^2-xy+y^2+2x-4y=0$$

为标准形，并指出它的形状.

解 先将二次型 x^2-xy+y^2 对应的矩阵对角化，

$$A=\begin{pmatrix}1&-\frac{1}{2}\\-\frac{1}{2}&1\end{pmatrix},$$

解特征方程 $\begin{vmatrix}1-\lambda&-\frac{1}{2}\\-\frac{1}{2}&1-\lambda\end{vmatrix}=0$，得特征值 $\lambda_1=\frac{1}{2},\lambda_2=\frac{3}{2}$，相应的特征向量为 $\begin{pmatrix}1\\1\end{pmatrix},\begin{pmatrix}-1\\1\end{pmatrix}$，再单位化，得

$$p_1=\frac{1}{\sqrt{2}}\begin{pmatrix}1\\1\end{pmatrix},\qquad p_2=\frac{1}{\sqrt{2}}\begin{pmatrix}-1\\1\end{pmatrix},$$

取正交变换

$$\begin{pmatrix}x\\y\end{pmatrix}=\frac{1}{\sqrt{2}}\begin{pmatrix}1&-1\\1&1\end{pmatrix}\begin{pmatrix}x'\\y'\end{pmatrix},$$

二次曲线化为

$$\frac{1}{2}x'^2+\frac{3}{2}y'^2-\frac{2}{\sqrt{2}}x'-\frac{6}{\sqrt{2}}y'=0,$$

配方得

$$\frac{1}{2}\left(x'-\frac{2}{\sqrt{2}}\right)^2+\frac{3}{2}\left(y'-\frac{2}{\sqrt{2}}\right)^2=4,$$

所以曲线为椭圆.

6.5 正 定 矩 阵

例 6.14 表明，可以用不同的可逆线性变换将二次型化成不同的标准形，但这些不同

的标准形也有共同之处. 例如, 它们的项数(即二次型的秩)是相同的. 不仅如此, 在限定变换为实变换时, 标准形中正项个数相同, 负项个数也相同.

定理 6.10　设有二次型 $f=\boldsymbol{x}^{\mathrm{T}}\boldsymbol{A}\boldsymbol{x}$, 它的秩为 r, 有两个可逆变换 $\boldsymbol{x}=\boldsymbol{C}\boldsymbol{y}$ 及 $\boldsymbol{x}=\boldsymbol{P}\boldsymbol{z}$, 使 $f=k_1y_1^2+k_2y_2^2+\cdots+k_sy_s^2\ (k_i\neq 0)$, $f=\lambda_1z_1^2+\lambda_2z_2^2+\cdots+\lambda_tz_t^2\ (\lambda_i\neq 0)$, 则 $s=t=r$, 且 $k_1,k_2,\cdots,k_r$ 中正数的个数与 $\lambda_1,\lambda_2,\cdots,\lambda_r$ 中正数的个数相等.

定理 6.10 称为惯性定理, 证明见同济大学数学系(2013).

二次型的标准形中正项个数称为二次型的正惯性指数,负项个数称为负惯性指数. 若二次型 f 的正惯性指数为 p, 秩为 r, 则可以用适当的可逆线性变换将 f 化成规范形

$$f=y_1^2+\cdots+y_p^2-y_{p+1}^2-\cdots-y_r^2 .$$

定义 6.5　设 $f(\boldsymbol{x})=\boldsymbol{x}^{\mathrm{T}}\boldsymbol{A}\boldsymbol{x}$ 是 n 元实二次型, 若 $\forall\boldsymbol{x}\neq\boldsymbol{0}$, 都有 $f(\boldsymbol{x})>0$ ($f(\boldsymbol{x})<0$), 则称 f 为正(负)定二次型.

若 $\forall\boldsymbol{x}\in\mathbf{R}^n$, 都有 $f(\boldsymbol{x})=\boldsymbol{x}^{\mathrm{T}}\boldsymbol{A}\boldsymbol{x}\geqslant 0$ ($f(\boldsymbol{x})=\boldsymbol{x}^{\mathrm{T}}\boldsymbol{A}\boldsymbol{x}\leqslant 0$), 且至少存在一个非零向量 $\boldsymbol{x}_0\in\mathbf{R}^n$, 使 $f(\boldsymbol{x}_0)={\boldsymbol{x}_0}^{\mathrm{T}}\boldsymbol{A}\boldsymbol{x}_0=0$, 则称二次型 $f(\boldsymbol{x})$ 是半正(负)定的.

若既存在 $\boldsymbol{x}_1\in\mathbf{R}^n$, 使 $f(\boldsymbol{x}_1)>0$, 又存在 $\boldsymbol{x}_2\in\mathbf{R}^n$, 使 $f(\boldsymbol{x}_2)<0$, 则称 $f(\boldsymbol{x})$ 是不定的.

定义 6.6　n 阶实对称矩阵 $\boldsymbol{A}$ 被称为正定的、负定的、半正定的、半负定的或不定的, 当且仅当它相应的二次型 $\boldsymbol{x}^{\mathrm{T}}\boldsymbol{A}\boldsymbol{x}$ 是正定的、负定的、半正定的、半负定的或不定的. 实对称矩阵 $\boldsymbol{A}$ 正定、负定、半正定、半负定有时分别简记为 $\boldsymbol{A}>0,\boldsymbol{A}<0,\boldsymbol{A}\geqslant 0,\boldsymbol{A}\leqslant 0$.

定理 6.11　n 元实二次型 $f(\boldsymbol{x})=\boldsymbol{x}^{\mathrm{T}}\boldsymbol{A}\boldsymbol{x}$ 正定的充分必要条件是它的标准形的 n 个系数全为正.

证　设可逆变换 $\boldsymbol{x}=\boldsymbol{C}\boldsymbol{y}$, 使 $f(\boldsymbol{x})=f(\boldsymbol{C}\boldsymbol{y})=\sum\limits_{i=1}^{n}k_iy_i^2$.

充分性. 设 $k_i>0\ (i=1,2,\cdots,n)$, 则 $\forall\boldsymbol{x}\neq\boldsymbol{0}$, 有 $\boldsymbol{y}=\boldsymbol{C}^{-1}\boldsymbol{x}\neq\boldsymbol{0}$, 故 $f(\boldsymbol{x})=\sum\limits_{i=1}^{n}k_iy_i^2>0$.

必要性. 用反证法, 假设 $k_s\leqslant 0$, 则当 $\boldsymbol{y}=\boldsymbol{e}_s$ 时, $f(\boldsymbol{C}\boldsymbol{e}_s)=k_s\leqslant 0$, 显然 $\boldsymbol{C}\boldsymbol{e}_s\neq\boldsymbol{0}$, 这与 f 正定相矛盾, 故 $k_i>0\ (i=1,2,\cdots,n)$.

推论 6.4　n 阶实对称矩阵 $\boldsymbol{A}$ 正定的充分必要条件是 $\boldsymbol{A}$ 的特征值全为正.

类似地可证明下述结论:

(1) n 元实二次型负定 $\Leftrightarrow$ 负惯性指数=n 或 $\boldsymbol{A}$ 的 n 个特征值全为负数;

(2) n 元实二次型半正定 $\Leftrightarrow$ 正惯性指数 $p=R(\boldsymbol{A})<n$ 或 $\boldsymbol{A}$ 的 n 个特征值全大于等于零, 且至少有一个为零;

(3) n 元实二次型半负定 $\Leftrightarrow$ 负惯性指数 $q=R(\boldsymbol{A})<n$ 或 $\boldsymbol{A}$ 的 n 个特征值全小于等于零, 且至少有一个为零;

(4) n 元实二次型不定 $\Leftrightarrow$ $p,q\neq 0$ 或 $\boldsymbol{A}$ 的 n 个特征值既有正又有负.

定义 6.7　设 n 阶矩阵 $\boldsymbol{A}=(a_{ij})_{n\times n}$, 则 $D_k=\begin{vmatrix} a_{11} & \cdots & a_{1k} \\ \vdots & & \vdots \\ a_{k1} & \cdots & a_{kk} \end{vmatrix}$ ($k=1,2,\cdots,n$)称为 $\boldsymbol{A}$ 的 k 阶

顺序主子式.

定理 6.12 n 阶实对称矩阵 $\boldsymbol{A}$ 正定的充分必要条件是 $\boldsymbol{A}$ 的各阶顺序主子式都为正，即

$$a_{11}>0,\quad \begin{vmatrix} a_{11} & a_{12} \\ a_{21} & a_{22} \end{vmatrix}>0,\quad \cdots,\quad \begin{vmatrix} a_{11} & \cdots & a_{1n} \\ \vdots & & \vdots \\ a_{n1} & \cdots & a_{nn} \end{vmatrix}>0 .$$

对称矩阵 $\boldsymbol{A}$ 为负定的充分必要条件是 $\boldsymbol{A}$ 的奇数阶顺序主子式为负，而偶数阶顺序主子式为正，即

$$(-1)^r \begin{vmatrix} a_{11} & \cdots & a_{1r} \\ \vdots & & \vdots \\ a_{r1} & \cdots & a_{rr} \end{vmatrix}>0 \quad (r=1,2,\cdots,n).$$

这个定理称为赫尔维茨定理，证明见同济大学数学系(2013).

例 6.18 判别二次型 $f(x_1,x_2,x_3)=2x_1^2+5x_2^2+5x_3^2+4x_1x_2-4x_1x_3-8x_2x_3$ 是否正定.

解 f 的矩阵为 $\boldsymbol{A}=\begin{pmatrix} 2 & 2 & -2 \\ 2 & 5 & -4 \\ -2 & -4 & 5 \end{pmatrix}$，$\boldsymbol{A}$ 的各阶顺序主子式：$D_1=2>0, D_2=\begin{vmatrix} 2 & 2 \\ 2 & 5 \end{vmatrix}=6>0, D_3=|\boldsymbol{A}|=10>0$，所以二次型 f 是正定的.

例 6.19 设 $f(x_1,x_2,x_3)=a(x_1^2+x_2^2+x_2^2)+2x_1x_2+2x_1x_3-2x_2x_3$，问 a 为何值时使 f 正定？

解 二次型的矩阵为

$$\boldsymbol{A}=\begin{pmatrix} a & 1 & 1 \\ 1 & a & -1 \\ 1 & -1 & a \end{pmatrix},$$

$\boldsymbol{A}$ 的各阶顺序主子式为

$$D_1=a,\qquad D_2=a^2-1,\qquad D_3=|\boldsymbol{A}|=(a-2)(a+1)^2,$$

因为 f 正定 $\Leftrightarrow \begin{cases} a>0, \\ a^2-1>0, \\ (a-2)(a+1)^2>0, \end{cases}$ 所以 $a>2$.

判定二次型或对称阵是否正定的方法：

(1) 用定义判定，即 $\forall \boldsymbol{x}\neq \boldsymbol{0}\in \mathbf{R}^n$，如证得 $\boldsymbol{x}^{\mathrm{T}}\boldsymbol{A}\boldsymbol{x}>0$，则 $\boldsymbol{A}$ 正定；

(2) 用非退化线性变换化二次型为标准形，当正惯性指数 $p=n$ 时正定；

(3) 令 $|\lambda\boldsymbol{E}-\boldsymbol{A}|=0$，求 $\boldsymbol{A}$ 的全部特征根，当它全大于零时正定；

(4) 计算 $\boldsymbol{A}$ 的各阶顺序主子式，当它们全大于零时正定.

推论 6.5 n 阶实对称矩阵 $\boldsymbol{A}$ 为负定的充分必要条件是 $\boldsymbol{A}$ 的 k 阶顺序主子式 D_k 满足

$$(-1)^k D_k>0 \quad (k=1,2,\cdots,n).$$

证　设 $\boldsymbol{A}$ 为负定的，则 $-\boldsymbol{A}$ 必为正定的．对 $-\boldsymbol{A}$ 用定理 6.12，即得此推论．

6.6　特征值、特征向量的计算与矩阵对角化的 MATLAB 实验

6.6.1　求矩阵的特征值与特征向量

1. 特征值与特征向量

求矩阵 $\boldsymbol{A}$ 的特征值调用函数

```
d=eig(A)
```

如要求特征值与特征向量，则调用函数

```
[V,D]=eig(A)
```

其中，$\boldsymbol{V}$ 为方阵，$\boldsymbol{D}$ 为由特征值构成的对角矩阵，$\boldsymbol{V}$ 的第 i 列向量就是 $\boldsymbol{D}$ 的第 i 个对角元，即第 i 个特征值所对应的特征向量．

例 6.20　求矩阵 $\boldsymbol{A}=\begin{pmatrix}3 & -1 & -2\\ 2 & 0 & -2\\ 2 & -1 & -1\end{pmatrix}$ 的特征值与特征向量．

解

```
>>A=[3 -1 -2;2 0 -2;2 -1 -1]
>>eig(A)'  %转置是为了将特征值写成行向量形式
>>[V,D]=eig(A);
A =
     3    -1    -2
     2     0    -2
     2    -1    -1
ans =
      1.0000    0.0000    1.0000
V =
     0.7276   -0.5774    0.6230
     0.4851   -0.5774   -0.2417
     0.4851   -0.5774    0.7439
D=
     1.0000      0         0
     0           0         0
     0           0        1.0000
```

2. 正定矩阵的判断

求出矩阵 $\boldsymbol{A}$ 的特征值，如特征值全大于零，则矩阵 $\boldsymbol{A}$ 为正定矩阵；如特征值全小于

零，则矩阵 $\boldsymbol{A}$ 为负定矩阵.

6.6.2　矩阵的对角化

矩阵 $\boldsymbol{A}$ 可对角化的充分必要条件是 $\boldsymbol{A}$ 是方阵，且 $\boldsymbol{A}$ 有 n 个线性无关的特征向量.

调用函数

```
[V,D]=eig(A)
```

如果矩阵 $\boldsymbol{V}$ 的行列式不等于零，则矩阵 $\boldsymbol{V}$ 可通过相似变换化为对角矩阵，即有 $\boldsymbol{V}^{-1}\boldsymbol{A}\boldsymbol{V}=\boldsymbol{D}$，$\boldsymbol{D}$ 是对角矩阵.

如果矩阵 $\boldsymbol{V}$ 的行列式等于零，矩阵 $\boldsymbol{A}$ 不能对角化，但仍可以通过相似变换化为若尔当矩阵. 实现这一目的可调用函数

```
[P,J]=jordan(A)
```

其中，$\boldsymbol{P}$ 是可逆方阵，$\boldsymbol{J}$ 是若尔当矩阵.

例 6.21　化矩阵 $\boldsymbol{A}=\begin{pmatrix}1&2&2\\2&1&2\\2&2&1\end{pmatrix}$ 为对角矩阵.

解

```
>>A =[1 2 2;2 1 2;2 2 1]
>>[V,D]=eig(A)
A=
     1     2     2
     2     1     2
     2     2     1


V =


    0.6015    0.5522    0.5774
    0.1775   -0.7970    0.5774
   -0.7789    0.2448    0.5774


D =


    -1.0000     0         0
     0        -1.0000    0
     0         0         5.0000
```

计算 $\boldsymbol{V}$ 的行列式：

```
>>det(V)
ans=
    -1.000
```

因为 $\det(\boldsymbol{V}) \neq 0$，所以矩阵 $\boldsymbol{A}$ 可对角化，即

$$\boldsymbol{V}^{-1}\boldsymbol{A}\boldsymbol{V} = \begin{pmatrix} -1 & 0 & 0 \\ 0 & -1 & 0 \\ 0 & 0 & 5 \end{pmatrix}.$$

例 6.22　求矩阵 $\boldsymbol{A} = \begin{pmatrix} -1 & -2 & 6 \\ -1 & 0 & 3 \\ -1 & -1 & 4 \end{pmatrix}$ 的若尔当标准形.

解
```
>>A=[-1 -2 6;-1 0 3;-1 -1 4]
>>[P,J]=jordan(A)
A =
    -1    -2     6
    -1     0     3
    -1    -1     4
P =


    -2     4     3
    -1     0     0
    -1     1     1
J =
     1     1     0
     0     1     0
     0     0     1
```
如果矩阵 $\boldsymbol{A}$ 可对角化，调用`[P,J]=jordan(A)`后所得到的 $\boldsymbol{J}$ 将是对角矩阵.

如果 $\boldsymbol{A}$ 是对称矩阵，调用函数`[P,D]=eig(A)`后，$\boldsymbol{P}$ 是正交矩阵，$\boldsymbol{D}$ 是对角矩阵. 可用正交矩阵 $\boldsymbol{P}$ 化 $\boldsymbol{A}$ 为对角矩阵.

例 6.23　用正交变换化对称矩阵 $\boldsymbol{A} = \begin{pmatrix} 1 & 2 & 2 \\ 2 & 1 & 2 \\ 2 & 2 & 1 \end{pmatrix}$ 为对角矩阵.

解
```
>>A=[1 2 2;2 1 2;2 2 1]
>>[P,D]=eig(A)
P =
    0.6015    0.5522    0.5774
    0.1775   -0.7970    0.5774
   -0.7789    0.2448    0.5774


D =
   -1.0000    0          0
```

```
   0          -1.0000    0
   0           0         5.0000
```

验证 $\boldsymbol{P}$ 为正交矩阵：

```
>>E=P'*P
E =
    1.0000   -0.0000   -0.0000
   -0.0000    1.0000    0.0000
   -0.0000    0.0000    1.0000
```

6.6.3　求二次型的标准形

通过正交变换将二次型化为标准形，首先要将二次型所对应的对称矩阵 $\boldsymbol{A}$ 求出，调用函数`[P,D]=eig(A)`将 $\boldsymbol{A}$ 对角化.

例 6.24　化二次型 $2x_1x_2+2x_1x_3-2x_1x_4-2x_2x_3+2x_2x_4+2x_3x_4$ 为标准形.

解

```
>>A=[0 1 1 -1;1 0 -1 1;1 -1 0 1;-1 1 1 0]
>>[P,D]=eig(A)
A =
     0     1     1    -1
     1     0    -1     1
     1    -1     0     1
    -1     1     1     0
P =
   -0.5000    0.2887    0.7887    0.2113
    0.5000   -0.2887    0.2113    0.7887
    0.5000   -0.2887    0.5774   -0.5774
   -0.5000   -0.8660    0          0
D =
   -3.0000   0          0          0
    0        1.0000     0          0
    0        0          1.0000     0
    0        0          0          1.0000
>>d=P'*A*P
d =
   -3.0000   0          0          0
    0        1.0000     0          0
    0       -0.0000     1.0000     0.0000
    0        0.0000     0.0000     1.0000
```

由以上结果知，用正交变换 $\boldsymbol{x}=\boldsymbol{P}\boldsymbol{y}$，可将二次型化为 $-3y_1^2+y_2^2+y_3^2+y_4^2$.

习　题　6

(A)

一、填空题.

1. 设三阶矩阵 $\boldsymbol{A}$ 的特征值不相同，若行列式 $|\boldsymbol{A}|=0$，则 $\boldsymbol{A}$ 的秩为__________.

2. 若三维向量 $\boldsymbol{\alpha},\boldsymbol{\beta}$ 满足 $\boldsymbol{\alpha}^{\mathrm{T}}\boldsymbol{\beta}=2$，则 $\boldsymbol{\beta}\boldsymbol{\alpha}^{\mathrm{T}}$ 的非零特征值为__________.

3. 设 $\boldsymbol{\alpha},\boldsymbol{\beta}$ 为三维列向量，若 $\boldsymbol{\alpha}\boldsymbol{\beta}^{\mathrm{T}}$ 相似于 $\begin{pmatrix}2&0&0\\0&0&0\\0&0&0\end{pmatrix}$，则 $\boldsymbol{\beta}^{\mathrm{T}}\boldsymbol{\alpha}=$__________.

4. 设 $\boldsymbol{\alpha}=(1,1,1)^{\mathrm{T}},\boldsymbol{\beta}=(1,0,k)^{\mathrm{T}}$，若 $\boldsymbol{\alpha}\boldsymbol{\beta}^{\mathrm{T}}$ 相似于 $\begin{pmatrix}3&0&0\\0&0&0\\0&0&0\end{pmatrix}$，则 $k=$__________.

5. 矩阵 $\begin{pmatrix}0&-2&-2\\2&2&-2\\-2&-2&2\end{pmatrix}$ 的非零特征值是__________.

6. 设 n 阶矩阵 $\boldsymbol{A}$ 的元素全为 1，则 $\boldsymbol{A}$ 的 n 个特征值是__________.

7. 设 $\boldsymbol{A}$ 为 n 阶矩阵，$|\boldsymbol{A}|\neq 0,\boldsymbol{A}^*$ 为 $\boldsymbol{A}$ 的伴随矩阵，$\boldsymbol{E}$ 为 n 阶单位矩阵，若 $\boldsymbol{A}$ 有特征值 λ，则 $(\boldsymbol{A}^*)^2+\boldsymbol{E}$ 必有特征值__________.

8. 设 $\boldsymbol{A}$ 为二阶矩阵，$\boldsymbol{\alpha}_1,\boldsymbol{\alpha}_2$ 为线性无关的二维列向量，$\boldsymbol{A}\boldsymbol{\alpha}_1=\boldsymbol{0},\boldsymbol{A}\boldsymbol{\alpha}_2=2\boldsymbol{\alpha}_1+\boldsymbol{\alpha}_2$，则 $\boldsymbol{A}$ 的非零特征值为__________.

9. 设三阶矩阵 $\boldsymbol{A}$ 的特征值为 $1,2,2$，则 $|4\boldsymbol{A}^{-1}-\boldsymbol{E}|=$__________.

10. 若四阶矩阵 $\boldsymbol{A}$ 与 $\boldsymbol{B}$ 相似，矩阵 $\boldsymbol{A}$ 的特征值为 $\frac{1}{2},\frac{1}{3},\frac{1}{4},\frac{1}{5}$，则行列式 $\det(\boldsymbol{B}^{-1}-\boldsymbol{E})=$ __________.

11. 设 $\boldsymbol{\alpha}=(1,0,-1)^{\mathrm{T}}$，矩阵 $\boldsymbol{A}=\boldsymbol{\alpha}\boldsymbol{\alpha}^{\mathrm{T}}$，$n$ 为正整数，则 $\det(\lambda\boldsymbol{E}-\boldsymbol{A}^n)=$__________.

12. 设三阶矩阵 $\boldsymbol{A}$ 的特征值为 $2,3,\lambda$，若行列式 $|2\boldsymbol{A}|=-48$，则 $\lambda=$__________.

13. 二次型 $f(x_1,x_2,x_3)=(x_1+x_2)^2+(x_2-x_3)^2+(x_3+x_1)^2$ 的秩为__________.

14. 设二次型 $f(x_1,x_2,x_3)=\boldsymbol{x}^{\mathrm{T}}\boldsymbol{A}\boldsymbol{x}$ 的秩为 1，$\boldsymbol{A}$ 的各行元素之和为 3，则 f 在正交变换 $\boldsymbol{x}=\boldsymbol{Q}\boldsymbol{y}$ 下的标准形为__________.

15. 已知实二次型 $f(x_1,x_2,x_3)=a(x_1^2+x_2^2+x_3^2)+4x_1x_2+4x_1x_3+4x_2x_3$，经正交变换 $\boldsymbol{x}=\boldsymbol{P}\boldsymbol{y}$ 可化成标准形 $f=6y_1^2$，则 $a=$__________.

16. 若二次曲面的方程 $x^2+3y^2+z^2+2axy+2xz+2yz=4$ 经正交变换化为 $y_1^2+4z_1^2=4$，则 $a=$__________.

17. 二次型为 $f(x_1,x_2,x_3)=x_1^2+3x_2^2+x_3^2+2x_1x_2+2x_1x_3+2x_2x_3$，则 f 的正惯性指数为__________.

18. 若二次型 $f(x_1,x_2,x_3)=2x_1^2+x_2^2+x_3^2+2x_1x_2+2x_1x_3+tx_2x_3$ 是正定的，则 t 的取值范围是__________.

二、选择题.

1. 设 λ_1,λ_2 是矩阵 $\boldsymbol{A}$ 的两个不同的特征值，对应的特征向量分别为 $\boldsymbol{\alpha}_1,\boldsymbol{\alpha}_2$，则 $\boldsymbol{\alpha}_1$，$\boldsymbol{A}(\boldsymbol{\alpha}_1+\boldsymbol{\alpha}_2)$ 线性无关的充分必要条件是(　　).

A. $\lambda_1\neq 0$　　B. $\lambda_2\neq 0$　　C. $\lambda_1=0$　　D. $\lambda_2=0$

2. 设 n 阶矩阵 $\boldsymbol{A}$ 的每行元素之和为 1，则 $\boldsymbol{A}$ 必有一个特征值(　　).

A. -1　　B. 1　　C. 0　　D. n

3. 设 $\boldsymbol{A}$ 是 n 阶方阵，满足 $\boldsymbol{A}^2=\boldsymbol{A}$，则(　　).

A. $|\boldsymbol{A}|=1$　　B. $\boldsymbol{A}^*=\boldsymbol{A}$　　C. $\boldsymbol{A}+\boldsymbol{E}$ 可逆　　D. $\boldsymbol{A}$ 的特征值为 1

4. 设 $\lambda=2$ 是非奇异矩阵 $\boldsymbol{A}$ 的一个特征值，则矩阵 $\left(\frac{1}{3}\boldsymbol{A}^2\right)^{-1}$ 有一个特征值等于(　　).

A. $\frac{4}{3}$　　B. $\frac{3}{4}$　　C. $\frac{1}{2}$　　D. $\frac{1}{4}$

5. 设 $\boldsymbol{A}$ 为 n 阶可逆矩阵，λ 是 $\boldsymbol{A}$ 的一个特征值，则 $\boldsymbol{A}$ 的伴随矩阵 $\boldsymbol{A}^*$ 的特征值之一是(　　).

A. $\lambda^{-1}|\boldsymbol{A}|^n$　　B. $\lambda^{-1}|\boldsymbol{A}|$　　C. $\lambda|\boldsymbol{A}|$　　D. $\lambda|\boldsymbol{A}|^n$

6. 设 $\boldsymbol{A}$ 的特征值为 $1,-3,5$，且 $\boldsymbol{A}$ 对应于特征值 5 的特征向量是 $\boldsymbol{\xi}$，则 $\boldsymbol{A}$ 的伴随矩阵 $\boldsymbol{A}^*$ 对应于特征向量 $\boldsymbol{\xi}$ 的特征值是(　　).

A. 5　　B. -15　　C. 1　　D. -3

7. 设矩阵 $\boldsymbol{B}=\begin{pmatrix}0&0&1\\0&1&0\\1&0&0\end{pmatrix}$，已知矩阵 $\boldsymbol{A}$ 相似于 $\boldsymbol{B}$，则 $R(\boldsymbol{A}-2\boldsymbol{E})+R(\boldsymbol{A}-\boldsymbol{E})=$(　　).

A. 2　　B. 3　　C. 4　　D. 5

8. 设 $\boldsymbol{A},\boldsymbol{B}$ 为 n 阶矩阵，且 $\boldsymbol{A}$ 与 $\boldsymbol{B}$ 相似，$\boldsymbol{E}$ 为 n 阶单位矩阵，则(　　).

A. $\lambda\boldsymbol{E}-\boldsymbol{A}=\lambda\boldsymbol{E}-\boldsymbol{B}$　　B. $\boldsymbol{A}$ 与 $\boldsymbol{B}$ 有相同的特征值与特征向量

C. $\boldsymbol{A}$ 与 $\boldsymbol{B}$ 都相似于一个对角阵　　D. 对任意常数 t，$t\boldsymbol{E}-\boldsymbol{A}$ 与 $t\boldsymbol{E}-\boldsymbol{B}$ 相似

9. n 阶方阵 $\boldsymbol{A}$ 具有 n 个不同的特征值是 $\boldsymbol{A}$ 与对角阵相似的(　　).

A. 充分必要条件　　B. 充分而非必要条件

C. 必要而非充分条件　　D. 既非充分也非必要条件

10. 设 $\boldsymbol{A}$ 是 n 阶实对称矩阵，$\boldsymbol{P}$ 是 n 阶可逆矩阵，已知 n 维列向量 $\boldsymbol{\alpha}$ 是 $\boldsymbol{A}$ 的属于特征值 λ 的特征向量，则矩阵 $(\boldsymbol{P}^{-1}\boldsymbol{A}\boldsymbol{P})^{\mathrm{T}}$ 属于特征值 λ 的特征向量是(　　).

A. $\boldsymbol{P}^{-1}\boldsymbol{\alpha}$　　B. $\boldsymbol{P}^{\mathrm{T}}\boldsymbol{\alpha}$　　C. $\boldsymbol{P}\boldsymbol{\alpha}$　　D. $(\boldsymbol{P}^{-1})^{\mathrm{T}}\boldsymbol{\alpha}$

11. 设 $\boldsymbol{A}$ 为四阶实对称矩阵，且 $\boldsymbol{A}^2+\boldsymbol{A}=\boldsymbol{O}$，若 $\boldsymbol{A}$ 的秩为 3，则 $\boldsymbol{A}$ 相似于(　　).

A. $\begin{pmatrix}1&&&\\&1&&\\&&1&\\&&&0\end{pmatrix}$　　B. $\begin{pmatrix}1&&&\\&1&&\\&&-1&\\&&&0\end{pmatrix}$

C. $\begin{pmatrix}1&&&\\&-1&&\\&&-1&\\&&&0\end{pmatrix}$　　D. $\begin{pmatrix}-1&&&\\&-1&&\\&&-1&\\&&&0\end{pmatrix}$

12. 设 $\boldsymbol{A},\boldsymbol{B}$ 为同阶可逆矩阵，则(　　).

A. $\boldsymbol{AB}=\boldsymbol{BA}$　　B. 存在可逆矩阵 $\boldsymbol{P}$，使 $\boldsymbol{P}^{-1}\boldsymbol{AP}=\boldsymbol{B}$

C. 存在可逆矩阵 $\boldsymbol{C}$，使 $\boldsymbol{C}^{\mathrm{T}}\boldsymbol{AC}=\boldsymbol{B}$　　D. 存在可逆矩阵 $\boldsymbol{P}$ 和 $\boldsymbol{Q}$，使 $\boldsymbol{PAQ}=\boldsymbol{B}$

13. 设矩阵 $\boldsymbol{A}=\begin{pmatrix}2&-1&-1\\-1&2&-1\\-1&-1&2\end{pmatrix},\boldsymbol{B}=\begin{pmatrix}1&0&0\\0&1&0\\0&0&0\end{pmatrix}$，则 $\boldsymbol{A}$ 与 $\boldsymbol{B}$ (　　).

A. 合同且相似　　B. 合同，但不相似

C. 不合同，但相似　　D. 既不合同，也不相似

14. 设 $\boldsymbol{A}=\begin{pmatrix}1&1&1&1\\1&1&1&1\\1&1&1&1\\1&1&1&1\end{pmatrix},\boldsymbol{B}=\begin{pmatrix}4&0&0&0\\0&0&0&0\\0&0&0&0\\0&0&0&0\end{pmatrix}$，则 $\boldsymbol{A}$ 与 $\boldsymbol{B}$ (　　).

A. 合同且相似　　B. 合同，但不相似

C. 不合同，但相似　　D. 不合同且不相似

15. 设 $\boldsymbol{A}=\begin{pmatrix}1&2\\2&1\end{pmatrix}$，则在实数域上，与 $\boldsymbol{A}$ 合同的矩阵为(　　).

A. $\begin{pmatrix}-2&1\\1&-2\end{pmatrix}$　　B. $\begin{pmatrix}2&-1\\-1&2\end{pmatrix}$　　C. $\begin{pmatrix}2&1\\1&2\end{pmatrix}$　　D. $\begin{pmatrix}1&-2\\-2&1\end{pmatrix}$

16. 设 $\boldsymbol{A}$ 为三阶非零矩阵，如果二次曲面方程 $(x,y,z)\boldsymbol{A}\begin{pmatrix}x\\y\\z\end{pmatrix}=1$ 在正交变换下的标准方程的图形如图所示，则 $\boldsymbol{A}$ 的正特征值个数为(　　).

A. 0　　B. 1　　C. 2　　D. 3

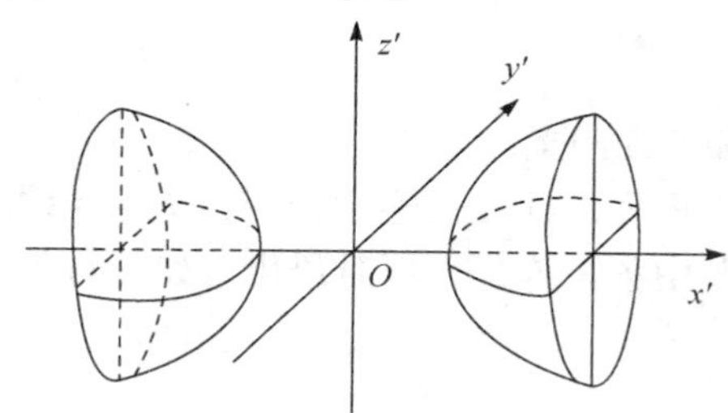

三、计算题与证明题.

1. 求矩阵 $\boldsymbol{A}$ 的特征值和特征向量.

(1) $\boldsymbol{A}=\begin{pmatrix}-3 & 4\\ 2 & -1\end{pmatrix}$; (2) $\boldsymbol{A}=\begin{pmatrix}3 & -2 & -4\\ -2 & 6 & -2\\ -4 & -2 & 3\end{pmatrix}$; (3) $\boldsymbol{A}=\begin{pmatrix}1 & 0 & 2\\ 0 & 1 & 2\\ 3 & -2-a & 2a\end{pmatrix}$;

(4) $\boldsymbol{A}=\begin{pmatrix}2 & -1 & 2\\ 5 & -3 & 3\\ -1 & 0 & -2\end{pmatrix}$; (5) $\boldsymbol{A}=\begin{pmatrix}1 & 2 & 3\\ 2 & 1 & 3\\ 3 & 3 & 6\end{pmatrix}$; (6) $\boldsymbol{A}=\begin{pmatrix}0 & 0 & 0 & 1\\ 0 & 0 & 1 & 0\\ 0 & 1 & 0 & 0\\ 1 & 0 & 0 & 0\end{pmatrix}$.

2. 求矩阵 $\boldsymbol{A}=\begin{pmatrix}-3 & -1 & 2\\ 0 & -1 & 4\\ -1 & 0 & 1\end{pmatrix}$ 的实特征值及对应的特征向量.

3. 设 λ_1,λ_2 为 n 阶方阵 $\boldsymbol{A}$ 的特征值，且 $\lambda_1\neq\lambda_2$，而 $\boldsymbol{p}_1,\boldsymbol{p}_2$ 分别为对应的特征向量，证明：$\boldsymbol{p}_1+\boldsymbol{p}_2$ 不是 $\boldsymbol{A}$ 的特征向量.

4. 已知 $\lambda_1,\lambda_2,\lambda_3$ 是 $\boldsymbol{A}$ 的特征值，$\boldsymbol{p}_1,\boldsymbol{p}_2,\boldsymbol{p}_3$ 是相应的特征向量，如果 $\boldsymbol{p}_1+\boldsymbol{p}_2+\boldsymbol{p}_3$ 仍是 $\boldsymbol{A}$ 的特征向量，证明：$\lambda_1=\lambda_2=\lambda_3$.

5. 设 $\boldsymbol{A}$ 为 n 阶矩阵，证明 $\boldsymbol{A}^{\mathrm{T}}$ 与 $\boldsymbol{A}$ 的特征值相同.

6. 设 $\boldsymbol{A}^2-3\boldsymbol{A}+2\boldsymbol{E}=\boldsymbol{O}$，证明 $\boldsymbol{A}$ 的特征值只能取 1 或 2.

7. 设 $\boldsymbol{A}$ 为正交阵，且 $|\boldsymbol{A}|=-1$，证明 $\lambda=-1$ 是 $\boldsymbol{A}$ 的特征值.

8. 已知三阶矩阵 $\boldsymbol{A}$ 的特征值为 1，2，3，求 $|\boldsymbol{A}^3-5\boldsymbol{A}^2+7\boldsymbol{A}|$.

9. 设有四阶方阵 $\boldsymbol{A}$ 满足条件 $|3\boldsymbol{E}+\boldsymbol{A}|=0,\boldsymbol{A}\boldsymbol{A}^{\mathrm{T}}=2\boldsymbol{E},|\boldsymbol{A}|<0$，其中 $\boldsymbol{E}$ 是四阶单位矩阵，求方阵 $\boldsymbol{A}$ 的伴随矩阵 $\boldsymbol{A}^*$ 的一个特征值.

10. 设矩阵 $\boldsymbol{A}=\begin{pmatrix}2 & 1 & 1\\ 1 & 2 & 1\\ 1 & 1 & a\end{pmatrix}$ 可逆，向量 $\boldsymbol{\alpha}=(1,b,1)^{\mathrm{T}}$ 是矩阵 $\boldsymbol{A}^*$ 的一个特征向量，λ 是 $\boldsymbol{\alpha}$ 对应的特征值，其中 $\boldsymbol{A}^*$ 为 $\boldsymbol{A}$ 的伴随矩阵，求 a,b 和 λ 的值.

11. 设 $\lambda\neq0$ 是 m 阶矩阵 $\boldsymbol{A}_{m\times n}\boldsymbol{B}_{n\times m}$ 的特征值，证明 λ 也是 n 阶矩阵 $\boldsymbol{BA}$ 的特征值.

12. 设 λ 是正交矩阵 $\boldsymbol{A}$ 的实特征向量所对应的特征值，证明：$|\lambda|=1$.

13. 设 $\boldsymbol{\alpha}=(a_1,a_2,\cdots,a_n)^{\mathrm{T}},\boldsymbol{\beta}=(b_1,b_2,\cdots,b_n)^{\mathrm{T}}$ ($a_1\neq0,b_1\neq0$)，且满足条件 $\boldsymbol{\alpha}^{\mathrm{T}}\boldsymbol{\beta}=0$，记 n 阶矩阵 $\boldsymbol{A}=\boldsymbol{\alpha}\boldsymbol{\beta}^{\mathrm{T}}$，求：

(1) $\boldsymbol{A}^2$;

(2) 矩阵 $\boldsymbol{A}$ 的特征值和特征向量.

14. 设 $\boldsymbol{A}$，$\boldsymbol{B}$ 都是 n 阶矩阵，且 $\boldsymbol{A}$ 可逆，证明 $\boldsymbol{AB}$ 与 $\boldsymbol{BA}$ 相似.

15. 判断第三题第 1 题中各矩阵是否可对角化．如可对角化，求可逆矩阵 $\boldsymbol{P}$，使得 $\boldsymbol{P}^{-1}\boldsymbol{AP}$ 为对角阵.

16. 设矩阵 $\boldsymbol{A}=\begin{pmatrix}1 & 2 & -3\\ -1 & 4 & -3\\ 1 & a & 5\end{pmatrix}$ 的特征方程有一个二重根，求 a 的值，并讨论 $\boldsymbol{A}$ 是否可相似对角化.

17. 设矩阵 $\boldsymbol{A}=\begin{pmatrix}3 & 2 & -2\\ -k & -1 & k\\ 4 & 2 & -3\end{pmatrix}$，问当 k 为何值时，存在可逆矩阵 $\boldsymbol{P}$，使得 $\boldsymbol{P}^{-1}\boldsymbol{AP}$ 为对角矩阵？求出 $\boldsymbol{P}$ 和相应的对角矩阵.

18. 设矩阵 $\boldsymbol{A}=\begin{pmatrix}1 & -1 & 1\\ x & 4 & y\\ -3 & -3 & 5\end{pmatrix}$，已知 $\boldsymbol{A}$ 有三个线性无关的特征向量，$\lambda=2$ 是 $\boldsymbol{A}$ 的二重特征值，试求可逆矩阵 $\boldsymbol{P}$，使得 $\boldsymbol{P}^{-1}\boldsymbol{AP}$ 为对角矩阵.

19. 已知 $\boldsymbol{p}=(1,1,-1)^{\mathrm{T}}$ 是矩阵 $\boldsymbol{A}=\begin{pmatrix}2 & -1 & 2\\ 5 & a & 3\\ -1 & b & -2\end{pmatrix}$ 的一个特征向量，

(1) 求参数 a,b 及特征向量 $\boldsymbol{p}$ 所对应的特征值；

(2) 问 $\boldsymbol{A}$ 能不能相似对角化？并说明理由.

20. 设三阶方阵 $\boldsymbol{A}$ 的特征值为 $\lambda_1=2,\lambda_2=-2,\lambda_3=1$，对应的特征向量依次为 $\boldsymbol{p}_1=(0,1,1)^{\mathrm{T}},\boldsymbol{p}_2=(1,1,1)^{\mathrm{T}},\boldsymbol{p}_3=(1,1,0)^{\mathrm{T}}$，求 $\boldsymbol{A}$.

21. 设 $\boldsymbol{A}=\begin{pmatrix}1 & 4 & 2\\ 0 & -3 & 4\\ 0 & 4 & 3\end{pmatrix}$，求 $\boldsymbol{A}^{100}$.

22. 设三阶矩阵 $\boldsymbol{A}$ 的特征值为 $\lambda_1=1,\lambda_2=2,\lambda_3=3$，对应的特征向量依次为

$$\boldsymbol{\xi}_1=\begin{pmatrix}1\\1\\1\end{pmatrix},\quad \boldsymbol{\xi}_2=\begin{pmatrix}1\\2\\4\end{pmatrix},\quad \boldsymbol{\xi}_3=\begin{pmatrix}1\\3\\9\end{pmatrix},$$

又向量 $\boldsymbol{\beta}=\begin{pmatrix}1\\1\\3\end{pmatrix}$，

(1) 将 $\boldsymbol{\beta}$ 用 $\boldsymbol{\xi}_1,\boldsymbol{\xi}_2,\boldsymbol{\xi}_3$ 线性表示；

(2) 求 $\boldsymbol{A}^n\boldsymbol{\beta}$ （n 为自然数).

23. 设矩阵 $\boldsymbol{A}$ 与 $\boldsymbol{B}$ 相似，其中 $\boldsymbol{A}=\begin{pmatrix}-2 & 0 & 0\\ 2 & x & 2\\ 3 & 1 & 1\end{pmatrix},\boldsymbol{B}=\begin{pmatrix}-1 & 0 & 0\\ 0 & 2 & 0\\ 0 & 0 & y\end{pmatrix}$.

(1) 求 x 和 y 的值；

(2) 求可逆矩阵 $\boldsymbol{P}$，使 $\boldsymbol{P}^{-1}\boldsymbol{AP}=\boldsymbol{B}$.

24. 在某国，每年有比例为 p 的农村居民移居城镇，有比例为 q 的城镇居民移居农村，假设该国总人口数不变，且上述人口迁移的规律也不变，把 n 年后农村人口和城镇人口占总人口的比例依次记为 x_n 和 y_n $(x_n+y_n=1)$.

(1) 求关系式 $\begin{pmatrix} x_{n+1} \\ y_{n+1} \end{pmatrix} = \boldsymbol{A}\begin{pmatrix} x_n \\ y_n \end{pmatrix}$ 中的矩阵 $\boldsymbol{A}$；

(2) 设目前农村人口与城镇人口相等，即 $\begin{pmatrix} x_0 \\ y_0 \end{pmatrix} = \begin{pmatrix} 0.5 \\ 0.5 \end{pmatrix}$，求 $\begin{pmatrix} x_n \\ y_n \end{pmatrix}$.

25. 设 n 阶矩阵 $\boldsymbol{A} = \begin{pmatrix} 1 & b & \cdots & b \\ b & 1 & \cdots & b \\ \vdots & \vdots & & \vdots \\ b & b & \cdots & 1 \end{pmatrix}$，求：

(1) $\boldsymbol{A}$ 的特征值和特征向量；

(2) 可逆矩阵 $\boldsymbol{P}$，使得 $\boldsymbol{P}^{-1}\boldsymbol{AP}$ 为对角矩阵.

26. 试求一个正交的相似变换矩阵，将下列对称阵化为对角阵.

(1) $\begin{pmatrix} 2 & -2 & 0 \\ -2 & 1 & -2 \\ 0 & -2 & 0 \end{pmatrix}$；　　(2) $\begin{pmatrix} 2 & 2 & -2 \\ 2 & 5 & -4 \\ -2 & -4 & 5 \end{pmatrix}$.

27. 设矩阵 $\boldsymbol{A} = \begin{pmatrix} 0 & 1 & 0 & 0 \\ 1 & 0 & 0 & 0 \\ 0 & 0 & y & 1 \\ 0 & 0 & 1 & 2 \end{pmatrix}$，

(1) 已知 $\boldsymbol{A}$ 的一个特征值为 3，试求 y；

(2) 求矩阵 $\boldsymbol{P}$，使 $(\boldsymbol{AP})^{\mathrm{T}}(\boldsymbol{AP})$ 为对角矩阵.

28. 设矩阵 $\boldsymbol{A} = \begin{pmatrix} 1 & -2 & -4 \\ -2 & x & -2 \\ -4 & -2 & 1 \end{pmatrix}$ 与 $\boldsymbol{\Lambda} = \begin{pmatrix} 5 & & \\ & -4 & \\ & & y \end{pmatrix}$ 相似，求 x, y，并求一个正交矩阵 $\boldsymbol{P}$，使得 $\boldsymbol{P}^{-1}\boldsymbol{AP} = \boldsymbol{\Lambda}$.

29. (1) 设 $\boldsymbol{A} = \begin{pmatrix} 3 & -2 \\ -2 & 3 \end{pmatrix}$，求 $\varphi(\boldsymbol{A}) = \boldsymbol{A}^{10} - 5\boldsymbol{A}^9$；

(2) 设 $\boldsymbol{A} = \begin{pmatrix} 2 & 1 & 2 \\ 1 & 2 & 2 \\ 2 & 2 & 1 \end{pmatrix}$，求 $\varphi(\boldsymbol{A}) = \boldsymbol{A}^{10} - 6\boldsymbol{A}^9 + 5\boldsymbol{A}^8$.

30. 设 $\boldsymbol{A}, \boldsymbol{B}$ 为同阶方阵，

(1) 如果 $\boldsymbol{A}, \boldsymbol{B}$ 相似，证明 $\boldsymbol{A}, \boldsymbol{B}$ 的特征多项式相等；

(2) 举一个二阶方阵的例子说明(1)的逆命题不成立；

(3) 当 $\boldsymbol{A}, \boldsymbol{B}$ 都为实对称矩阵时，试证(1)的逆命题成立.

31. 设矩阵 $\boldsymbol{A}=\begin{pmatrix}1&1&a\\1&a&1\\a&1&1\end{pmatrix},\boldsymbol{\beta}=\begin{pmatrix}1\\1\\-2\end{pmatrix}$，已知线性方程组 $\boldsymbol{Ax}=\boldsymbol{\beta}$ 有解但不唯一，求：

(1) a 的值；

(2) 正交矩阵 $\boldsymbol{Q}$，使 $\boldsymbol{Q}^{\mathrm{T}}\boldsymbol{AQ}$ 为对角矩阵.

32. 已知 $\boldsymbol{A}$ 是三阶实对称矩阵，$\boldsymbol{A}$ 的特征值为 $1,-1,0$，其中 $\lambda=1$ 和 $\lambda=0$ 所对应的特征向量分别为 $(1,a,1)^{\mathrm{T}}$ 及 $(a,a+1,1)^{\mathrm{T}}$，求矩阵 $\boldsymbol{A}$.

33. 设三阶实对称矩阵 $\boldsymbol{A}$ 的各行元素之和均为 3，向量 $\boldsymbol{\alpha}_1=(-1,2,-1)^{\mathrm{T}},\boldsymbol{\alpha}_2=(0,-1,1)^{\mathrm{T}}$ 是线性方程组 $\boldsymbol{Ax}=\boldsymbol{0}$ 的两个解，求：

(1) $\boldsymbol{A}$ 的特征值与特征向量；

(2) 正交矩阵 $\boldsymbol{Q}$ 和对角矩阵 $\boldsymbol{\Lambda}$，使得 $\boldsymbol{Q}^{\mathrm{T}}\boldsymbol{AQ}=\boldsymbol{\Lambda}$；

(3) $\boldsymbol{A}$ 及 $\left(\boldsymbol{A}-\dfrac{3}{2}\boldsymbol{E}\right)^6$，其中 $\boldsymbol{E}$ 为三阶单位矩阵.

34. 设三阶实对称矩阵 $\boldsymbol{A}$ 的特征值为 $\lambda_1=-1,\lambda_2=\lambda_3=1$，对应于 $\lambda_1=-1$ 的特征向量为 $\boldsymbol{\xi}_1=(0,1,1)^{\mathrm{T}}$，求 $\boldsymbol{A}$.

35. 写出下列二次型的矩阵.

(1) $x_1^2+2x_2^2-x_3^2+2x_1x_2-2x_2x_3$；

(2) $2x_1^2+7x_2^2-x_3^2+4x_1x_2+5x_1x_3+6x_2x_3$.

36. 用矩阵记号表示下列二次型.

(1) $f=x^2+4y^2+z^2+4xy+2xz+4yz$；

(2) $f=x^2+y^2-7z^2-2xy-4xz-4yz$；

(3) $f=x_1^2+x_2^2+x_3^2+x_4^2-2x_1x_2+4x_1x_3-2x_1x_4+6x_2x_3-4x_2x_4$.

37. 写出如下矩阵所对应的二次型.

(1) $\boldsymbol{A}=\begin{pmatrix}1&-1&0\\-1&2&3\\0&3&4\end{pmatrix}$；　　(2) $\boldsymbol{A}=\begin{pmatrix}1&0&0\\0&-1&0\\0&0&0\end{pmatrix}$.

38. 试将二次型 $s=\sum\limits_{i=1}^{n}(x_i-\overline{x})^2$ 写成矩阵形式，其中 $\overline{x}=\dfrac{1}{n}\sum\limits_{i=1}^{n}x_i$ 是算术平均值.

39. 求一个正交变换把下列二次型化为标准形.

(1) $f=2x_3^2-2x_1x_2+2x_1x_3-2x_2x_3$；

(2) $f=2x_1^2+3x_2^2+3x_3^2+4x_2x_3$；

(3) $f=x_1^2+x_2^2+x_3^2+x_4^2+2x_1x_2-2x_1x_4-2x_2x_3+2x_3x_4$.

40. 求一个正交变换把二次曲面的方程

$$3x^2+5y^2+5z^2+4xy-4xz-10yz=1$$

化成标准方程.

41. 用矩阵合同变换法将下列二次型化为标准形.

(1) $f = x_1^2 - x_2^2 + x_3^2 + 6x_1x_2 - 2x_2x_3$；

(2) $f = 2x_3^2 - 2x_1x_2 + 2x_1x_3 - 2x_2x_3$.

42. 用配方法化下列二次型为规范形，并写出所用变换的矩阵.

(1) $f = x_1^2 + 3x_2^2 + 5x_3^2 + 2x_1x_2 - 4x_1x_3$；

(2) $f = x_1^2 + 2x_3^2 + 2x_1x_3 + 2x_2x_3$；

(3) $f = 2x_1^2 + x_2^2 + 4x_3^2 + 2x_1x_2 - 2x_2x_3$.

43. 已知二次型 $f(x_1,x_2,x_3) = (1-a)x_1^2 + (1-a)x_2^2 + 2x_3^2 + 2(1+a)x_1x_2$ 的秩为 2，

(1) 求 a 的值；

(2) 求正交变换 $\boldsymbol{x} = \boldsymbol{Q}\boldsymbol{y}$ ，把 $f(x_1,x_2,x_3)$ 化成标准形；

(3) 求方程 $f(x_1,x_2,x_3) = 0$ 的解.

44. 已知 $\boldsymbol{A} = \begin{pmatrix} 1 & 0 & 1 \\ 0 & 1 & 1 \\ -1 & 0 & a \\ 0 & a & -1 \end{pmatrix}$，二次型 $f(x_1,x_2,x_3) = \boldsymbol{x}^{\mathrm{T}}(\boldsymbol{A}^{\mathrm{T}}\boldsymbol{A})\boldsymbol{x}$ 的秩为 2，

(1) 求实数 a 的值；

(2) 求正交变换 $\boldsymbol{x} = \boldsymbol{Q}\boldsymbol{y}$ 将 f 化为标准形.

45. 设二次型 $f(x_1,x_2,x_3) = \boldsymbol{x}^{\mathrm{T}}\boldsymbol{A}\boldsymbol{x} = ax_1^2 + 2x_2^2 - 2x_3^2 + 2bx_1x_3\ (b > 0)$,其中二次型的矩阵 $\boldsymbol{A}$ 的特征值之和为 1，特征值之积为 -12 ，

(1) 求 a,b 的值；

(2) 利用正交变换将二次型 f 化为标准形，并写出所用的正交变换和对应的正交矩阵.

46. 判定下列二次型的正定性.

(1) $f = x_1^2 + 5x_2^2 + x_3^2 + 4x_1x_2 - 4x_2x_3$；

(2) $f = \sum\limits_{i=1}^{n} x_i^2 + \sum\limits_{1 \leqslant i < j \leqslant n} x_i x_j$ ；

(3) $f = -2x_1^2 - 6x_2^2 - 4x_3^2 + 2x_1x_2 + 2x_1x_3$ ；

(4) $f = x_1^2 + 3x_2^2 + 9x_3^2 + 19x_4^2 - 2x_1x_2 + 4x_1x_3 + 2x_1x_4 - 6x_2x_4 - 12x_3x_4$.

47. 设 $f = x_1^2 + x_2^2 + 5x_3^2 + 2ax_1x_2 - 2x_1x_3 + 4x_2x_3$ 为正定二次型，求 a .

48. 设二次型 $f(x_1,x_2,x_3) = ax_1^2 + ax_2^2 + (a-1)x_3^2 + 2x_1x_3 - 2x_2x_3$.

(1) 求二次型 f 的所有特征值；

(2) 若二次型 f 的规范形为 $y_1^2 + y_2^2$ ，求 a 的值.

49. 已知二次型 $f(x_1,x_2,x_3) = \boldsymbol{x}^{\mathrm{T}}\boldsymbol{A}\boldsymbol{x}$ 在正交变换 $\boldsymbol{x} = \boldsymbol{Q}\boldsymbol{y}$ 下的标准形为 $y_1^2 + y_2^2$ ，且 $\boldsymbol{Q}$ 的第 3 列为 $\left(\dfrac{\sqrt{2}}{2}, 0, \dfrac{\sqrt{2}}{2}\right)^{\mathrm{T}}$.

(1) 求矩阵 $\boldsymbol{A}$；

(2) 证明 $\boldsymbol{A}+\boldsymbol{E}$ 为正定矩阵.

50. 设 $\boldsymbol{A}$ 为三阶实对称矩阵，且满足条件 $\boldsymbol{A}^2+2\boldsymbol{A}=\boldsymbol{O}$，$R(\boldsymbol{A})=2$.

(1) 求 $\boldsymbol{A}$ 的全部特征值；

(2) 当 k 为何值时，$\boldsymbol{A}+k\boldsymbol{E}$ 为正定矩阵，其中 $\boldsymbol{E}$ 为三阶单位矩阵.

51. 设矩阵 $\boldsymbol{A}=\begin{pmatrix}1&0&1\\0&2&0\\1&0&1\end{pmatrix}$，矩阵 $\boldsymbol{B}=(k\boldsymbol{E}+\boldsymbol{A})^2$，其中 k 为常数，$\boldsymbol{E}$ 为单位矩阵，求对角阵 $\boldsymbol{\Lambda}$，使 $\boldsymbol{B}$ 与 $\boldsymbol{\Lambda}$ 相似，并求 k 为何值时，$\boldsymbol{B}$ 为正定矩阵.

52. 设 $\boldsymbol{A}$ 为 n 阶正定矩阵，$\boldsymbol{E}$ 是 n 阶单位矩阵，证明：$|\boldsymbol{A}+\boldsymbol{E}|>1$.

53. 已知 $\boldsymbol{A}$ 是 n 阶可逆矩阵，证明：$\boldsymbol{A}^{\mathrm{T}}\boldsymbol{A}$ 是 n 阶正定矩阵.

54. 设 $\boldsymbol{A}$ 为 $m\times n$ 实矩阵，$\boldsymbol{E}$ 为 n 阶单位矩阵，已知矩阵 $\boldsymbol{B}=\lambda\boldsymbol{E}+\boldsymbol{A}^{\mathrm{T}}\boldsymbol{A}$，证明：当 $\lambda>0$ 时，矩阵 $\boldsymbol{B}$ 为正定矩阵.

55. 已知 $\boldsymbol{A},\boldsymbol{A}-\boldsymbol{E}$ 都是 n 阶正定矩阵，证明：$\boldsymbol{E}-\boldsymbol{A}^{-1}$ 也是正定矩阵.

56. 已知 $\boldsymbol{A}$ 是 n 阶实对称矩阵，$\lambda_1,\lambda_2,\cdots,\lambda_n$ 是 $\boldsymbol{A}$ 的特征值，问当 t 为何值时，矩阵 $\boldsymbol{A}+t\boldsymbol{E}$ 是正定、半正定、负定、半负定、不定的.

57. 设 $\boldsymbol{A},\boldsymbol{B}$ 分别为 m 阶，n 阶正定矩阵，判断分块矩阵 $\boldsymbol{C}=\begin{pmatrix}\boldsymbol{A}&\boldsymbol{O}\\\boldsymbol{O}&\boldsymbol{B}\end{pmatrix}$ 是否是正定矩阵.

58. 证明：对称矩阵 $\boldsymbol{A}$ 为正定的充分必要条件是存在可逆矩阵 $\boldsymbol{U}$ 使 $\boldsymbol{A}=\boldsymbol{U}^{\mathrm{T}}\boldsymbol{U}$，即 $\boldsymbol{A}$ 与单位矩阵 $\boldsymbol{E}$ 合同.

(B)

1. 设矩阵 $\boldsymbol{A}=\begin{pmatrix}3&2&2\\2&3&2\\2&2&3\end{pmatrix}$，$\boldsymbol{P}=\begin{pmatrix}0&1&0\\1&0&1\\0&0&1\end{pmatrix}$，$\boldsymbol{B}=\boldsymbol{P}^{-1}\boldsymbol{A}^*\boldsymbol{P}$，求 $\boldsymbol{B}+2\boldsymbol{E}$ 的特征值与特征向量，其中 $\boldsymbol{A}^*$ 为 $\boldsymbol{A}$ 的伴随矩阵，$\boldsymbol{E}$ 为三阶单位矩阵.

2. 设矩阵 $\boldsymbol{A}=\begin{pmatrix}a&-1&c\\5&b&3\\1-c&0&-a\end{pmatrix}$，且 $\det\boldsymbol{A}=-1$，又 $\boldsymbol{A}$ 的伴随矩阵 $\boldsymbol{A}^*$ 有特征值 λ_0，属于 λ_0 的一个特征向量为 $\boldsymbol{\alpha}=(-1,-1,1)^{\mathrm{T}}$，求 a,b,c 和 λ_0 的值.

3. 设 n 阶矩阵 $\boldsymbol{A},\boldsymbol{B}$ 满足 $R(\boldsymbol{A})+R(\boldsymbol{B})<n$，证明：$\boldsymbol{A}$ 与 $\boldsymbol{B}$ 有公共的特征值，有公共的特征向量.

4. 设 $\boldsymbol{A},\boldsymbol{B}$ 是 n 阶方阵，证明：$\boldsymbol{AB}$ 与 $\boldsymbol{BA}$ 具有相同的特征值.

5. 设 $\boldsymbol{A}$ 为三阶矩阵，$\boldsymbol{\alpha}_1,\boldsymbol{\alpha}_2$ 为 $\boldsymbol{A}$ 的分别属于特征值 $-1,1$ 的特征向量，向量 $\boldsymbol{\alpha}_3$ 满足

$$\boldsymbol{A}\boldsymbol{\alpha}_3=\boldsymbol{\alpha}_2+\boldsymbol{\alpha}_3,$$

(1) 证明$\boldsymbol{\alpha}_1,\boldsymbol{\alpha}_2,\boldsymbol{\alpha}_3$线性无关；

(2) 令$\boldsymbol{P}=(\boldsymbol{\alpha}_1,\boldsymbol{\alpha}_2,\boldsymbol{\alpha}_3)$，求$\boldsymbol{P}^{-1}\boldsymbol{AP}$.

6. 设$\boldsymbol{A}$为三阶矩阵，$\boldsymbol{\alpha}_1,\boldsymbol{\alpha}_2,\boldsymbol{\alpha}_3$是线性无关的三维列向量，且满足

$$\boldsymbol{A\alpha}_1=\boldsymbol{\alpha}_1+\boldsymbol{\alpha}_2+\boldsymbol{\alpha}_3,\qquad \boldsymbol{A\alpha}_2=2\boldsymbol{\alpha}_2+\boldsymbol{\alpha}_3,\qquad \boldsymbol{A\alpha}_3=2\boldsymbol{\alpha}_2+3\boldsymbol{\alpha}_3.$$

(1) 求矩阵$\boldsymbol{B}$，使得$\boldsymbol{A}(\boldsymbol{\alpha}_1,\boldsymbol{\alpha}_2,\boldsymbol{\alpha}_3)=(\boldsymbol{\alpha}_1,\boldsymbol{\alpha}_2,\boldsymbol{\alpha}_3)\boldsymbol{B}$；

(2) 求矩阵$\boldsymbol{A}$的特征值；

(3) 求可逆矩阵$\boldsymbol{P}$，使得$\boldsymbol{P}^{-1}\boldsymbol{AP}$为对角阵.

7. 设三阶对称矩阵$\boldsymbol{A}$的特征值为$\lambda_1=1,\lambda_2=2,\lambda_3=-2,\boldsymbol{\alpha}_1=(1,-1,1)^{\mathrm{T}}$是$\boldsymbol{A}$的属于特征值$\lambda_1$的一个特征向量，记$\boldsymbol{B}=\boldsymbol{A}^5-4\boldsymbol{A}^3+\boldsymbol{E}$.

(1) 验证$\boldsymbol{\alpha}_1$是矩阵$\boldsymbol{B}$的特征向量，并求$\boldsymbol{B}$的全部特征值的特征向量；

(2) 求矩阵$\boldsymbol{B}$.

8. 设$\boldsymbol{A}$为n阶实对称矩阵，$R(\boldsymbol{A})=n, A_{ij}$是$\boldsymbol{A}=(a_{ij})_{n\times n}$中元素$a_{ij}$的代数余子式$(i,j=1,2,\cdots,n)$)，二次型$f(x_1,x_2,\cdots,x_n)=\sum\limits_{i=1}^{n}\sum\limits_{j=1}^{n}\dfrac{A_{ij}}{\det\boldsymbol{A}}x_ix_j$.

(1) 记$\boldsymbol{x}=(x_1,x_2,\cdots,x_n)^{\mathrm{T}}$，把$f(x_1,x_2,\cdots,x_n)$写成矩阵形式，并证明二次型$f(\boldsymbol{x})$的矩阵为$\boldsymbol{A}^{-1}$；

(2) 二次型$g(\boldsymbol{x})=\boldsymbol{x}^{\mathrm{T}}\boldsymbol{Ax}$与$f(\boldsymbol{x})$的规范形是否相同？说明理由.

9. 证明：二次型$f=\boldsymbol{x}^{\mathrm{T}}\boldsymbol{Ax}$在$\|\boldsymbol{x}\|=1$时的最大值为矩阵$\boldsymbol{A}$的最大特征值.

10. 设有n元实二次型

$$f(x_1,x_2,\cdots,x_n)=(x_1+a_1x_2)^2+(x_2+a_2x_3)^2+\cdots+(x_{n-1}+a_{n-1}x_n)^2+(x_n+a_nx_1)^2,$$

其中，$a_i\ (i=1,2,\cdots,n)$为实数，问：当$a_1,a_2,\cdots,a_n$满足何种条件时，二次型$f(x_1,x_2,\cdots,x_n)$为正定二次型？

11. 设$\boldsymbol{D}=\begin{pmatrix}\boldsymbol{A} & \boldsymbol{C}\\ \boldsymbol{C}^{\mathrm{T}} & \boldsymbol{B}\end{pmatrix}$为正定矩阵，其中$\boldsymbol{A},\boldsymbol{B}$分别为$m$阶，$n$阶对称矩阵，$\boldsymbol{C}$为$m\times n$矩阵.

(1) 计算$\boldsymbol{P}^{\mathrm{T}}\boldsymbol{DP}$，其中$\boldsymbol{P}=\begin{pmatrix}\boldsymbol{E}_m & -\boldsymbol{A}^{-1}\boldsymbol{C}\\ \boldsymbol{O} & \boldsymbol{E}_n\end{pmatrix}$；

(2) 利用(1)的结果判断矩阵$\boldsymbol{B}-\boldsymbol{C}^{\mathrm{T}}\boldsymbol{A}^{-1}\boldsymbol{C}$是否为正定矩阵，并证明你的结论.

12. 设$\boldsymbol{A}$为m阶实对称矩阵且正定，$\boldsymbol{B}$为$m\times n$实矩阵，$\boldsymbol{B}^{\mathrm{T}}$为$\boldsymbol{B}$的转置矩阵，证明：$\boldsymbol{B}^{\mathrm{T}}\boldsymbol{AB}$为正定矩阵的充分必要条件是$\boldsymbol{B}$的秩$R(\boldsymbol{B})=n$.

13. 设$\boldsymbol{A}$，$\boldsymbol{B}$皆为n阶实对称方阵，且$\boldsymbol{B}$是正定的，证明：矩阵$\boldsymbol{AB}$的特征值都是实数.

14. 设$\boldsymbol{A}$，$\boldsymbol{B}$是两个n阶实对称矩阵，且$\boldsymbol{B}$是正定矩阵，证明存在一个n阶实可逆矩阵$\boldsymbol{Q}$，使$\boldsymbol{Q}^{\mathrm{T}}\boldsymbol{AQ}$与$\boldsymbol{Q}^{\mathrm{T}}\boldsymbol{BQ}$同时为对角矩阵.

第 7 章　线性空间与线性变换

7.1　线性空间的定义与性质

线性空间是线性代数中最基本的一个概念．n 维线性空间是 n 维向量空间的进一步抽象，也是三维线性空间的推广．通过 n 维向量空间，有可能把一些反映不同研究对象的有序数组即向量在线性运算下的性质作统一的讨论．但是在一些数学问题和实际问题中，还会遇到许多其他对象，如多项式、矩阵，它们并不表现为向量形式，但对它们同样也可以进行线性运算，当这些对象能构建成一个 n 维线性空间时，可将它与某个 n 维向量空间等同起来，这样可用向量空间的研究手段扩展研究领域．

7.1.1　线性空间的定义

定义 7.1　设 V 是一个非空集合，$\mathbf{R}$ 为实数域，在集合 V 的元素之间定义了一种代数运算，叫作加法，即对于任意两个元素 $\boldsymbol{\alpha}$，$\boldsymbol{\beta}\in V$，总有唯一的一个元素 $\boldsymbol{\gamma}\in V$ 与之对应，称为 $\boldsymbol{\alpha}$ 与 $\boldsymbol{\beta}$ 的和，记作 $\boldsymbol{\gamma}=\boldsymbol{\alpha}+\boldsymbol{\beta}$；在实数域 $\mathbf{R}$ 与集合 V 的元素之间还定义了一种代数运算，叫作数量乘法，即对于任一数 $\lambda\in\mathbf{R}$ 与任意一元素 $\boldsymbol{\alpha}\in V$，总有唯一的一个元素 $\boldsymbol{\delta}\in V$ 与之对应，称为 λ 与 $\boldsymbol{\alpha}$ 的数量乘积，记作 $\boldsymbol{\delta}=\lambda\boldsymbol{\alpha}$．若这两种运算满足以下八条运算规律(设 $\boldsymbol{\alpha}$，$\boldsymbol{\beta}$，$\boldsymbol{\gamma}\in V$；λ，$\mu\in\mathbf{R}$)：

(1) $\boldsymbol{\alpha}+\boldsymbol{\beta}=\boldsymbol{\beta}+\boldsymbol{\alpha}$；

(2) $(\boldsymbol{\alpha}+\boldsymbol{\beta})+\boldsymbol{\gamma}=\boldsymbol{\alpha}+(\boldsymbol{\beta}+\boldsymbol{\gamma})$；

(3) 在 V 中存在一个元素 $\mathbf{0}$，对任何 $\boldsymbol{\alpha}\in V$，都有 $\boldsymbol{\alpha}+\mathbf{0}=\boldsymbol{\alpha}$(具有这种性质的元素 $\mathbf{0}$ 称为 V 的零元素)；

(4) 对任何 $\boldsymbol{\alpha}\in V$，都有元素 $\boldsymbol{\beta}\in V$，使 $\boldsymbol{\alpha}+\boldsymbol{\beta}=\mathbf{0}$($\boldsymbol{\beta}$ 称为 $\boldsymbol{\alpha}$ 的负元素)；

(5) $1\boldsymbol{\alpha}=\boldsymbol{\alpha}$；

(6) $\lambda(\mu\boldsymbol{\alpha})=(\lambda\mu)\boldsymbol{\alpha}$；

(7) $(\lambda+\mu)\boldsymbol{\alpha}=\lambda\boldsymbol{\alpha}+\mu\boldsymbol{\alpha}$；

(8) $\lambda(\boldsymbol{\alpha}+\boldsymbol{\beta})=\lambda\boldsymbol{\alpha}+\lambda\boldsymbol{\beta}$；

则称 V 为实数域 $\mathbf{R}$ 上的线性空间，V 中的元素称为向量．

线性空间是几何空间的特性经过抽象后提炼出来的数学概念，简单地说，一个定义了线性运算(加法和数乘)的非空集合，若对线性运算封闭，且运算满足一定的规则，则这个集合就称为线性空间．

在第 4 章中，把 n 维向量空间 $\mathbf{R}^n$ 中的有序数组称为向量，并对它定义了加法和数量乘法，容易验证这些运算满足八条运算规律，并且是封闭的，因而 n 维向量空间 $\mathbf{R}^n$ 按照通常的向量的加法和数量乘法构成实数域 $\mathbf{R}$ 上的线性空间．显然，$\mathbf{R}^n$ 只是现在定义的线性空间的特殊情形．比较起来，现在的定义有了很大的推广：

(1) 向量不一定是有序数组，它可以是多项式，可以是矩阵，也可以是函数等．

(2) 元素的运算只要求满足八条运算规律，当然也就不一定是有序数组的加法及数乘运算．事实上，运算是可以自己定义的．

下面举几个例子．

例 7.1　元素属于实数域 **R** 的 $m\times n$ 矩阵的全体记作 $\mathbf{R}^{m\times n}$，对于通常的矩阵的加法和矩阵与数的数量乘法构成实数域 **R** 上的线性空间．这是因为：通常的矩阵的加法和矩阵与数的数量乘法显然满足线性运算的八条运算规律，且这两种运算的结果仍是 $m\times n$ 矩阵，即运算是封闭的．

例 7.2　全体实函数，对于通常的函数的加法和函数与数的数量乘法构成实数域 **R** 上的线性空间．这是因为：通常的函数的加法和函数与数的数量乘法显然满足线性运算的八条运算规律，且这两种运算是封闭的，即任意两个实函数的和仍是实函数，任意一个实数与任意一个实函数的乘积仍是实函数．

例 7.3　实数域 **R** 对于通常的数的加法和乘法构成自身上的线性空间．这是因为：通常的数的加法和乘法显然满足线性运算的八条运算规律，且任意两个实数的和与乘积仍是实数．

例 7.4　次数不超过 n 的实系数多项式的全体再添上零多项式组成的集合记作 $R[x]_n$，即

$$R[x]_n=\{a_nx^n+a_{n-1}x^{n-1}+\cdots+a_1x+a_0|a_n,\cdots,a_1,a_0\in\mathbf{R}\},$$

对于通常的多项式加法、数乘多项式的乘法构成实数域 **R** 上的线性空间．这是因为通常的多项式加法、数乘多项式的乘法两种运算显然满足线性运算的八条运算规律，故只要验证 $R[x]_n$ 对下列运算封闭：

$$(a_nx^n+a_{n-1}x^{n-1}+\cdots+a_1x+a_0)+(b_nx^n+b_{n-1}x^{n-1}+\cdots+b_1x+b_0)$$
$$=(a_n+b_n)x^n+(a_{n-1}+b_{n-1})x^{n-1}+\cdots+(a_1+b_1)x+(a_0+b_0)\in R[x]_n;$$
$$\lambda(a_nx^n+a_{n-1}x^{n-1}+\cdots+a_1x+a_0)=\lambda a_nx^n+\lambda a_{n-1}x^{n-1}+\cdots+\lambda a_1x+\lambda a_0\in R[x]_n.$$

因此，$R[x]_n$ 是一个线性空间．

例 7.5　n 次实系数多项式的全体

$$Q[x]_n=\{p=a_nx^n+a_{n-1}x^{n-1}+\cdots+a_1x+a_0|a_n,\cdots,a_1,a_0\in\mathbf{R}，且\ a_n\neq0\},$$

对于通常的多项式加法和数量乘法不构成线性空间．这是因为

$$0p=0x^n+0x^{n-1}+\cdots+0x+0\notin Q[x]_n,$$

即 $Q[x]_n$ 对运算不封闭．

上述线性空间(例 7.1～例 7.5)中定义的两种线性运算都是通常意义下的加法和数乘运算，事实上，线性空间中定义的线性运算可以理解为某种运算规则，只要按照这种规则进行的运算满足线性空间定义中的八条运算规律即可．常用记号“⊕”与“∘”分别表示线性空间中向量间的加法和数量乘法，以区别通常意义下的加法和数乘运算．请看下例．

例 7.6　正实数的全体记作 $\mathbf{R}^+$，在其中定义加法及数乘运算如下：

$$a\oplus b=ab\quad(a,\ b\in\mathbf{R}^+);$$

$$\lambda \circ a = a^{\lambda} \quad (\lambda \in \mathbf{R},\ a \in \mathbf{R}^{+}).$$

验证 $\mathbf{R}^{+}$对上述加法与数乘运算构成实数域 $\mathbf{R}$ 上的线性空间.

证　设 a，b，$c \in \mathbf{R}^{+}$，λ，$\mu \in \mathbf{R}$.

先验证运算的封闭性.

对加法运算封闭：对任意的 a，$b \in \mathbf{R}^{+}$，有 $a \oplus b = ab \in \mathbf{R}^{+}$.

对数乘运算封闭：对任意的$\lambda \in \mathbf{R}$，$a \in \mathbf{R}^{+}$，有 $\lambda \circ a = a^{\lambda} \in \mathbf{R}^{+}$.

再验证运算满足八条运算规律.

(1) $a \oplus b = ab = ba = b \oplus a$；

(2) $(a \oplus b) \oplus c = (ab) \oplus c = (ab)c = a(bc) = a \oplus (b \oplus c)$；

(3) $\mathbf{R}^{+}$中存在零元素 1，对任何 $a \in \mathbf{R}^{+}$，有 $a \oplus 1 = a \cdot 1 = a$；

(4) 对任何 $a \in \mathbf{R}^{+}$，有负元素 $a^{-1} \in \mathbf{R}^{+}$，使 $a \oplus a^{-1} = a \cdot a^{-1} = 1$；

(5) $1 \circ a = a^{1} = a$；

(6) $\lambda \circ (\mu \circ a) = \lambda \circ (a^{\mu}) = a^{\lambda\mu} = (\lambda\mu) \circ a$；

(7) $(\lambda + \mu) \circ a = a^{\lambda+\mu} = a^{\lambda} \cdot a^{\mu} = a^{\lambda} \oplus a^{\mu} = \lambda \circ a \oplus \mu \circ a$；

(8) $\lambda \circ (a \oplus b) = \lambda \circ (ab) = (ab)^{\lambda} = a^{\lambda} \cdot b^{\lambda} = a^{\lambda} \oplus b^{\lambda} = \lambda \circ a \oplus \lambda \circ b$.

因此，$\mathbf{R}^{+}$对上述定义的加法与数乘运算构成实数域 $\mathbf{R}$ 上的线性空间.

例 7.7　n 个有序实数组成的数组的全体

$$S^{n} = \{\boldsymbol{x} = (x_1, x_2, \cdots, x_n)^{\mathrm{T}} \mid x_1, x_2, \cdots, x_n \in \mathbf{R}\}$$

对于通常的有序数组的加法及如下定义的乘法

$$\lambda \circ (x_1, x_2, \cdots, x_n)^{\mathrm{T}} = (0, 0, \cdots, 0)^{\mathrm{T}}$$

不构成实数域 $\mathbf{R}$ 上的线性空间.

可以验证 S^{n} 对运算封闭. 但对于 $\boldsymbol{x} \neq \mathbf{0}$，$1 \circ \boldsymbol{x} = \mathbf{0} \neq \boldsymbol{x}$，不满足运算规律(5)，所以 S^{n} 不是线性空间.

比较 S^{n} 与 $\mathbf{R}^{n}$，作为集合它们是一样的，但由于在其中所定义的运算不同，$\mathbf{R}^{n}$ 构成线性空间，而 S^{n} 不是线性空间. 由此可见，线性空间的概念是集合与运算两者的结合. 一般地说，同一个集合，若在其中定义两种不同的线性运算，就构成不同的线性空间；若定义的运算不是线性运算，就不能构成向量空间. 因此，所定义的线性运算是线性空间的本质，而其中的元素是什么并不重要.

7.1.2　线性空间的性质

下面讨论线性空间的性质.

性质 7.1　零元素是唯一的.

证　设 $\mathbf{0}_1$，$\mathbf{0}_2$ 是线性空间 V 中的两个零元素，即对任何$\boldsymbol{\alpha} \in V$，有

$$\boldsymbol{\alpha} + \mathbf{0}_1 = \boldsymbol{\alpha}, \qquad \boldsymbol{\alpha} + \mathbf{0}_2 = \boldsymbol{\alpha},$$

于是，特别有

$$\mathbf{0}_2+\mathbf{0}_1=\mathbf{0}_2,\qquad \mathbf{0}_1+\mathbf{0}_2=\mathbf{0}_1,$$

所以

$$\mathbf{0}_1=\mathbf{0}_1+\mathbf{0}_2=\mathbf{0}_2+\mathbf{0}_1=\mathbf{0}_2.$$

性质 7.2　任一元素的负元素是唯一的．$\boldsymbol{\alpha}$ 的负元素记作$-\boldsymbol{\alpha}$.

证　设$\boldsymbol{\alpha}$有两个负元素$\boldsymbol{\beta},\boldsymbol{\gamma}$，即$\boldsymbol{\alpha}+\boldsymbol{\beta}=\mathbf{0}$，$\boldsymbol{\alpha}+\boldsymbol{\gamma}=\mathbf{0}$，于是

$$\boldsymbol{\beta}=\boldsymbol{\beta}+\mathbf{0}=\boldsymbol{\beta}+(\boldsymbol{\alpha}+\boldsymbol{\gamma})=(\boldsymbol{\alpha}+\boldsymbol{\beta})+\boldsymbol{\gamma}=\mathbf{0}+\boldsymbol{\gamma}=\boldsymbol{\gamma}.$$

性质 7.3　$0\boldsymbol{\alpha}=\mathbf{0}$；$(-1)\boldsymbol{\alpha}=-\boldsymbol{\alpha}$；$\lambda\mathbf{0}=\mathbf{0}$.

证　$\boldsymbol{\alpha}+0\boldsymbol{\alpha}=1\boldsymbol{\alpha}+0\boldsymbol{\alpha}=(1+0)\boldsymbol{\alpha}=1\boldsymbol{\alpha}=\boldsymbol{\alpha}$，所以 $0\boldsymbol{\alpha}=\mathbf{0}$；

$\boldsymbol{\alpha}+(-1)\boldsymbol{\alpha}=1\boldsymbol{\alpha}+(-1)\boldsymbol{\alpha}=[1+(-1)]\boldsymbol{\alpha}=0\boldsymbol{\alpha}=\mathbf{0}$，所以$(-1)\boldsymbol{\alpha}=-\boldsymbol{\alpha}$；

$$\lambda\mathbf{0}=\lambda[\boldsymbol{\alpha}+(-1)\boldsymbol{\alpha}]=\lambda\boldsymbol{\alpha}+(-\lambda)\boldsymbol{\alpha}=[\lambda+(-\lambda)]\boldsymbol{\alpha}=0\boldsymbol{\alpha}=\mathbf{0}.$$

性质 7.4　如果$\lambda\boldsymbol{\alpha}=\mathbf{0}$，则$\lambda=0$ 或 $\boldsymbol{\alpha}=\mathbf{0}$.

证　若$\lambda\neq 0$，在$\lambda\boldsymbol{\alpha}=\mathbf{0}$ 两边乘$\dfrac{1}{\lambda}$，得

$$\frac{1}{\lambda}(\lambda\boldsymbol{\alpha})=\frac{1}{\lambda}\mathbf{0}=\mathbf{0},$$

而

$$\frac{1}{\lambda}(\lambda\boldsymbol{\alpha})=\left(\frac{1}{\lambda}\lambda\right)\boldsymbol{\alpha}=1\boldsymbol{\alpha}=\boldsymbol{\alpha},$$

所以 $\boldsymbol{\alpha}=\mathbf{0}$.

7.1.3　线性空间的子空间

定义 7.2　设 V 是一个线性空间，W 是 V 的一个非空子集，如果 W 对于 V 中定义的加法和数乘两种运算也构成一个线性空间，则称 W 为 V 的一个线性子空间，简称子空间．

下面来分析一下，一个非空子集 W 要满足什么条件才能构成子空间？

由于 W 是线性空间 V 的一个非空子集，故 V 中的运算对于 W 中的向量而言，显然满足线性空间定义中的运算规律(1)、(2)、(5)～(8)．为使 W 构成一个线性空间，只要求 W 对 V 中的运算封闭且满足规律(3)和(4)即可．现在把这些条件列出：

(1) 如果 W 中包含向量 $\boldsymbol{\alpha}$，那么 W 中就包含向量$\lambda\boldsymbol{\alpha}$；

(2) 如果 W 中包含向量 $\boldsymbol{\alpha}$，$\boldsymbol{\beta}$，那么 W 中就包含向量$\boldsymbol{\alpha}+\boldsymbol{\beta}$；

(3) 零元素 $\mathbf{0}$ 在 W 中；

(4) 如果 W 中包含向量 $\boldsymbol{\alpha}$，那么$-\boldsymbol{\alpha}$ 也在 W 中．

不难看出条件(3)、(4)是多余的，它们作为$\lambda=0$ 与-1 的特殊情形已经包含在条件(1)中．因此，可得出如下定理．

定理 7.1　线性空间 V 的非空子集 W 构成子空间的充分必要条件是 W 对于 V 中的线性运算是封闭的．

例 7.8　在线性空间 V 中，由单个零向量所组成的子集合是该线性空间的一个子空

间; 线性空间 V 本身也是 V 的一个子空间. 称这两个子空间是线性空间 V 的平凡子空间.

例 7.9　全体实函数，对于通常的函数的加法和函数与数的数量乘法构成实数域 $\mathbf{R}$ 上的线性空间(例 7.2)，其中，所有的实系数多项式组成它的一个子空间.

例 7.10　设 $\boldsymbol{\alpha}_1,\boldsymbol{\alpha}_2,\cdots,\boldsymbol{\alpha}_k$ 是 $\mathbf{R}^n$ 中的 k 个向量，则由 $\boldsymbol{\alpha}_1,\boldsymbol{\alpha}_2,\cdots,\boldsymbol{\alpha}_k$ 生成的向量空间 W 是 $\mathbf{R}^n$ 的子空间，记作 $W=L(\boldsymbol{\alpha}_1,\boldsymbol{\alpha}_2,\cdots,\boldsymbol{\alpha}_k)$.

7.2　线性空间的维数、基与坐标

7.2.1　线性空间的维数、基

在线性空间定义了加法和数乘运算，因此，可以如同向量空间中一样建立线性组合、线性相关与线性无关等概念，只不过此时这些概念中的加法和数量乘法应理解为线性空间中定义的加法和数量乘法. 以后将直接引用这些概念和相关性质.

在第 4 章中已经提出了基与维数的概念，这当然也适用于一般的线性空间. 这是线性空间的主要特性，特再叙述如下.

定义 7.3　若线性空间 V 中的 n 个元素 $\boldsymbol{\alpha}_1,\boldsymbol{\alpha}_2,\cdots,\boldsymbol{\alpha}_n$ 满足:

(1) $\boldsymbol{\alpha}_1,\boldsymbol{\alpha}_2,\cdots,\boldsymbol{\alpha}_n$ 线性无关;

(2) V 中任一元素 $\boldsymbol{\alpha}$ 总可由 $\boldsymbol{\alpha}_1,\boldsymbol{\alpha}_2,\cdots,\boldsymbol{\alpha}_n$ 线性表示,

则称 $\boldsymbol{\alpha}_1,\boldsymbol{\alpha}_2,\cdots,\boldsymbol{\alpha}_n$ 为线性空间 V 的一个基，n 称为线性空间 V 的维数，记作 $\dim V=n$. 线性空间 V 称为 n 维线性空间，记作 V_n.

只含一个零元素的线性空间没有基，规定它的维数为 0.

由基与线性空间的定义可知，若 $\boldsymbol{\alpha}_1,\boldsymbol{\alpha}_2,\cdots,\boldsymbol{\alpha}_n$ 为 V_n 的一个基，则 V_n 可表示为

$$V_n=\{\boldsymbol{\alpha}=x_1\boldsymbol{\alpha}_1+x_2\boldsymbol{\alpha}_2+\cdots+x_n\boldsymbol{\alpha}_n \mid x_1,x_2,\cdots,x_n\in\mathbf{R}\},$$

即 V_n 是由基 $\boldsymbol{\alpha}_1,\boldsymbol{\alpha}_2,\cdots,\boldsymbol{\alpha}_n$ 所生成的线性空间，这就较清楚地显示出线性空间 V_n 的构造.

7.2.2　向量的坐标

若 $\boldsymbol{\alpha}_1,\boldsymbol{\alpha}_2,\cdots,\boldsymbol{\alpha}_n$ 为 V_n 的一个基，则对任何 $\boldsymbol{\alpha}\in V_n$，都有唯一一组有序数 $x_1,x_2,\cdots,x_n$，使

$$\boldsymbol{\alpha}=x_1\boldsymbol{\alpha}_1+x_2\boldsymbol{\alpha}_2+\cdots+x_n\boldsymbol{\alpha}_n;$$

反之，对任意一组有序数 $x_1,x_2,\cdots,x_n$，总有唯一的元素

$$\boldsymbol{\alpha}=x_1\boldsymbol{\alpha}_1+x_2\boldsymbol{\alpha}_2+\cdots+x_n\boldsymbol{\alpha}_n\in V_n.$$

由此可见，V_n 中的元素 $\boldsymbol{\alpha}$ 与有序数组 $(x_1,x_2,\cdots,x_n)^{\mathrm{T}}$ 之间存在一一对应的关系，因此可以用这组有序数来表示元素 $\boldsymbol{\alpha}$，于是有如下定义.

定义 7.4　设 $\boldsymbol{\alpha}_1,\boldsymbol{\alpha}_2,\cdots,\boldsymbol{\alpha}_n$ 是线性空间 V_n 的一个基，则对于任一元素 $\boldsymbol{\alpha}\in V_n$，有且仅有一组有序数 $x_1,x_2,\cdots,x_n$，使

$$\boldsymbol{\alpha}=x_1\boldsymbol{\alpha}_1+x_2\boldsymbol{\alpha}_2+\cdots+x_n\boldsymbol{\alpha}_n,$$

称这组有序数 $x_1,x_2,\cdots,x_n$ 为元素 $\boldsymbol{\alpha}$ 在基 $\boldsymbol{\alpha}_1,\boldsymbol{\alpha}_2,\cdots,\boldsymbol{\alpha}_n$ 下的坐标，记作 $(x_1,x_2,\cdots,x_n)^{\mathrm{T}}$.

下面来看几个例子.

例 7.11　线性空间 $R[x]_n$ 中，$1,x,x^2,\cdots,x^n$ 是 $n+1$ 个线性无关的向量，而且每个次数不超过 n 的实系数多项式都可以被它们线性表示，所以 $R[x]_n$ 是 $n+1$ 维的，而 $1,x,x^2,\cdots,x^n$ 是它的一个基. 在这个基下，多项式 $f(x)=a_0+a_1x+\cdots+a_nx^n$ 的坐标就是它的系数 $(a_0,a_1,\cdots,a_n)^{\mathrm{T}}$.

如果在 $R[x]_n$ 中取另外一个基(为什么是一个基？请读者证明)

$$1,(x-a),(x-a)^2,\cdots,(x-a)^n,$$

那么根据泰勒展开公式有

$$f(x)=f(a)+f'(a)(x-a)+\frac{f''(a)}{2!}(x-a)^2+\cdots+\frac{f^{(n)}(a)}{n!}(x-a)^n.$$

因此，$f(x)$ 在这个基下的坐标为 $\left(f(a),f'(a),\dfrac{f''(a)}{2!},\cdots,\dfrac{f^{(n)}(a)}{n!}\right)^{\mathrm{T}}$.

例 7.12　在 n 维线性空间 $\mathbf{R}^n$ 中，显然

$$\begin{cases}\boldsymbol{\alpha}_1=(1,0,\cdots,0)^{\mathrm{T}},\\ \boldsymbol{\alpha}_2=(0,1,\cdots,0)^{\mathrm{T}},\\ \quad\cdots\cdots\\ \boldsymbol{\alpha}_n=(0,0,\cdots,1)^{\mathrm{T}}\end{cases}$$

是一个基，每一个实向量 $\boldsymbol{\alpha}=(\alpha_1,\alpha_2,\cdots,\alpha_n)^{\mathrm{T}}$ 在这组基下的坐标就是其本身，如果在 $\mathbf{R}^n$ 中取另外一个基

$$\begin{cases}\boldsymbol{\alpha}_1'=(1,1,\cdots,1)^{\mathrm{T}},\\ \boldsymbol{\alpha}_2'=(0,1,\cdots,1)^{\mathrm{T}},\\ \quad\cdots\cdots\\ \boldsymbol{\alpha}_n'=(0,0,\cdots,1)^{\mathrm{T}},\end{cases}$$

因为

$$\boldsymbol{\alpha}=a_1\boldsymbol{\alpha}_1'+(a_2-a_1)\boldsymbol{\alpha}_2'+\cdots+(a_n-a_{n-1})\boldsymbol{\alpha}_n',$$

所以 $\boldsymbol{\alpha}$ 在这个基下的坐标为

$$(a_1,a_2-a_1,\cdots,a_n-a_{n-1})^{\mathrm{T}}.$$

由例 7.11 和例 7.12 可以看出，同一个向量在不同基下的坐标是不同的，因为向量的坐标是和基相联系的.

7.3 基变换与坐标变换

在 n 维线性空间中，任意 n 个线性无关的向量都可以取作空间的一个基．而同一个向量在不同基下的坐标是不同的．因此，在处理一些问题时，如何选择适当的基，使得所要讨论的向量的坐标比较简单，是一个重要的问题．为此，下面来讨论，随着基的变化，向量的坐标是怎样改变的．

7.3.1 基变换

设 $\boldsymbol{\alpha}_1,\boldsymbol{\alpha}_2,\cdots,\boldsymbol{\alpha}_n$ 与 $\boldsymbol{\alpha}_1',\boldsymbol{\alpha}_2',\cdots,\boldsymbol{\alpha}_n'$ 是 n 维线性空间 V_n 的两个基，它们的关系是

$$\begin{cases}\boldsymbol{\alpha}_1' = a_{11}\boldsymbol{\alpha}_1 + a_{21}\boldsymbol{\alpha}_2 + \cdots + a_{n1}\boldsymbol{\alpha}_n, \\ \boldsymbol{\alpha}_2' = a_{12}\boldsymbol{\alpha}_1 + a_{22}\boldsymbol{\alpha}_2 + \cdots + a_{n2}\boldsymbol{\alpha}_n, \\ \qquad\cdots\cdots \\ \boldsymbol{\alpha}_n' = a_{1n}\boldsymbol{\alpha}_1 + a_{2n}\boldsymbol{\alpha}_2 + \cdots + a_{nn}\boldsymbol{\alpha}_n,\end{cases}$$

将上式写成矩阵形式

$$(\boldsymbol{\alpha}_1',\boldsymbol{\alpha}_2',\cdots,\boldsymbol{\alpha}_n') = (\boldsymbol{\alpha}_1,\boldsymbol{\alpha}_2,\cdots,\boldsymbol{\alpha}_n)\begin{pmatrix} a_{11} & a_{12} & \cdots & a_{1n} \\ a_{21} & a_{22} & \cdots & a_{2n} \\ \vdots & \vdots & & \vdots \\ a_{n1} & a_{n2} & \cdots & a_{nn}\end{pmatrix} = (\boldsymbol{\alpha}_1,\boldsymbol{\alpha}_2,\cdots,\boldsymbol{\alpha}_n)\boldsymbol{P}, \tag{7.1}$$

显然，矩阵 $\boldsymbol{P}$ 的各列向量是基 $\boldsymbol{\alpha}_1',\boldsymbol{\alpha}_2',\cdots,\boldsymbol{\alpha}_n'$ 在基 $\boldsymbol{\alpha}_1,\boldsymbol{\alpha}_2,\cdots,\boldsymbol{\alpha}_n$ 下的坐标．称矩阵 $\boldsymbol{P}$ 为由基 $\boldsymbol{\alpha}_1,\boldsymbol{\alpha}_2,\cdots,\boldsymbol{\alpha}_n$ 到基 $\boldsymbol{\alpha}_1',\boldsymbol{\alpha}_2',\cdots,\boldsymbol{\alpha}_n'$ 的过渡矩阵．

可以直接验证过渡矩阵 $\boldsymbol{P}$ 是可逆的．事实上，设有一组实数 $k_1,k_2,\cdots,k_n$，使

$$k_1\boldsymbol{\alpha}_1' + k_2\boldsymbol{\alpha}_2' + \cdots + k_n\boldsymbol{\alpha}_n' = \boldsymbol{0},$$

即

$$\begin{aligned} & k_1(a_{11}\boldsymbol{\alpha}_1 + a_{21}\boldsymbol{\alpha}_2 + \cdots + a_{n1}\boldsymbol{\alpha}_n) + k_2(a_{12}\boldsymbol{\alpha}_1 + a_{22}\boldsymbol{\alpha}_2 + \cdots + a_{n2}\boldsymbol{\alpha}_n) + \cdots \\ & + k_n(a_{1n}\boldsymbol{\alpha}_1 + a_{2n}\boldsymbol{\alpha}_2 + \cdots + a_{nn}\boldsymbol{\alpha}_n) \\ = & (a_{11}k_1 + a_{12}k_2 + \cdots + a_{1n}k_n)\boldsymbol{\alpha}_1 + (a_{21}k_1 + a_{22}k_2 + \cdots + a_{2n}k_n)\boldsymbol{\alpha}_2 + \cdots \\ & + (a_{n1}k_1 + a_{n2}k_2 + \cdots + a_{nn}k_n)\boldsymbol{\alpha}_n \\ = & \boldsymbol{0}, \end{aligned}$$

由于 $\boldsymbol{\alpha}_1',\boldsymbol{\alpha}_2',\cdots,\boldsymbol{\alpha}_n'$ 与 $\boldsymbol{\alpha}_1,\boldsymbol{\alpha}_2,\cdots,\boldsymbol{\alpha}_n$ 均线性无关，故有

$$k_1 = k_2 = \cdots = k_n = 0,$$

$$\begin{aligned} a_{11}k_1 + a_{12}k_2 + \cdots + a_{1n}k_n &= a_{21}k_1 + a_{22}k_2 + \cdots + a_{2n}k_n = \cdots \\ &= a_{n1}k_1 + a_{n2}k_2 + \cdots + a_{nn}k_n = 0. \end{aligned}$$

从而，线性方程组

$$
\begin{cases}
a_{11}k_1 + a_{12}k_2 + \cdots + a_{1n}k_n = 0, \\
a_{21}k_1 + a_{22}k_2 + \cdots + a_{2n}k_n = 0, \\
\quad\cdots\cdots \\
a_{n1}k_1 + a_{n2}k_2 + \cdots + a_{nn}k_n = 0
\end{cases}
$$

只有零解．因此，它的系数矩阵 $\boldsymbol{P}$ 是可逆的．

顺便提一句，由于式(7.1)中把向量作为一个矩阵的元素，上述矩阵形式记法只是形式上的，但它满足矩阵的运算规则，这种记法便于计算．

7.3.2　坐标变换

现在回到本节所要解决的坐标变换的问题上来．

设向量 $\boldsymbol{\alpha}$ 在两个基 $\boldsymbol{\alpha}_1,\boldsymbol{\alpha}_2,\cdots,\boldsymbol{\alpha}_n$ 与 $\boldsymbol{\alpha}_1',\boldsymbol{\alpha}_2',\cdots,\boldsymbol{\alpha}_n'$ 下的坐标分别为 $(x_1,x_2,\cdots,x_n)^{\mathrm{T}}$ 与 $(x_1',x_2',\cdots,x_n')^{\mathrm{T}}$，即

$$
\boldsymbol{\alpha} = x_1\boldsymbol{\alpha}_1 + x_2\boldsymbol{\alpha}_2 + \cdots + x_n\boldsymbol{\alpha}_n = (\boldsymbol{\alpha}_1,\boldsymbol{\alpha}_2,\cdots,\boldsymbol{\alpha}_n)\begin{pmatrix} x_1 \\ x_2 \\ \vdots \\ x_n \end{pmatrix},
$$

$$
\boldsymbol{\alpha} = x_1'\boldsymbol{\alpha}_1' + x_2'\boldsymbol{\alpha}_2' + \cdots + x_n'\boldsymbol{\alpha}_n' = (\boldsymbol{\alpha}_1',\boldsymbol{\alpha}_2',\cdots,\boldsymbol{\alpha}_n')\begin{pmatrix} x_1' \\ x_2' \\ \vdots \\ x_n' \end{pmatrix},
$$

则

$$
\boldsymbol{\alpha} = (\boldsymbol{\alpha}_1,\boldsymbol{\alpha}_2,\cdots,\boldsymbol{\alpha}_n)\begin{pmatrix} x_1 \\ x_2 \\ \vdots \\ x_n \end{pmatrix} = (\boldsymbol{\alpha}_1',\boldsymbol{\alpha}_2',\cdots,\boldsymbol{\alpha}_n')\begin{pmatrix} x_1' \\ x_2' \\ \vdots \\ x_n' \end{pmatrix} = (\boldsymbol{\alpha}_1,\boldsymbol{\alpha}_2,\cdots,\boldsymbol{\alpha}_n)\boldsymbol{P}\begin{pmatrix} x_1' \\ x_2' \\ \vdots \\ x_n' \end{pmatrix},
$$

所以有

$$
\begin{pmatrix} x_1 \\ x_2 \\ \vdots \\ x_n \end{pmatrix} = \boldsymbol{P}\begin{pmatrix} x_1' \\ x_2' \\ \vdots \\ x_n' \end{pmatrix} \tag{7.2}
$$

或

$$
\begin{pmatrix} x_1' \\ x_2' \\ \vdots \\ x_n' \end{pmatrix} = \boldsymbol{P}^{-1}\begin{pmatrix} x_1 \\ x_2 \\ \vdots \\ x_n \end{pmatrix} \tag{7.3}
$$

式(7.2)与式(7.3)给出了在基变换(7.1)下，向量的坐标变换公式.

综上所述，得到下面的定理.

定理 7.2　设$\boldsymbol{\alpha}_1,\boldsymbol{\alpha}_2,\cdots,\boldsymbol{\alpha}_n$与$\boldsymbol{\alpha}_1',\boldsymbol{\alpha}_2',\cdots,\boldsymbol{\alpha}_n'$是$n$维线性空间$V_n$的两个基，$\boldsymbol{\alpha}_1,\boldsymbol{\alpha}_2,\cdots,\boldsymbol{\alpha}_n$到$\boldsymbol{\alpha}_1',\boldsymbol{\alpha}_2',\cdots,\boldsymbol{\alpha}_n'$的过渡矩阵为$\boldsymbol{P}$，向量$\boldsymbol{\alpha}$在两个基$\boldsymbol{\alpha}_1,\boldsymbol{\alpha}_2,\cdots,\boldsymbol{\alpha}_n$与$\boldsymbol{\alpha}_1',\boldsymbol{\alpha}_2',\cdots,\boldsymbol{\alpha}_n'$下的坐标分别为$(x_1,x_2,\cdots,x_n)^{\mathrm{T}}$与$(x_1',x_2',\cdots,x_n')^{\mathrm{T}}$，则

$$\begin{pmatrix}x_1\\x_2\\\vdots\\x_n\end{pmatrix}=\boldsymbol{P}\begin{pmatrix}x_1'\\x_2'\\\vdots\\x_n'\end{pmatrix},\qquad \begin{pmatrix}x_1'\\x_2'\\\vdots\\x_n'\end{pmatrix}=\boldsymbol{P}^{-1}\begin{pmatrix}x_1\\x_2\\\vdots\\x_n\end{pmatrix}.$$

例 7.13　在例 7.12 中，有

$$(\boldsymbol{\alpha}_1',\boldsymbol{\alpha}_2',\cdots,\boldsymbol{\alpha}_n')=(\boldsymbol{\alpha}_1,\boldsymbol{\alpha}_2,\cdots,\boldsymbol{\alpha}_n)\begin{pmatrix}1&0&\cdots&0\\1&1&\cdots&0\\\vdots&\vdots&&\vdots\\1&1&\cdots&1\end{pmatrix},$$

这里

$$\boldsymbol{P}=\begin{pmatrix}1&0&\cdots&0\\1&1&\cdots&0\\\vdots&\vdots&&\vdots\\1&1&\cdots&1\end{pmatrix}$$

就是过渡矩阵. 易求得

$$\boldsymbol{P}^{-1}=\begin{pmatrix}1&0&0&\cdots&0\\-1&1&0&\cdots&0\\0&-1&1&\cdots&0\\\vdots&\vdots&\vdots&&\vdots\\0&0&0&\cdots&1\end{pmatrix},$$

由坐标变换公式，得$\boldsymbol{\alpha}$在基$\boldsymbol{\alpha}_1',\boldsymbol{\alpha}_2',\cdots,\boldsymbol{\alpha}_n'$下的坐标为

$$\begin{pmatrix}x_1'\\x_2'\\\vdots\\x_n'\end{pmatrix}=\begin{pmatrix}1&0&0&\cdots&0\\-1&1&0&\cdots&0\\0&-1&1&\cdots&0\\\vdots&\vdots&\vdots&&\vdots\\0&0&0&\cdots&1\end{pmatrix}\begin{pmatrix}a_1\\a_2\\\vdots\\a_n\end{pmatrix}=\begin{pmatrix}a_1\\a_2-a_1\\\vdots\\a_n-a_{n-1}\end{pmatrix}.$$

这与例 7.12 所得结果是相同的.

7.4　线性空间的同构

7.4.1　同构的概念

在线性空间 V_n 中取定一个基 $\boldsymbol{\alpha}_1,\boldsymbol{\alpha}_2,\cdots,\boldsymbol{\alpha}_n$ 后，V_n 中每个向量都有确定的坐标，而坐标可以看作 $\mathbf{R}^n$ 中的元素．因此，向量与它的坐标之间的对应实质上是 V_n 到 $\mathbf{R}^n$ 的一个映射．显然，这个映射既是单射又是满射(这样的映射称为双射)．这个对应的重要性表现在它与运算的关系上．

设

$$\boldsymbol{\alpha}=x_1\boldsymbol{\alpha}_1+x_2\boldsymbol{\alpha}_2+\cdots+x_n\boldsymbol{\alpha}_n,\qquad \boldsymbol{\beta}=y_1\boldsymbol{\alpha}_1+y_2\boldsymbol{\alpha}_2+\cdots+y_n\boldsymbol{\alpha}_n,$$

即 $\boldsymbol{\alpha},\boldsymbol{\beta}$ 的坐标分别为 $(x_1,x_2,\cdots,x_n)^{\mathrm{T}}$ 与 $(y_1,y_2,\cdots,y_n)^{\mathrm{T}}$，则

$$\boldsymbol{\alpha}+\boldsymbol{\beta}=(x_1+y_1)\boldsymbol{\alpha}_1+(x_2+y_2)\boldsymbol{\alpha}_2+\cdots+(x_n+y_n)\boldsymbol{\alpha}_n,$$

$$\lambda\boldsymbol{\alpha}=\lambda x_1\boldsymbol{\alpha}_1+\lambda x_2\boldsymbol{\alpha}_2+\cdots+\lambda x_n\boldsymbol{\alpha}_n,$$

于是，$\boldsymbol{\alpha}+\boldsymbol{\beta},\lambda\boldsymbol{\alpha}$ 的坐标分别为

$$(x_1+y_1,x_2+y_2,\cdots,x_n+y_n)^{\mathrm{T}}=(x_1,x_2,\cdots,x_n)^{\mathrm{T}}+(y_1,y_2,\cdots,y_n)^{\mathrm{T}},$$

$$(\lambda x_1,\lambda x_2,\cdots,\lambda x_n)^{\mathrm{T}}=\lambda(x_1,x_2,\cdots,x_n)^{\mathrm{T}}.$$

上述过程从映射的角度可以描述如下．

若 $\boldsymbol{\alpha}\leftrightarrow(x_1,x_2,\cdots,x_n)^{\mathrm{T}},\boldsymbol{\beta}\leftrightarrow(y_1,y_2,\cdots,y_n)^{\mathrm{T}}$，则

(1) $\boldsymbol{\alpha}+\boldsymbol{\beta}\leftrightarrow(x_1,x_2,\cdots,x_n)^{\mathrm{T}}+(y_1,y_2,\cdots,y_n)^{\mathrm{T}}$；

(2) $\lambda\boldsymbol{\alpha}\leftrightarrow\lambda(x_1,x_2,\cdots,x_n)^{\mathrm{T}}$，

即向量的和与数量乘法的像分别为像的和与数量乘法．

将向量与坐标的这种一一对应关系抽象化，就得到同构的概念．

定义 7.5　实数域上的两个线性空间 V 与 V' 称为同构的，如果存在 V 到 V' 上的一个双射 σ，具有以下性质：

(1) $\sigma(\boldsymbol{\alpha}+\boldsymbol{\beta})=\sigma(\boldsymbol{\alpha})+\sigma(\boldsymbol{\beta}),\boldsymbol{\alpha},\boldsymbol{\beta}\in V$；

(2) $\sigma(\lambda\boldsymbol{\alpha})=\lambda\sigma(\boldsymbol{\alpha}),\lambda\in\mathbf{R}$．

这样的映射 σ 称为同构映射．

由前面的讨论可知，在 n 维线性空间 V_n 中取定一个基后，向量与它的坐标之间的对应就是 V_n 到 $\mathbf{R}^n$ 的一个同构映射．因此，任一个 n 维线性空间都与 $\mathbf{R}^n$ 同构．故可将任一个线性空间 V_n 的研究转化为大家熟知的线性空间 $\mathbf{R}^n$ 来研究．

7.4.2　同构映射的性质

下面讨论同构映射的性质．从这些性质出发，将得到有关线性空间的一个重要结论，

从而使我们对线性空间的本质特征有更清楚的认识.

同构映射具有下列基本性质.

性质 7.5　$\sigma(\mathbf{0})=\mathbf{0},\sigma(-\boldsymbol{\alpha})=-\sigma(\boldsymbol{\alpha})$.

证　在定义 7.5 的性质(2)中分别令 $\lambda=0$，$\lambda=-1$ 即得.

性质 7.6　$\sigma(\lambda_1\boldsymbol{\alpha}_1+\lambda_2\boldsymbol{\alpha}_2+\cdots+\lambda_r\boldsymbol{\alpha}_r)=\lambda_1\sigma(\boldsymbol{\alpha}_1)+\lambda_2\sigma(\boldsymbol{\alpha}_2)+\cdots+\lambda_r\sigma(\boldsymbol{\alpha}_r)$.

证　结合定义 7.5 中性质(1)、(2)即得.

性质 7.7　V 中向量组 $\boldsymbol{\alpha}_1,\boldsymbol{\alpha}_2,\cdots,\boldsymbol{\alpha}_r$ 线性相关的充分必要条件是 $\sigma(\boldsymbol{\alpha}_1),\sigma(\boldsymbol{\alpha}_2),\cdots,\sigma(\boldsymbol{\alpha}_r)$ 线性相关.

证　必要性. 若 $\boldsymbol{\alpha}_1,\boldsymbol{\alpha}_2,\cdots,\boldsymbol{\alpha}_r$ 线性相关，即存在一组不全为零的实数 $k_1,k_2,\cdots,k_r$，使

$$k_1\boldsymbol{\alpha}_1+k_2\boldsymbol{\alpha}_2+\cdots+k_r\boldsymbol{\alpha}_r=\mathbf{0},$$

两边用 σ 作用，再利用性质 7.5 和性质 7.6，得

$$k_1\sigma(\boldsymbol{\alpha}_1)+k_2\sigma(\boldsymbol{\alpha}_2)+\cdots+k_r\sigma(\boldsymbol{\alpha}_r)=\mathbf{0},$$

所以 $\sigma(\boldsymbol{\alpha}_1),\sigma(\boldsymbol{\alpha}_2),\cdots,\sigma(\boldsymbol{\alpha}_r)$ 线性相关.

充分性. 若 $\sigma(\boldsymbol{\alpha}_1),\sigma(\boldsymbol{\alpha}_2),\cdots,\sigma(\boldsymbol{\alpha}_r)$ 线性相关，即存在一组不全为零的实数 $k_1,k_2,\cdots,k_r$，使

$$k_1\sigma(\boldsymbol{\alpha}_1)+k_2\sigma(\boldsymbol{\alpha}_2)+\cdots+k_r\sigma(\boldsymbol{\alpha}_r)=\mathbf{0},$$

由性质 7.6，得

$$\sigma(k_1\boldsymbol{\alpha}_1+k_2\boldsymbol{\alpha}_2+\cdots+k_r\boldsymbol{\alpha}_r)=\mathbf{0},$$

由性质 7.5 及 σ 是双射，得

$$k_1\boldsymbol{\alpha}_1+k_2\boldsymbol{\alpha}_2+\cdots+k_r\boldsymbol{\alpha}_r=\mathbf{0},$$

所以 $\boldsymbol{\alpha}_1,\boldsymbol{\alpha}_2,\cdots,\boldsymbol{\alpha}_r$ 线性相关.

性质 7.7 也可以说成：V 中向量组 $\boldsymbol{\alpha}_1,\boldsymbol{\alpha}_2,\cdots,\boldsymbol{\alpha}_r$ 线性无关的充分必要条件是 $\sigma(\boldsymbol{\alpha}_1),\sigma(\boldsymbol{\alpha}_2),\cdots,\sigma(\boldsymbol{\alpha}_r)$ 线性无关.

由性质 7.7 可推知，同构的线性空间有相同的维数.

性质 7.8　若 W 是 V 的一个子空间，则 W 的像集合 $\sigma(W)=\{\sigma(\boldsymbol{\alpha})\mid\boldsymbol{\alpha}\in W\}$ 是 V' 的子空间，且 W 与 $\sigma(W)$ 同构，从而 $\dim(W)=\dim[\sigma(W)]$.

证　先证 $\sigma(W)=\{\sigma(\boldsymbol{\alpha})\mid\boldsymbol{\alpha}\in W\}$ 是 V' 的子空间.

由定理 7.1，要证 $\sigma(W)=\{\sigma(\boldsymbol{\alpha})\mid\boldsymbol{\alpha}\in W\}$ 是 V' 的子空间，只需证 $\sigma(W)$ 对于 V' 中的加法和数乘运算是封闭的.

对于任意 $\sigma(\boldsymbol{\alpha}),\sigma(\boldsymbol{\beta})\in\sigma(W),\boldsymbol{\alpha},\boldsymbol{\beta}\in W$ 及任意 $\lambda\in\mathbf{R}$，有

$$\sigma(\boldsymbol{\alpha})+\sigma(\boldsymbol{\beta})=\sigma(\boldsymbol{\alpha}+\boldsymbol{\beta})\in\sigma(W),\qquad \lambda\sigma(\boldsymbol{\alpha})=\sigma(\lambda\boldsymbol{\alpha})\in\sigma(W).$$

再证 W 与 $\sigma(W)$ 同构.

显然，σ 是 W 到 $\sigma(W)$ 上的一个双射，且满足定义 7.5 中的性质(1)、(2)，故 W 与 $\sigma(W)$ 同构，从而 $\dim(W)=\dim[\sigma(W)]$.

性质 7.9 同构映射的逆映射及两个同构映射的乘积还是同构映射.

证 先证同构映射的逆映射是同构映射.

设 σ 是线性空间 V 到 V' 的同构映射，显然 σ 的逆映射 σ^{-1} 是 V' 到 V 的一个双射. 以下证明 σ^{-1} 满足定义 7.5 中的性质(1)、(2).

对于任意 $\boldsymbol{\alpha}',\boldsymbol{\beta}'\in V'$ 及任意 $\lambda\in\mathbf{R}$，有

$$\begin{aligned}\sigma\sigma^{-1}(\boldsymbol{\alpha}'+\boldsymbol{\beta}')&=\boldsymbol{\alpha}'+\boldsymbol{\beta}'=\sigma\sigma^{-1}(\boldsymbol{\alpha}')+\sigma\sigma^{-1}(\boldsymbol{\beta}')\\&=\sigma\left[\sigma^{-1}(\boldsymbol{\alpha}')+\sigma^{-1}(\boldsymbol{\beta}')\right],\end{aligned}$$

$$\sigma\sigma^{-1}(\lambda\boldsymbol{\alpha}')=\lambda\boldsymbol{\alpha}'=\lambda\sigma\sigma^{-1}(\boldsymbol{\alpha}')=\sigma\left[\lambda\sigma^{-1}(\boldsymbol{\alpha}')\right].$$

上式两边用 σ^{-1} 作用，得

$$\sigma^{-1}(\boldsymbol{\alpha}'+\boldsymbol{\beta}')=\sigma^{-1}(\boldsymbol{\alpha}')+\sigma^{-1}(\boldsymbol{\beta}'),\qquad \sigma^{-1}(\lambda\boldsymbol{\alpha}')=\lambda\sigma^{-1}(\boldsymbol{\alpha}').$$

再证两个同构映射的乘积还是同构映射.

设 σ,τ 分别为线性空间 V 到 V' 和 V' 到 V'' 的同构映射，显然 $\tau\sigma$ 是 V 到 V'' 的一个双射. 以下证明 $\tau\sigma$ 满足定义 7.5 中的性质(1)、(2).

对于任意 $\boldsymbol{\alpha},\boldsymbol{\beta}\in V$ 及任意 $\lambda\in\mathbf{R}$，有

$$\tau\sigma(\boldsymbol{\alpha}+\boldsymbol{\beta})=\tau\left[\sigma(\boldsymbol{\alpha})+\sigma(\boldsymbol{\beta})\right]=\tau\sigma(\boldsymbol{\alpha})+\tau\sigma(\boldsymbol{\beta}),$$

$$\tau\sigma(\lambda\boldsymbol{\alpha})=\tau\left[\lambda\sigma(\boldsymbol{\alpha})\right]=\lambda\tau\sigma(\boldsymbol{\alpha}).$$

由性质 7.9 可推知，同构作为线性空间之间的一种关系，具有对称性和传递性.

(1) 对称性：若 V 与 V' 同构，则 V' 与 V 同构.

(2) 传递性：若 V 与 V' 同构，V' 与 V'' 同构，则 V 与 V'' 同构.

因为任意一个 n 维线性空间都与 $\mathbf{R}^n$ 同构，由同构的对称性和传递性可知，任意两个 n 维线性空间都同构.

综上所述，可得如下定理.

定理 7.3 实数域上两个有限维线性空间同构的充分必要条件是它们有相同的维数.

在线性空间的抽象讨论中，并没有考虑线性空间中的元素的具体意义是什么，也没有考虑其中的运算是如何定义的，而只是在一般情况下研究线性空间在所定义的运算下的代数性质. 从这个意义上来看，同构的线性空间，即维数相同的线性空间是可以不加区分的. 维数是有限维线性空间唯一的本质特征.

由于同构保持线性运算的对应关系，V_n 中抽象的线性运算就可转化为 $\mathbf{R}^n$ 中的线性运算，并且 $\mathbf{R}^n$ 中所有只涉及线性运算的性质都适用于 V_n.

7.5　线性变换

设V是实数域上的一个线性空间，V到自身的映射称为V的一个变换．变换反映了线性空间中元素与元素之间的联系．线性变换是线性空间的一种最简单、最基本的变换，是线性代数研究的中心问题之一．

本节主要讨论线性变换的概念及简单性质、线性变换的运算、线性变换的矩阵表示．

7.5.1　线性变换的定义与性质

定义 7.6　线性空间V的一个变换A称为线性变换，若对于V中任意元素$\boldsymbol{\alpha},\boldsymbol{\beta}$和任意实数$\lambda$，有

$$A(\boldsymbol{\alpha}+\boldsymbol{\beta})=A(\boldsymbol{\alpha})+A(\boldsymbol{\beta}),\qquad A(\lambda\boldsymbol{\alpha})=\lambda A(\boldsymbol{\alpha}).$$

简言之，线性变换就是保持线性组合的变换．

线性变换通常用字母$A,B,\cdots$表示；$A(\boldsymbol{\alpha})$常简写为$A\boldsymbol{\alpha}$．

下面举一些线性变换的例子．

例 7.14　由关系式

$$T\begin{pmatrix}x\\y\end{pmatrix}=\begin{pmatrix}\cos\varphi & -\sin\varphi\\ \sin\varphi & \cos\varphi\end{pmatrix}\begin{pmatrix}x\\y\end{pmatrix}$$

确定了xOy平面上的一个线性变换T，这就是中学讲过的旋转变换．

事实上，设$\begin{pmatrix}x_1\\y_1\end{pmatrix},\begin{pmatrix}x_2\\y_2\end{pmatrix}$是$xOy$平面上任意两个向量，则

$$\begin{aligned}T\left(\begin{pmatrix}x_1\\y_1\end{pmatrix}+\begin{pmatrix}x_2\\y_2\end{pmatrix}\right)&=\begin{pmatrix}\cos\varphi & -\sin\varphi\\ \sin\varphi & \cos\varphi\end{pmatrix}\left(\begin{pmatrix}x_1\\y_1\end{pmatrix}+\begin{pmatrix}x_2\\y_2\end{pmatrix}\right)\\&=\begin{pmatrix}\cos\varphi & -\sin\varphi\\ \sin\varphi & \cos\varphi\end{pmatrix}\begin{pmatrix}x_1\\y_1\end{pmatrix}+\begin{pmatrix}\cos\varphi & -\sin\varphi\\ \sin\varphi & \cos\varphi\end{pmatrix}\begin{pmatrix}x_2\\y_2\end{pmatrix}\\&=T\begin{pmatrix}x_1\\y_1\end{pmatrix}+T\begin{pmatrix}x_2\\y_2\end{pmatrix},\end{aligned}$$

$$T\left(\lambda\begin{pmatrix}x_1\\y_1\end{pmatrix}\right)=\begin{pmatrix}\cos\varphi & -\sin\varphi\\ \sin\varphi & \cos\varphi\end{pmatrix}\left(\lambda\begin{pmatrix}x_1\\y_1\end{pmatrix}\right)=\lambda\begin{pmatrix}\cos\varphi & -\sin\varphi\\ \sin\varphi & \cos\varphi\end{pmatrix}\begin{pmatrix}x_1\\y_1\end{pmatrix}=\lambda T\begin{pmatrix}x_1\\y_1\end{pmatrix}.$$

例 7.15　线性空间V的恒等变换

$$E(\boldsymbol{\alpha})=\boldsymbol{\alpha},\quad \boldsymbol{\alpha}\in V$$

与零变换

$$O(\boldsymbol{\alpha})=0,\quad \boldsymbol{\alpha}\in V$$

显然都是线性变换(请读者验证)．

例 7.16 在线性空间 $R[x]_n$ 中，求导运算 $\boldsymbol{\Delta}$ 是一个线性变换.

显然求导运算 $\boldsymbol{\Delta}$ 把任意一个次数不超过 n 的多项式变为次数小于 n 的多项式或零多项式，因而它是 $R[x]_n$ 中的一个变换. 其次，对于任意 $f(x), g(x) \in R[x]_n$ 和 $\lambda \in \mathbf{R}$，由求导法则，有

$$\boldsymbol{\Delta}[f(x)+g(x)] = \boldsymbol{\Delta}f(x) + \boldsymbol{\Delta}g(x), \qquad \boldsymbol{\Delta}[\lambda f(x)] = \lambda\boldsymbol{\Delta}f(x).$$

因此，求导运算 $\boldsymbol{\Delta}$ 是一个线性变换.

下面讨论线性变换的性质.

性质 7.10 $A(\mathbf{0}) = \mathbf{0}$, $A(-\boldsymbol{\alpha}) = -A(\boldsymbol{\alpha})$.

证 在定义 7.6 中分别令 $\lambda = 0, \lambda = -1$ 即得.

性质 7.11 若 $\boldsymbol{\beta}$ 是 $\boldsymbol{\alpha}_1, \boldsymbol{\alpha}_2, \cdots, \boldsymbol{\alpha}_r$ 的线性组合，即

$$\boldsymbol{\beta} = \lambda_1\boldsymbol{\alpha}_1 + \lambda_2\boldsymbol{\alpha}_2 + \cdots + \lambda_r\boldsymbol{\alpha}_r,$$

则 $A\boldsymbol{\beta}$ 是 $A\boldsymbol{\alpha}_1, A\boldsymbol{\alpha}_2, \cdots, A\boldsymbol{\alpha}_r$ 同样的线性组合，即

$$A\boldsymbol{\beta} = \lambda_1 A\boldsymbol{\alpha}_1 + \lambda_2 A\boldsymbol{\alpha}_2 + \cdots + \lambda_r A\boldsymbol{\alpha}_r.$$

简言之，线性变换保持线性组合和线性关系式不变.

证 利用定义 7.6 中两个等式即得.

综合性质 7.10 和性质 7.11，得如下性质.

性质 7.12 若 $\boldsymbol{\alpha}_1, \boldsymbol{\alpha}_2, \cdots, \boldsymbol{\alpha}_r$ 线性相关，则 $A\boldsymbol{\alpha}_1, A\boldsymbol{\alpha}_2, \cdots, A\boldsymbol{\alpha}_r$ 也线性相关，即线性变换把线性相关的向量组变成线性相关的向量组.

但请注意，性质 7.12 的逆命题不成立，因为线性变换可能把线性无关的向量组变成线性相关的向量组. 例如，零变换就是如此.

7.5.2 线性变换的运算

线性变换的许多重要特性和应用都反映在它的运算上. 下面来介绍线性变换的运算，包括线性变换的加法、数量乘法、乘法及逆变换.

1. 线性变换的加法

定义 7.7 设 A,B 是线性空间 V 中的两个线性变换，定义它们的加法为

$$(A+B)(\boldsymbol{\alpha}) = A(\boldsymbol{\alpha}) + B(\boldsymbol{\alpha}), \quad \boldsymbol{\alpha} \in V,$$

称 $A+B$ 为 A 与 B 的和.

容易证明，线性变换的和还是线性变换. 事实上，对于任意 $\boldsymbol{\alpha}, \boldsymbol{\beta} \in V$ 及 $\lambda \in \mathbf{R}$，有

$$\begin{aligned}(A+B)(\boldsymbol{\alpha}+\boldsymbol{\beta}) &= A(\boldsymbol{\alpha}+\boldsymbol{\beta}) + B(\boldsymbol{\alpha}+\boldsymbol{\beta}) \\ &= A(\boldsymbol{\alpha}) + A(\boldsymbol{\beta}) + B(\boldsymbol{\alpha}) + B(\boldsymbol{\beta}) \\ &= [A(\boldsymbol{\alpha}) + B(\boldsymbol{\alpha})] + [A(\boldsymbol{\beta}) + B(\boldsymbol{\beta})] \\ &= (A+B)(\boldsymbol{\alpha}) + (A+B)(\boldsymbol{\beta}),\end{aligned}$$

$$\begin{aligned}(A+B)(\lambda\boldsymbol{\alpha}) &= A(\lambda\boldsymbol{\alpha})+B(\lambda\boldsymbol{\alpha}) \\ &= \lambda A(\boldsymbol{\alpha})+\lambda B(\boldsymbol{\alpha}) \\ &= \lambda[A(\boldsymbol{\alpha})+B(\boldsymbol{\alpha})] \\ &= \lambda(A+B)(\boldsymbol{\alpha}).\end{aligned}$$

线性变换的加法满足下面的运算律.

(1) 交换律：$A+B=B+A$.

(2) 结合律：$(A+B)+C=A+(B+C)$.

证明请读者完成.

2. 线性变换的数量乘法

定义 7.8　设 A 是线性空间 V 中的线性变换，λ 为一实数，定义 λ 与 A 的数量乘法为

$$(\lambda A)(\boldsymbol{\alpha})=\lambda A(\boldsymbol{\alpha}).$$

特别当 $\lambda=-1$ 时，称 $(-1)A=-A$ 为 A 的负变换.

容易证明，线性变换的数量乘法还是线性变换. 事实上，对于任意 $\boldsymbol{\alpha},\boldsymbol{\beta}\in V$ 及 $k\in\mathbf{R}$，有

$$(\lambda A)(\boldsymbol{\alpha}+\boldsymbol{\beta})=\lambda A(\boldsymbol{\alpha}+\boldsymbol{\beta})=\lambda[A(\boldsymbol{\alpha})+A(\boldsymbol{\beta})]=\lambda A(\boldsymbol{\alpha})+\lambda A(\boldsymbol{\beta})=(\lambda A)(\boldsymbol{\alpha})+(\lambda A)(\boldsymbol{\beta}),$$

$$(\lambda A)(k\boldsymbol{\alpha})=\lambda A(k\boldsymbol{\alpha})=(\lambda k)A(\boldsymbol{\alpha})=k[\lambda A(\boldsymbol{\alpha})]=k(\lambda A)(\boldsymbol{\alpha}).$$

线性变换的数量乘法满足下面的运算律：

(1) $1A=A$;

(2) $(kl)A=k(lA)=l(kA)$;

(3) $(k+l)A=kA+lA$;

(4) $k(A+B)=kA+kB$;

其中，k,l 为任意实数.

证明请读者完成.

3. 线性变换的乘法

定义 7.9　设 A,B 是线性空间 V 中的两个线性变换，定义它们的乘积为

$$(AB)(\boldsymbol{\alpha})=A[B(\boldsymbol{\alpha})],\quad \boldsymbol{\alpha}\in V.$$

例 7.17　在 $\mathbf{R}^2$ 中定义三个线性变换(为什么这三个变换是线性变换，请读者证明)

$$A(\boldsymbol{X})=\begin{pmatrix}1&0\\0&0\end{pmatrix}\boldsymbol{X},\qquad B(\boldsymbol{X})=\begin{pmatrix}1&1\\0&0\end{pmatrix}\boldsymbol{X},\qquad C(\boldsymbol{X})=\begin{pmatrix}0&1\\0&0\end{pmatrix}\boldsymbol{X},\quad \boldsymbol{X}\in\mathbf{R}^2,$$

则

$$(AB)(\boldsymbol{X})=A[B(\boldsymbol{X})]=\begin{pmatrix}1&0\\0&0\end{pmatrix}\begin{pmatrix}1&1\\0&0\end{pmatrix}\boldsymbol{X}=\begin{pmatrix}1&1\\0&0\end{pmatrix}\boldsymbol{X}=B(\boldsymbol{X}),$$

$$(BA)(\boldsymbol{X}) = B\left[A(\boldsymbol{X})\right] = \begin{pmatrix} 1 & 1 \\ 0 & 0 \end{pmatrix}\begin{pmatrix} 1 & 0 \\ 0 & 0 \end{pmatrix}\boldsymbol{X} = \begin{pmatrix} 1 & 0 \\ 0 & 0 \end{pmatrix}\boldsymbol{X} = A(\boldsymbol{X}),$$

$$(AC)(\boldsymbol{X}) = \begin{pmatrix} 1 & 0 \\ 0 & 0 \end{pmatrix}\begin{pmatrix} 0 & 1 \\ 0 & 0 \end{pmatrix}\boldsymbol{X} = \begin{pmatrix} 0 & 1 \\ 0 & 0 \end{pmatrix}\boldsymbol{X} = C(\boldsymbol{X}),$$

$$(CA)(\boldsymbol{X}) = \begin{pmatrix} 0 & 1 \\ 0 & 0 \end{pmatrix}\begin{pmatrix} 1 & 0 \\ 0 & 0 \end{pmatrix}\boldsymbol{X} = \begin{pmatrix} 0 & 0 \\ 0 & 0 \end{pmatrix}\boldsymbol{X} = O(\boldsymbol{X}),$$

$$(BC)(\boldsymbol{X}) = \begin{pmatrix} 1 & 1 \\ 0 & 0 \end{pmatrix}\begin{pmatrix} 0 & 1 \\ 0 & 0 \end{pmatrix}\boldsymbol{X} = \begin{pmatrix} 0 & 1 \\ 0 & 0 \end{pmatrix}\boldsymbol{X} = C(\boldsymbol{X}),$$

$$(CB)(\boldsymbol{X}) = \begin{pmatrix} 0 & 1 \\ 0 & 0 \end{pmatrix}\begin{pmatrix} 1 & 1 \\ 0 & 0 \end{pmatrix}\boldsymbol{X} = \begin{pmatrix} 0 & 0 \\ 0 & 0 \end{pmatrix}\boldsymbol{X} = O(\boldsymbol{X}).$$

因此，有

$$AB = B, \qquad BA = A, \qquad AC = C, \qquad CA = O, \qquad BC = C, \qquad CB = O.$$

例 7.17 说明：

(1) 线性变换的乘法不满足交换律与消去律；

(2) 两个非零变换的乘积可能是零变换，因而当 $AB = O$ 时，不能推出 $A = O$ 或 $B = O$.

可以证明，线性变换的乘法还是线性变换．事实上，对于任意 $\boldsymbol{\alpha}, \boldsymbol{\beta} \in V$ 及 $\lambda \in \mathbf{R}$ ，有

$$\begin{aligned}(AB)(\boldsymbol{\alpha}+\boldsymbol{\beta}) &= A\left[B(\boldsymbol{\alpha}+\boldsymbol{\beta})\right] = A\left[B(\boldsymbol{\alpha})+B(\boldsymbol{\beta})\right] \\ &= A\left[B(\boldsymbol{\alpha})\right]+A\left[B(\boldsymbol{\beta})\right] = (AB)(\boldsymbol{\alpha})+(AB)(\boldsymbol{\beta}),\end{aligned}$$

$$(AB)(\lambda\boldsymbol{\alpha}) = A\left[B(\lambda\boldsymbol{\alpha})\right] = A\left[\lambda B(\boldsymbol{\alpha})\right] = \lambda A\left[B(\boldsymbol{\alpha})\right] = \lambda(AB)(\boldsymbol{\alpha}).$$

易证明，线性变换的乘法满足下面的运算律．

(1) 结合律：$(AB)C = A(BC)$.

(2) 左分配律：$A(B+C) = AB + AC$.

(3) 右分配律：$(B+C)A = BA + CA$.

证明请读者完成．

4．线性变换的逆变换

定义 7.10　设 A 是线性空间 V 中的一个变换，若存在 V 中的一个变换 B ，使

$$AB = BA = E,$$

则称 B 是 A 的逆变换，记作 $B = A^{-1}$.

显然，若 B 是 A 的逆变换，则 A 也是 B 的逆变换．

例 7.18　在 $\mathbf{R}^{n\times n}$ 中取定一个矩阵 $\boldsymbol{A}$ ，定义 $\mathbf{R}^{n\times n}$ 中的一个变换 A 为

$$A(\boldsymbol{X}) = \boldsymbol{A}\boldsymbol{X}, \quad \boldsymbol{X} \in \mathbf{R}^{n\times n},$$

则 A 是 $\mathbf{R}^{n\times n}$ 中的一个线性变换(请读者证明)．若矩阵 $\boldsymbol{A}$ 可逆，则变换 A 可逆，其逆变换

B 为

$$B(\boldsymbol{X})=\boldsymbol{A}^{-1}\boldsymbol{X}, \quad \boldsymbol{X}\in\mathbf{R}^{n\times n}.$$

这是因为

$$(AB)(\boldsymbol{X})=A\left[B(\boldsymbol{X})\right]=A\left(\boldsymbol{A}^{-1}\boldsymbol{X}\right)=\boldsymbol{A}(\boldsymbol{A}^{-1}\boldsymbol{X})=(\boldsymbol{A}\boldsymbol{A}^{-1})\boldsymbol{X}=\boldsymbol{X}=E(\boldsymbol{X}),$$

$$(BA)(\boldsymbol{X})=B\left[A(\boldsymbol{X})\right]=B(\boldsymbol{A}\boldsymbol{X})=\boldsymbol{A}^{-1}(\boldsymbol{A}\boldsymbol{X})=\left(\boldsymbol{A}^{-1}\boldsymbol{A}\right)\boldsymbol{X}=\boldsymbol{X}=E(\boldsymbol{X}),$$

从而 $AB=BA=E$，故 B 为 A 的逆变换.

现在来证明，若 A 是可逆的线性变换，则 A^{-1} 也是线性变换.

事实上，对于任意 $\boldsymbol{\alpha},\boldsymbol{\beta}\in V$ 及 $\lambda\in\mathbf{R}$，有

$$\begin{aligned}
A^{-1}(\boldsymbol{\alpha}+\boldsymbol{\beta})&=A^{-1}\left[\left(AA^{-1}\right)(\boldsymbol{\alpha})+\left(AA^{-1}\right)(\boldsymbol{\beta})\right]\\
&=A^{-1}\left\{A\left[A^{-1}(\boldsymbol{\alpha})\right]+A\left[A^{-1}(\boldsymbol{\beta})\right]\right\}\\
&=A^{-1}\left\{A\left[A^{-1}(\boldsymbol{\alpha})+A^{-1}(\boldsymbol{\beta})\right]\right\}\\
&=\left(A^{-1}A\right)\left[A^{-1}(\boldsymbol{\alpha})+A^{-1}(\boldsymbol{\beta})\right]\\
&=A^{-1}(\boldsymbol{\alpha})+A^{-1}(\boldsymbol{\beta}),
\end{aligned}$$

$$\begin{aligned}
A^{-1}(\lambda\boldsymbol{\alpha})&=A^{-1}\left[\lambda\left(AA^{-1}\right)(\boldsymbol{\alpha})\right]=A^{-1}\left\{\lambda A\left[A^{-1}(\boldsymbol{\alpha})\right]\right\}\\
&=A^{-1}\left\{A\left[\lambda A^{-1}(\boldsymbol{\alpha})\right]\right\}=\left(A^{-1}A\right)\left[\lambda A^{-1}(\boldsymbol{\alpha})\right]=\lambda A^{-1}(\boldsymbol{\alpha}).
\end{aligned}$$

7.5.3 线性变换的矩阵

设 $\boldsymbol{\alpha}_1,\boldsymbol{\alpha}_2,\cdots,\boldsymbol{\alpha}_n$ 是 n 维线性空间 V 的一个基，A 是 V 中的一个线性变换，由于 V 中任意向量 $\boldsymbol{\alpha}$ 可以被 $\boldsymbol{\alpha}_1,\boldsymbol{\alpha}_2,\cdots,\boldsymbol{\alpha}_n$ 唯一线性表示，即有关系式

$$\boldsymbol{\alpha}=\lambda_1\boldsymbol{\alpha}_1+\lambda_2\boldsymbol{\alpha}_2+\cdots+\lambda_n\boldsymbol{\alpha}_n,$$

于是，$\boldsymbol{\alpha}$ 的像 $A\boldsymbol{\alpha}$ 可以被 $A\boldsymbol{\alpha}_1,A\boldsymbol{\alpha}_2,\cdots,A\boldsymbol{\alpha}_n$ 线性表示，即

$$A\boldsymbol{\alpha}=\lambda_1A\boldsymbol{\alpha}_1+\lambda_2A\boldsymbol{\alpha}_2+\cdots+\lambda_nA\boldsymbol{\alpha}_n.$$

上式表明，如果已知基 $\boldsymbol{\alpha}_1,\boldsymbol{\alpha}_2,\cdots,\boldsymbol{\alpha}_n$ 的像 $A\boldsymbol{\alpha}_1,A\boldsymbol{\alpha}_2,\cdots,A\boldsymbol{\alpha}_n$，那么 V 中任意向量 $\boldsymbol{\alpha}$ 的像就知道了，换句话说，基 $\boldsymbol{\alpha}_1,\boldsymbol{\alpha}_2,\cdots,\boldsymbol{\alpha}_n$ 的像 $A\boldsymbol{\alpha}_1,A\boldsymbol{\alpha}_2,\cdots,A\boldsymbol{\alpha}_n$ 确定了线性变换 A．又由于 $A\boldsymbol{\alpha}_1,A\boldsymbol{\alpha}_2,\cdots,A\boldsymbol{\alpha}_n$ 仍是 V 中的元素，故 $A\boldsymbol{\alpha}_1,A\boldsymbol{\alpha}_2,\cdots,A\boldsymbol{\alpha}_n$ 可以被 $\boldsymbol{\alpha}_1,\boldsymbol{\alpha}_2,\cdots,\boldsymbol{\alpha}_n$ 唯一线性表示，即

$$\begin{cases}
A\boldsymbol{\alpha}_1=a_{11}\boldsymbol{\alpha}_1+a_{21}\boldsymbol{\alpha}_2+\cdots+a_{n1}\boldsymbol{\alpha}_n,\\
A\boldsymbol{\alpha}_2=a_{12}\boldsymbol{\alpha}_1+a_{22}\boldsymbol{\alpha}_2+\cdots+a_{n2}\boldsymbol{\alpha}_n,\\
\qquad\qquad\cdots\cdots\\
A\boldsymbol{\alpha}_n=a_{1n}\boldsymbol{\alpha}_1+a_{2n}\boldsymbol{\alpha}_2+\cdots+a_{nn}\boldsymbol{\alpha}_n,
\end{cases}$$

把上式写成矩阵形式

$$(A\boldsymbol{\alpha}_1,A\boldsymbol{\alpha}_2,\cdots,A\boldsymbol{\alpha}_n)=(\boldsymbol{\alpha}_1,\boldsymbol{\alpha}_2,\cdots,\boldsymbol{\alpha}_n)\begin{pmatrix} a_{11} & a_{12} & \cdots & a_{1n} \\ a_{21} & a_{22} & \cdots & a_{2n} \\ \vdots & \vdots & & \vdots \\ a_{n1} & a_{n2} & \cdots & a_{nn} \end{pmatrix}$$
$$=(\boldsymbol{\alpha}_1,\boldsymbol{\alpha}_2,\cdots,\boldsymbol{\alpha}_n)\boldsymbol{A},$$

其中

$$\boldsymbol{A}=\begin{pmatrix} a_{11} & a_{12} & \cdots & a_{1n} \\ a_{21} & a_{22} & \cdots & a_{2n} \\ \vdots & \vdots & & \vdots \\ a_{n1} & a_{n2} & \cdots & a_{nn} \end{pmatrix}.$$

因为 $\boldsymbol{A}$ 的列向量组即基像 $A\boldsymbol{\alpha}_1,A\boldsymbol{\alpha}_2,\cdots,A\boldsymbol{\alpha}_n$ 的坐标，所以从上面的分析可以看出，若已知矩阵 $\boldsymbol{A}$，就知道了基像 $A\boldsymbol{\alpha}_1,A\boldsymbol{\alpha}_2,\cdots,A\boldsymbol{\alpha}_n$，从而也就确定了线性变换 A.

定义 7.11 设 $\boldsymbol{\alpha}_1,\boldsymbol{\alpha}_2,\cdots,\boldsymbol{\alpha}_n$ 是 n 维线性空间 V 的一个基，A 是 V 中的一个线性变换，基像 $A\boldsymbol{\alpha}_1,A\boldsymbol{\alpha}_2,\cdots,A\boldsymbol{\alpha}_n$ 可以被 $\boldsymbol{\alpha}_1,\boldsymbol{\alpha}_2,\cdots,\boldsymbol{\alpha}_n$ 唯一线性表示，即

$$\begin{cases} A\boldsymbol{\alpha}_1 = a_{11}\boldsymbol{\alpha}_1 + a_{21}\boldsymbol{\alpha}_2 + \cdots + a_{n1}\boldsymbol{\alpha}_n, \\ A\boldsymbol{\alpha}_2 = a_{12}\boldsymbol{\alpha}_1 + a_{22}\boldsymbol{\alpha}_2 + \cdots + a_{n2}\boldsymbol{\alpha}_n, \\ \quad\cdots\cdots \\ A\boldsymbol{\alpha}_n = a_{1n}\boldsymbol{\alpha}_1 + a_{2n}\boldsymbol{\alpha}_2 + \cdots + a_{nn}\boldsymbol{\alpha}_n, \end{cases}$$

写成矩阵形式

$$(A\boldsymbol{\alpha}_1,A\boldsymbol{\alpha}_2,\cdots,A\boldsymbol{\alpha}_n)=(\boldsymbol{\alpha}_1,\boldsymbol{\alpha}_2,\cdots,\boldsymbol{\alpha}_n)\begin{pmatrix} a_{11} & a_{12} & \cdots & a_{1n} \\ a_{21} & a_{22} & \cdots & a_{2n} \\ \vdots & \vdots & & \vdots \\ a_{n1} & a_{n2} & \cdots & a_{nn} \end{pmatrix} \tag{7.4}$$
$$=(\boldsymbol{\alpha}_1,\boldsymbol{\alpha}_2,\cdots,\boldsymbol{\alpha}_n)\boldsymbol{A},$$

其中

$$\boldsymbol{A}=\begin{pmatrix} a_{11} & a_{12} & \cdots & a_{1n} \\ a_{21} & a_{22} & \cdots & a_{2n} \\ \vdots & \vdots & & \vdots \\ a_{n1} & a_{n2} & \cdots & a_{nn} \end{pmatrix},$$

称矩阵 $\boldsymbol{A}$ 为线性变换 A 在基 $\boldsymbol{\alpha}_1,\boldsymbol{\alpha}_2,\cdots,\boldsymbol{\alpha}_n$ 下的矩阵.

例 7.19 在 $\mathbf{R}^3$ 中定义线性变换

$$A(x_1,x_2,x_3)^{\mathrm{T}}=(x_1,x_2,x_1+x_2)^{\mathrm{T}}.$$

取 $\mathbf{R}^3$ 的一个基

$$\boldsymbol{\alpha}_1=(1,0,0)^{\mathrm{T}},\quad \boldsymbol{\alpha}_2=(0,1,0)^{\mathrm{T}},\quad \boldsymbol{\alpha}_3=(0,0,1)^{\mathrm{T}},$$

则

$$\begin{aligned} A\boldsymbol{\alpha}_1&=\boldsymbol{\alpha}_1 \qquad +\boldsymbol{\alpha}_3,\\ A\boldsymbol{\alpha}_2&=\qquad \boldsymbol{\alpha}_2+\boldsymbol{\alpha}_3,\\ A\boldsymbol{\alpha}_3&=\mathbf{0}.\end{aligned}$$

所以 A 在基 $\boldsymbol{\alpha}_1,\boldsymbol{\alpha}_2,\boldsymbol{\alpha}_3$ 下的矩阵为

$$\boldsymbol{A}=\begin{pmatrix}1&0&0\\0&1&0\\1&1&0\end{pmatrix}.$$

例 7.20　在线性空间 $R[x]_n$ 中，求导运算 $\varDelta$ 是一个线性变换．在 $R[x]_n$ 中取一个基

$$\boldsymbol{\alpha}_1=1,\quad \boldsymbol{\alpha}_2=x,\quad \boldsymbol{\alpha}_3=x^2,\quad \cdots,\quad \boldsymbol{\alpha}_{n+1}=x^n,$$

则

$$\begin{aligned} \varDelta\boldsymbol{\alpha}_1&=\mathbf{0},\\ \varDelta\boldsymbol{\alpha}_2&=\boldsymbol{\alpha}_1,\\ \varDelta\boldsymbol{\alpha}_3&=\quad 2\boldsymbol{\alpha}_2,\\ &\cdots\cdots\\ \varDelta\boldsymbol{\alpha}_{n+1}&=\qquad\qquad n\boldsymbol{\alpha}_n,\end{aligned}$$

所以 $\varDelta$ 在基 $\boldsymbol{\alpha}_1,\boldsymbol{\alpha}_2,\boldsymbol{\alpha}_3,\cdots,\boldsymbol{\alpha}_{n+1}$ 下的矩阵为

$$\boldsymbol{D}=\begin{pmatrix}0&1&0&\cdots&0\\0&0&2&\cdots&0\\\vdots&\vdots&\vdots&&\vdots\\0&0&0&\cdots&n\\0&0&0&\cdots&0\end{pmatrix}.$$

显然，V 中的每个线性变换按式(7.4)对应一个 n 阶方阵，那么线性变换的运算与矩阵运算之间是否也存在对应关系呢？回答是肯定的．下面不加证明地给出定理 7.4，这个定理是应用矩阵来讨论线性变换的理论依据．

定理 7.4　设 $\boldsymbol{\alpha}_1,\boldsymbol{\alpha}_2,\cdots,\boldsymbol{\alpha}_n$ 是 n 维线性空间 V 的一个基，在这个基下，V 中的每个线性变换按式(7.4)对应一个 n 阶方阵．这个对应关系具有以下性质：

(1) 线性变换的和对应矩阵的和；

(2) 线性变换的乘积对应矩阵的乘积；

(3) 线性变换的数量乘积对应矩阵的数量乘积；

(4) 可逆线性变换对应可逆矩阵，且逆变换对应逆矩阵．

利用线性变换的矩阵可以直接计算向量的像的坐标．

定理 7.5　设线性变换 A 在基 $\boldsymbol{\alpha}_1,\boldsymbol{\alpha}_2,\cdots,\boldsymbol{\alpha}_n$ 下的矩阵为 $\boldsymbol{A}$，向量 $\boldsymbol{\alpha}$ 在基 $\boldsymbol{\alpha}_1,\boldsymbol{\alpha}_2,\cdots,\boldsymbol{\alpha}_n$ 下

的坐标为$(x_1,x_2,\cdots,x_n)^{\mathrm{T}}$，则$A\boldsymbol{\alpha}$在基$\boldsymbol{\alpha}_1,\boldsymbol{\alpha}_2,\cdots,\boldsymbol{\alpha}_n$下的坐标$(y_1,y_2,\cdots,y_n)^{\mathrm{T}}$为

$$\begin{pmatrix} y_1 \\ y_2 \\ \vdots \\ y_n \end{pmatrix} = \boldsymbol{A}\begin{pmatrix} x_1 \\ x_2 \\ \vdots \\ x_n \end{pmatrix}.$$

证　由于

$$\boldsymbol{\alpha} = (\boldsymbol{\alpha}_1,\boldsymbol{\alpha}_2,\cdots,\boldsymbol{\alpha}_n)\begin{pmatrix} x_1 \\ x_2 \\ \vdots \\ x_n \end{pmatrix},$$

有

$$A\boldsymbol{\alpha} = (A\boldsymbol{\alpha}_1,A\boldsymbol{\alpha}_2,\cdots,A\boldsymbol{\alpha}_n)\begin{pmatrix} x_1 \\ x_2 \\ \vdots \\ x_n \end{pmatrix} = (\boldsymbol{\alpha}_1,\boldsymbol{\alpha}_2,\cdots,\boldsymbol{\alpha}_n)\boldsymbol{A}\begin{pmatrix} x_1 \\ x_2 \\ \vdots \\ x_n \end{pmatrix}.$$

又

$$A\boldsymbol{\alpha} = (\boldsymbol{\alpha}_1,\boldsymbol{\alpha}_2,\cdots,\boldsymbol{\alpha}_n)\begin{pmatrix} y_1 \\ y_2 \\ \vdots \\ y_n \end{pmatrix},$$

于是

$$(\boldsymbol{\alpha}_1,\boldsymbol{\alpha}_2,\cdots,\boldsymbol{\alpha}_n)\boldsymbol{A}\begin{pmatrix} x_1 \\ x_2 \\ \vdots \\ x_n \end{pmatrix} = (\boldsymbol{\alpha}_1,\boldsymbol{\alpha}_2,\cdots,\boldsymbol{\alpha}_n)\begin{pmatrix} y_1 \\ y_2 \\ \vdots \\ y_n \end{pmatrix},$$

因为$\boldsymbol{\alpha}_1,\boldsymbol{\alpha}_2,\cdots,\boldsymbol{\alpha}_n$线性无关，所以

$$\begin{pmatrix} y_1 \\ y_2 \\ \vdots \\ y_n \end{pmatrix} = \boldsymbol{A}\begin{pmatrix} x_1 \\ x_2 \\ \vdots \\ x_n \end{pmatrix}.$$

例 7.21　求例 7.19 中$A\boldsymbol{\alpha}$在基$\boldsymbol{\alpha}_1,\boldsymbol{\alpha}_2,\boldsymbol{\alpha}_3$下的坐标，其中$\boldsymbol{\alpha} = (1,2,5)^{\mathrm{T}}$.

解　因为A在基$\boldsymbol{\alpha}_1,\boldsymbol{\alpha}_2,\boldsymbol{\alpha}_3$下的矩阵为

$$\boldsymbol{A}=\begin{pmatrix}1&0&0\\0&1&0\\1&1&0\end{pmatrix},$$

所以 $A\boldsymbol{\alpha}$ 在基 $\boldsymbol{\alpha}_1,\boldsymbol{\alpha}_2,\boldsymbol{\alpha}_3$ 下的坐标为

$$\begin{pmatrix}1&0&0\\0&1&0\\1&1&0\end{pmatrix}\begin{pmatrix}1\\2\\5\end{pmatrix}=\begin{pmatrix}1\\2\\3\end{pmatrix}.$$

此例若按 A 的定义直接计算，有

$$A\boldsymbol{\alpha}=(1,2,1+2)^{\mathrm{T}}=(1,2,3)^{\mathrm{T}}.$$

两种方法计算的结果是相同的.

线性变换的矩阵是与线性空间中一个基联系在一起的. 一般来说，随着基的改变，同一个线性变换的矩阵也随之改变. 下面来研究线性变换的矩阵是如何随着基的改变而改变的.

设线性变换 A 在线性空间 V 的两个基

$$\boldsymbol{\alpha}_1,\boldsymbol{\alpha}_2,\cdots,\boldsymbol{\alpha}_n, \tag{7.5}$$

$$\boldsymbol{\beta}_1,\boldsymbol{\beta}_2,\cdots,\boldsymbol{\beta}_n \tag{7.6}$$

下的矩阵分别为 $\boldsymbol{A}$ 与 $\boldsymbol{B}$，从基(1)到基(2)的过渡矩阵为 $\boldsymbol{C}$.

因为

$$(A\boldsymbol{\alpha}_1,A\boldsymbol{\alpha}_2,\cdots,A\boldsymbol{\alpha}_n)=(\boldsymbol{\alpha}_1,\boldsymbol{\alpha}_2,\cdots,\boldsymbol{\alpha}_n)\boldsymbol{A},$$
$$(A\boldsymbol{\beta}_1,A\boldsymbol{\beta}_2,\cdots,A\boldsymbol{\beta}_n)=(\boldsymbol{\beta}_1,\boldsymbol{\beta}_2,\cdots,\boldsymbol{\beta}_n)\boldsymbol{B},$$
$$(\boldsymbol{\beta}_1,\boldsymbol{\beta}_2,\cdots,\boldsymbol{\beta}_n)=(\boldsymbol{\alpha}_1,\boldsymbol{\alpha}_2,\cdots,\boldsymbol{\alpha}_n)\boldsymbol{C},$$

所以

$$\begin{aligned}&(A\boldsymbol{\beta}_1,A\boldsymbol{\beta}_2,\cdots,A\boldsymbol{\beta}_n)=A(\boldsymbol{\beta}_1,\boldsymbol{\beta}_2,\cdots,\boldsymbol{\beta}_n)\\&=A\left[(\boldsymbol{\alpha}_1,\boldsymbol{\alpha}_2,\cdots,\boldsymbol{\alpha}_n)\boldsymbol{C}\right]=(A\boldsymbol{\alpha}_1,A\boldsymbol{\alpha}_2,\cdots,A\boldsymbol{\alpha}_n)\boldsymbol{C}\\&=(\boldsymbol{\alpha}_1,\boldsymbol{\alpha}_2,\cdots,\boldsymbol{\alpha}_n)\boldsymbol{AC}=(\boldsymbol{\beta}_1,\boldsymbol{\beta}_2,\cdots,\boldsymbol{\beta}_n)\boldsymbol{C}^{-1}\boldsymbol{AC}.\end{aligned}$$

由此可知，A 在基(2)下的矩阵为

$$\boldsymbol{B}=\boldsymbol{C}^{-1}\boldsymbol{AC},$$

即 A 在两个不同基下的矩阵相似.

定理 7.6　在线性空间 V_n 中取定两个基

$$\boldsymbol{\alpha}_1,\boldsymbol{\alpha}_2,\cdots,\boldsymbol{\alpha}_n,\qquad \boldsymbol{\beta}_1,\boldsymbol{\beta}_2,\cdots,\boldsymbol{\beta}_n,$$

由基 $\boldsymbol{\alpha}_1,\boldsymbol{\alpha}_2,\cdots,\boldsymbol{\alpha}_n$ 到基 $\boldsymbol{\beta}_1,\boldsymbol{\beta}_2,\cdots,\boldsymbol{\beta}_n$ 的过渡矩阵为 $\boldsymbol{C}$，V_n 中的线性变换 A 在这两个基下的矩阵依次为 $\boldsymbol{A}$ 和 $\boldsymbol{B}$，那么 $\boldsymbol{B}=\boldsymbol{C}^{-1}\boldsymbol{AC}$.

7.6 线性变换的 MATLAB 实验

设$\boldsymbol{\alpha}_1,\boldsymbol{\alpha}_2,\cdots,\boldsymbol{\alpha}_n$ 及$\boldsymbol{\beta}_1,\boldsymbol{\beta}_2,\cdots,\boldsymbol{\beta}_n$ 是线性空间V_n 中的两个基，并满足

$$\boldsymbol{A}=\begin{pmatrix}\boldsymbol{\alpha}_1\\ \vdots\\ \boldsymbol{\alpha}_n\end{pmatrix}=\boldsymbol{P}^{\mathrm{T}}\begin{pmatrix}\boldsymbol{\beta}_1\\ \vdots\\ \boldsymbol{\beta}_n\end{pmatrix}=\boldsymbol{P}^{\mathrm{T}}\boldsymbol{B},$$

$\boldsymbol{P}$ 为由基$\boldsymbol{\alpha}_1,\boldsymbol{\alpha}_2,\cdots,\boldsymbol{\alpha}_n$ 到基$\boldsymbol{\beta}_1,\boldsymbol{\beta}_2,\cdots,\boldsymbol{\beta}_n$ 的过渡矩阵．如已知$\boldsymbol{A}$与$\boldsymbol{B}$，则键入

```
P=inv(A)* B
```

便可求得过渡矩阵．

如果向量$\boldsymbol{\alpha}$ 在基$\boldsymbol{\alpha}_1,\boldsymbol{\alpha}_2,\cdots,\boldsymbol{\alpha}_n$ 下的坐标为 $\boldsymbol{X}=(x_1,x_2,\cdots,x_n)$ ，则求向量$\boldsymbol{\alpha}$ 在基$\boldsymbol{\beta}_1,\boldsymbol{\beta}_2,\cdots,\boldsymbol{\beta}_n$ 下的坐标$\boldsymbol{Y}$可键入

```
Y=inv(P)*X′
```

如线性变换T在基$\boldsymbol{\alpha}_1,\boldsymbol{\alpha}_2,\cdots,\boldsymbol{\alpha}_n$ 下的矩阵为$\boldsymbol{A}$，求线性变换T在基$\boldsymbol{\beta}_1,\boldsymbol{\beta}_2,\cdots,\boldsymbol{\beta}_n$下的矩阵$\boldsymbol{B}$，可键入

```
B=inv(P)*A*P
```

例 7.22 设$\mathbf{R}^3$的两个基分别为

$$\boldsymbol{\alpha}_1=(1,0,-1),\quad \boldsymbol{\alpha}_2=(2,1,1),\quad \boldsymbol{\alpha}_3=(1,1,1),$$
$$\boldsymbol{\beta}_1=(0,1,1),\quad \boldsymbol{\beta}_2=(-1,1,0),\quad \boldsymbol{\beta}_3=(1,2,1).$$

(1) 求由基$\boldsymbol{\alpha}_1,\boldsymbol{\alpha}_2,\boldsymbol{\alpha}_3$到基$\boldsymbol{\beta}_1,\boldsymbol{\beta}_2,\boldsymbol{\beta}_3$的过渡矩阵；

(2) 求向量$\boldsymbol{\alpha}=3\boldsymbol{\alpha}_1+2\boldsymbol{\alpha}_2+\boldsymbol{\alpha}_3$在基$\boldsymbol{\beta}_1,\boldsymbol{\beta}_2,\boldsymbol{\beta}_3$下的坐标．

解 令$\boldsymbol{A}=(\boldsymbol{\alpha}_1^{\mathrm{T}},\boldsymbol{\alpha}_2^{\mathrm{T}},\boldsymbol{\alpha}_3^{\mathrm{T}}),\boldsymbol{B}=(\boldsymbol{\beta}_1^{\mathrm{T}},\boldsymbol{\beta}_2^{\mathrm{T}},\boldsymbol{\beta}_3^{\mathrm{T}})$，键入

```
P=inv(A)*B
```

便得过渡矩阵$\boldsymbol{P}$．

```
>>a1=[1, 0, -1];a2=[2, 1, 1];a3=[1, 1, 1]
>>b1=[0, 1, 1];b2=[-1, 1, 0];b3=[1, 2, 1]
>>A=[a1′, a2′, a3′]; B=[b1′, b2′, b3′];
>>P=inv(A)*B
P=
   0. 0000     1. 0000     1. 0000
  -1. 0000    -3. 0000    -2. 0000
   2. 0000     4. 0000     4. 0000
```

因为$\boldsymbol{\alpha}$在基$\boldsymbol{\alpha}_1,\boldsymbol{\alpha}_2,\boldsymbol{\alpha}_3$下的坐标为$\boldsymbol{X}=(3,2,1)$，则在基$\boldsymbol{\beta}_1,\boldsymbol{\beta}_2,\boldsymbol{\beta}_3$下的坐标$\boldsymbol{Y}=\boldsymbol{P}^{-1}\boldsymbol{X}$，键入

```
>>X=[3, 2, 1]′;
```

```
>>Y=inv(P)*X
Y=
  -5. 5000
  -2. 5000
   5. 5000
```

习　题　7

(A)

一、填空题.

1. 从$\mathbf{R}^2$的基$\boldsymbol{\alpha}_1=\begin{pmatrix}1\\0\end{pmatrix},\boldsymbol{\alpha}_2=\begin{pmatrix}1\\-1\end{pmatrix}$到基$\boldsymbol{\beta}_1=\begin{pmatrix}1\\1\end{pmatrix},\boldsymbol{\beta}_2=\begin{pmatrix}1\\2\end{pmatrix}$的过渡矩阵为__________.

2. $\mathbf{R}^{2\times2}$的子空间$W=\left\{\begin{pmatrix}a&b\\c&d\end{pmatrix}\in\mathbf{R}^{2\times2}\middle|a=d\right\}$的一组基为__________.

3. 已知三维线性空间的一组基为$\boldsymbol{\alpha}_1=(1,1,0)^{\mathrm{T}},\boldsymbol{\alpha}_2=(1,0,1)^{\mathrm{T}},\boldsymbol{\alpha}_3=(0,1,1)^{\mathrm{T}}$，则向量$\boldsymbol{\alpha}=(2,0,0)$在这组基下的坐标是__________.

4. 已知向量组$\boldsymbol{\alpha}_1=(3,1,a)^{\mathrm{T}},\boldsymbol{\alpha}_2=(4,a,0)^{\mathrm{T}},\boldsymbol{\alpha}_3=(1,0,a)^{\mathrm{T}}$线性相关,则$a=$__________.

5. 在$\mathbf{R}^3$中定义线性变换$T(x_1,x_2,x_3)^{\mathrm{T}}=(2x_1-x_2,x_2+x_3,x_1)^{\mathrm{T}}$，则$T$在基$\boldsymbol{\alpha}_1=(1,0,0)^{\mathrm{T}}$，$\boldsymbol{\alpha}_2=(0,1,0)^{\mathrm{T}}$，$\boldsymbol{\alpha}_3=(0,0,1)^{\mathrm{T}}$下的矩阵为__________.

二、选择题.

1. $W=\left\{(a,b,c,d)^{\mathrm{T}}\middle|a,b,c,d\in\mathbf{R},d=a+b,c=a-b\right\}$是$\mathbf{R}^4$的子空间,则$\dim(W)=($　　$)$.

A. 1　　B. 2　　C. 3　　D. 4

2. 由$\boldsymbol{\alpha}_1=(1,1,0)^{\mathrm{T}},\boldsymbol{\alpha}_2=(1,0,0)^{\mathrm{T}},\boldsymbol{\alpha}_3=(0,1,0)^{\mathrm{T}},\boldsymbol{\alpha}_4=(0,0,1)^{\mathrm{T}}$生成的$\mathbf{R}^3$的子空间的维数是(　　).

A. 1　　B. 2　　C. 3　　D.4

3. 在线性空间$\mathbf{R}^3$中定义下列变换T，其中为线性变换的是(　　).

A. $T(x_1,x_2,x_3)^{\mathrm{T}}=(x_1,0,0)^{\mathrm{T}}$　　B. $T(x_1,x_2,x_3)^{\mathrm{T}}=(0,0,1)^{\mathrm{T}}$

C. $T(x_1,x_2,x_3)^{\mathrm{T}}=(x_1^2,x_2^2,x_3^2)^{\mathrm{T}}$　　D. $T(x_1,x_2,x_3)^{\mathrm{T}}=(x_1+x_2,0,0)^{\mathrm{T}}$

4. 设三维线性空间V的线性变换T在基$\boldsymbol{\alpha}_1,\boldsymbol{\alpha}_2,\boldsymbol{\alpha}_3$下的矩阵是$\begin{pmatrix}1&0&0\\0&3&1\\2&1&2\end{pmatrix}$，则$T$在基

$\boldsymbol{\alpha}_3,\boldsymbol{\alpha}_1,\boldsymbol{\alpha}_2$ 下的矩阵是(　　).

A. $\begin{pmatrix}2&1&2\\1&0&0\\0&3&1\end{pmatrix}$　　B. $\begin{pmatrix}2&2&1\\0&1&0\\1&0&3\end{pmatrix}$　　C. $\begin{pmatrix}2&1&2\\0&1&1\\1&3&0\end{pmatrix}$　　D. $\begin{pmatrix}1&2&2\\0&0&1\\3&1&0\end{pmatrix}$

三、计算题与证明题.

1. 检验以下集合对于所指的线性运算是否构成实数域上的线性空间.

(1) 次数等于 n $(n\geqslant 1)$ 的实系数多项式的全体对于多项式的加法和数量乘法.

(2) 设 $\boldsymbol{A}$ 是一个 $n\times n$ 实矩阵, $\boldsymbol{A}$ 的实系数多项式 $f(\boldsymbol{A})$ 的全体对于矩阵的加法和数量乘法.

(3) 全体 n 阶实对称(反对称，上三角)矩阵对于矩阵的加法和数量乘法.

(4) 平面上不平行于某一向量的全部向量所构成的集合对于向量的加法和数量乘法.

(5) 全体实数的二元数列对于下面定义的运算：

$$(a_1,b_1)\oplus(a_2,b_2)=(a_1+a_2,b_1+b_2+a_1a_2),$$

$$k\circ(a_1,b_1)=\left(ka_1,kb_1+\frac{k(k-1)}{2}a_1^2\right).$$

(6) 平面上全体向量对于通常的加法和如下定义的数量乘法： $k\circ a=0$.

2. 在线性空间中，证明：

(1) $k\mathbf{0}=\mathbf{0}$;

(2) $k(\boldsymbol{\alpha}-\boldsymbol{\beta})=k\boldsymbol{\alpha}-k\boldsymbol{\beta}$.

3. 证明：在实函数空间中， $1,\cos^2 t,\cos 2t$ 是线性相关的.

4. 在 $\mathbf{R}^4$ 中，求向量 $\boldsymbol{\xi}$ 在基 $\boldsymbol{\varepsilon}_1,\boldsymbol{\varepsilon}_2,\boldsymbol{\varepsilon}_3,\boldsymbol{\varepsilon}_4$ 下的坐标，设

(1) $\boldsymbol{\varepsilon}_1=(1,1,1,1)^{\mathrm{T}},\boldsymbol{\varepsilon}_2=(1,1,-1,-1)^{\mathrm{T}},\boldsymbol{\varepsilon}_3=(1,-1,1,-1)^{\mathrm{T}},\boldsymbol{\varepsilon}_4=(1,-1,-1,1)^{\mathrm{T}},\boldsymbol{\xi}=(1,2,1,1)^{\mathrm{T}}$;

(2) $\boldsymbol{\varepsilon}_1=(1,1,0,1)^{\mathrm{T}},\boldsymbol{\varepsilon}_2=(2,1,3,1)^{\mathrm{T}},\boldsymbol{\varepsilon}_3=(1,1,0,0)^{\mathrm{T}},\boldsymbol{\varepsilon}_4=(0,1,-1,-1)^{\mathrm{T}},\boldsymbol{\xi}=(0,0,0,1)^{\mathrm{T}}$.

5. 求下列线性空间的维数与一组基.

(1) 实数域 $\mathbf{R}$ 上的空间 $\mathbf{R}^{n\times n}$;

(2) $\mathbf{R}^{n\times n}$ 中全体对称矩阵做成的实数域 $\mathbf{R}$ 上的空间;

(3) 实数域上由矩阵 $\boldsymbol{A}$ 的全体实系数多项式组成的空间，其中

$$\boldsymbol{A}=\begin{pmatrix}1&0&0\\0&\omega&0\\0&0&\omega^2\end{pmatrix},\qquad \omega=\frac{-1+\sqrt{3}\mathrm{i}}{2}.$$

6. 在 $\mathbf{R}^4$ 中，求由基 $\boldsymbol{\varepsilon}_1,\boldsymbol{\varepsilon}_2,\boldsymbol{\varepsilon}_3,\boldsymbol{\varepsilon}_4$ 到基 $\boldsymbol{\eta}_1,\boldsymbol{\eta}_2,\boldsymbol{\eta}_3,\boldsymbol{\eta}_4$ 的过渡矩阵，并求向量 $\boldsymbol{\xi}$ 在所指基下的坐标.

(1) $\begin{cases}\boldsymbol{\varepsilon}_1=(1,0,0,0)^{\mathrm{T}},\\ \boldsymbol{\varepsilon}_2=(0,1,0,0)^{\mathrm{T}},\\ \boldsymbol{\varepsilon}_3=(0,0,1,0)^{\mathrm{T}},\\ \boldsymbol{\varepsilon}_4=(0,0,0,1)^{\mathrm{T}},\end{cases}\begin{cases}\boldsymbol{\eta}_1=(2,1,-1,1)^{\mathrm{T}},\\ \boldsymbol{\eta}_2=(0,3,1,0)^{\mathrm{T}},\\ \boldsymbol{\eta}_3=(5,3,2,1)^{\mathrm{T}},\\ \boldsymbol{\eta}_4=(6,6,1,3)^{\mathrm{T}},\end{cases}$ $\boldsymbol{\xi}=(x_1,x_2,x_3,x_4)^{\mathrm{T}}$在$\boldsymbol{\eta}_1$，$\boldsymbol{\eta}_2$，$\boldsymbol{\eta}_3$，$\boldsymbol{\eta}_4$下的坐标;

(2) $\begin{cases}\boldsymbol{\varepsilon}_1=(1,2,-1,0)^{\mathrm{T}},\\ \boldsymbol{\varepsilon}_2=(1,-1,1,1)^{\mathrm{T}},\\ \boldsymbol{\varepsilon}_3=(-1,2,1,1)^{\mathrm{T}},\\ \boldsymbol{\varepsilon}_4=(-1,-1,0,1)^{\mathrm{T}},\end{cases}\begin{cases}\boldsymbol{\eta}_1=(2,1,0,1)^{\mathrm{T}},\\ \boldsymbol{\eta}_2=(0,1,2,2)^{\mathrm{T}},\\ \boldsymbol{\eta}_3=(-2,1,1,2)^{\mathrm{T}},\\ \boldsymbol{\eta}_4=(1,3,1,2)^{\mathrm{T}},\end{cases}$ $\boldsymbol{\xi}=(1,0,0,0)^{\mathrm{T}}$在$\boldsymbol{\varepsilon}_1$，$\boldsymbol{\varepsilon}_2$，$\boldsymbol{\varepsilon}_3$，$\boldsymbol{\varepsilon}_4$下的坐标;

(3) $\begin{cases}\boldsymbol{\varepsilon}_1=(1,1,1,1)^{\mathrm{T}},\\ \boldsymbol{\varepsilon}_2=(1,1,-1,-1)^{\mathrm{T}},\\ \boldsymbol{\varepsilon}_3=(1,-1,1,-1)^{\mathrm{T}},\\ \boldsymbol{\varepsilon}_4=(1,-1,-1,1)^{\mathrm{T}},\end{cases}\begin{cases}\boldsymbol{\eta}_1=(1,1,0,1)^{\mathrm{T}},\\ \boldsymbol{\eta}_2=(2,1,3,1)^{\mathrm{T}},\\ \boldsymbol{\eta}_3=(1,1,0,0)^{\mathrm{T}},\\ \boldsymbol{\eta}_4=(0,1,-1,-1)^{\mathrm{T}},\end{cases}$ $\boldsymbol{\xi}=(1,0,0,-1)^{\mathrm{T}}$在$\boldsymbol{\eta}_1$，$\boldsymbol{\eta}_2$，$\boldsymbol{\eta}_3$，$\boldsymbol{\eta}_4$下的坐标.

7. 在$\mathbf{R}^4$中，求由齐次线性方程组

$$\begin{cases}3x_1+2x_2-\ 5x_3+\ 4x_4=0,\\ 3x_1-\ \ x_2+\ 3x_3-\ 3x_4=0,\\ 3x_1+5x_2-13x_3+11x_4=0\end{cases}$$

确定的解空间的维数与基.

8. 在$\mathbf{R}^4$中，求由向量$\boldsymbol{a}_i\,(i=1,2,3,4)$生成的子空间的维数与基. 设

(1) $\begin{cases}\boldsymbol{a}_1=(2,1,3,1)^{\mathrm{T}},\\ \boldsymbol{a}_2=(1,2,0,1)^{\mathrm{T}},\\ \boldsymbol{a}_3=(-1,1,-3,0)^{\mathrm{T}},\\ \boldsymbol{a}_4=(1,1,1,1)^{\mathrm{T}};\end{cases}$　　(2) $\begin{cases}\boldsymbol{a}_1=(2,1,3,-1)^{\mathrm{T}},\\ \boldsymbol{a}_2=(-1,1,-3,1)^{\mathrm{T}},\\ \boldsymbol{a}_3=(4,5,3,-1)^{\mathrm{T}},\\ \boldsymbol{a}_4=(1,5,-3,1)^{\mathrm{T}}.\end{cases}$

9. 判别下面所定义的变换，哪些是线性的，哪些不是.

(1) 在线性空间 V 中，$A\boldsymbol{\xi}=\boldsymbol{\xi}+\boldsymbol{\alpha}$，其中$\boldsymbol{\alpha}\in V$是一个固定的向量；

(2) 在线性空间 V 中，$A\boldsymbol{\xi}=\boldsymbol{\alpha}$，其中$\boldsymbol{\alpha}\in V$是一个固定的向量；

(3) 在$\mathbf{R}^3$中，$A(x_1,x_2,x_3)^{\mathrm{T}}=\left(x_1^2,x_2+x_3,x_3^2\right)^{\mathrm{T}}$；

(4) 在$\mathbf{R}^3$中，$A(x_1,x_2,x_3)^{\mathrm{T}}=(2x_1-x_2,x_2+x_3,x_1)^{\mathrm{T}}$；

(5) 在$\mathbf{R}^{n\times n}$中，$A(\boldsymbol{X})=\boldsymbol{BXC}$，其中$\boldsymbol{B},\boldsymbol{C}\in\mathbf{R}^{n\times n}$是两个固定的矩阵.

10. 在几何空间中，取正交坐标系 $Oxyz$，以 A 表示将空间绕 x 轴由 y 轴向 z 轴方向旋转 90°的变换，以 B 表示绕 y 轴由 z 轴向 x 轴方向旋转 90°的变换，以 C 表示绕 z 轴由 x 轴向 y 轴方向旋转 90°的变换，证明：

$$A^4=B^4=C^4=E,\qquad AB\neq BA,\qquad A^2B^2=B^2A^2,$$

并检验$(AB)^2 = A^2B^2$是否成立.

11. 证明：可逆变换是双射.

12. 设$\boldsymbol{\alpha}_1,\boldsymbol{\alpha}_2,\cdots,\boldsymbol{\alpha}_n$是$n$维线性空间$V$的一个基，$A$是$V$中的一个线性变换，证明：$A$可逆当且仅当$A\boldsymbol{\alpha}_1,A\boldsymbol{\alpha}_2,\cdots,A\boldsymbol{\alpha}_n$线性无关.

13. 求下列线性变换在所指定基下的矩阵.

(1) $[O;\boldsymbol{\varepsilon}_1,\boldsymbol{\varepsilon}_2]$是平面上一直角坐标系，$A$是平面上的向量对第一和第三象限角的平分线的垂直投影，B是平面上的向量对$\boldsymbol{\varepsilon}_2$的垂直投影，求$A,B,AB$在基$\boldsymbol{\varepsilon}_1,\boldsymbol{\varepsilon}_2$下的矩阵.

(2) 已知$\mathbf{R}^3$中线性变换A在基$\boldsymbol{\eta}_1=(-1,1,1)^{\mathrm{T}}$，$\boldsymbol{\eta}_2=(1,0,-1)^{\mathrm{T}}$，$\boldsymbol{\eta}_3=(0,1,1)^{\mathrm{T}}$下的矩阵是

$$\begin{pmatrix} 1 & 0 & 1 \\ 1 & 1 & 0 \\ -1 & 2 & 1 \end{pmatrix},$$

求A在基$\boldsymbol{\varepsilon}_1=(1,0,0)^{\mathrm{T}}$，$\boldsymbol{\varepsilon}_2=(0,1,0)^{\mathrm{T}}$，$\boldsymbol{\varepsilon}_3=(0,0,1)^{\mathrm{T}}$下的矩阵.

(3) 在$\mathbf{R}^3$中，线性变换A定义如下：

$$\begin{cases} A\boldsymbol{\eta}_1=(-5,0,3)^{\mathrm{T}}, \\ A\boldsymbol{\eta}_2=(0,-1,6)^{\mathrm{T}}, \\ A\boldsymbol{\eta}_3=(-5,-1,9)^{\mathrm{T}}, \end{cases}$$

其中

$$\begin{cases} \boldsymbol{\eta}_1=(-1,0,2)^{\mathrm{T}}, \\ \boldsymbol{\eta}_2=(0,1,1)^{\mathrm{T}}, \\ \boldsymbol{\eta}_3=(3,-1,0)^{\mathrm{T}}. \end{cases}$$

求A在基$\boldsymbol{\varepsilon}_1=(1,0,0)^{\mathrm{T}}$，$\boldsymbol{\varepsilon}_2=(0,1,0)^{\mathrm{T}}$，$\boldsymbol{\varepsilon}_3=(0,0,1)^{\mathrm{T}}$下的矩阵.

14. 设三维线性空间V上的线性变换A在基$\boldsymbol{\varepsilon}_1,\boldsymbol{\varepsilon}_2,\boldsymbol{\varepsilon}_3$下的矩阵为

$$\boldsymbol{A}=\begin{pmatrix} a_{11} & a_{12} & a_{13} \\ a_{21} & a_{22} & a_{23} \\ a_{31} & a_{32} & a_{33} \end{pmatrix},$$

(1) 求A在基$\boldsymbol{\varepsilon}_3,\boldsymbol{\varepsilon}_2,\boldsymbol{\varepsilon}_1$下的矩阵；

(2) 求A在基$\boldsymbol{\varepsilon}_1,k\boldsymbol{\varepsilon}_2,\boldsymbol{\varepsilon}_3$下的矩阵，其中$k\in\mathbf{R}$且$k\neq 0$；

(3) 求A在基$\boldsymbol{\varepsilon}_1+\boldsymbol{\varepsilon}_2,\boldsymbol{\varepsilon}_2,\boldsymbol{\varepsilon}_3$下的矩阵.

15. 设$\boldsymbol{\varepsilon}_1,\boldsymbol{\varepsilon}_2,\boldsymbol{\varepsilon}_3,\boldsymbol{\varepsilon}_4$是四维线性空间$V$的一组基，已知线性变换$A$在这组基下的矩阵为

$$\begin{pmatrix} 1 & 0 & 2 & 1 \\ -1 & 2 & 1 & 3 \\ 1 & 2 & 5 & 5 \\ 2 & -2 & 1 & -2 \end{pmatrix},$$

求 A 在基 $\boldsymbol{\eta}_1=\boldsymbol{\varepsilon}_1-2\boldsymbol{\varepsilon}_2+\boldsymbol{\varepsilon}_4$，$\boldsymbol{\eta}_2=3\boldsymbol{\varepsilon}_2-\boldsymbol{\varepsilon}_3-\boldsymbol{\varepsilon}_4$，$\boldsymbol{\eta}_3=\boldsymbol{\varepsilon}_3+\boldsymbol{\varepsilon}_4$，$\boldsymbol{\eta}_4=2\boldsymbol{\varepsilon}_4$ 下的矩阵.

16. 给定 $\mathbf{R}^3$ 的两组基

$$\boldsymbol{\varepsilon}_1=(1,0,1),\qquad \boldsymbol{\varepsilon}_2=(2,1,0),\qquad \boldsymbol{\varepsilon}_3=(1,1,1)$$

与

$$\boldsymbol{\eta}_1=(1,2,-1),\qquad \boldsymbol{\eta}_2=(2,2,-1),\qquad \boldsymbol{\eta}_3=(2,-1,-1),$$

定义线性变换 A 为

$$A\boldsymbol{\varepsilon}_i=\boldsymbol{\eta}_i\quad (i=1,2,3).$$

(1) 写出由基 $\boldsymbol{\varepsilon}_1,\boldsymbol{\varepsilon}_2,\boldsymbol{\varepsilon}_3$ 到基 $\boldsymbol{\eta}_1,\boldsymbol{\eta}_2,\boldsymbol{\eta}_3$ 的过渡矩阵；

(2) 写出 A 在基 $\boldsymbol{\varepsilon}_1,\boldsymbol{\varepsilon}_2,\boldsymbol{\varepsilon}_3$ 下的矩阵；

(3) 写出 A 在基 $\boldsymbol{\eta}_1,\boldsymbol{\eta}_2,\boldsymbol{\eta}_3$ 下的矩阵.

17. 设 $\boldsymbol{\varepsilon}_1,\boldsymbol{\varepsilon}_2,\boldsymbol{\varepsilon}_3,\boldsymbol{\varepsilon}_4$ 是四维线性空间 V 的一组基，线性变换 A 在这组基下的矩阵为

$$\boldsymbol{A}=\begin{pmatrix} 5 & -2 & -4 & 3 \\ 3 & -1 & -3 & 2 \\ -3 & \frac{1}{2} & \frac{9}{2} & -\frac{5}{2} \\ -10 & 3 & 11 & -7 \end{pmatrix},$$

求 A 在基

$$\begin{cases} \boldsymbol{\eta}_1=\boldsymbol{\varepsilon}_1+2\boldsymbol{\varepsilon}_2+\boldsymbol{\varepsilon}_3+\boldsymbol{\varepsilon}_4, \\ \boldsymbol{\eta}_2=2\boldsymbol{\varepsilon}_1+3\boldsymbol{\varepsilon}_2+\boldsymbol{\varepsilon}_3, \\ \boldsymbol{\eta}_3=\boldsymbol{\varepsilon}_3, \\ \boldsymbol{\eta}_4=\boldsymbol{\varepsilon}_4 \end{cases}$$

下的矩阵.

(B)

1. 设 V_1，V_2 都是线性空间 V 的子空间，且 $V_1\subset V_2$，证明：如果 V_1 的维数和 V_2 的维数相等，那么 $V_1=V_2$.

2. 设 $\boldsymbol{A}\in\mathbf{R}^{n\times n}$，

(1) 证明全体与 $\boldsymbol{A}$ 可交换的矩阵组成 $\mathbf{R}^{n\times n}$ 的一个子空间，记作 $C(\boldsymbol{A})$；

(2) 当 $\boldsymbol{A}=\boldsymbol{E}$ 时，求 $C(\boldsymbol{A})$；

(3) 当 $\boldsymbol{A}=\begin{pmatrix}1&0&0&\cdots&0\\0&2&0&\cdots&0\\\vdots&\vdots&\vdots&&\vdots\\0&0&0&\cdots&n\end{pmatrix}$时，$C(\boldsymbol{A})$的维数和一组基.

3. 设 $\boldsymbol{A}=\begin{pmatrix}1&0&0\\0&1&0\\3&1&2\end{pmatrix}$，求 $\mathbf{R}^{3\times3}$ 中全体与 $\boldsymbol{A}$ 可交换的矩阵所组成子空间的维数和一组基.

4. 如果 $c_1\boldsymbol{\alpha}+c_2\boldsymbol{\beta}+c_3\boldsymbol{\gamma}=\boldsymbol{0}$，且 $c_1c_3\neq0$，证明：$L(\boldsymbol{\alpha},\boldsymbol{\beta})=L(\boldsymbol{\beta},\boldsymbol{\gamma})$.

5. 设 V_1,V_2 是线性空间 V 的两个非平凡子空间，证明：在 V 中存在 $\boldsymbol{\alpha}$，使 $\boldsymbol{\alpha}\notin V_1$，$\boldsymbol{\alpha}\notin V_2$ 同时成立.

6. 设 A 是线性空间 V 上的线性变换，如果 $A^{k-1}\boldsymbol{\xi}\neq\boldsymbol{0}$，但 $A^k\boldsymbol{\xi}=\boldsymbol{0}$，证明：$\boldsymbol{\xi},A\boldsymbol{\xi}$，$A^{k-1}\boldsymbol{\xi}$ $(k>0)$ 线性无关.

7. 在 n 维线性空间中，设有线性变换 A 与向量 $\boldsymbol{\xi}$，使得 $A^{n-1}\boldsymbol{\xi}\neq\boldsymbol{0}$，但 $A^n\boldsymbol{\xi}=\boldsymbol{0}$，证明：$A$ 在某组基下的矩阵是

$$\begin{pmatrix}0&0&\cdots&0&0\\1&0&\cdots&0&0\\0&1&\cdots&0&0\\\vdots&\vdots&&\vdots&\vdots\\0&0&\cdots&1&0\end{pmatrix}.$$

第 8 章　线性代数的应用

线性代数的应用非常广泛，本章主要介绍利用线性代数的有关知识来求解最小二乘法问题和线性规划问题，并利用 MATLAB 软件实现问题的求解. 在讨论求解线性规划问题的单纯形法时，没有过分追求算法在理论上的严密性，而是着重于算法步骤的描述，其目的是让读者熟练掌握算法本身，从而利用所学知识解决实际问题.

8.1　最小二乘法

8.1.1　预备知识

在空间解析几何中，两个向量 $\boldsymbol{\alpha}=(x_1,x_2,x_3)^{\mathrm{T}}$, $\boldsymbol{\beta}=(y_1,y_2,y_3)^{\mathrm{T}}$ 的距离等于

$$\sqrt{(x_1-y_1)^2+(x_2-y_2)^2+(x_3-y_3)^2}=\|\boldsymbol{\alpha}-\boldsymbol{\beta}\|.$$

现在将距离这一概念推广到 n 维向量空间，引入下面的定义.

定义 8.1　设 $\boldsymbol{\alpha}=(x_1,x_2,\cdots,x_n)^{\mathrm{T}}$, $\boldsymbol{\beta}=(y_1,y_2,\cdots,y_n)^{\mathrm{T}}$ 是 n 维线性空间 $\mathbf{R}^n$ 中的两个向量，称长度 $\|\boldsymbol{\alpha}-\boldsymbol{\beta}\|$ 为 $\boldsymbol{\alpha}$ 与 $\boldsymbol{\beta}$ 的距离，记为 $d(\boldsymbol{\alpha},\boldsymbol{\beta})$，即

$$d(\boldsymbol{\alpha},\boldsymbol{\beta})=\|\boldsymbol{\alpha}-\boldsymbol{\beta}\|=\sqrt{(x_1-y_1)^2+(x_2-y_2)^2+\cdots+(x_n-y_n)^2}\ .$$

利用距离的定义和长度的三角不等式性质，不难证明，长度具有如下基本性质：

(1) $d(\boldsymbol{\alpha},\boldsymbol{\beta})=d(\boldsymbol{\beta},\boldsymbol{\alpha})$；

(2) $d(\boldsymbol{\alpha},\boldsymbol{\beta})\geqslant 0$，当且仅当 $\boldsymbol{\alpha}=\boldsymbol{\beta}$ 时等号成立；

(3) $d(\boldsymbol{\alpha},\boldsymbol{\beta})\leqslant d(\boldsymbol{\alpha},\boldsymbol{\gamma})+d(\boldsymbol{\gamma},\boldsymbol{\beta})$ (三角不等式).

平面几何中一个熟知的事实是，一个点到平面或直线上所有点的距离中垂线最短. 在 $\mathbf{R}^n$ 空间中，同样可以证明，一个固定向量和一个子空间中各向量间的距离中也是“垂线最短”. 下面来证明这个事实.

设 $W=L(\boldsymbol{\alpha}_1,\boldsymbol{\alpha}_2,\cdots,\boldsymbol{\alpha}_k)$ 是 $\mathbf{R}^n$ 中由向量组 $\boldsymbol{\alpha}_1,\boldsymbol{\alpha}_2,\cdots,\boldsymbol{\alpha}_k$ 生成的子空间，$\boldsymbol{\alpha}$ 是 $\mathbf{R}^n$ 中一固定向量，$\boldsymbol{\beta}$ 是 W 中一向量，且 $\boldsymbol{\alpha}-\boldsymbol{\beta}$ 垂直于 W (其含义是指 $\boldsymbol{\alpha}-\boldsymbol{\beta}$ 与 W 中任一向量正交)，容易证明 $\boldsymbol{\alpha}-\boldsymbol{\beta}$ 垂直于 W 的充分必要条件是 $[\boldsymbol{\alpha}-\boldsymbol{\beta},\boldsymbol{\alpha}_i]=0\ (i=1,2,\cdots,k)$. 要证明 $\boldsymbol{\alpha}$ 到 W 中各向量的距离以“垂线” $\boldsymbol{\alpha}-\boldsymbol{\beta}$ 最短，即要证明对于 $\forall\boldsymbol{\gamma}\in W$，有

$$\|\boldsymbol{\alpha}-\boldsymbol{\beta}\|\leqslant\|\boldsymbol{\alpha}-\boldsymbol{\gamma}\|.$$

事实上，

$$\boldsymbol{\alpha}-\boldsymbol{\gamma}=(\boldsymbol{\alpha}-\boldsymbol{\beta})+(\boldsymbol{\beta}-\boldsymbol{\gamma}),$$

由于 W 是子空间，故 $\boldsymbol{\beta}-\boldsymbol{\gamma}\in W$，则

$$(\boldsymbol{\alpha}-\boldsymbol{\beta},\boldsymbol{\beta}-\boldsymbol{\gamma})=0,$$

于是

$$\begin{aligned}\|\boldsymbol{\alpha}-\boldsymbol{\gamma}\|^2&=[\boldsymbol{\alpha}-\boldsymbol{\gamma},\boldsymbol{\alpha}-\boldsymbol{\gamma}]=[(\boldsymbol{\alpha}-\boldsymbol{\beta})+(\boldsymbol{\beta}-\boldsymbol{\gamma}),(\boldsymbol{\alpha}-\boldsymbol{\beta})+(\boldsymbol{\beta}-\boldsymbol{\gamma})]\\&=[\boldsymbol{\alpha}-\boldsymbol{\beta},\boldsymbol{\alpha}-\boldsymbol{\beta}]+2[\boldsymbol{\alpha}-\boldsymbol{\beta},\boldsymbol{\beta}-\boldsymbol{\gamma}]+[\boldsymbol{\beta}-\boldsymbol{\gamma},\boldsymbol{\beta}-\boldsymbol{\gamma}]=\|\boldsymbol{\alpha}-\boldsymbol{\beta}\|^2+\|\boldsymbol{\beta}-\boldsymbol{\gamma}\|^2,\end{aligned}$$

所以

$$\|\boldsymbol{\alpha}-\boldsymbol{\beta}\|\leqslant\|\boldsymbol{\alpha}-\boldsymbol{\gamma}\|.$$

这就证明了，向量到一个子空间中各向量间的距离中“垂线最短”.

这个事实的一个重要应用就是解决最小二乘法问题.

8.1.2 最小二乘法问题及其求解

什么是最小二乘法问题？先来看一个引例.

引例 已知某种材料在生产过程中的废品率 y 与某种化学成分 x 有关. 表 8.1 记录了某工厂生产过程中 y 与相应的 x 的几次数值.

表 8.1

y /%	1.00	0.9	0.9	0.81	0.60	0.56	0.35
x /%	3.6	3.7	3.8	3.9	4.0	4.1	4.2

试找出 y 与 x 的一个近似公式.

解 在平面直角坐标系中描出这 7 个点 (x,y) 来. 不难看出，这 7 个点大约在一条直线上. 因此，取一次函数 $y=kx+l$ 作为 y 与 x 之间关系的近似描述. 当然最好是能找到适当的 k,l，使得下列等式

$$\begin{gathered}3.6k+l=1.00,\\3.7k+l=0.9,\\3.8k+l=0.9,\\3.9k+l=0.81,\\4.0k+l=0.60,\\4.1k+l=0.56,\\4.2k+l=0.35\end{gathered}$$

都成立. 实际上这是不可能的，于是考虑寻求适当的 k,l，使得上面各式的误差平方和

$$\begin{aligned}&(3.6k+l-1.00)^2+(3.7k+l-0.9)^2+(3.8k+l-0.9)^2+(3.9k+l-0.81)^2\\&+(4.0k+l-0.60)^2+(4.1k+l-0.56)^2+(4.2k+l-0.35)^2\end{aligned}$$

达到最小. 由于这里讨论的是误差的平方即二乘方的最小值问题，故称为最小二乘法问题.

定义 8.2 若线性方程组

$$\begin{cases} a_{11}x_1 + a_{12}x_2 + \cdots + a_{1n}x_n = b_1, \\ a_{21}x_1 + a_{22}x_2 + \cdots + a_{2n}x_n = b_2, \\ \cdots\cdots \\ a_{m1}x_1 + a_{m2}x_2 + \cdots + a_{mn}x_n = b_m \end{cases} \tag{8.1}$$

无解，设法寻求一组数 $x_1, x_2, \cdots, x_n$，使

$$\sum_{i=1}^{m}\left(a_{i1}x_1 + a_{i2}x_2 + \cdots + a_{in}x_n - b_i\right)^2$$

最小，称这样的一组数 $x_1, x_2, \cdots, x_n$ 为方程组的最小二乘解，求最小二乘解的问题称为最小二乘法问题.

若线性方程组(8.1)有解，将不是最小二乘法问题了. 从这一节可以知道，若线性方程组(8.1)无解，并不意味着这个方程无意义.

下面来讨论最小二乘法问题的求解.

令

$$\boldsymbol{A} = \begin{pmatrix} a_{11} & a_{12} & \cdots & a_{1n} \\ a_{21} & a_{22} & \cdots & a_{2n} \\ \vdots & \vdots & & \vdots \\ a_{m1} & a_{m2} & \cdots & a_{mn} \end{pmatrix}, \qquad \boldsymbol{b} = \begin{pmatrix} b_1 \\ b_2 \\ \vdots \\ b_m \end{pmatrix}, \qquad \boldsymbol{x} = \begin{pmatrix} x_1 \\ x_2 \\ \vdots \\ x_n \end{pmatrix}, \qquad \boldsymbol{y} = \boldsymbol{Ax},$$

利用距离的概念，得

$$\sum_{i=1}^{m}\left(a_{i1}x_1 + a_{i2}x_2 + \cdots + a_{in}x_n - b_i\right)^2 = \|\boldsymbol{y} - \boldsymbol{b}\|^2 .$$

于是，最小二乘法的求解问题就是要在集合 $W = \left\{\boldsymbol{y} \,\middle|\, \boldsymbol{y} = \boldsymbol{Ax}, \boldsymbol{x} \in \mathbf{R}^n\right\}$ 中找一个向量 $\boldsymbol{y}$，使 $\boldsymbol{y}$ 与 $\boldsymbol{b}$ 的距离最短，再由关系式 $\boldsymbol{y} = \boldsymbol{Ax}$ 解出最小二乘解 $k_1, k_2, \cdots, k_n$. 记 $\boldsymbol{A}$ 的各列向量分别为 $\boldsymbol{\alpha}_1, \boldsymbol{\alpha}_2, \cdots, \boldsymbol{\alpha}_n$，则

$$\boldsymbol{y} = \boldsymbol{Ax} = x_1\boldsymbol{\alpha}_1 + x_2\boldsymbol{\alpha}_2 + \cdots + x_n\boldsymbol{\alpha}_n,$$

故

$$W = L(\boldsymbol{\alpha}_1, \boldsymbol{\alpha}_2, \cdots, \boldsymbol{\alpha}_n) .$$

于是，最小二乘法问题可叙述为，在线性空间 $W = L(\boldsymbol{\alpha}_1, \boldsymbol{\alpha}_2, \cdots, \boldsymbol{\alpha}_n)$ 中找一个向量 $\boldsymbol{y}$，使 $\|\boldsymbol{y} - \boldsymbol{b}\|$ 是 $\boldsymbol{b}$ 到 W 中各向量的最短距离.

设所求向量为 $\boldsymbol{y} = x_1\boldsymbol{\alpha}_1 + x_2\boldsymbol{\alpha}_2 + \cdots + x_n\boldsymbol{\alpha}_n$，由向量到一个子空间中各向量间的距离中“垂线最短”这一论断可知，$\boldsymbol{\beta} = \boldsymbol{y} - \boldsymbol{b} = \boldsymbol{Ax} - \boldsymbol{b}$ 必须垂直于 $W = L(\boldsymbol{\alpha}_1, \boldsymbol{\alpha}_2, \cdots, \boldsymbol{\alpha}_n)$，为此必须且仅需要

$$[\boldsymbol{\beta}, \boldsymbol{\alpha}_1] = [\boldsymbol{\beta}, \boldsymbol{\alpha}_2] = \cdots = [\boldsymbol{\beta}, \boldsymbol{\alpha}_n] = 0,$$

即

$$\boldsymbol{\alpha}_1^{\mathrm{T}}\boldsymbol{\beta} = \boldsymbol{\alpha}_2^{\mathrm{T}}\boldsymbol{\beta} = \cdots = \boldsymbol{\alpha}_n^{\mathrm{T}}\boldsymbol{\beta} = 0 .$$

把上面 n 个等式合起来写成矩阵等式

$$\boldsymbol{A}^{\mathrm{T}}\boldsymbol{\beta}=\boldsymbol{A}^{\mathrm{T}}(\boldsymbol{A}\boldsymbol{x}-\boldsymbol{b})=\boldsymbol{0}$$

或

$$\boldsymbol{A}^{\mathrm{T}}\boldsymbol{A}\boldsymbol{x}=\boldsymbol{A}^{\mathrm{T}}\boldsymbol{b},$$

这就是最小二乘解所满足的代数条件，它是一个线性方程组，可以证明这个线性方程组总是有解的.

现在继续解决引例中提出的问题.

在这里

$$\boldsymbol{A}=\begin{pmatrix}3.6&1\\3.7&1\\3.8&1\\3.9&1\\4.0&1\\4.1&1\\4.2&1\end{pmatrix},\qquad \boldsymbol{b}=\begin{pmatrix}1.00\\0.9\\0.9\\0.81\\0.60\\0.56\\0.35\end{pmatrix},$$

解线性方程组 $\boldsymbol{A}^{\mathrm{T}}\boldsymbol{A}\begin{pmatrix}k\\l\end{pmatrix}=\boldsymbol{A}^{\mathrm{T}}\boldsymbol{b}$，得最小二乘解为

$$k\approx-1.05,\qquad l\approx4.81.$$

8.2　线 性 规 划

8.2.1　线性规划问题的数学模型

在生产和经营等管理工作中，需要经常进行计划或规划. 虽然各行各业计划和规划的内容千差万别，但其共同点均可归结为，在现有各项资源条件的限制下，如何确定方案，使预期目标达到最优. 请看下面一些例子.

例 8.1　(资源利用问题)某厂有 m 种资源，记为 $A_1,A_2,\cdots,A_m$，其拥有量分别为 $b_1,b_2,\cdots,b_m$，现用来生产产品 $B_1,B_2,\cdots,B_n$. 产品 B_j 的最低限额产量为 l_j 个单位，且它每个单位的利润为 c_j，又生产每单位的 B_j 需消耗资源 A_i 的量为 a_{ij}. 问在工厂现有资源条件且保证定额要求的前提下，应如何安排生产，使工厂的收益最大?

解　设安排产品 B_j 的生产量为 x_j (称为决策变量)，这时工厂可获取的利润为 $z=\sum_{j=1}^{n}c_jx_j$ (称为目标函数). 因为要求收益最大，所以要求利润函数 $z=\sum_{j=1}^{n}c_jx_j$ 的最大值，即 $\max z=\sum_{j=1}^{n}c_jx_j$. 同时，各种产品的产量又受到资源拥有量和最低产量的限制，故

$x_1, x_2, \cdots, x_n$ 必须满足限制条件 $\sum_{j=1}^{n} a_{ij}x_j \leqslant b_i\ (i=1,2,\cdots,m)$ 和 $x_j \geqslant l_j\ (j=1,2,\cdots,n)$(称这 $m+n$ 个条件为约束条件). 综上分析，所求问题的数学模型可描述为

$$\max z = \sum_{j=1}^{n} c_j x_j,$$

$$\text{s.t.}\begin{cases} \sum_{j=1}^{n} a_{ij}x_j \leqslant b_i, & i=1,2,\cdots,m, \\ x_j \geqslant l_j, & j=1,2,\cdots,n. \end{cases}$$

这里的记号s.t.(subject to)表示“服从……的约束”.

例 8.2　(最小费用问题)捷运公司拟在下一年度的 1～4 月 4 个月内租用仓库堆放物资. 已知各月所需仓库面积数列于表 8.2. 仓库租借费用随合同期而定，期限越长，折扣越大，具体数字见表 8.3. 租借仓库的合同每月初都可办理，每份合同具体规定租用面积数和期限. 因此，该厂可根据需要，在任何一个月初办理租借合同. 每次办理时可签一份，也可签若干份租用面积和租借期限不同的合同，试确定该公司签订租借合同的最优决策，目的是使所付租借费用最少.

表 8.2

月份	1	2	3	4
所需仓库面积/(100 m^2)	15	10	20	12

表 8.3

合同租借期限	1 个月	2 个月	3 个月	4 个月
合同期内的租费/(元/100 m^2)	2800	4500	6000	7300

解　用 x_{ij} 表示捷运公司在第 $i\ (i=1,2,3,4)$ 个月初签订的租借期为 $j\ (j=1,2,3,4)$ 个月的仓库面积(单位为 $100\ \text{m}^2$). 由于 5 月起该公司不需要租借仓库,故 $x_{24}, x_{33}, x_{34}, x_{42}, x_{43}, x_{44}$ 均为零. 该公司希望总的租借费用为最少，故该问题的数学模型为

$$\min z = 2800(x_{11}+x_{21}+x_{31}+x_{41}) + 4500(x_{12}+x_{22}+x_{32}) + 6000(x_{13}+x_{23}) + 7300x_{14},$$

$$\text{s.t.}\begin{cases} x_{11}+x_{12}+x_{13}+x_{14} \geqslant 15, \\ x_{12}+x_{13}+x_{14}+x_{21}+x_{22}+x_{23} \geqslant 10, \\ x_{13}+x_{14}+x_{22}+x_{23}+x_{31}+x_{32} \geqslant 20, \\ x_{14}+x_{23}+x_{32}+x_{41} \geqslant 12, \\ x_{ij} \geqslant 0, \quad i=1,2,3,4;\ j=1,2,3,4. \end{cases}$$

例 8.3　(物资调运与分配问题)设某种物资从 m 个发点 $A_1, A_2, \cdots, A_m$ 输送到 n 个收点 $B_1, B_2, \cdots, B_n$，其中发出量分别为 $a_1, a_2, \cdots, a_m$，收入量分别为 $b_1, b_2, \cdots, b_n$，并且

$\sum_{i=1}^{m} a_i = \sum_{j=1}^{n} b_j$ (称为产销平衡). 已知从第 i 个发点到第 j 个收点的距离为 $c_{ij}(i=1,2,\cdots,m;$ $j=1,2,\cdots,n)$，问应如何分配供应，才能既满足要求，又使总的运输吨千米数最小?

解 用 x_{ij} 表示由第 i 个发点运到第 j 个收点的物资量，则总的运输吨千米数为 $z=\sum_{i=1}^{m}\sum_{j=1}^{n} c_{ij}x_{ij}$. $x_{ij}\ (i=1,2,\cdots,m;j=1,2,\cdots,n)$ 受产销平衡要求和非负条件的约束，即 $x_{ij}\ (i=1,2,\cdots,m;j=1,2,\cdots,n)$ 必须满足条件 $\sum_{j=1}^{n} x_{ij}=a_i\ (i=1,2,\cdots,m)$，$\sum_{i=1}^{m} x_{ij}=b_j(j=1,2,\cdots,n)$ 及 $x_{ij}\geqslant 0\ (i=1,2,\cdots,m;j=1,2,\cdots,n)$. 于是，该问题的数学模型可描述为

$$\min z=\sum_{i=1}^{m}\sum_{j=1}^{n} c_{ij}x_{ij},$$

$$\text{s.t.}\begin{cases}\sum_{j=1}^{n} x_{ij}=a_i, & i=1,2,\cdots,m,\\ \sum_{i=1}^{m} x_{ij}=b_j, & j=1,2,\cdots,n,\\ x_{ij}\geqslant 0, & i=1,2,\cdots,m;j=1,2,\cdots,n.\end{cases}$$

上述三个问题的数学模型的共同特征是，在一组线性等式或不等式的约束之下，求一个线性函数的最大值或最小值. 称这样的问题为线性规划(linear programming, LP)问题.

线性规划问题的数学模型可表示为

$$\max(\text{或}\min)\, z=c_1x_1+c_2x_2+\cdots+c_nx_n,$$

$$\text{s.t.}\begin{cases}a_{11}x_1+a_{12}x_2+\cdots+a_{1n}x_n\leqslant (\text{或}=,\geqslant)\, b_1,\\ a_{21}x_1+a_{22}x_2+\cdots+a_{2n}x_n\leqslant (\text{或}=,\geqslant)\, b_2,\\ \qquad\qquad\cdots\cdots\\ a_{m1}x_1+a_{m2}x_2+\cdots+a_{mn}x_n\leqslant (\text{或}=,\geqslant)\, b_m,\\ x_1,x_2,\cdots,x_n\geqslant 0,\end{cases}$$

若采用矩阵形式可表示为

$$\max(\text{或}\min)\, z=\boldsymbol{CX},$$

$$\text{s.t.}\begin{cases}\boldsymbol{AX}\leqslant(\text{或}=,\geqslant)\boldsymbol{b},\\ \boldsymbol{X}\geqslant\boldsymbol{0},\end{cases}$$

其中,

$$\boldsymbol{A}=\begin{pmatrix}a_{11} & a_{12} & \cdots & a_{1n}\\ a_{21} & a_{22} & \cdots & a_{2n}\\ \vdots & \vdots & & \vdots\\ a_{m1} & a_{m2} & \cdots & a_{mn}\end{pmatrix},\quad \boldsymbol{X}=\begin{pmatrix}x_1\\ x_2\\ \vdots\\ x_n\end{pmatrix},\quad \boldsymbol{C}=(c_1,c_2,\cdots,c_n),\quad \boldsymbol{b}=\begin{pmatrix}b_1\\ b_2\\ \vdots\\ b_m\end{pmatrix},$$

$\boldsymbol{A}$ 称为约束矩阵，$\boldsymbol{X}$ 称为决策变量向量，$\boldsymbol{C}$ 称为价值向量，$\boldsymbol{b}$ 称为资源向量.

若采用向量形式可表示为

$$\max\,(\text{或}\min)\ z=\boldsymbol{CX},$$
$$\text{s.t.}\begin{cases}\displaystyle\sum_{j=1}^{n}\boldsymbol{P}_j x_j \leqslant (\text{或}=,\geqslant)\boldsymbol{b},\\ x_j\geqslant 0,\quad j=1,2,\cdots,n,\end{cases}$$

其中，$\boldsymbol{P}_j=\begin{pmatrix}a_{1j}\\a_{2j}\\\vdots\\a_{mj}\end{pmatrix}, j=1,2,\cdots,n.$

在模型中要求变量 $x_j\geqslant 0$ 是为了描述上的统一，事实上，实际变量是可以小于 0 的，甚至可以不受任何约束. 关于这个问题将在线性规划问题的标准形式中谈到.

8.2.2　线性规划问题的标准形式

由于目标函数和约束条件内容与形式上的差别，线性规划问题可以有多种表达式. 为了便于讨论和制定统一的算法，规定线性规划问题的标准形式如下：

$$\max z=\sum_{j=1}^{n}c_j x_j,$$
$$\text{s.t.}\begin{cases}\displaystyle\sum_{j=1}^{n}a_{ij}x_j=b_i,\quad i=1,2,\cdots,m,\\ x_j\geqslant 0,\qquad\qquad j=1,2,\cdots,n,\end{cases}$$

这里，$b_i\geqslant 0\,(i=1,2,\cdots,m)$.

在标准形式中，这里规定求目标函数的极大值，而有些书上规定求目标函数的极小值. 对于非标准形式的线性规划问题，可通过下列方法化为标准形式.

(1) 若目标函数为求极小值，则可等价地将求 $\min z=\sum\limits_{j=1}^{n}c_j x_j$ 转换为求

$$\max z'=-\sum_{j=1}^{n}c_j x_j\ .$$

(2) 若某个 $b_i<0$，只需将等式或不等式两端同乘−1 即可.

(3) 若某个约束条件为不等式，则当约束条件为“⩽”时，只需在不等式左边加上一个非负变量即可，称这个变量为松弛变量. 例如，$3x_1+x_2\leqslant 12$，可令 $x_3=12-3x_1-x_2$，显然 $x_3\geqslant 0$，此时不等式约束 $3x_1+x_2\leqslant 12$ 就转化为了等式约束 $3x_1+x_2+x_3=12$. 当约束条件为“⩾”时，只需在不等式左边减去一个非负变量即可，称这个变量为剩余变量. 例如，$x_1+2x_2\geqslant 18$，可令 $x_4=x_1+2x_2-18$，显然 $x_4\geqslant 0$，此时不等式约束 $x_1+2x_2\geqslant 18$ 就转化为了等式约束 $x_1+2x_2-x_4=18$. 因为松弛变量和剩余变量在实际问题中分别表示未被

充分利用的资源和超出的资源数，均未转化为价值和利润，所以引进模型后它们在目标函数中的系数均为零.

(4) 若某个变量 x_j 取值无约束，这时可令 $x_j = x_j' - x_j''$ ，其中 $x_j' \geqslant 0, x_j'' \geqslant 0$ ，将其代入原线性规划模型即可.

(5) 若某个 $x_j \leqslant 0$ ，则令 $x_j' = -x_j$ ，显然 $x_j' \geqslant 0$.

例 8.4 将下述线性规划化为标准形式.

$$\min z = x_1 + 2x_2 + 3x_3,$$

$$\text{s.t.}\begin{cases} -2x_1 + x_2 + x_3 \leqslant 9, \\ -3x_1 + x_2 + 2x_3 \geqslant 4, \\ 4x_1 - 2x_2 - 3x_3 = -6, \\ x_1 \leqslant 0, x_2 \geqslant 0, x_3\text{取值无约束}. \end{cases}$$

解 令 $z' = -z$, $x_1' = -x_1$, $x_3 = x_3' - x_3''$ ，其中 $x_3' \geqslant 0, x_3'' \geqslant 0$ ，再引入松弛变量 x_4 和剩余变量 x_5 ，则原问题可转化为标准形式：

$$\max z' = x_1' - 2x_2 - 3x_3' + 3x_3'' + 0x_4 + 0x_5,$$

$$\text{s.t.}\begin{cases} 2x_1' + x_2 + x_3' - x_3'' + x_4 = 9, \\ 3x_1' + x_2 + 2x_3' - 2x_3'' - x_5 = 4, \\ 4x_1' + 2x_2 + 3x_3' - 3x_3'' = 6, \\ x_1', x_2, x_3', x_3'', x_4, x_5 \geqslant 0. \end{cases}$$

8.2.3 线性规划问题解的概念

下面介绍几个与线性规划问题的解有关的概念.

设线性规划问题的标准形式为

$$\max z = \sum_{j=1}^{n} c_j x_j, \tag{8.2}$$

$$\text{s.t.}\begin{cases} \sum_{j=1}^{n} a_{ij} x_j = b_i, & i = 1,2,\cdots,m, \quad (8.3) \\ x_j \geqslant 0, & j = 1,2,\cdots,n. \quad (8.4) \end{cases}$$

定义 8.3 称满足约束条件(8.3)和(8.4)的向量 $\boldsymbol{X} = (x_1, x_2, \cdots, x_n)^{\mathrm{T}}$ 为线性规划问题的可行解. 全部可行解的集合称为可行域. 使目标函数达到最大值的可行解称为最优解.

定义 8.4 设 $\boldsymbol{A}$ 为约束方程组(8.3)的 $m \times n$ ($n > m$)系数矩阵，且 $R(\boldsymbol{A}) = m$ ， $\boldsymbol{B}$ 是 $\boldsymbol{A}$ 中的一个 m 阶的满秩子矩阵，称 $\boldsymbol{B}$ 是线性规划问题的一个基. 不失一般性，设

$$\boldsymbol{B} = \begin{pmatrix} a_{11} & \cdots & a_{1m} \\ \vdots & & \vdots \\ a_{m1} & \cdots & a_{mm} \end{pmatrix} = (\boldsymbol{P}_1, \boldsymbol{P}_2, \cdots, \boldsymbol{P}_m),$$

$\boldsymbol{B}$ 中的每一个列向量 $\boldsymbol{P}_j$ $(j=1,2,\cdots,m)$ 称为基向量，与基向量 $\boldsymbol{P}_j$ 对应的变量 x_j 称为基变量．线性规划问题中除基变量外的其余变量称为非基变量．

定义 8.5　在约束方程组(8.3)中，令所有非基变量 $x_{m+1}=x_{m+2}=\cdots=x_n=0$，因为 $|\boldsymbol{B}|\neq 0$，根据克拉默法则由 m 个约束方程可解出 m 个基变量的唯一解 $\boldsymbol{X_B}=(x_1,x_2,\cdots,x_m)^{\mathrm{T}}$，从而得到约束方程组(8.3)的一个解 $\boldsymbol{X}=(x_1,x_2,\cdots,x_m,0,\cdots,0)^{\mathrm{T}}$，称 $\boldsymbol{X}$ 为线性规划问题的基解．满足约束条件(8.4)的基解称为基可行解．对应于基可行解的基称为可行基．

8.2.4　单纯形法

单纯形法是求解线性规划问题的一种通用算法，它是由 G. B. Danzig 于 1947 年提出来的．单纯形法本质上是一种迭代算法，其迭代原理是“若线性规划问题有最优解，一定存在一个基可行解是最优解”．在这里只准备详细叙述单纯形法的计算步骤，关于单纯形法的迭代原理，请读者阅读有关参考文献．

利用单纯形法求解线性规划问题之前，必须首先将非标准形的线性规划问题化成标准形式．

单纯形法的计算步骤如下．

步骤 1　求初始基可行解，列出初始单纯形表．

(1) 确定初始基可行解．

对标准形式的线性规划问题，在约束条件(8.3)的系数矩阵中总会存在一个单位矩阵．例如，当非标准形式的线性规划问题的约束条件均为 $\leqslant$ 时，通过加上 m 个松弛变量 $x_{s1},x_{s2},\cdots,x_{sm}$，可使非标准形式化为标准形式，此时松弛变量 $x_{s1},x_{s2},\cdots,x_{sm}$ 的系数矩阵即单位矩阵．对约束条件为 $\geqslant$ 或 $=$ 的情况，为便于找到初始基可行解，可以构造人工基，人为产生一个单位矩阵．以这些与单位矩阵对应的变量为基变量，其余变量为非基变量，即可得到一个初始基可行解．

(2) 列出初始单纯形表(表 8.4)．

表 8.4

	$c_j \to$		c_1	$\cdots$	c_m	$\cdots$	c_j	$\cdots$	c_n
$\boldsymbol{C}_B$	基	$\boldsymbol{b}$	x_1	$\cdots$	x_m	$\cdots$	x_j	$\cdots$	x_n
c_1	x_1	b_1	1		0	$\cdots$	a_{1j}	$\cdots$	a_{1n}
c_2	x_2	b_2	0		0	$\cdots$	a_{2j}	$\cdots$	a_{2n}
$\vdots$	$\vdots$	$\vdots$	$\vdots$		$\vdots$		$\vdots$		$\vdots$
c_m	x_m	b_m	0		1	$\cdots$	a_{mj}	$\cdots$	a_{mn}
	c_j-z_j		0	$\cdots$	0	$\cdots$	$c_j-\sum\limits_{i=1}^{m}c_ja_{1j}$	$\cdots$	$c_n-\sum\limits_{i=1}^{m}c_ja_{1n}$

单纯形表结构为，表中第 2～3 列列出的是基可行解中的基变量及其取值，最左端一列数是与各基变量对应的目标函数中的系数值，最上端的一行数是各变量在目标函数中

的系数值，正下方一行是与这些系数值对应的决策变量，表的中心部分是约束条件(8.3)的系数矩阵，最下端一行数列出的是各变量的检验数 σ_j ，σ_j 按如下公式计算：

$$\sigma_j = c_j - \sum_{i=1}^{m} c_i a_{ij} .$$

显然有，基变量的检验数为 0.

步骤 2 最优性检验.

如表 8.4 中所有检验数 $\sigma_j \leqslant 0$ ，且基变量中不含有人工变量，表中的基可行解即最优解，计算结束. 对基变量中含人工变量时的解的最优性检验将在人工变量法中讨论. 当表中存在某个 $\sigma_j > 0$ 时，同时 $\boldsymbol{P}_j = (a_{1j}, a_{2j}, \cdots, a_{mj})^{\mathrm{T}} \leqslant 0$ ，则问题为无界解，计算结束；否则转下一步.

步骤 3 从一个基可行解转换到相邻的目标函数值更大的基可行解，列出新的单纯形表.

(1) 确定换入基的变量. 只要有检验数 $\sigma_j > 0$，对应的变量 x_j 就可作为换入基的变量，当有一个以上检验数大于零时，一般从中找出一个最大 σ_k ，其对应的变量 x_k 作为换入基的变量(称为进基变量).

(2) 确定换出基的变量. 根据 θ 规则

$$\theta = \min\left\{ \frac{b_i}{a_{ik}} \middle| a_{ik} > 0 \right\} = \frac{b_l}{a_{lk}}$$

确定出 x_l 是换出基的变量(称为出基变量). 元素 a_{lk} 决定了从一个基可行解到相邻基可行解的转移去向，称为主元素，其所在的列称为主元列.

(3) 用进基变量 x_k 替换基变量中的出基变量 x_l ，得到一个新的基，对应这个基可以找出一个新的基可行解，并相应地画出一个新的单纯形表.

基的替换是通过矩阵的初等变换实现的. 具体做法是，将第 l 行乘上 $\dfrac{1}{a_{lk}}$ ，将主元素化为 1，再将第 l 行分别乘以 $-a_{ik}$ $(i = 1,2,\cdots,l-1,l+1,\cdots,m)$ 加到各行上去，把该列变成一个单位向量.

步骤 4 重复第 2、3 两步，直到计算结束为止.

例 8.5 用单纯形法求解线性规划问题

$$\max z = 2x_1 + x_2,$$

$$\text{s.t.} \begin{cases} 5x_2 \leqslant 15, \\ 6x_1 + 2x_2 \leqslant 24, \\ x_1 + x_2 \leqslant 5, \\ x_1, \quad x_2 \geqslant 0, \end{cases}$$

解 加入松弛变量 x_3, x_4, x_5 ，将上述问题化成标准形式

$$\max z = 2x_1 + x_2 + 0x_3 + 0x_4 + 0x_5,$$
$$\text{s.t.}\begin{cases} 5x_2 + x_3 = 15, \\ 6x_1 + 2x_2 + x_4 = 24, \\ x_1 + x_2 + x_5 = 5, \\ x_1,\ x_2,\ x_3,\ x_4,\ x_5 \geqslant 0, \end{cases}$$

显然约束矩阵中包含一个单位矩阵，列出初始单纯形表(表 8.5).

表 8.5

	$c_j \to$		2	1	0	0	0
$\boldsymbol{C}_B$	基	$\boldsymbol{b}$	x_1	x_2	x_3	x_4	x_5
0	x_3	15	0	5	1	0	0
0	x_4	24	[6]	2	0	1	0
0	x_5	5	1	1	0	0	1
	$c_j - z_j$		2	1	0	0	0

由于 $\sigma_1 > \sigma_2 > 0$，故表 8.5 中基可行解不是最优解，需继续迭代. 确定 x_1 为进基变量，因为

$$\theta = \min\left\{\frac{24}{6}, \frac{5}{1}\right\} = \frac{24}{6} = 4,$$

所以 6 为主元素，主元素所在行基变量 x_4 为出基变量. 按步骤 3 中(3)用 x_1 替换出基变量 x_4，得到一个新的单纯形表(表 8.6).

表 8.6

	$c_j \to$		2	1	0	0	0
$\boldsymbol{C}_B$	基	$\boldsymbol{b}$	x_1	x_2	x_3	x_4	x_5
0	x_3	15	0	5	1	0	0
2	x_1	4	1	$\frac{2}{6}$	0	$\frac{1}{6}$	0
0	x_5	1	0	$\left[\frac{4}{6}\right]$	0	$-\frac{1}{6}$	1
	$c_j - z_j$		0	$\frac{1}{3}$	0	$-\frac{1}{3}$	0

由于表 8.6 中还存在大于零的检验数 σ_2，故重复上述步骤得表 8.7.

表 8.7

	$c_j \to$		2	1	0	0	0
$\boldsymbol{C}_B$	基	$\boldsymbol{b}$	x_1	x_2	x_3	x_4	x_5
0	x_3	$\frac{15}{2}$	0	0	1	$\frac{5}{4}$	$-\frac{15}{2}$

续表

	$c_j \to$		2	1	0	0	0
$\boldsymbol{C}_B$	基	$\boldsymbol{b}$	x_1	x_2	x_3	x_4	x_5
2	x_1	$\frac{7}{2}$	1	0	0	$\frac{1}{4}$	$-\frac{1}{2}$
1	x_2	$\frac{3}{2}$	0	1	0	$-\frac{1}{4}$	$\frac{3}{2}$
	$c_j - z_j$		0	0	0	$-\frac{1}{4}$	$-\frac{1}{2}$

由于表 8.7 中所有检验数$\sigma_j \leqslant 0$，且基变量中不含人工变量，故表 8.7 中的基可行解$\boldsymbol{X} = \left(\frac{7}{2}, \frac{3}{2}, \frac{15}{2}, 0, 0\right)$为最优解，代入目标函数得最优值$z = \frac{17}{2}$.

8.2.5　大 M 法

若原规划问题化为标准形式后，约束矩阵中含有单位矩阵(如例 8.5)，以此作初始基，就使得求初始基可行解和建立初始单纯形表都变得十分方便. 但情况并非总是如此，许多规划问题化为标准形式后，约束矩阵中不存在单位矩阵. 这种情况下，往往需要添加人工变量来人为构造单位矩阵.

例 8.6　用单纯形法求解线性规划问题

$$\max z = -3x_1 + x_3,$$

$$\text{s.t.} \begin{cases} x_1 + x_2 + x_3 \leqslant 4, \\ -2x_1 + x_2 - x_3 \geqslant 1, \\ 3x_2 + x_3 = 9, \\ x_1, \ x_2, \ x_3 \geqslant 0. \end{cases}$$

解　添加松弛变量x_4和剩余变量x_5，将其化成标准形式

$$\max z = -3x_1 + x_3 + 0x_4 + 0x_5,$$

$$\text{s.t.} \begin{cases} x_1 + x_2 + x_3 + x_4 = 4, \\ -2x_1 + x_2 - x_3 - x_5 = 1, \\ 3x_2 + x_3 = 9, \\ x_1, \ x_2, \ x_3, \ x_4, \ x_5 \geqslant 0. \end{cases}$$

此时约束矩阵中不含单位矩阵，可以通过在第 2 和第 3 个约束方程中分别添加变量x_6和x_7(称x_6, x_7为人工变量)来人为地构造一个单位矩阵. 在添加人工变量前第 2 和第 3 个约束方程已经是等式，为使这些等式得到满足，在最优解中人工变量取值必须为零. 为此，令目标函数中人工变量的系数为任意大的负值，用“$-M$”表示，“$-M$”称为“罚因子”，即只要人工变量取值大于零，目标函数就不可能实现最优. 添加人工变量后，例 8.6 的数学模型就变为

$$\max z = -3x_1 + x_3 + 0x_4 + 0x_5 - Mx_6 - Mx_7,$$

$$\text{s.t.}\begin{cases} x_1 + x_2 + x_3 + x_4 = 4, \\ -2x_1 + x_2 - x_3 - x_5 + x_6 = 1, \\ 3x_2 + x_3 + x_7 = 9, \\ x_1,\ x_2,\ x_3,\ x_4,\ x_5,\ x_6,\ x_7 \geqslant 0. \end{cases}$$

在单纯形法迭代运算中，把 M 视为一个数字参与运算. 若检验数中含有 M，则当 M 的系数为正时，该检验数为正；当 M 的系数为负时，该检验数为负. 添加人工变量后，用单纯形法求解的过程见表 8.8.

表 8.8

	$c_j \to$		-3	0	1	0	0	$-M$	$-M$
$\boldsymbol{C}_B$	基	$\boldsymbol{b}$	x_1	x_2	x_3	x_4	x_5	x_6	x_7
0	x_4	4	1	1	1	1	0	0	0
$-M$	x_6	1	-2	$[1]$	-1	0	-1	1	0
$-M$	x_7	9	0	3	1	0	0	0	1
	$c_j - z_j$		$-2M-3$	$4M$	1	0	$-M$	0	0
0	x_4	3	3	0	2	1	1	-1	0
0	x_2	1	-2	1	-1	0	-1	1	0
$-M$	x_7	6	$[6]$	0	4	0	3	-3	1
	$c_j - z_j$		$6M-3$	0	$4M+1$	0	$3M$	$-4M$	0
0	x_4	0	0	0	0	1	$-\frac{1}{2}$	$-\frac{1}{2}$	$\frac{1}{2}$
0	x_2	3	0	1	$\frac{1}{3}$	0	0	0	$\frac{1}{3}$
-3	x_1	1	1	0	$\left[\frac{2}{3}\right]$	0	$\frac{1}{2}$	$-\frac{1}{2}$	$\frac{1}{6}$
	$c_j - z_j$		0	0	3	0	$\frac{3}{2}$	$-M-\frac{3}{2}$	$-M+\frac{1}{2}$
0	x_4	0	0	0	0	1	$-\frac{1}{2}$	$\frac{1}{2}$	$-\frac{1}{2}$
0	x_2	$\frac{5}{2}$	$-\frac{1}{2}$	1	0	0	$-\frac{1}{4}$	$\frac{1}{4}$	$\frac{1}{4}$
1	x_3	$\frac{3}{2}$	$\frac{3}{2}$	0	1	0	$\frac{3}{4}$	$-\frac{3}{4}$	$\frac{1}{4}$
	$c_j - z_j$		$-\frac{9}{2}$	0	0	0	$-\frac{3}{4}$	$-M+\frac{3}{4}$	$-M-\frac{1}{4}$

8.2.6 两阶段法

用大 M 法处理人工变量，在用手工计算求解时不会碰到麻烦，但用电子计算机求解时，对 M 就只能在计算机内输入一个机器最大字长的数字．如果线性规划问题中的 a_{ij}，b_i 或 c_j 等参数值与这个代表 M 的数比较接近，或远远小于这个数字，由于计算机计算时取值上的误差，计算结果有可能发生错误．为了克服这个困难，可以对添加人工变量后的线性规划问题分两个阶段来计算，称两阶段法．

两阶段法的第一阶段是先求解一个目标函数中只包含人工变量的线性规划问题，即令目标函数中其他变量的系数取零，人工变量的系数取某个正的常数(一般取 1)，在保持原问题约束条件不变的情况下求这个目标函数极小化时的解．显然在第一阶段中，当人工变量取值为 0 时，目标函数值也为 0，这时候的最优解就是原线性规划问题的一个基可行解．如果第一阶段求解的最优解的目标函数值不为 0，也即最优解的基变量中含有非零的人工变量，表明原线性规划问题无可行解．

当第一阶段求解结果表明问题有可行解时，第二阶段是在原问题中去除人工变量，并从此可行解(即第一阶段的最优解)出发，继续寻找问题的最优解．

例 8.7 用两阶段法求解例 8.6．

解 第一阶段的线性规划问题可写为

$$\min z' = x_6 + x_7,$$

$$\text{s.t.}\begin{cases} x_1 + x_2 + x_3 + x_4 = 4, \\ -2x_1 + x_2 - x_3 - x_5 + x_6 = 1, \\ 3x_2 + x_3 + x_7 = 9, \\ x_1,\ x_2,\ x_3,\ x_4,\ x_5,\ x_6,\ x_7 \geqslant 0. \end{cases}$$

用单纯形法求解的过程见表 8.9．

表 8.9

	$c_j \to$		0	0	0	0	0	−1	−1
$\boldsymbol{C}_B$	基	$\boldsymbol{b}$	x_1	x_2	x_3	x_4	x_5	x_6	x_7
0	x_4	4	1	1	1	1	0	0	0
−1	x_6	1	−2	1	−1	0	−1	1	0
−1	x_7	9	0	3	1	0	0	0	1
	$c_j - z_j$		−2	4	0	0	−1	0	0
0	x_4	3	3	0	2	1	1	−1	0
0	x_2	1	−2	1	−1	0	−1	1	0
−1	x_7	6	6	0	4	0	3	−3	1
	$c_j - z_j$		6	0	4	0	3	−4	0
0	x_4	0	0	0	0	1	$-\frac{1}{2}$	$\frac{1}{2}$	$-\frac{1}{2}$
0	x_2	3	0	1	$\frac{1}{3}$	0	0	0	$\frac{1}{3}$
0	x_1	1	1	0	$\frac{2}{3}$	0	$\frac{1}{2}$	$-\frac{1}{2}$	$\frac{1}{6}$
	$c_j - z_j$		0	0	0	0	0	−1	−1

第二阶段是将表 8.9 中的人工变量 x_6，x_7 除去，目标函数回归到：

$$\max z = -3x_1 + 0x_2 + x_3 + 0x_4 + 0x_5 .$$

再从表 8.9 中的最后一个表出发，继续用单纯形法计算，求解过程见表 8.10.

表 8.10

	$c_j \to$		-3	0	1	0	0
$\boldsymbol{C}_B$	基	$\boldsymbol{b}$	x_1	x_2	x_3	x_4	x_5
0	x_4	0	0	0	0	1	$-\frac{1}{2}$
0	x_2	3	0	1	$\frac{1}{3}$	0	0
-3	x_1	1	1	0	$\left[\frac{2}{3}\right]$	0	$\frac{1}{2}$
	$c_j - z_j$		0	0	3	0	$\frac{3}{2}$
0	x_4	0	0	0	0	1	$-\frac{1}{2}$
0	x_2	$\frac{5}{2}$	$-\frac{1}{2}$	1	0	0	$-\frac{1}{4}$
1	x_1	$\frac{3}{2}$	$\frac{3}{2}$	0	1	0	$\frac{3}{4}$
	$c_j - z_j$		$-\frac{9}{2}$	0	0	0	$-\frac{3}{4}$

8.3　最小二乘法与线性规划求解的 MATLAB 实验

1. 最小二乘法求解

最小二乘法求解问题可以化为求解一个超定的线性方程组问题，即对于无解的线性方程组

$$\begin{cases} a_{11}x_1 + a_{12}x_2 + \cdots + a_{1n}x_n = b_1, \\ a_{21}x_1 + a_{22}x_2 + \cdots + a_{2n}x_n = b_2, \\ \qquad\qquad \cdots\cdots \\ a_{m1}x_1 + a_{m2}x_2 + \cdots + a_{mn}x_n = b_m, \end{cases}$$

设法寻求一组数 $x_1, x_2, \cdots, x_n$，使

$$\sum_{i=1}^{m}(a_{i1}x_1 + a_{i2}x_2 + \cdots + a_{in}x_n - b_i)^2$$

最小，称这样的一组数 $k_1, k_2, \cdots, k_n$ 为方程组的最小二乘解.

对于方程 $\boldsymbol{Ax}=\boldsymbol{b}$，$\boldsymbol{A}$ 为 $n \times m$ 矩阵，如果 $\boldsymbol{A}$ 是列满秩矩阵，且 $n>m$，则方程是没有精确解的，然而在实际工程中，求得其最小二乘解是有意义的. 方程的最小二乘解可以用除

法运算来求，即用语句 x=A\b 来求，或用广义逆来求，即用语句 x=pinv(A)*b，求出解 $\boldsymbol{x}$ 后，需要计算解的误差向量 $\boldsymbol{e}=\boldsymbol{A}\boldsymbol{x}-\boldsymbol{b}$，用向量 $\boldsymbol{e}$ 的长度即向量的模来表示解的误差，调用语句 norm(e) 即可得.

例 8.8　求下列方程组的最小二乘解

$$\begin{pmatrix} 1 & 1 \\ 1 & -1 \\ -1 & 2 \end{pmatrix}\begin{pmatrix} x_1 \\ x_2 \\ x_3 \end{pmatrix}=\begin{pmatrix} 1 \\ 3 \\ 3 \end{pmatrix}.$$

解　程序如下：

```
>>A=[1,1;1,-1;-1,2]
>>b=[1;3;3]
>>x=A\b
>>x=pinv(A)*b
>>e=A*x-b
 norm(e)
```

结果为

```
A =
     1     1
     1    -1
    -1     2
b =
     1
     3
     3

x1 =

     1. 0000
     1. 0000
x2 =

     1. 0000
     1. 0000
e =

    1. 0000
   -3. 0000
   -2. 0000
```

```
ans =
      3. 7417
```

x1 与 x2 是用两种不同方法求得的最小二乘解.

例 8.9　用 MATLAB 求解 8.1.2 小节的引例，在此例中

$$A=\begin{pmatrix}3.6 & 1\\3.7 & 1\\3.8 & 1\\3.9 & 1\\4.0 & 1\\4.1 & 1\\4.2 & 1\end{pmatrix},\qquad b=\begin{pmatrix}1.00\\0.9\\0.9\\0.81\\0.60\\0.56\\0.35\end{pmatrix}.$$

解　在 MATLAB 键入：

```
>>A=[3. 6,1;3. 7,1;3. 8,1;3. 9,1;4. 0,1;4. 1,1;4. 2,1]
>>b=[1. 00;0. 9;0. 9;0. 81;0. 60;0. 56;0. 35]
>>k=A\b
>>l=pinv(A)*b
>>e=A*x-b
>> norm(e)
```

结果为

```
A =


    3. 6000    1. 0000
    3. 7000    1. 0000
    3. 8000    1. 0000
    3. 9000    1. 0000
    4. 0000    1. 0000
    4. 1000    1. 0000
    4. 2000    1. 0000


b =


    1. 0000
    0. 9000
    0. 9000
    0. 8100
    0. 6000
    0. 5600
```

```
    0. 3500

k =

   -1. 0679
    4. 8932


l =

   -1. 0679
    4. 8932

e =

    3. 6000
    3. 8000
    3. 9000
    4. 0900
    4. 4000
    4. 5400
    4. 8700


ans =

      11. 0917
```

2. 线性规划求解

线性规划问题是最简单的有约束最优化问题，所有的线性规划问题都可化为下列式子进行描述：

$$\min\ z=\boldsymbol{f}^{\mathrm{T}}\boldsymbol{x},$$
$$\text{s.t.}\begin{cases}\boldsymbol{A}\boldsymbol{x}\leqslant\boldsymbol{B},\\ \boldsymbol{A}_{\mathrm{eq}}\boldsymbol{x}=\boldsymbol{B}_{\mathrm{eq}},\\ \boldsymbol{x}_m\leqslant\boldsymbol{x}\leqslant\boldsymbol{x}_M.\end{cases}$$

MATLAB 中定义的标准形式是求最小值，如要求最大值，则将 $\boldsymbol{f}^{\mathrm{T}}\boldsymbol{x}$ 改为 $-\boldsymbol{f}^{\mathrm{T}}\boldsymbol{x}$ 即可，如约束条件中某个式子是“⩾”关系式，则在不等式两边同时乘以−1 就可转换成“⩽”关系式.

求线性规划，单纯形法是最有效的一种方法，MATLAB 的最优化工具箱中实现了这种算法，提供了求解线性规划问题的 `linprog( )` 函数．该函数使用格式如下．

(1) `X=linprog(f,A,b)` 用来求解如下线性规划问题：

$$\min z=\boldsymbol{f}^{\mathrm{T}}\boldsymbol{x},$$
$$\text{s.t.}\quad \boldsymbol{A}\boldsymbol{x}\leqslant \boldsymbol{b}.$$

(2) `X=linprog(f,A,b,Aeq,beq)` 用来求解如下线性规划问题：

$$\min z=\boldsymbol{f}^{\mathrm{T}}\boldsymbol{x},$$
$$\text{s.t.}\quad \boldsymbol{A}_{\mathrm{eq}}\boldsymbol{x}=\boldsymbol{b}_{\mathrm{eq}}.$$

(3) `X=linprog(f,A,b,Aeq,beq,LB,UB,X0)` 用来求解如下线性规划问题：

$$\min z=\boldsymbol{f}^{\mathrm{T}}\boldsymbol{x},$$
$$\text{s.t.}\begin{cases}\boldsymbol{A}\boldsymbol{x}\leqslant \boldsymbol{b},\\ \boldsymbol{A}_{\mathrm{eq}}\boldsymbol{x}=\boldsymbol{b}_{\mathrm{eq}},\\ \boldsymbol{LB}\leqslant \boldsymbol{x}\leqslant \boldsymbol{UB}.\end{cases}$$

其中，`X0` 为初始搜索点，也可以不写，由计算机自己设定初始搜索点．

各个矩阵如果不存在，则应该用空矩阵 `[]` 来占位．

例 8.10　求解下面的线性规划问题．

$$\max 2x_1+x_2+4x_3+3x_4+x_5,$$
$$\text{s.t.}\begin{cases}\qquad 2x_2+4x_3+4x_4+2x_5\leqslant 54,\\ 3x_1+4x_2+5x_3-x_4-x_5\leqslant 62,\\ x_1,x_2\geqslant 0,x_3\geqslant 3.32,x_4\geqslant 0.678,x_5\geqslant 2.57.\end{cases}$$

解　在 MATLAB 键入:

```
>>f=[-2;-1;-4;-3;-1];
>>A=[0,2,4,4,2;3,4,5,-1,-1];b=[54;62];
>>Ae=[];be=[];
>>LB=[0,0,3.32,0.678,2.57];UB=inf;
>>X=linprog(f,A,b,Ae,be,LB,UB)
```

结果为

```
   Optimization terminated successfully.
X =
   19.7850
    0.0000
    3.3200
   11.3850
    2.5700
```

例 8.11　用 MATLAB 求解例 8.6 的线性规划问题

$$\max z = -3x_1 + x_3,$$
$$\text{s.t.}\begin{cases} x_1 + x_2 + x_3 \leqslant 4, \\ -2x_1 + x_2 - x_3 \geqslant 1, \\ 3x_2 + x_3 = 9, \\ x_1, x_2, x_3 \geqslant 0. \end{cases}$$

解 在 MATLAB 键入:

```
>>f=[3,0,-1]';
>>A=[1, 1, 1;2,-1,1];b=[4;1];
>>Ae=[0,3,1]; be=[9];
>>LB=[0,0,0];UB=inf;x=linprog(f,A,b,Ae,be,LB,UB)
```

结果为

```
    Optimization terminated successfully.
X =
    0.0000
    2.5000
    1.5000
```

习 题 8

1. 求方程组的最小二乘解

$$\begin{cases} 0.13x - 0.29y = 0.22, \\ 0.55x + 1.72y = -0.78, \\ 1.23x - 0.79y = 0.74, \\ 0.37x + 0.48y = -0.23. \end{cases}$$

2. 用单纯形法求解下列线性规划问题.

(1) $\min z = -5x_1 - 4x_2$,

$$\text{s.t.}\begin{cases} x_1 + 2x_2 \leqslant 6, \\ 2x_1 - x_2 \leqslant 4, \\ 5x_1 + 3x_2 \leqslant 15, \\ x_1, x_2 \geqslant 0; \end{cases}$$

(2) $\max z = 5x_1 + 2x_2 + 3x_3 - x_4 + x_5$,

$$\text{s.t.}\begin{cases} x_1 + 2x_2 + 2x_3 + x_4 = 8, \\ 3x_1 + 2x_2 + x_3 + x_5 \geqslant 7, \\ x_1, x_2, x_3, x_4, x_5 \geqslant 0. \end{cases}$$

3. 分别用单纯形法中的大 M 法和两阶段法求解下列线性规划问题.

(1) $\max z = 2x_1 - x_2 + 2x_3$,

$$\text{s.t.}\begin{cases} x_1 + x_2 + x_3 \geqslant 6, \\ -2x_1 + x_3 \geqslant 2, \\ 2x_2 - x_3 \geqslant 0, \\ x_1,\ x_2,\ x_3 \geqslant 0; \end{cases}$$

(2) $\min z = 2x_1 + 3x_2 + x_3$,

$$\text{s.t.}\begin{cases} x_1 + 4x_2 + 2x_3 \geqslant 8, \\ 3x_1 + 2x_2 \geqslant 6, \\ x_1,\ x_2,\ x_3 \geqslant 0; \end{cases}$$

(3) $\max z = 2x_1 + 3x_2 - 5x_3$,

$$\text{s.t.}\begin{cases} x_1 + x_2 + x_3 = 7, \\ 2x_1 - 5x_2 + x_3 \geqslant 10, \\ x_1,\ x_2,\ x_3 \geqslant 0; \end{cases}$$

(4) $\max z = 10x_1 + 15x_2 + 12x_3$,

$$\text{s.t.}\begin{cases} 5x_1 + 3x_2 + x_3 \leqslant 9, \\ -5x_1 + 6x_2 + 15x_3 \leqslant 15, \\ 2x_1 + x_2 + x_3 \geqslant 5, \\ x_1,\ x_2,\ x_3 \geqslant 0. \end{cases}$$

4. 某糖果厂用原料 A,B,C 加工成三种牌号的糖果甲、乙、丙. 已知各种牌号糖果中 A,B,C 含量、原料成本、各种原料的每月限制用量、三种牌号糖果的单位加工费及售价如表 8.11 所示. 问该厂每月生产这三种牌号糖果各多少千克，使该厂获利最大. 试建立这个问题的线性规划的数学模型.

表 8.11

原料	甲	乙	丙	原料成本/(元/kg)	每月限制用量/kg
A	⩾60%	⩾30%		2.00	2 000
B				1.50	2 500
C	⩽20%	⩽50%	⩽60%	1.00	1 200
加工费/(元/kg)	0.50	0.40	0.30		
售价/(元/kg)	3.40	2.85	2.25		

5. 某厂生产 I，II，III 三种产品，都分别经 A,B 两道工序加工. 设 A 工序可分别在设备 A_1 或 A_2 上完成，有 B_1,B_2,B_3 三种设备可用于完成 B 工序. 已知产品 I 可在 A,B 任何一种设备上加工；产品 II 可在任何规格的 A 设备上加工，但完成 B 工序时，只能在 B_1 设备上加工；产品 III 只能在 A_2 与 B_2 设备上加工. 加工单位产品所需工序时间及其他各项数据见表 8.12，试安排最优生产计划，使该厂获利最大.

表 8.12

设备	产品			设备有效台时	设备加工费/(元/h)
	I	II	III		
A_1	5	10		6 000	0.05
A_2	7	9	12	10 000	0.03
B_1	6	8		4 000	0.06
B_2	4		11	7 000	0.11
B_3	7			4 000	0.05
原料费/(元/件)	0.25	0.35	0.50		
售价/(元/件)	1.25	2.00	2.80		

6. 某厂签订了 5 种产品 $(i=1,2,\cdots,5)$ 上半年的交货合同. 已知各产品在第 j 月 $(j=1,2,\cdots,6)$ 的合同交货量 D_{ij}，该月售价 s_{ij} 及生产 1 件时所需工时 a_{ij}. 该厂第 j 月的正常生

产工时为 t_j，但必要时可加班生产，第 j 月允许的最多加班工时不超过 t_j'，并且加班时间内生产出来的产品每件成本增加额外费用 c_{ij}' 元．若生产出来的产品当月不交货，每件库存 1 个月交存储费 p_i 元．试为该厂设计一个保证完成合同交货，又使上半年预期盈利总额为最大的生产计划安排．

7. 某饲养场饲养动物出售，设每头动物每天至少需要 700 g 蛋白质、30 g 矿物质、100 mg 维生素．现有五种饲料可供选用，各种饲料每公斤营养成分含量及单价如表 8.13 所示．要求确定既满足动物生长的营养需要，又使费用最省的选用饲料的方案．

表 8.13

饲料	蛋白质/g	矿物质/g	维生素/mg	价格/(元/kg)
1	3	1	0.5	0.2
2	2	0.5	1.0	0.7
3	1	0.2	0.2	0.4
4	6	2	2	0.3
5	18	0.5	0.8	0.8

8. 某医院护士值班次、每班工作时间及各班所需护士数如表 8.14 所示．每班护士值班开始时向病房报到，并连续工作 8 h．试决定该医院最少需多少护士，以满足轮班需要，建立线性规划模型．

表 8.14

班次	工作时间	所需护士数/人
1	6：00～10：00	60
2	10：00～14：00	70
3	14：00～18：00	60
4	18：00～22：00	50
5	22：00～2：00	20
6	2：00～6：00	30

9. 一艘货轮分前、中、后三个舱位，它们的容积与最大允许载重量如表 8.15 所示．现有三种货物待运，已知有关数据列于表 8.16．

表 8.15

规格	舱位		
	前舱	中舱	后舱
最大允许载重量/t	2 000	3 000	1 500
容积/m^3	4 000	5 400	1 500

表 8.16

商品	数量/件	每件体积/(m^3/件)	每件重量/(t/件)	运价/(元/件)
A	600	10	8	1000
B	1 000	5	6	700
C	800	7	5	600

为了航运安全，前、后、中舱的实际载重量应大体保持各舱最大允许载重量的比例关系．具体要求：前、后舱分别与中舱之间载重量比例不超过 15%，前、后舱之间载重量比例不超过 10%．问该货轮应装 A，B，C 各多少件运费收入才最大？试建立这个问题的线性规划模型．

10. 某厂生产 I, II 两种食品，现有 50 名熟练工人，每名熟练工人可生产食品 I 10 kg 或食品 II 6 kg．由于需求量将不断增长(表 8.17)，该厂计划到第 8 周末前培训 50 名新工人，组织两班生产．已知一名工人每周工作 40 h，一名熟练工人用 2 周时间可培训出不多于 3 名新工人(培训期间熟练工人和被培训人员均不参加生产)．熟练工人每周工资 360 元，新工人培训期间工资每周 120 元，培训结束工作后每周 240 元，且生产效率同熟练工人．培训过渡期，工厂将安排部分熟练工人加班，加班 1 h 另付 12 元．又生产食品不能满足订货需求，推迟交货的赔偿费食品 I 为 0.50 元/kg，食品 II 为 0.60 元/kg．工厂应如何全面安排，使各项费用总和最小，试建立线性规划模型．

表 8.17　单位：kg/周

食品	1	2	3	4	5	6	7	8
I	10	10	12	12	16	16	20	20
II	6	7.2	8.4	10.8	10.8	12	12	12

部分参考答案

习　题　1

1. (1) $\begin{pmatrix}1&0&1&1\\2&3&4&2\\2&2&3&3\end{pmatrix}$；(2) $\begin{pmatrix}1&1&1&1&5\\1&2&-1&4&-2\\2&-3&-1&-5&-2\\3&1&2&11&0\end{pmatrix}$；(3) $\begin{pmatrix}\lambda&1&1&1\\1&\mu&1&0\\1&2\mu&3&k\end{pmatrix}$.

2. (1) $x_1=\dfrac{2}{3}, x_2=\dfrac{1}{3}, x_3=\dfrac{5}{3}$；(2) $x_1=29, x_2=16, x_3=3$；
(3) $x_1=1, x_2=2, x_3=3, x_4=-1$.

习　题　2

(A)

一、1. $3^{n-1}\begin{pmatrix}1&\frac{1}{2}&\frac{1}{3}\\2&1&\frac{2}{3}\\3&\frac{3}{2}&1\end{pmatrix}$；2. 3；3. $\boldsymbol{O}$；4. $\begin{pmatrix}1&0&0\\0&1&0\\0&0&1\end{pmatrix}$；5. $\frac{1}{2}(\boldsymbol{A}+2\boldsymbol{E})$；6. -1；

7. $\boldsymbol{X}^{-1}=\begin{pmatrix}\boldsymbol{O}&\boldsymbol{B}^{-1}\\\boldsymbol{A}^{-1}&\boldsymbol{O}\end{pmatrix}$；8. $\boldsymbol{A}$；9. $\begin{pmatrix}0&\frac{1}{2}\\-1&-1\end{pmatrix}$；10. $\begin{pmatrix}1&0&0\\-\frac{1}{2}&\frac{1}{2}&0\\0&0&1\end{pmatrix}$；

11. $\begin{pmatrix}1&\frac{1}{2}&0\\-\frac{1}{2}&1&0\\0&0&2\end{pmatrix}$；12. $\begin{pmatrix}0&0&1\\0&1&0\\1&0&0\end{pmatrix}$；13. $\begin{pmatrix}3&0&0\\0&2&0\\0&0&1\end{pmatrix}$；14. $\begin{pmatrix}1&0&0&0\\-1&2&0&0\\0&-2&3&0\\0&0&-3&4\end{pmatrix}$.

二、1. C；2. C；3. C；4. A；5. B；6. A；7. D；8. D；9. B；10. C；11. C.

三、1. (1) $(1,-2,5)\begin{pmatrix}x_1\\x_2\\x_3\end{pmatrix}=-1$；(2) $\begin{pmatrix}2&0&-1\\0&1&1\end{pmatrix}\begin{pmatrix}x_1\\x_2\\x_3\end{pmatrix}=\begin{pmatrix}2\\1\end{pmatrix}$；(3) $\begin{pmatrix}5&1&4\\0&2&1\\1&0&-1\end{pmatrix}\begin{pmatrix}x\\y\\z\end{pmatrix}=\begin{pmatrix}0\\0\\0\end{pmatrix}$.

2. (1) $\begin{pmatrix}-5 & 0 & -1\\ 10 & 1 & 10\end{pmatrix}$；(2) $\begin{pmatrix}3 & 1 & 1\\ -4 & 0 & -4\end{pmatrix}$.

3. (1) 1；(2) $\begin{pmatrix}-1 & 2\\ -2 & 4\\ -3 & 6\\ -4 & 8\end{pmatrix}$；(3) $\begin{pmatrix}10 & 4 & -1\\ 4 & -3 & -1\end{pmatrix}$；(4) $\begin{pmatrix}-3\\ -8\end{pmatrix}$.

4. (1) $\begin{pmatrix}-9 & 1 & 5\\ -3 & 6 & 0\\ -7 & 6 & 5\end{pmatrix}$；(2) $\begin{pmatrix}-8 & 1 & 4\\ -2 & 4 & -1\\ -5 & 5 & 6\end{pmatrix}$. 5. $6^n\begin{pmatrix}1 & 1 & 1\\ 2 & 2 & 2\\ 3 & 3 & 3\end{pmatrix}$. 6. $\begin{cases}\boldsymbol{X}=\dfrac{1}{3}\boldsymbol{A}^{\mathrm{T}}+\dfrac{1}{3}\boldsymbol{B}^{\mathrm{T}}+\dfrac{1}{3}\boldsymbol{C},\\ \boldsymbol{Y}=\dfrac{2}{3}\boldsymbol{A}^{\mathrm{T}}+\dfrac{2}{3}\boldsymbol{B}^{\mathrm{T}}-\dfrac{1}{3}\boldsymbol{C}.\end{cases}$

7. (1) 取$\boldsymbol{A}=\begin{pmatrix}1 & 1\\ -1 & -1\end{pmatrix}\neq\boldsymbol{O}$，而$\boldsymbol{A}^2=\boldsymbol{O}$；(2) 取$\boldsymbol{A}=\begin{pmatrix}1 & 0\\ 0 & 0\end{pmatrix}$，有$\boldsymbol{A}\neq\boldsymbol{O},\boldsymbol{A}\neq\boldsymbol{E}$，而$\boldsymbol{A}^2=\boldsymbol{A}$；

(3) 取$\boldsymbol{A}=\begin{pmatrix}1 & 0\\ 0 & 0\end{pmatrix}\neq\boldsymbol{O},\boldsymbol{X}=\begin{pmatrix}1 & 0\\ 0 & 0\end{pmatrix},\boldsymbol{Y}=\begin{pmatrix}1 & 0\\ 0 & 1\end{pmatrix}$，有$\boldsymbol{X}\neq\boldsymbol{Y}$，而$\boldsymbol{AX}=\boldsymbol{AY}$.

8. $\boldsymbol{A}^k=\begin{pmatrix}1 & 0\\ k\lambda & 1\end{pmatrix}$. 11. $\boldsymbol{AB}=\boldsymbol{BA}=\boldsymbol{E}$，$\boldsymbol{A}$与$\boldsymbol{B}$互为逆矩阵. 12. $\dfrac{1}{2}(\boldsymbol{A}-3\boldsymbol{E})$.

13. $\boldsymbol{A}-3\boldsymbol{E}$. 14. $(\boldsymbol{E}-\boldsymbol{A})^{-1}=\boldsymbol{E}+\boldsymbol{A}+\boldsymbol{A}^2+\cdots+\boldsymbol{A}^{k-1}$.

19. (1) $\begin{pmatrix}-2 & 1\\ 1 & 1\\ 0 & 3\end{pmatrix}$；(2) $\begin{pmatrix}a & 0 & ac & 0\\ 0 & a & 0 & ac\\ 1 & 0 & c+bd & 0\\ 0 & 1 & 0 & c+bd\end{pmatrix}$.

20. (1) 是；(2) 是；(3) 不是；(4) 是. 21. $\begin{pmatrix}1 & 0 & -5\\ 0 & 1 & 0\\ 0 & 0 & 1\end{pmatrix}$.

22. (1) $\boldsymbol{A}=\begin{pmatrix}\frac{2}{3} & \frac{2}{9} & -\frac{1}{9}\\ -\frac{1}{3} & -\frac{1}{6} & \frac{1}{6}\\ -\frac{1}{3} & \frac{1}{9} & \frac{1}{9}\end{pmatrix}$；(2) $\dfrac{1}{4}\boldsymbol{A}$；(3) $\begin{pmatrix}0 & 0 & \cdots & 0 & \frac{1}{a_n}\\ \frac{1}{a_1} & 0 & \cdots & 0 & 0\\ 0 & \frac{1}{a_2} & \cdots & 0 & 0\\ \vdots & \vdots & & \vdots & \vdots\\ 0 & 0 & \cdots & \frac{1}{a_{n-1}} & 0\end{pmatrix}$.

23. (1) $\begin{pmatrix}2 & -23\\ 0 & 8\end{pmatrix}$；(2) $\begin{pmatrix}2 & -1 & -1\\ -4 & 7 & 4\end{pmatrix}$；(3) $\begin{pmatrix}3 & -1\\ 2 & 0\\ 1 & -1\end{pmatrix}$；(4) $\begin{pmatrix}5 & -2 & -2\\ 4 & -3 & -2\\ -2 & 2 & 3\end{pmatrix}$；

(5) $\begin{pmatrix} 0 & 2 & 1 \\ 0 & 0 & 0 \\ 0 & 0 & 0 \end{pmatrix}$；(6) $\begin{pmatrix} 2 & 0 & 1 \\ 0 & 3 & 0 \\ 1 & 0 & 2 \end{pmatrix}$；(7) $\begin{pmatrix} 1 & 2 & 5 \\ 0 & 1 & 2 \\ 0 & 0 & 1 \end{pmatrix}$；(8) $\begin{pmatrix} 1 & 0 & 0 & 0 \\ -2 & 1 & 0 & 0 \\ 1 & -2 & 1 & 0 \\ 0 & 1 & -2 & 1 \end{pmatrix}$.

25. $\frac{1}{3}\begin{pmatrix} 1+2^{13} & 4+2^{13} \\ -1-2^{11} & -4-2^{11} \end{pmatrix} = \begin{pmatrix} 2731 & 2732 \\ -683 & -684 \end{pmatrix}$. 26. (2) $\boldsymbol{E}_n(i,j)$.

(B)

1. $\lambda^{k-1}\begin{pmatrix} \lambda^2 & k\lambda & \frac{k(k-1)}{2} \\ 0 & \lambda^2 & k\lambda \\ 0 & 0 & \lambda^2 \end{pmatrix}$. 6. $\boldsymbol{A}(\boldsymbol{A}+\boldsymbol{B})^{-1}\boldsymbol{B}$. 9. $\boldsymbol{A} = \boldsymbol{A}^5 = \begin{pmatrix} 1 & 0 & 0 \\ 2 & 0 & 0 \\ 6 & -1 & -1 \end{pmatrix}$.

10. $\boldsymbol{A}(\boldsymbol{C}-\boldsymbol{B})^{\mathrm{T}} = \boldsymbol{E}$； $\boldsymbol{A} = \begin{pmatrix} 1 & 0 & 0 & 0 \\ -2 & 1 & 0 & 0 \\ 1 & -2 & 1 & 0 \\ 0 & 1 & -2 & 1 \end{pmatrix}$. 11. $\begin{pmatrix} \frac{7}{3} & 0 & -\frac{2}{3} \\ 0 & \frac{5}{3} & -\frac{2}{3} \\ -\frac{2}{3} & -\frac{2}{3} & 2 \end{pmatrix}$.

12. $4\begin{pmatrix} 1 & 1 & 1 \\ 1 & 1 & 1 \\ 1 & 1 & 1 \end{pmatrix}$.

习 题 3

(A)

一、1. $k^n|\boldsymbol{A}|$；2. 40；3. 2；4. $(-1)^{mn}ab$；5. -3；6. x^4；7. $1-a+a^2-a^3+a^4-a^5$；8. $(-1)^{n-1}(n-1)$；9. $a^n+(-1)^{n+1}b^n$；10. 2；11. $\frac{1}{2}$；12. -28；13. $\frac{1}{9}$；14. -27；

15. 3；16. $-\frac{2^{2n-1}}{3}$；17. $\begin{pmatrix} 2 & 0 & 0 \\ 0 & -4 & 0 \\ 0 & 0 & 2 \end{pmatrix}$；18. $\begin{pmatrix} 0.1 & 0 & 0 \\ 0.2 & 0.2 & 0 \\ 0.3 & 0.4 & 0.5 \end{pmatrix}$；19. $\boldsymbol{A} = \begin{pmatrix} 1 & -2 & 0 & 0 \\ -2 & 5 & 0 & 0 \\ 0 & 0 & \frac{1}{3} & \frac{2}{3} \\ 0 & 0 & -\frac{1}{3} & \frac{1}{3} \end{pmatrix}$；

20. $\boldsymbol{x} = (1,0,\cdots,0)^{\mathrm{T}}$.

二、1. C；2. C；3. D；4. B；5. D；6. B；7. A；8. A；9. C；10. C；11. B；12. D.

三、1. (1) -4；(2) -10；(3) 1；(4) 4.

2. (1) $-2(x^3+y^3)$；(2) $(x+3a)(x-a)^3$；

(3) $(a-b)(a-c)(a-d)(b-c)(b-d)(c-d)(a+b+c+d)$；

(4) $abc+ab+bc+ca$；(5) $4abcdef$.

3. 6. 5. 0. 6. $-\dfrac{16}{27}$. 7. $\begin{pmatrix} 5 & -2 & -1 \\ -2 & 2 & 0 \\ -1 & 0 & 1 \end{pmatrix}$. 8. (2) $\begin{pmatrix} 0 & 2 & 0 \\ -1 & -1 & 0 \\ 0 & 0 & -2 \end{pmatrix}$.

9. (1) $\dfrac{1}{4}\begin{pmatrix} 1 & 1 & 0 \\ 0 & 1 & 1 \\ 1 & 0 & 1 \end{pmatrix}$；(2) $\begin{pmatrix} 6 & 0 & 0 & 0 \\ 0 & 6 & 0 & 0 \\ 6 & 0 & 6 & 0 \\ 0 & 3 & 0 & -1 \end{pmatrix}$.

11. (1) $x_1=4, x_2=2, x_3=-3$；(2) $x_1=1, x_2=2, x_3=3, x_4=-1$.

12. $\lambda=1$或$\mu=0$. 13. $\lambda=0,2$或3.

(B)

1. 0. 2. $\lambda^{10}-10^{10}$.

3. (1) $\prod\limits_{i=1}^{n}(a_id_i-b_ic_i)$；(2) $(-1)^{n-1}(n-1)2^{n-2}$；(3) $a_1a_2\cdots a_n\left(1+\sum\limits_{i=1}^{n}\dfrac{1}{a_i}\right)$.

5. (1) $D_n=\begin{cases} \dfrac{\alpha^{n+1}-\beta^{n+1}}{\alpha-\beta}, & \alpha\neq\beta, \\ (n+1)\alpha^n, & \alpha=\beta; \end{cases}$ (2) $D_n=\begin{cases} \dfrac{a\prod\limits_{i=1}^{n}(x_i-b)-b\prod\limits_{i=1}^{n}(x_i-a)}{a-b}, & a\neq b, \\ \left(1+\sum\limits_{j=1}^{n}\dfrac{a}{x_j-a}\right)\prod\limits_{i=1}^{n}(x_i-a), & a=b. \end{cases}$

6. (1) $\boldsymbol{PQ}=\begin{pmatrix} \boldsymbol{A} & \boldsymbol{\alpha} \\ \boldsymbol{O} & |\boldsymbol{A}|(b-\boldsymbol{\alpha}^{\mathrm{T}}\boldsymbol{A}^{-1}\boldsymbol{\alpha}) \end{pmatrix}$.

8. 1. 9. $x_1=2.2662, x_2=-1.7218, x_3=1.0571, x_4=-0.5940, x_5=0.3188$.

习 题 四

(A)

一、1. 1；2. 1；3. 2；4. <；5. 0；6. -3；7. 2；8. $abc\neq0$；9. -1；10. $\dfrac{1}{2}$；

11. 6；12. 3；13. $(1,1,-1)^{\mathrm{T}}$；14. $\begin{pmatrix} 2 & 3 \\ -1 & -2 \end{pmatrix}$；15. $\boldsymbol{x}=(1,0,0)^{\mathrm{T}}$.

二、1. B；2. A；3. C；4. B；5. A；6. C；7. B；8. C；9. A；10. C；11. C；12. A；13. C；14. B；15. C；16. A；17. C；18. C；19. D；20. B；21. B；22. A；23. A；24. D；25. A；26. D；27. D；28. B；29. D；30. A.

三、1. (1) 2；(2) 3.

2. (1) $k=1$；(2) $k=-2$；(3) $k\neq 1, k\neq -2$.

3. $(-1,4,1)^{\mathrm{T}}$. 4. $(1,2,3,4)^{\mathrm{T}}$.

5. (1) 线性相关；(2) 线性相关；(3) 线性无关；(4) 线性无关；(5) 线性无关.

9. (1) 能；(2) 不能. 14. (1) $t\neq 5$；(2) $t=5$；(3) $\boldsymbol{\alpha}_3=-\boldsymbol{\alpha}_1+2\boldsymbol{\alpha}_2$.

15. (1) 2；$\boldsymbol{\alpha}_1,\boldsymbol{\alpha}_2$. (2) 3；$\boldsymbol{\alpha}_1,\boldsymbol{\alpha}_2,\boldsymbol{\alpha}_3$.

16. (1) $p\neq 2, \boldsymbol{\alpha}=2\boldsymbol{\alpha}_1+\dfrac{3p-4}{p-2}\boldsymbol{\alpha}_2+\boldsymbol{\alpha}_3+\dfrac{1-p}{p-2}\boldsymbol{\alpha}_4$；(2) $p=2$, 秩为3, $\boldsymbol{\alpha}_1,\boldsymbol{\alpha}_2,\boldsymbol{\alpha}_3$.

17. 当$a=0$或$a=-10$时，$\boldsymbol{\alpha}_1,\boldsymbol{\alpha}_2,\boldsymbol{\alpha}_3,\boldsymbol{\alpha}_4$线性相关.

当$a=0$时，$\boldsymbol{\alpha}_1$是$\boldsymbol{\alpha}_1,\boldsymbol{\alpha}_2,\boldsymbol{\alpha}_3,\boldsymbol{\alpha}_4$的一个极大无关组，且$\boldsymbol{\alpha}_2=2\boldsymbol{\alpha}_1,\boldsymbol{\alpha}_3=3\boldsymbol{\alpha}_1,\boldsymbol{\alpha}_4=4\boldsymbol{\alpha}_1$；

当$a=-10$时，$\boldsymbol{\alpha}_1,\boldsymbol{\alpha}_2,\boldsymbol{\alpha}_3$是$\boldsymbol{\alpha}_1,\boldsymbol{\alpha}_2,\boldsymbol{\alpha}_3,\boldsymbol{\alpha}_4$的一个极大无关组，且$\boldsymbol{\alpha}_4=-\boldsymbol{\alpha}_1-\boldsymbol{\alpha}_2-\boldsymbol{\alpha}_3$.

18. V_1是，V_2不是. 20. $\boldsymbol{\beta}=2\boldsymbol{\alpha}_1+3\boldsymbol{\alpha}_2-\boldsymbol{\alpha}_3$.

21. $\boldsymbol{\xi}_1=(1,0,\cdots,0,0)^{\mathrm{T}},\boldsymbol{\xi}_2=(0,1,\cdots,0,0)^{\mathrm{T}},\cdots,\boldsymbol{\xi}_{n-1}=(0,0,\cdots,1,0)^{\mathrm{T}}$；$n-1$.

22. 2. 24. (1) $(3,4,4)^{\mathrm{T}}$；(2) $\left(\dfrac{11}{2},-5,\dfrac{13}{2}\right)^{\mathrm{T}}$. 25. $\begin{pmatrix} 2 & 3 & 4 \\ 0 & -1 & 0 \\ -1 & 0 & -1 \end{pmatrix}$.

26. $\boldsymbol{\alpha}=\left(-\dfrac{4}{\sqrt{26}},0,-\dfrac{1}{\sqrt{26}},\dfrac{3}{\sqrt{26}}\right)^{\mathrm{T}}$. 27. 线性无关.

28. (1) 不是；(2) 是，$\begin{pmatrix} \dfrac{1}{9} & -\dfrac{8}{9} & -\dfrac{4}{9} \\ -\dfrac{8}{9} & \dfrac{1}{9} & -\dfrac{4}{9} \\ -\dfrac{4}{9} & -\dfrac{4}{9} & \dfrac{7}{9} \end{pmatrix}$.

29. $\boldsymbol{e}_1=\left(\dfrac{1}{\sqrt{2}},-\dfrac{1}{\sqrt{2}},0\right)^{\mathrm{T}},\boldsymbol{e}_2=\left(\dfrac{1}{\sqrt{6}},\dfrac{1}{\sqrt{6}},\dfrac{2}{\sqrt{6}}\right)^{\mathrm{T}},\boldsymbol{e}_3=\left(-\dfrac{1}{\sqrt{3}},-\dfrac{1}{\sqrt{3}},\dfrac{1}{\sqrt{3}}\right)^{\mathrm{T}}$；

$\boldsymbol{\alpha}=-\dfrac{1}{\sqrt{2}}\boldsymbol{e}_1+\dfrac{9}{\sqrt{6}}\boldsymbol{e}_2$.

(B)

5. 线性无关. 14. (1) $\begin{pmatrix} 0 & 0 & 0 \\ 1 & 0 & 3 \\ 0 & 1 & -2 \end{pmatrix}$；(2) -4.

15. 当s为奇数时，$\boldsymbol{\beta}_1,\boldsymbol{\beta}_2,\cdots,\boldsymbol{\beta}_s$线性无关；当$s$为偶数时，$\boldsymbol{\beta}_1,\boldsymbol{\beta}_2,\cdots,\boldsymbol{\beta}_s$线性相关.

16. 1. 17. (1) $a=5$；(2) $(\boldsymbol{\beta}_1,\boldsymbol{\beta}_2,\boldsymbol{\beta}_3)=\begin{pmatrix}2&1&5\\4&2&10\\-1&0&-2\end{pmatrix}(\boldsymbol{\alpha}_1,\boldsymbol{\alpha}_2,\boldsymbol{\alpha}_3)$.

18. (1) $a=-1$且$b\neq 0$；(2) $a\neq -1$，$\boldsymbol{\beta}=-\dfrac{2b}{a+1}\boldsymbol{\alpha}_1+\left(1+\dfrac{b}{a+1}\right)\boldsymbol{\alpha}_2+\dfrac{b}{a+1}\boldsymbol{\alpha}_3+0\boldsymbol{\alpha}_4$.

19. $a=15,b=5$. 20. $a\neq -1$；$a=-1$.

习 题 5

(A)

一、1. -2；2. -1；3. $a_1+a_2+a_3+a_4=0$；4. $\lambda\neq 1$；5. -3；6. $R(\boldsymbol{A})=n$或$|\boldsymbol{A}|\neq 0$；7. $\boldsymbol{x}=(1,0,0)^{\mathrm{T}}$；8. $\boldsymbol{x}=k(1,1,\cdots,1)^{\mathrm{T}}(k\in\mathbf{R})$；9. $k_1+k_2+\cdots+k_s=1$；10. 2.

二、1. B；2. A；3. A；4. D；5. D；6. D；7. B；8. B；9. C；10. A；11. B；12. C；13. B；14. C；15. D；16. A.

三、1. (1) $(1,-2,5)\begin{pmatrix}x_1\\x_2\\x_3\end{pmatrix}=-1$；(2) $\begin{pmatrix}2&0&-1\\0&1&1\end{pmatrix}\begin{pmatrix}x_1\\x_2\\x_3\end{pmatrix}=\begin{pmatrix}2\\1\end{pmatrix}$；(3) $\begin{pmatrix}5&1&4\\0&2&1\\1&0&-1\end{pmatrix}\begin{pmatrix}x\\y\\z\end{pmatrix}=\begin{pmatrix}0\\0\\0\end{pmatrix}$.

2. (1) 无穷多解；(2) 唯一解；(3) 无解；(4) 唯一解.

3. (1) 一定有解；(2) $a=-5$. 4. $\boldsymbol{e}_1=\dfrac{1}{\sqrt{15}}(1,1,2,3)^{\mathrm{T}},\boldsymbol{e}_2=\dfrac{1}{\sqrt{39}}(-2,1,5,-3)^{\mathrm{T}}$.

5. (1) $\lambda=\dfrac{8}{3}$；(2) $\lambda\neq-\dfrac{2}{3}$；(3) 无论λ取何值，该方程组均没有非零解；(4) $\lambda=1$；(5) $\lambda=2$或$\lambda=5$或$\lambda=8$.

6. (1) $\lambda=1$.

7. (1) $x_1=x_2=x_3=0$；(2) $(x_1,x_2,x_3)^{\mathrm{T}}=k(-1,2,1)^{\mathrm{T}}+(0,-1,0)^{\mathrm{T}}(k\in\mathbf{R})$；(3) $(x_1,x_2,x_3)^{\mathrm{T}}=k(-3,5,1)^{\mathrm{T}}+(10,-7,0)^{\mathrm{T}}(k\in\mathbf{R})$；(4) $x_1=x_2=x_3=x_4=1$.

8. (1) $\lambda=1,(x_1,x_2,x_3)^{\mathrm{T}}=k(-1,2,1)^{\mathrm{T}}+(1,-1,0)^{\mathrm{T}}(k\in\mathbf{R})$.
(2) $\lambda=1,\boldsymbol{x}=k(1,1,1)^{\mathrm{T}}+(1,0,0)^{\mathrm{T}}(k\in\mathbf{R})$；$\lambda=-2,\boldsymbol{x}=k(1,1,1)^{\mathrm{T}}+(2,2,0)^{\mathrm{T}}(k\in\mathbf{R})$.

9. $\lambda=-\dfrac{4}{5}$；$\lambda\neq-\dfrac{4}{5}$且$\lambda\neq 1$；$\lambda=1,\boldsymbol{x}=k(0,1,1)^{\mathrm{T}}+(1,-1,0)^{\mathrm{T}}(k\in\mathbf{R})$.

10. $\lambda\neq -1$且$\lambda\neq 4$；$\lambda=-1$；$\lambda=4,\boldsymbol{x}=k(-3,-1,1)^{\mathrm{T}}+(0,4,1)^{\mathrm{T}}(k\in\mathbf{R})$.

11. $\lambda=-2$；$\lambda\neq-2$且$\lambda\neq 1$；$\lambda=1,\boldsymbol{x}=k_1(-1,0,1)^{\mathrm{T}}+k_2(-1,1,0)^{\mathrm{T}}+(-2,0,0)^{\mathrm{T}}(k_1,k_2\in\mathbf{R})$.

12. (1) $\lambda\neq 1$且$\lambda\neq -2$；(2) $\lambda=-2$；(3) $\lambda=1$.

13. $\lambda\neq 1$且$\lambda\neq 0$；$\lambda=0$；$\lambda=1$，$\boldsymbol{x}=k_1(-2,1,0)^{\mathrm{T}}+k_2(2,0,1)^{\mathrm{T}}+(1,0,0)^{\mathrm{T}}(k_1,k_2\in\mathbf{R})$.

14. (1) $\lambda \neq -3$且$\lambda \neq 0$；(2) $\lambda = 0$；(3) $\lambda = -3$.

15. (1) $1-a^4$；(2) $-1, \boldsymbol{x} = k(1,1,1,1)^{\mathrm{T}} + (0,-1,0,0)^{\mathrm{T}} (k \in \mathbf{R})$.

16. (1) $\lambda = -1, a = -2$；(2) $\boldsymbol{x} = k(1,0,1)^{\mathrm{T}} + \left(\frac{3}{2}, -\frac{1}{2}, 0\right)^{\mathrm{T}} (k \in \mathbf{R})$.

17. (1) $a=1, b=3$；(2) $\boldsymbol{\xi}_1 = (1,-2,1,0,0)^{\mathrm{T}}, \boldsymbol{\xi}_2 = (1,-2,0,1,0)^{\mathrm{T}}, \boldsymbol{\xi}_3 = (5,-6,0,0,1)^{\mathrm{T}}$；
(3) $\boldsymbol{x} = k_1\boldsymbol{\xi}_1 + k_2\boldsymbol{\xi}_2 + k_3\boldsymbol{\xi}_3 + (-2,3,0,0,0)^{\mathrm{T}} (k_1, k_2, k_3 \in \mathbf{R})$.

18. $a_1 + a_2 - b_1 - b_2 = 0, \boldsymbol{x} = k(1,-1,-1,1)^{\mathrm{T}} + (a_1 - b_2, b_2, a_2, 0)^{\mathrm{T}} (k \in \mathbf{R})$.

24. (1) $x = y = z = 0$；(2) $(x,y,z,w)^{\mathrm{T}} = k(2,0,1,1)^{\mathrm{T}} (k \in \mathbf{R})$；
(3) $(x_1,x_2,x_3,x_4)^{\mathrm{T}} = k\left(\frac{4}{3}, -3, \frac{4}{3}, 1\right)^{\mathrm{T}} (k \in \mathbf{R})$；
(4) $(x_1,x_2,x_3,x_4)^{\mathrm{T}} = k_1(-2,1,0,0)^{\mathrm{T}} + k_2(1,0,0,1)^{\mathrm{T}} (k_1, k_2 \in \mathbf{R})$；
(5) $x_1 = x_2 = x_3 = x_4 = 0$；
(6) $(x_1,x_2,x_3,x_4)^{\mathrm{T}} = k_1\left(\frac{3}{17}, \frac{9}{17}, 1, 0\right)^{\mathrm{T}} + k_2\left(-\frac{13}{17}, -\frac{20}{17}, 0, 1\right)^{\mathrm{T}} (k_1, k_2 \in \mathbf{R})$.

25. (1) $\boldsymbol{\xi} = \left(\frac{4}{3}, -3, \frac{4}{3}, 1\right)^{\mathrm{T}}, \boldsymbol{x} = k\boldsymbol{\xi} (k \in \mathbf{R})$；
(2) $\boldsymbol{\xi}_1 = (-2,1,0,0)^{\mathrm{T}}, \boldsymbol{\xi}_2 = (1,0,0,1)^{\mathrm{T}}, \boldsymbol{x} = k_1\boldsymbol{\xi}_1 + k_2\boldsymbol{\xi}_2 (k_1, k_2 \in \mathbf{R})$；
(3) $\boldsymbol{\xi}_1 = (-1,1,0,0,0)^{\mathrm{T}}, \boldsymbol{\xi}_2 = (-1,0,-1,0,1)^{\mathrm{T}}, \boldsymbol{x} = k_1\boldsymbol{\xi}_1 + k_2\boldsymbol{\xi}_2 (k_1, k_2 \in \mathbf{R})$.

26. (1) 无解；(2) $(x_1,x_2,x_3,x_4)^{\mathrm{T}} = k_1(-4,3,0,0)^{\mathrm{T}} + k_2(-1,0,3,0)^{\mathrm{T}} + \left(\frac{1}{3}, 0, 0, 1\right)^{\mathrm{T}} (k_1, k_2 \in \mathbf{R})$；
(3) 无解；(4) $(x,y,z,w)^{\mathrm{T}} = k_1(-3,1,0,0)^{\mathrm{T}} + k_2(96,0,52,1)^{\mathrm{T}} + (100,0,54,0)^{\mathrm{T}} (k_1, k_2 \in \mathbf{R})$；
(5) $(x,y,z,w)^{\mathrm{T}} = k_1(-1,2,0,0)^{\mathrm{T}} + k_2(1,0,2,0)^{\mathrm{T}} + \left(\frac{1}{2}, 0, 0, 0\right)^{\mathrm{T}} (k_1, k_2 \in \mathbf{R})$；(6) 无解；
(7) $(x,y,z)^{\mathrm{T}} = k(-2,1,1)^{\mathrm{T}} + (-1,2,0)^{\mathrm{T}} (k \in \mathbf{R})$；
(8) $(x,y,z,w)^{\mathrm{T}} = k_1(1,5,7,0)^{\mathrm{T}} + k_2(1,-9,0,7)^{\mathrm{T}} + \left(\frac{6}{7}, -\frac{5}{7}, 0, 0\right)^{\mathrm{T}} (k_1, k_2 \in \mathbf{R})$.

27. $\boldsymbol{x} = k(1,2,1)^{\mathrm{T}} + \left(0, 0, -\frac{1}{2}\right)^{\mathrm{T}} (k \in \mathbf{R})$. 28. $I_1 = \frac{7}{13}A, I_2 = \frac{22}{13}A, I_3 = \frac{15}{13}A$.

29. (1) $\begin{cases} x_1 + x_2 & = 300, \\ x_1 + x_2 - x_4 & = 150, \\ -x_2 + x_3 + x_4 & = 200, \\ x_4 + x_5 & = 350; \end{cases}$ (2) 可行.

33. $\begin{cases} x_1 - 2x_3 + 2x_4 = 0, \\ x_2 + 3x_3 - 4x_4 = 0. \end{cases}$

(B)

1. (1) a,b,c 互不相等.

(2) 分四种情况：$a=b\neq c,\boldsymbol{x}=k(1,-1,0)^{\mathrm{T}}(k\in\mathbf{R})$；$a=c\neq b,\boldsymbol{x}=k(1,0,-1)^{\mathrm{T}}(k\in\mathbf{R})$；$b=c\neq a,\boldsymbol{x}=k(0,1,-1)^{\mathrm{T}}(k\in\mathbf{R})$；$a=b=c,\boldsymbol{x}=k_1(-1,1,0)^{\mathrm{T}}+k_2(-1,0,1)^{\mathrm{T}}(k_1,k_2\in\mathbf{R})$.

2. (2) $a=2,b=-3,\boldsymbol{x}=k_1(-2,1,1,0)^{\mathrm{T}}+k_2(4,-5,0,1)^{\mathrm{T}}+(2,-3,0,0)^{\mathrm{T}}(k_1,k_2\in\mathbf{R})$.

3. 有唯一解：$a\neq1$. 无解：$a=1$ 且 $b\neq-1$. 有无穷多解：$a=1$ 且 $b=-1$，$(x_1,x_2,x_3,x_4)^{\mathrm{T}}=k_1(1,-2,1,0)^{\mathrm{T}}+k_2(1,-2,0,1)^{\mathrm{T}}+(-1,1,0,0)^{\mathrm{T}}(k_1,k_2\in\mathbf{R})$.

4. 无解：$t\neq-2$. 有解：$t=-2$. 通解：当 $p=-8,t=-2$ 时，$\boldsymbol{x}=k_1(4,-2,1,0)^{\mathrm{T}}+k_2(-1,-2,0,1)^{\mathrm{T}}+(-1,1,0,0)^{\mathrm{T}}(k_1,k_2\in\mathbf{R})$；当 $p\neq-8,t=-2$ 时，$\boldsymbol{x}=k(-1,-2,0,1)^{\mathrm{T}}+(-1,1,0,0)^{\mathrm{T}}(k\in\mathbf{R})$.

5. (1) $a=0$；(2) $a\neq0$ 且 $a\neq b$，$\boldsymbol{\beta}=\left(1-\dfrac{1}{a}\right)\boldsymbol{\alpha}_1+\dfrac{1}{a}\boldsymbol{\alpha}_2$；

(3) $a=b\neq0,\boldsymbol{\beta}=\left(1-\dfrac{1}{a}\right)\boldsymbol{\alpha}_1+\left(\dfrac{1}{a}+k\right)\boldsymbol{\alpha}_2+k\boldsymbol{\alpha}_3(k\in\mathbf{R})$.

6. (1) $a\neq-4$；(2) $a=-4,3b-c\neq1$；

(3) $a=-4,3b-c=1,\boldsymbol{\beta}=k\boldsymbol{\alpha}_1-(2k+b+1)\boldsymbol{\alpha}_2+(2b+1)\boldsymbol{\alpha}_3(k\in\mathbf{R})$.

7. (1) $b\neq2$. (2) $a\neq1,b=2,\boldsymbol{\beta}=-\boldsymbol{\alpha}_1+2\boldsymbol{\alpha}_2$；$a=1,b=2,\boldsymbol{\beta}=(-2k-1)\boldsymbol{\alpha}_1+(k+2)\boldsymbol{\alpha}_2+k\boldsymbol{\alpha}_3(k\in\mathbf{R})$.

8. (1) $a=-1$ 且 $b\neq0$；(2) $a\neq-1$，$\boldsymbol{\beta}=-\dfrac{2b}{a+1}\boldsymbol{\alpha}_1+\left(1+\dfrac{b}{a+1}\right)\boldsymbol{\alpha}_2+\dfrac{b}{a+1}\boldsymbol{\alpha}_3+0\boldsymbol{\alpha}_4$.

9. $a=0$ 或 $a=-\dfrac{n(n+1)}{2}$.

当 $a=0$ 时，$\boldsymbol{x}=k_1(-1,1,0,\cdots,0)^{\mathrm{T}}+k_2(-1,0,1,\cdots,0)^{\mathrm{T}}+\cdots+k_{n-1}(-1,0,0,\cdots,1)^{\mathrm{T}}(k_1,k_2,\cdots,k_{n-1}\in\mathbf{R})$；

当 $a=-\dfrac{n(n+1)}{2}$ 时，$\boldsymbol{x}=k(1,2,\cdots,n)^{\mathrm{T}}(k\in\mathbf{R})$.

10. (1) $b\neq0$ 且 $b+\sum\limits_{i=1}^{n}a_i\neq0$. (2) $b=0$ 或 $b=-\sum\limits_{i=1}^{n}a_i$.

当 $b=0$ 时，不妨设 $a_1\neq0$，方程组的一个基础解系为

$$\boldsymbol{\xi}_1=\left(-\frac{a_2}{a_1},1,0,\cdots,0\right)^{\mathrm{T}},\quad \boldsymbol{\xi}_2=\left(-\frac{a_3}{a_1},0,1,\cdots,0\right)^{\mathrm{T}},\quad \cdots,\quad \boldsymbol{\xi}_{n-1}=\left(-\frac{a_n}{a_1},0,0,\cdots,1\right)^{\mathrm{T}};$$

当 $b=-\sum\limits_{i=1}^{n}a_i$ 时，方程组的一个基础解系为 $\boldsymbol{\xi}=(1,1,\cdots,1)^{\mathrm{T}}$.

11. (1) $a\neq b$ 且 $a\neq(1-n)b$；

(2) 当 $a=b$ 时，$\boldsymbol{x}=k_1(-1,1,0,\cdots,0)^{\mathrm{T}}+k_2(-1,0,1,\cdots,0)^{\mathrm{T}}+\cdots+k_{n-1}(-1,0,0,\cdots,1)^{\mathrm{T}}(k_1,k_2,\cdots,$

$k_{n-1} \in \mathbf{R}$)；当 $a=(1-n)b$ 时，$\boldsymbol{x}=k(1,1,\cdots,1)^{\mathrm{T}}(k \in \mathbf{R})$.

12. (2) $a \neq 0, x_1=\dfrac{n}{(n+1)a}$；(3) $a=0, \boldsymbol{x}=k(1,0,0,\cdots,0)^{\mathrm{T}}+(0,1,0,\cdots,0)^{\mathrm{T}}(k \in \mathbf{R})$.

14. (2) $\boldsymbol{x}=c(-1,0,1)^{\mathrm{T}}+(-1,1,1)^{\mathrm{T}}(c \in \mathbf{R})$.

15. (1) $\boldsymbol{\xi}_2=k_1(1,-1,2)^{\mathrm{T}}+(0,0,1)^{\mathrm{T}}(k_1 \in \mathbf{R});\boldsymbol{\xi}_3=k_2(1,-1,0)^{\mathrm{T}}+k_3(0,0,1)^{\mathrm{T}}+(-\dfrac{1}{2},0,0)^{\mathrm{T}}(k_2,$ $k_3 \in \mathbf{R})$.

16. $\lambda \neq 9$ 时，$\boldsymbol{x}=k_1(1,2,3)^{\mathrm{T}}+k_2(3,6,\lambda)^{\mathrm{T}}(k_1,k_2 \in \mathbf{R})$；$\lambda=9$ 时，若 $R(\boldsymbol{A})=2,\boldsymbol{x}=k(1,2,3)^{\mathrm{T}}(k \in \mathbf{R})$，若 $R(\boldsymbol{A})=1,\boldsymbol{x}=k_1\left(-\dfrac{b}{a},1,0\right)^{\mathrm{T}}+k_2\left(-\dfrac{c}{a},0,1\right)^{\mathrm{T}}(k_1,k_2 \in \mathbf{R})$.

17. (1) $\lambda \neq \dfrac{1}{2},\boldsymbol{x}=k(-2,1,-1,2)^{\mathrm{T}}+\left(0,-\dfrac{1}{2},\dfrac{1}{2},0\right)^{\mathrm{T}}(k \in \mathbf{R})$；

$\lambda=\dfrac{1}{2},\boldsymbol{x}=k_1(1,-3,1,0)^{\mathrm{T}}+k_2(-1,-2,0,2)^{\mathrm{T}}+\left(-\dfrac{1}{2},1,0,0\right)^{\mathrm{T}}(k_1,k_2 \in \mathbf{R})$.

(2) $\lambda \neq \dfrac{1}{2},\boldsymbol{x}=k(-1,0,0,1)^{\mathrm{T}}(k \in \mathbf{R})$；

$\lambda=\dfrac{1}{2},\boldsymbol{x}=k(-3,-1,-1,4)^{\mathrm{T}}+\left(-\dfrac{1}{4},\dfrac{1}{4},\dfrac{1}{4},0\right)^{\mathrm{T}}(k \in \mathbf{R})$.

18. $a=1,\boldsymbol{x}=k(-1,0,1)^{\mathrm{T}}(k \in \mathbf{R})$；$a=2,\boldsymbol{x}=(0,1,-1)^{\mathrm{T}}$

19. $a=2,b=1,c=2$.

20. (1) $\boldsymbol{x}=k(1,1,2,1)^{\mathrm{T}}+(-2,-4,-5,0)^{\mathrm{T}}(k \in \mathbf{R})$；(2) $m=2,n=4,t=6$.

21. $\boldsymbol{x}=k(1,-2,1,0)^{\mathrm{T}}+(0,3,0,1)^{\mathrm{T}}(k \in \mathbf{R})$.

22. $t \neq \pm 1$.

23. 当 s 为偶数时，$t_1 \neq \pm t_2$；当 s 为奇数时，$t_1 \neq -t_2$.

24. (1) $\boldsymbol{\xi}_1=(-1,0,1,0)^{\mathrm{T}},\boldsymbol{\xi}_2=(0,1,0,1)^{\mathrm{T}}$；(2)有非零公共解，$k(-1,1,1,1)^{\mathrm{T}}(k \in \mathbf{R})$.

25. (1) $\boldsymbol{\beta}_1=(5,-3,1,0)^{\mathrm{T}},\boldsymbol{\beta}_2=(-3,2,0,1)^{\mathrm{T}}$；

(2) $a=-1,\boldsymbol{x}=k_1(2,-1,1,1)^{\mathrm{T}}+k_2(-1,2,4,7)^{\mathrm{T}}(k_1,k_2 \in \mathbf{R})$.

26. $\boldsymbol{y}=k_1(a_{11},a_{12},\cdots,a_{1,2n})^{\mathrm{T}}+k_2(a_{21},a_{22},\cdots,a_{2,2n})^{\mathrm{T}}+\cdots+k_n(a_{n1},a_{n2},\cdots,a_{n,2n})^{\mathrm{T}}(k_1,k_2,\cdots,$ $k_n \in \mathbf{R})$.

习 题 6

(A)

一、1. 2；2. 2；3. 2；4. 2；5. 4；6. $n,\overbrace{0,\cdots,0}^{n-1\text{个}}$；7. $\dfrac{|\boldsymbol{A}|^2}{\lambda^2}+1$；8. 1；9. 3；10. 24；

11. $\lambda^2(\lambda-2^n)$；12. -1；13. 2；14. $3y_1^2$；15. 2；16. 1；17. 2；18. $(0,2)$.

二、1. B；2. B；3. C；4. B；5. B；6. D；7. C；8. D；9. B；10. B；11. D；12. D；13. B；14. A；15. D；16. B.

三、1. (1) $\lambda_1=1,\lambda_2=-5;\boldsymbol{p}_1=(1,1)^{\mathrm{T}},\boldsymbol{p}_2=(-2,1)^{\mathrm{T}}$.

(2) $\lambda_1=\lambda_2=7,\lambda_3=-2;\boldsymbol{p}_1=(-1,2,0)^{\mathrm{T}},\boldsymbol{p}_2=(-1,0,1)^{\mathrm{T}},\boldsymbol{p}_3=(2,1,2)^{\mathrm{T}}$.

(3) $\lambda_1=1,\lambda_2=2,\lambda_3=2a-1;\boldsymbol{p}_1=(a+2,3,0)^{\mathrm{T}},\boldsymbol{p}_2=(2,2,1)^{\mathrm{T}},\boldsymbol{p}_3=(1,1,a-1)^{\mathrm{T}}$.

(4) $\lambda_1=\lambda_2=\lambda_3=-1;\boldsymbol{p}=(1,1,-1)^{\mathrm{T}}$.

(5) $\lambda_1=0,\lambda_2=-1,\lambda_3=9;\boldsymbol{p}_1=(-1,-1,1)^{\mathrm{T}},\boldsymbol{p}_2=(-1,1,0)^{\mathrm{T}},\boldsymbol{p}_3=(1,1,2)^{\mathrm{T}}$.

(6) $\lambda_1=\lambda_2=-1,\lambda_3=\lambda_4=1$；

$\boldsymbol{p}_1=(1,0,0,-1)^{\mathrm{T}},\boldsymbol{p}_2=(0,1,-1,0)^{\mathrm{T}},\boldsymbol{p}_3=(1,0,0,1)^{\mathrm{T}},\boldsymbol{p}_4=(0,1,1,0)^{\mathrm{T}}$.

2. $\lambda=1,\boldsymbol{p}=(0,2,1)^{\mathrm{T}}$. 8. 18. 9. $\frac{4}{3}$或-3. 10. $a=2,b=1,\lambda=1$或$a=2,b=-2,\lambda=4$.

13. (1) $\boldsymbol{O}$；(2) $\lambda_1=\lambda_2=\cdots=\lambda_n=0$，$\boldsymbol{p}_1=\begin{pmatrix}-\frac{b_2}{b_1}\\1\\0\\\vdots\\0\end{pmatrix}\boldsymbol{p}_2=\begin{pmatrix}-\frac{b_3}{b_1}\\0\\1\\\vdots\\1\end{pmatrix},\cdots,\boldsymbol{p}_{n-1}=\begin{pmatrix}-\frac{b_n}{b_1}\\0\\0\\\vdots\\1\end{pmatrix}$.

15. (1) 可以，$\boldsymbol{P}=\begin{pmatrix}1&-2\\1&1\end{pmatrix}$；(2) 可以，$\boldsymbol{P}=\begin{pmatrix}-1&-1&2\\2&0&1\\0&1&2\end{pmatrix}$；

(3) 当$a\neq1$且$a\neq\frac{3}{2}$时可以，$\boldsymbol{P}=\begin{pmatrix}a+2&2&1\\3&2&1\\0&1&a-1\end{pmatrix}$；(4) 不能；

(5) 可以，$\boldsymbol{P}=\begin{pmatrix}-1&-1&1\\-1&1&1\\1&0&2\end{pmatrix}$；(6) 可以，$\boldsymbol{P}=\begin{pmatrix}1&0&1&0\\0&1&0&1\\0&-1&0&1\\-1&0&1&0\end{pmatrix}$.

16. $a=-2$或$a=-\frac{2}{3}$；当$a=-2$时，可以；当$a=-\frac{2}{3}$时，不能.

17. $k=0,\boldsymbol{P}=\begin{pmatrix}-1&1&1\\2&0&0\\0&2&1\end{pmatrix},\boldsymbol{P}^{-1}\boldsymbol{AP}=\begin{pmatrix}-1&0&0\\0&-1&0\\0&0&1\end{pmatrix}$.

18. $x=2,y=-2,\boldsymbol{P}=\begin{pmatrix}1&1&1\\-1&0&-2\\0&1&3\end{pmatrix},\boldsymbol{P}^{-1}\boldsymbol{AP}=\begin{pmatrix}2&0&0\\0&2&0\\0&0&6\end{pmatrix}$.

19. (1) $a=-3, b=0, \lambda=-1$；　(2) 不能．20. $\begin{pmatrix} -2 & 3 & -3 \\ -4 & 5 & -3 \\ -4 & 4 & -2 \end{pmatrix}$.

21. $\begin{pmatrix} 1 & 0 & 5^{100}-1 \\ 0 & 5^{100} & 0 \\ 0 & 0 & 5^{100} \end{pmatrix}$．22. (1) $\boldsymbol{\beta}=2\boldsymbol{\xi}_1-2\boldsymbol{\xi}_2+\boldsymbol{\xi}_3$；(2) $\boldsymbol{A}^n\boldsymbol{\beta}=\begin{pmatrix} 2-2^{n+1}+3^n \\ 2-2^{n+2}+3^{n+1} \\ 2-2^{n+3}+3^{n+2} \end{pmatrix}$.

23. (1) $x=0, y=-2$；(2) $\begin{pmatrix} 0 & 0 & 1 \\ 2 & 1 & 0 \\ -1 & 1 & 1 \end{pmatrix}$．24. (1) $\boldsymbol{A}=\begin{pmatrix} 1-p & q \\ p & 1-q \end{pmatrix}$；

(2) $\begin{pmatrix} x_n \\ y_n \end{pmatrix}=\boldsymbol{A}^n\begin{pmatrix} x_0 \\ y_0 \end{pmatrix}=\dfrac{1}{2(p+q)}\begin{pmatrix} 2q+(p-q)r^n \\ 2p+(q-p)r^n \end{pmatrix}$　$(r=1-p-q)$.

25. (1) 当$b\neq 0$时，$\lambda_1=1+(n-1)b, \lambda_2=\lambda_3=\cdots=\lambda_n=1-b$，

$\boldsymbol{p}_1=(1,1,\cdots,1)^{\mathrm{T}}$，　$\boldsymbol{p}_2=(1,-1,0,\cdots,0)^{\mathrm{T}}$，　$\boldsymbol{p}_3=(1,0,-1,\cdots,0)^{\mathrm{T}}$，　$\cdots$，　$\boldsymbol{p}_n=(1,0,0,\cdots,-1)^{\mathrm{T}}$；

当$b=0$时，$\lambda_1=\lambda_2=\lambda_3=\cdots=\lambda_n=1$，$\boldsymbol{e}_1=(1,0,\cdots,0)^{\mathrm{T}}, \boldsymbol{e}_2=(0,1,\cdots,0)^{\mathrm{T}},\cdots,\boldsymbol{e}_n=(0,0,\cdots,1)^{\mathrm{T}}$.

(2) 当$b\neq 0$时，$\boldsymbol{P}=(\boldsymbol{p}_1,\boldsymbol{p}_2,\cdots,\boldsymbol{p}_n), \boldsymbol{P}^{-1}\boldsymbol{A}\boldsymbol{P}=\begin{pmatrix} 1+(n-1)b & 0 & \cdots & 0 \\ 0 & 1 & \cdots & 0 \\ \vdots & \vdots & & \vdots \\ 0 & 0 & \cdots & 1 \end{pmatrix}$；

当$b=0$时，$\boldsymbol{A}=\boldsymbol{E}$，取$\boldsymbol{P}$为任意$n$阶可逆矩阵，$\boldsymbol{P}^{-1}\boldsymbol{A}\boldsymbol{P}=\boldsymbol{E}$.

26. (1) $\boldsymbol{P}=\dfrac{1}{3}\begin{pmatrix} 1 & 2 & 2 \\ 2 & 1 & -2 \\ 2 & -2 & 1 \end{pmatrix}, \boldsymbol{\Lambda}=\mathrm{diag}(-2,1,4)$；

(2) $\boldsymbol{P}=\begin{pmatrix} \dfrac{-2}{\sqrt{5}} & \dfrac{2}{3\sqrt{5}} & \dfrac{-1}{3} \\ \dfrac{1}{\sqrt{5}} & \dfrac{4}{3\sqrt{5}} & \dfrac{-2}{3} \\ 0 & \dfrac{5}{3\sqrt{5}} & \dfrac{2}{3} \end{pmatrix}, \boldsymbol{\Lambda}=\mathrm{diag}(1,1,10)$.

27. (1) 2；(2) $\boldsymbol{P}=\begin{pmatrix} 1 & 0 & 0 & 0 \\ 0 & 1 & 0 & 0 \\ 0 & 0 & -\dfrac{1}{\sqrt{2}} & \dfrac{1}{\sqrt{2}} \\ 0 & 0 & \dfrac{1}{\sqrt{2}} & \dfrac{1}{\sqrt{2}} \end{pmatrix}, (\boldsymbol{A}\boldsymbol{P})^{\mathrm{T}}(\boldsymbol{A}\boldsymbol{P})=\boldsymbol{P}^{\mathrm{T}}\boldsymbol{A}^2\boldsymbol{P}=\begin{pmatrix} 1 & 0 & 0 & 0 \\ 0 & 1 & 0 & 0 \\ 0 & 0 & 1 & 0 \\ 0 & 0 & 0 & 9 \end{pmatrix}$.

28. $x=4, y=5, \boldsymbol{P}=\begin{pmatrix} \frac{1}{\sqrt{2}} & \frac{2}{3} & \frac{1}{3\sqrt{2}} \\ 0 & \frac{1}{3} & -\frac{4}{3\sqrt{2}} \\ -\frac{1}{\sqrt{2}} & \frac{2}{3} & \frac{1}{3\sqrt{2}} \end{pmatrix}$. 29. (1) $\begin{pmatrix} -2 & -2 \\ -2 & -2 \end{pmatrix}$; (2) $\begin{pmatrix} 1 & 1 & -2 \\ 1 & 1 & -2 \\ -2 & -2 & 4 \end{pmatrix}$.

30. (2) $\boldsymbol{A}=\begin{pmatrix} 0 & 1 \\ 0 & 0 \end{pmatrix}, \boldsymbol{B}=\begin{pmatrix} 0 & 0 \\ 0 & 0 \end{pmatrix}$.

31. (1) $a=-2$; (2) $\boldsymbol{Q}=\begin{pmatrix} \frac{1}{\sqrt{2}} & \frac{1}{\sqrt{6}} & \frac{1}{\sqrt{3}} \\ 0 & -\frac{2}{\sqrt{6}} & \frac{1}{\sqrt{3}} \\ -\frac{1}{\sqrt{2}} & \frac{1}{\sqrt{6}} & \frac{1}{\sqrt{3}} \end{pmatrix}, \boldsymbol{Q}^{\mathrm{T}}\boldsymbol{A}\boldsymbol{Q}=\begin{pmatrix} 3 & 0 & 0 \\ 0 & -3 & 0 \\ 0 & 0 & 0 \end{pmatrix}$.

32. $\boldsymbol{A}=\begin{pmatrix} \frac{1}{6} & -\frac{2}{3} & \frac{1}{6} \\ -\frac{2}{3} & -\frac{1}{3} & -\frac{2}{3} \\ \frac{1}{6} & -\frac{2}{3} & \frac{1}{6} \end{pmatrix}$. 33. (1) $\lambda_1=\lambda_2=0, \boldsymbol{\xi}=k_1\boldsymbol{\alpha}_1+k_2\boldsymbol{\alpha}_2; \lambda_3=3, \boldsymbol{\xi}=k_3(1,1,1)^{\mathrm{T}}(k_1, k_2, k_3 \in \mathbf{R})$.

(2) $\boldsymbol{Q}=\begin{pmatrix} -\frac{1}{\sqrt{6}} & -\frac{1}{\sqrt{2}} & \frac{1}{\sqrt{3}} \\ \frac{2}{\sqrt{6}} & 0 & \frac{1}{\sqrt{3}} \\ -\frac{1}{\sqrt{6}} & \frac{1}{\sqrt{2}} & \frac{1}{\sqrt{3}} \end{pmatrix}, \boldsymbol{Q}^{\mathrm{T}}\boldsymbol{A}\boldsymbol{Q}=\boldsymbol{\Lambda}=\begin{pmatrix} 0 & 0 & 0 \\ 0 & 0 & 0 \\ 0 & 0 & 3 \end{pmatrix}$.

(3) $\boldsymbol{A}=\begin{pmatrix} 1 & 1 & 1 \\ 1 & 1 & 1 \\ 1 & 1 & 1 \end{pmatrix}, \left(\boldsymbol{A}-\frac{3}{2}\boldsymbol{E}\right)^6=\frac{729}{64}\boldsymbol{E}$.

34. $\begin{pmatrix} 1 & 0 & 0 \\ 0 & 0 & -1 \\ 0 & -1 & 0 \end{pmatrix}$. 35. (1) $\begin{pmatrix} 1 & 1 & 0 \\ 1 & 2 & -1 \\ 0 & -1 & -1 \end{pmatrix}$; (2) $\begin{pmatrix} 2 & 2 & \frac{5}{2} \\ 2 & 7 & 3 \\ \frac{5}{2} & 3 & -1 \end{pmatrix}$.

36. (1) $(x,y,z)\begin{pmatrix} 1 & 2 & 1 \\ 2 & 4 & 2 \\ 1 & 2 & 1 \end{pmatrix}\begin{pmatrix} x \\ y \\ z \end{pmatrix}$; (2) $(x,y,z)\begin{pmatrix} 1 & -1 & -2 \\ -1 & 1 & -2 \\ -2 & -2 & -7 \end{pmatrix}\begin{pmatrix} x \\ y \\ z \end{pmatrix}$;

(3) $(x_1,x_2,x_3,x_4)\begin{pmatrix}1&-1&2&-1\\-1&1&3&-2\\2&3&1&0\\-1&-2&0&1\end{pmatrix}\begin{pmatrix}x_1\\x_2\\x_3\\x_4\end{pmatrix}$.

37. (1) $x_1^2+2x_2^2+4x_3^2-2x_1x_2+6x_2x_3$；(2) $x_1^2-x_2^2$.

38. $\boldsymbol{A}=\begin{pmatrix}\frac{n-1}{n}&-\frac{1}{n}&\cdots&-\frac{1}{n}\\-\frac{1}{n}&\frac{n-1}{n}&\cdots&-\frac{1}{n}\\\vdots&\vdots&&\vdots\\-\frac{1}{n}&-\frac{1}{n}&\cdots&\frac{n-1}{n}\end{pmatrix}, s=\boldsymbol{x}^{\mathrm{T}}\boldsymbol{A}\boldsymbol{x}, \boldsymbol{x}=(x_1,x_2,\cdots,x_n)^{\mathrm{T}}$.

39. (1) $\begin{pmatrix}x_1\\x_2\\x_3\end{pmatrix}=\begin{pmatrix}\frac{1}{\sqrt6}&\frac{1}{\sqrt2}&-\frac{1}{\sqrt3}\\-\frac{1}{\sqrt6}&\frac{1}{\sqrt2}&\frac{1}{\sqrt3}\\\frac{1}{\sqrt6}&0&\frac{1}{\sqrt3}\end{pmatrix}\begin{pmatrix}y_1\\y_2\\y_3\end{pmatrix}, f=3y_1^2-y_2^2$；

(2) $\begin{pmatrix}x_1\\x_2\\x_3\end{pmatrix}=\begin{pmatrix}1&0&0\\0&\frac{1}{\sqrt2}&\frac{1}{\sqrt2}\\0&\frac{1}{\sqrt2}&-\frac{1}{\sqrt2}\end{pmatrix}\begin{pmatrix}y_1\\y_2\\y_3\end{pmatrix}, f=2y_1^2+5y_2^2+y_3^2$；

(3) $\begin{pmatrix}x_1\\x_2\\x_3\\x_4\end{pmatrix}=\frac{1}{2}\begin{pmatrix}1&1&1&1\\-1&1&1&-1\\-1&-1&1&1\\1&-1&1&-1\end{pmatrix}\begin{pmatrix}y_1\\y_2\\y_3\\y_4\end{pmatrix}, f=-y_1^2+3y_2^2+y_3^2+y_4^2$.

40. $\begin{pmatrix}x\\y\\z\end{pmatrix}=\begin{pmatrix}\frac{4}{3\sqrt2}&\frac{1}{3}&0\\-\frac{1}{3\sqrt2}&\frac{2}{3}&\frac{1}{\sqrt2}\\\frac{1}{3\sqrt2}&-\frac{2}{3}&\frac{1}{\sqrt2}\end{pmatrix}\begin{pmatrix}u\\v\\w\end{pmatrix}, 2u^2+11v^2=1$.

41. (1) $f=y_1^2+y_2^2-11y_3^2, \boldsymbol{C}=\begin{pmatrix}1&0&-3\\0&0&1\\0&1&1\end{pmatrix}$；(2) $f=2y_1^2-2y_2^2, \boldsymbol{C}=\begin{pmatrix}0&0&-2\\0&-2&2\\1&-1&2\end{pmatrix}$.

42. (1) $f=y_1^2-y_2^2+y_3^2,\boldsymbol{C}=\begin{pmatrix}1 & -\frac{5}{\sqrt{2}} & 2\\ 0 & \frac{1}{\sqrt{2}} & 0\\ 0 & \frac{1}{\sqrt{2}} & 1\end{pmatrix}$；(2) $f=y_1^2-y_2^2+y_3^2,\boldsymbol{C}=\begin{pmatrix}1 & 1 & -1\\ 0 & 1 & 0\\ 0 & -1 & 1\end{pmatrix}$；

(3) $f=y_1^2+y_2^2+y_3^2,\boldsymbol{C}=\frac{1}{\sqrt{2}}\begin{pmatrix}1 & -1 & -1\\ 0 & 2 & 2\\ 0 & 0 & 1\end{pmatrix}$.

43. (1) $a=0$；(2) $\boldsymbol{x}=\begin{pmatrix}\frac{1}{\sqrt{2}} & 0 & \frac{1}{\sqrt{2}}\\ \frac{1}{\sqrt{2}} & 0 & -\frac{1}{\sqrt{2}}\\ 0 & 1 & 0\end{pmatrix}\boldsymbol{y}, f=2y_1^2+2y_2^2$；(3) $\boldsymbol{x}=k(1,-1,0)^{\mathrm{T}}(k\in\mathbf{R})$.

44. (1) -1；(2) $\boldsymbol{x}=\begin{pmatrix}\frac{1}{\sqrt{3}} & \frac{1}{\sqrt{2}} & \frac{1}{\sqrt{6}}\\ \frac{1}{\sqrt{3}} & -\frac{1}{\sqrt{2}} & \frac{1}{\sqrt{6}}\\ -\frac{1}{\sqrt{3}} & 0 & \frac{2}{\sqrt{6}}\end{pmatrix}\boldsymbol{y}, f=2y_2^2+6y_3^2$.

45. (1) $a=1,b=-2$；(2) $\boldsymbol{x}=\begin{pmatrix}\frac{2}{\sqrt{5}} & 0 & \frac{1}{\sqrt{5}}\\ 0 & 1 & 0\\ \frac{1}{\sqrt{5}} & 0 & -\frac{2}{\sqrt{5}}\end{pmatrix}\boldsymbol{y}, f=2y_1^2+2y_2^2-3y_3^2$.

46. (1) 非正定，也非负定；(2) 正定；(3) 负定；(4) 正定.

47. $-\frac{4}{5}<a<0$. 48. (1) $\lambda_1=a,\lambda_2=a-2,\lambda_3=a+1$；(2) $a=2$.

49. (1) $\frac{1}{2}\begin{pmatrix}1 & 0 & -1\\ 0 & 2 & 0\\ -1 & 0 & 1\end{pmatrix}$. 50. (1) $\lambda_1=\lambda_2=-2,\lambda_3=0$；(2) $k>2$.

51. $\begin{pmatrix}(k+2)^2 & 0 & 0\\ 0 & (k+2)^2 & 0\\ 0 & 0 & k^2\end{pmatrix}$, $k\neq-2$ 且 $k\neq0$.

56. $t>-\lambda_{\min};t=-\lambda_{\min};t<-\lambda_{\max};t=-\lambda_{\max};-\lambda_{\max}<t<-\lambda_{\min}$. 57. 是.

(B)

1. $\lambda_1=\lambda_2=9,\lambda_3=3;\boldsymbol{\xi}_1=(-1,1,0)^{\mathrm{T}},\boldsymbol{\xi}_2=(-2,0,1)^{\mathrm{T}},\boldsymbol{\xi}_3=(0,1,1)^{\mathrm{T}}$.

2. $a=2,b=-3,c=2,\lambda_0=1$. 5. (2) $\boldsymbol{P}^{-1}\boldsymbol{A}\boldsymbol{P}=\begin{pmatrix}-1&0&0\\0&1&1\\0&0&1\end{pmatrix}$.

6. (1) $\begin{pmatrix}1&0&0\\1&2&2\\1&1&3\end{pmatrix}$; (2) $\lambda_1=\lambda_2=1,\lambda_3=4$; (3) $\boldsymbol{P}=(-\boldsymbol{\alpha}_1+\boldsymbol{\alpha}_2,-2\boldsymbol{\alpha}_1+\boldsymbol{\alpha}_3,\boldsymbol{\alpha}_2+\boldsymbol{\alpha}_3)$.

7. (1) $\mu_1=-2,\mu_2=\mu_3=1,\boldsymbol{\alpha}_1=(1,-1,1)^{\mathrm{T}},\boldsymbol{\alpha}_2=(1,1,0)^{\mathrm{T}},\boldsymbol{\alpha}_3=(-1,0,1)^{\mathrm{T}}$;

(2) $\begin{pmatrix}0&1&-1\\1&0&1\\-1&1&0\end{pmatrix}$. 8. (1) $f(\boldsymbol{x})=\boldsymbol{x}^{\mathrm{T}}\dfrac{1}{|\boldsymbol{A}|}\begin{pmatrix}A_{11}&A_{21}&\cdots&A_{n1}\\A_{21}&A_{22}&\cdots&A_{n2}\\\vdots&\vdots&&\vdots\\A_{n1}&A_{n2}&\cdots&A_{nn}\end{pmatrix}\boldsymbol{x}$; (2) 相同.

10. $a_1a_2\cdots a_n\neq(-1)^n$. 11. (1) $\begin{pmatrix}\boldsymbol{A}&\boldsymbol{O}\\\boldsymbol{O}&\boldsymbol{B}-\boldsymbol{C}^{\mathrm{T}}\boldsymbol{A}^{-1}\boldsymbol{C}\end{pmatrix}$; (2) 是.

习 题 7

(A)

一、1. $\begin{pmatrix}2&3\\-1&-2\end{pmatrix}$; 2. $\boldsymbol{E}_{11},\boldsymbol{E}_{12},\boldsymbol{E}_{21}$; 3. $(1,1,-1)^{\mathrm{T}}$; 4. 0 或 2; 5. $\begin{pmatrix}2&-1&0\\0&1&1\\1&0&0\end{pmatrix}$.

二、1. B; 2. C; 3. A; 4. B.

三、1. (1) 不能构成线性空间; (2) 能构成线性空间; (3) 能构成线性空间; (4) 不能构成线性空间; (5) 能构成线性空间; (6) 不能构成线性空间.

4. (1) $\left(\dfrac{5}{4},\dfrac{1}{4},-\dfrac{1}{4},-\dfrac{1}{4}\right)^{\mathrm{T}}$;(2) $(1,0,-1,0)^{\mathrm{T}}$.

5. (1) 维数为n^2，基为$\boldsymbol{E}_{ij}(i,j=1,2,\cdots,n)$，$\boldsymbol{E}_{ij}$为位于第$i$行第$j$列的元素为1，其余元素为0的$n$阶方阵;(2) 维数为$\dfrac{n(n+1)}{2}$,基为$\boldsymbol{F}_{ij}=\begin{cases}\boldsymbol{E}_{ij}+\boldsymbol{E}_{ji}, & i\neq j,\\\boldsymbol{E}_{ii}, & i=j,\end{cases}(1\leqslant i\leqslant j\leqslant n)$;(3) 维数为3，基为$\boldsymbol{A}^2,\boldsymbol{A},\boldsymbol{E}$.

6. (1) $\begin{pmatrix} 2 & 0 & 5 & 6 \\ 1 & 3 & 3 & 6 \\ -1 & 1 & 2 & 1 \\ 1 & 0 & 1 & 3 \end{pmatrix}$，$\begin{pmatrix} \frac{19}{27}x_1+\frac{1}{3}x_2-x_3-\frac{33}{27}x_4 \\ \frac{1}{27}x_1+\frac{4}{9}x_2-\frac{1}{3}x_3-\frac{23}{27}x_4 \\ \frac{1}{3}x_1-\frac{2}{3}x_4 \\ -\frac{7}{27}x_1-\frac{1}{9}x_2+\frac{1}{3}x_3+\frac{26}{27}x_4 \end{pmatrix}$；

(2) $\begin{pmatrix} 1 & 0 & 0 & 1 \\ 1 & 1 & 0 & 1 \\ 0 & 1 & 1 & 1 \\ 0 & 0 & 1 & 0 \end{pmatrix}$，$\left(\frac{3}{13},\frac{5}{13},-\frac{2}{13},-\frac{3}{13}\right)^{\mathrm{T}}$；(3) $\frac{1}{4}\begin{pmatrix} 3 & 7 & 2 & -1 \\ 1 & -1 & 2 & 3 \\ -1 & 3 & 0 & -1 \\ 1 & -1 & 0 & -1 \end{pmatrix}$，$\left(-2,-\frac{1}{2},4,-\frac{3}{2}\right)^{\mathrm{T}}$.

7. 维数为 2，基为$\left(-\frac{1}{9},\frac{8}{3},1,0\right)^{\mathrm{T}}$，$\left(\frac{2}{9},-\frac{7}{3},0,1\right)^{\mathrm{T}}$.

8. (1) 维数为 3，基为$\boldsymbol{a}_1,\boldsymbol{a}_2,\boldsymbol{a}_4$;(2)维数为 2，基为$\boldsymbol{a}_1,\boldsymbol{a}_2$.

9. (1) 当$\boldsymbol{\alpha}=\boldsymbol{0}$时，是线性变换；当$\boldsymbol{\alpha}\neq\boldsymbol{0}$时，不是线性变换. (2) 同(1). (3) 不是线性变换. (4) 是线性变换. (5) 是线性变换.

13. (1) $\begin{pmatrix} \frac{1}{2} & \frac{1}{2} \\ \frac{1}{2} & \frac{1}{2} \end{pmatrix}$，$\begin{pmatrix} 0 & 0 \\ 0 & 1 \end{pmatrix}$，$\begin{pmatrix} 0 & \frac{1}{2} \\ 0 & \frac{1}{2} \end{pmatrix}$；(2) $\begin{pmatrix} -1 & 1 & -2 \\ 2 & 2 & 0 \\ 3 & 0 & 2 \end{pmatrix}$；(3) $\frac{1}{7}\begin{pmatrix} -5 & 20 & -20 \\ -4 & -5 & -2 \\ 27 & 18 & 24 \end{pmatrix}$.

14. (1) $\begin{pmatrix} a_{33} & a_{32} & a_{31} \\ a_{23} & a_{22} & a_{21} \\ a_{13} & a_{12} & a_{11} \end{pmatrix}$；(2) $\begin{pmatrix} a_{11} & ka_{12} & a_{13} \\ k^{-1}a_{21} & a_{22} & k^{-1}a_{23} \\ a_{31} & ka_{32} & a_{33} \end{pmatrix}$；

(3) $\begin{pmatrix} a_{11}+a_{12} & a_{12} & a_{13} \\ a_{21}+a_{22}-a_{11}-a_{12} & a_{22}-a_{12} & a_{23}-a_{13} \\ a_{31}+a_{32} & a_{32} & a_{33} \end{pmatrix}$.

15. $\begin{pmatrix} 2 & -3 & 3 & 2 \\ \frac{2}{3} & -\frac{4}{3} & \frac{10}{3} & \frac{10}{3} \\ \frac{8}{3} & -\frac{16}{3} & \frac{40}{3} & \frac{40}{3} \\ 0 & 1 & -7 & -8 \end{pmatrix}$.

16. (1) $\frac{1}{2}\begin{pmatrix} -4 & -3 & 3 \\ 2 & 3 & 3 \\ 2 & 1 & -5 \end{pmatrix}$；(2) 同(1)；(3) 同(1). 17. $\begin{pmatrix} 0 & 0 & 6 & -5 \\ 0 & 0 & -5 & 4 \\ 0 & 0 & \frac{7}{2} & -\frac{3}{2} \\ 0 & 0 & 5 & -2 \end{pmatrix}$.

(B)

2. (2) $\mathbf{R}^{n\times n}$; (3)维数为 n，基为 $\boldsymbol{E}_{ii}(i=1,2,\cdots,n)$.

3. 维数为 5，基为 $\begin{pmatrix}1&0&0\\0&0&0\\-3&0&0\end{pmatrix},\begin{pmatrix}0&1&0\\0&0&0\\0&-3&0\end{pmatrix},\begin{pmatrix}0&0&0\\1&0&0\\-1&0&0\end{pmatrix},\begin{pmatrix}0&0&0\\0&1&0\\0&-1&0\end{pmatrix},\begin{pmatrix}0&0&0\\0&0&0\\3&1&1\end{pmatrix}$.

习 题 8

1. $x=0.24$，$y=-0.55$.

2. (1) $\boldsymbol{X}^*=\left(\frac{12}{7},\frac{15}{7}\right)^{\mathrm{T}}$；(2) $\boldsymbol{X}^*=\left(\frac{6}{5},0,\frac{15}{7},0,0\right)^{\mathrm{T}}$.

3. (1) 无界解；(2) $\boldsymbol{X}^*=\left(\frac{4}{5},\frac{9}{5},0\right)^{\mathrm{T}}$；(3) $\boldsymbol{X}^*=\left(\frac{45}{7},\frac{4}{7},0\right)^{\mathrm{T}}$；(4) 无可行解.

参 考 文 献

DAVID C, LAY D C, 2004. Linear algebra and its application. 3 ed. 北京：电子工业出版社.

FARKAS I, FARKAS M, 1981. 线性代数引论. 潘鼎坤, 译. 北京：人民教育出版社.

JOHNSON L W, RIESS D R, ARNOD J T, 2002. Introduction to algebra. 5 ed. 北京：机械工业出版社.

陈怀琛, 龚杰民, 2005. 线性代数实践及 MATLAB 入门. 北京：电子工业出版社.

姜启源, 刑文训, 谢金星, 等, 2005. 大学数学实验. 北京：清华大学出版社.

李小刚, 2006. 线性代数及其应用. 北京：科学出版社.

同济大学数学系, 2013. 线性代数. 6 版. 北京：高等教育出版社.

谢国瑞, 1999. 线性代数及应用. 北京：高等教育出版社.

薛定宇, 陈阳泉, 2004. 高等应用数学问题的 MATLAB 求解. 北京：清华大学出版社.